大專用書

中級會計學（下）

洪國賜　著

三民書局　印行

國家圖書館出版品預行編目資料

中級會計學 ／ 洪國賜著. ‑‑ 初版 ‑‑ 臺北市
：三民，民 88
　面；　　公分
參考書目
ISBN　957-14-3033-1（上冊：平裝）
ISBN　957-14-3034-X（下冊：平裝）

1. 會計

495　　　　　　　　　　　　　　　　88010949

網際網路位址　http://www.sanmin.com.tw

ⓒ 中級會計學（下）
增訂新版

著作人　洪國賜
發行人　劉振強
著作財　三民書局股份有限公司
產權人　臺北市復興北路三八六號
發行所　三民書局股份有限公司
　　　　地址／臺北市復興北路三八六號
　　　　電話／二五○○六六○○
　　　　郵撥／○○○九九九八——五號
印刷所　三民書局股份有限公司
門市部　復北店／臺北市復興北路三八六號
　　　　重南店／臺北市重慶南路一段六十一號
增訂新版　中華民國八十九年二月
編　號　S 49116
基本定價　壹拾肆元
行政院新聞局登記證局版臺業字第○二○○號

有著作權·不准侵害

ISBN 957-14-3034-X（平裝）

增訂新版序

　　美國財務會計準則委員會 (FASB) 於 1973 年成立，取代原來會計原則委員會 (APB) 的地位，成為制定一般公認會計原則最具有權威性的機構。在這跨世紀的二十幾年期間，相繼頒佈財務會計觀念聲明書 (SFAC)、財務會計準則聲明書 (SFAS)、財務會計準則說明書 (FIN)、及財務會計技術公報 (FTB) 等；其中涵蓋許多震撼性的新理論與新觀念。

　　本書修訂版仍分上下二冊，上冊十二章，下冊十三章，共計二十五章。初版時會計資訊制度二章、存貨及股東權益會計各三章，修訂時各刪減一章，物價水準會計一章亦予割捨，另加入財務報表的要素、會計問題與時間價值、收入與費用的認定、流動性證券投資、基金及長期投資、退休金會計、及所得稅會計等七章。

　　本書修訂版之編纂內容，主要取材於財務會計準則委員會所提出的最新理論與觀念，多方采擷，不厭其詳；尤其對於複雜的會計問題，儘量利用圖表方式，剖析其會計處理程序；復於每章之後，附列簡捷摘要及討論大綱，期使讀者系統分明，增進閱讀的效率；因此，本修訂版堪稱資料最新穎、條理最清晰、體系最完整的中級會計教科書。

　　本書之成，承蒙國內好友李宏健教授、盧聯生教授暨紀敏琮會計師之助益甚多，謹於完稿之際，敬致最誠懇之謝意。

　　作者才疏學淺，雖日以繼夜，全力以赴，不當之處，恐難倖免，尚祈學者專家、讀者諸君，不吝指教，則感激不盡矣！

洪國賜　謹識

民國 88 年 5 月於美國維吉尼亞州

序

眾所周知，「會計為企業的語言」。蓋會計的主要功能，就對外而言，在於傳達企業的資訊給各有關人士，以備使用；就對內而言，在於提供管理者所需要的資料，俾能「透過會計、加強管理」；故凡工商企業高度發展的國家，無不致力於會計學術的研究。甚至於執會計學術牛耳的美國，自 1959 年始，在其會計師公會統籌之下，成立會計原則委員會 (APB)，對於會計原理原則及會計處理方法的研究，不遺餘力，貢獻良多。其後，會計師公會又於 1973 年 7 月間，將該委員會改組為財務會計準則委員會 (FASB)，其目的一方面除加強內部組織外，另一方面專門從事於財務會計準則的探討與推行，並發表一連串的聲明書，不斷推出最新的會計理論，因而使會計學術的發展，有一日千里之勢。

近年以來，由於我國工商業發展迅速，對於會計學術的研究，日益迫切。惟以國情不同，吾人必須擷取歐美科學的長處，以彌補我們的不足，俾能早日建立一套適合於我國國情的管理體系。有鑑於此，本書取材力求新穎實用，凡涉及會計基本理論與方法，盡量採用美國會計師公會歷年來對外所發表的會計研究公報 (ARB)、意見書 (Opinions)、及聲明書 (Statements) 等；至於實務方面，則以我國現行商業會計法、所得稅法、及其他有關法令為背景，期能使讀者熟習理論，精通實務，以適應將來擔任實際工作的需要。

邇來有識之士，對於各大專院校，迄今仍以外文為教本，無不感慨係之，乃有「科學中文化」的呼聲。著者對此項主張，亦深具同感，故撰寫本書之初衷，乃在力求能為達成「會計中文化」的目標而略盡棉薄

之力，進而能使「科學中文化」的理想，早日實現。

本書分上下二冊，每冊各十一章，共計二十二章。首先說明會計的基本理論，進而介紹會計處理程序與方法，會計主要報表之編製，各種會計評價的方法，各項資產、負債及業主權益的深入討論；此外，對於長期性投資、基金、公司債、長期租賃合約、物價水準變動等，均有所論列，不斷輸入新的理論與新的作法。

本書文句力求簡潔通順，盡量利用圖表的方法，以剖析複雜的會計理論、及會計處理程序與方法；並於每章之後，附有討論範圍，以提綱挈領的方式列示之，使讀者在觀念上獲得清晰的瞭解，以增加深刻的印象。

本書之成，實蒙在美同學葉烘先生提供資料，並承樂梅江教授、蘇培松教授之鼎力協助，及紀敏琮先生之協助整理作業，復承內子陳素玉女士惠予校對，備極辛勞；最後對於三民書局發行人劉振強先生慨然相助，使本書得以順利發行，在此一併敬致衷心之謝忱。

洪國賜　謹識

中華民國67年 9 月於臺北

中級會計學 (下)

目　　次

增訂新版序

序

第十三章　存貨的其他評價方法

前　言 ╱1

13–1　成本與市價孰低法概述 ╱2

13–2　成本與市價孰低法的會計處理 ╱9

13–3　存貨跌價回升的會計處理 ╱14

13–4　對成本與市價孰低法的評論 ╱18

13–5　毛利率法概述 ╱19

13–6　零售價法概述 ╱27

13–7　避免零售價法應用上的偏差 ╱36

13–8　後進先出零售價法 ╱41

13–9　後進先出幣值零售價法 ╱43

13–10　零售價法的用途 ╱44

本章摘要 ╱46

本章討論大綱 ╱48

習　題 ╱50

第十四章　長期投資

前　言 ∕ 65

14–1　長期投資概述 ∕ 66

14–2　長期權益證券投資的分類 ∕ 69

14–3　有重大影響力的長期權益證券投資：權益法 ∕ 71

14–4　無重大影響力的長期權益證券投資：成本法 ∕ 79

14–5　改變評價方法的會計處理 ∕ 82

14–6　長期權益證券投資的特殊問題 ∕ 87

14–7　長期備用證券投資：公平價值法 ∕ 91

14–8　長期債券投資／待到期債券：攤銷成本法 ∕ 94

14–9　特定基金投資 ∕ 97

14–10　人壽保險解約現金價值 ∕ 100

本章摘要 ∕ 103

本章討論大綱 ∕ 105

習　題 ∕ 106

第十五章　長期性資產㈠：取得與處置

前　言 ∕ 115

15–1　長期性資產概述 ∕ 116

15–2　財產、廠房、及設備原始取得成本的決定 ∕ 120

15–3　現金取得資產成本的決定 ∕ 122

15–4　賒購取得資產成本的決定 ∕ 124

15–5　發行權益證券取得資產成本的決定 ∕ 127

15–6　自建資產成本的決定 ⊢ 128

15–7　購建期間利息資本化問題 ⊢ 132

15–8　捐贈資產成本的決定 ⊢ 139

15–9　特定資產取得成本的決定 ⊢ 141

15–10　資產持有期間的各項支出 ⊢ 146

15–11　長期性資產的交換 ⊢ 154

15–12　長期性資產的出售與廢棄 ⊢ 161

本章摘要 ⊢ 163

本章討論大綱 ⊢ 165

習　題 ⊢ 167

第六章　長期性資產㈡：折舊與折耗

前　言 ⊢ 177

16–1　折舊的基本概念 ⊢ 178

16–2　決定折舊的各項因素 ⊢ 183

16–3　計算折舊的方法 ⊢ 185

16–4　分類折舊與綜合折舊 ⊢ 204

16–5　折舊目錄及其記錄方法 ⊢ 209

16–6　折舊決策的選擇 ⊢ 210

16–7　資產受創與折舊會計 ⊢ 212

16–8　折舊相關資料在財務報表之揭露 ⊢ 217

16–9　折耗的基本概念 ⊢ 218

16–10　折耗的計算方法 ⊢ 220

本章摘要 ⊢ 224

本章討論大綱 ⊢ 226

習　題 ∕228

第七章　無形資產

前　言 ∕239

17–1　無形資產的基本概念 ∕240

17–2　無形資產的會計處理原則 ∕243

17–3　可辨認無形資產個論 ∕249

17–4　不可辨認無形資產個論 ∕259

17–5　研究及發展成本 ∕274

17–6　電腦軟體成本 ∕279

17–7　遞延借項 ∕285

本章摘要 ∕286

本章討論大綱 ∕288

習　題 ∕289

第八章　短期負債

前　言 ∕301

18–1　負債的基本概念 ∕302

18–2　負債的評價 ∕304

18–3　負債的分類 ∕305

18–4　流動負債 ∕306

18–5　已確定的流動負債 ∕307

18–6　依營業結果決定的流動負債 ∕320

18–7　估計流動負債 ∕330

18–8　遞延負債　/─336

18–9　或有事項　/─344

本章摘要　/─352

本章討論大綱　/─354

習　題　/─355

第九章　長期負債

前　言　/─367

19–1　債券的意義及特性　/─368

19–2　債券的種類　/─370

19–3　債券發行價格的決定　/─373

19–4　債券發行的會計處理　/─380

19–5　債券折價與溢價的攤銷　/─383

19–6　債券發行成本　/─395

19–7　附認股證債券　/─397

19–8　可轉換債券　/─401

19–9　債券償還的會計處理　/─410

19–10　分期償還債券　/─414

本章摘要　/─421

本章討論大綱　/─423

習　題　/─425

第二十章　租賃會計

前　言　/─433

20–1　租賃的基本概念　/434

20–2　租賃會計的演進與理論基礎　/437

20–3　租賃專有名詞詮釋　/439

20–4　承租人的會計處理　/441

20–5　出租人的會計處理　/449

20–6　售後租回交易　/458

20–7　租賃解約的會計處理　/463

本章摘要　/466

本章討論大綱　/468

習　題　/469

第二十一章　退休金會計

前　言　/479

21–1　退休金會計的緣由與發展　/480

21–2　退休金計劃的基本概念　/481

21–3　退休金會計名詞詮釋　/483

21–4　退休金會計：確定提存退休金計劃　/487

21–5　退休金會計：確定給付退休金計劃　/490

21–6　確定給付退休金計劃簡單會計釋例　/492

21–7　確定給付退休金計劃複雜會計釋例　/502

21–8　退休金負債與資產的認定　/509

21–9　退休金資訊在財務報表內的表達　/515

本章摘要　/517

本章討論大綱　/519

習　題　/520

第二十二章　所得稅會計

前　言 ╱531

22–1　兩種不同所得的概念 ╱532

22–2　永久性差異與暫時性差異 ╱534

22–3　永久性差異的會計處理 ╱537

22–4　暫時性差異的會計處理 ╱542

22–5　虧損扣抵的會計處理 ╱550

22–6　遞延所得稅資產的評價 ╱557

22–7　同期間所得稅分攤 ╱559

22–8　投資抵減的會計處理 ╱562

本章摘要 ╱566

本章討論大綱 ╱569

習　題 ╱570

第二十三章　股東權益

前　言 ╱579

23–1　公司之成立 ╱580

23–2　股東權益的範圍 ╱581

23–3　股票的種類 ╱582

23–4　股東權益的構成因素 ╱587

23–5　股票發行的會計處理 ╱589

23–6　發行股票取得非現金資產 ╱593

23–7　發行股票的特殊情形 ╱595

23–8　認股人違約的會計處理 ╱ 597

23–9　庫藏股票的會計處理 ╱ 602

23–10　收回特別股的會計處理 ╱ 611

23–11　特別股轉換為普通股 ╱ 612

23–12　未實現資本 ╱ 614

本章摘要 ╱ 617

本章討論大綱 ╱ 619

習　題 ╱ 621

第二四章　認股權證與保留盈餘

前　言 ╱ 631

24–1　認股權、認股證、及購股權概述 ╱ 632

24–2　發行認股權的會計處理 ╱ 633

24–3　發行認股證的會計處理 ╱ 637

24–4　員工購股權計劃 ╱ 638

24–5　保留盈餘概述 ╱ 649

24–6　保留盈餘的指用 ╱ 651

24–7　公司股利的發放 ╱ 655

24–8　股利發放的會計處理 ╱ 659

24–9　股票分割的會計處理 ╱ 670

24–10　公司準改組 ╱ 673

本章摘要 ╱ 678

本章討論大綱 ╱ 681

習　題 ╱ 683

第二五章　現金流量表

前　言 ╱ 695

25–1　現金流量表概述 ╱ 696

25–2　現金流量表應揭露的事項 ╱ 698

25–3　現金流量表的編製方法 ╱ 702

25–4　編製現金流量表簡單釋例 ╱ 706

25–5　現金流量表工作底稿 ╱ 713

25–6　編製現金流量表複雜釋例 ╱ 716

本章摘要 ╱ 726

本章討論大綱 ╱ 728

習　題 ╱ 729

參考文獻 ╱ 743

數值表 ╱ 745

第十三章　存貨的其他評價方法

―――――●　前　　言　●―――――

　　存貨計價之目的有二：(1)確定期末存貨的價值；(2)決定銷貨成本的多寡，藉以計算某會計期間的損益。

　　存貨計價，原則上應以成本為基礎；然而在下列各種特殊情況下，應放棄成本基礎，改採用其他方法，已被公認為可接受的作法：(1)當存貨的成本低於其市價時；(2)存貨因毀損、過時、或其他原因，使其淨變現價值低於成本時；(3)存貨因天然災害或其他不可抗拒的原因，致發生成本計算困難時；(4)特殊行業如無法採用成本法計算其存貨價值時。

　　吾人已於本書上冊第十二章內，詳細探討存貨評價的基本方法——成本法，本章將進一步闡述存貨的其他評價方法，包括成本與市價孰低法、毛利率法、零售價法、淨變現價值法、後進先出零售價法、及後進先出幣值零售價法等。

13-1　成本與市價孰低法概述

一、成本與市價孰低法的緣由

在會計上，對於損益的計算，必須使費用（成本）與收入密切配合，才能求得有意義的淨利（損）數字；然而，在若干情況下，採用成本基礎却無法達成此項配合的原則。例如，當存貨價格下跌時，存貨的價值已經降低，此項本期價值降低的部份，應反映在本期的損益表內，使與本期的收入配合；如不於發生期間加以處理，任其遞延至存貨出售的期間，必將造成不合理的現象。因此，美國會計師公會會計程序委員會 (Committee on Accounting Procedure) 於 1953 年頒佈第 43 號會計研究公報第 4 章第 5 條 (statement 5, ch. 4, No. 43, ARB) 即指出：「當商品的價值低於成本時，放棄成本基礎以評估存貨的價值，是一項必要的措施；凡有充分的理由，足以證明在正常的營業過程中，商品由於物質上的損壞、過時、物價水準的波動、或其他原因，使商品的處分收入低於成本時，其差額必須予以認定為當期的損失；此時，通常以低於成本的市價，表示該項商品的價值。」

二、成本與市價孰低法的意義

成本與市價孰低法 (lower of cost or market basis) 是基於傳統的保守或穩健原則為出發點，當存貨的市價低於成本時，應放棄成本基礎，改按市價為評定存貨價值的根據；惟當存貨的市價高於成本時，仍以成本為準。

蓋採用成本與市價孰低法之目的，在於衡量存貨的剩餘價值，藉以顯示在正常營業過程中，存貨所能獲得的效益；此項效益通常以市價

(market) 來表示；惟此項市價並非出售的市價，而係購入的市價，亦即重置成本 (replacement cost)。因此，在成本與市價孰低法之下，市價係指重置成本而言，而重置成本的含義，又隨實際情況而定，可能為下列二種不同的基礎之一：

1.**重置成本基礎**(replacement cost basis)：係指目前重新購入相同或同類型商品所需之成本，此項成本係指在正常的營業過程中，按經常採購量所需支付的現金或約當現金數額，故根據財務會計準則第 5 號財務會計觀念聲明書 (SFAC No. 5)，亦稱為現時成本(current cost)。此項評價基礎通常適用於一般買賣業。

2.**重製成本基礎**(reproduction cost basis)：係指目前重新製造相同或同類型商品所需之成本，包括直接原料、直接人工、及製造費用的因素。一般言之，在產品的製造過程中所發生的製造成本，除直接原料及直接人工以外的成本，均屬於製造費用的範圍，包括固定及變動製造費用。為使產品成本維持穩定，去除季節性因素的影響，對於製造費用均按預計分攤的方式，採用合理而有系統的方法予以分攤；固定製造費用的分攤，應以產能（生產設備）為基礎；如實際產量與產能發生差異時，其少分攤製造費用於期末時，按比例攤入存貨及銷貨成本，或全部轉入當期損益。如實際產量與產能相差不大時，可按實際產量為分攤基礎，以資簡捷。

成本與市價孰低法係以保守原則 (conservatism) 為出發點，其初始含意可歸納為下列三點：(1)在物價上漲時期，當存貨的市價（指重置或重製成本）大於取得成本時，存貨價值雖已增加，另一方面也已發生持有利益 (holding gains)，惟基於會計上的保守原則，不予認定未實現的利益，應延至銷貨時，始予認定；(2)在物價下跌時期，當存貨的市價低於其取得成本時，存貨價值業已減少，另一方面也已產生持有損失 (holding losses)，惟基於會計上的保守原則，應將存貨的取得成本減低至市價水

準，並認定其損失；(3)當物價下跌後又回升時，對於回升的部份，應就前已認定損失之範圍內，認定為「存貨跌價回升利益」。

保守原則應用於存貨會計的原因，在於物價下跌時，存貨的效益 (utility) 業已減少；蓋企業持有存貨之目的，在於存貨具有產生收入的能力 (revenue-generating power)；一旦物價下跌時，一方面已影響存貨產生收入的能力，使存貨出售收入減少；另一方面，當存貨市價（指重置或重製成本）低於成本時，有可能發生無法收回原有成本之虞，進而影響下次重新購入或製造存貨的能力。

因此，當市價低於成本時，存貨評價的會計處理方法，一方面將存貨價值減低至當時市價水準（指重置或重製成本），另一方面將存貨價值減低的部份，視為「存貨評價損失」 (inventory valuation loss)，並認定為發生當期的損失。

存貨市價（即重置或重製成本）的決定，係以會計期間結束日為準；如會計期間結束日，物價起伏不定且又鉅幅震盪時，應改按當月份的平均數為準。

三、成本與市價孰低法對於市價的限制

會計程序委員會第 43 號會計研究公報第 4 章第 6 條指出：「成本與市價孰低之市價一詞，意指目前的重置（製）成本，惟應受下列二個限制：(1)市價不應超過淨變現價值（即在正常的營業過程中，預計售價減合理的預計完工成本及銷售費用）；(2)市價不應低於淨變現價值減預計正常利潤。」

會計程序委員會提出上列二項限制的原因，在於避免會計人員於應用成本與市價孰低法時，因濫用無度，而導致偏差。蓋對於存貨評價損失的認定，必須要有明顯的事實，足以證明於會計期間結束日，存貨跌價損失確實已經發生。因此，在存貨成本高於市價（重置或重製成本）的

情況下，如市價仍然高於其淨變現價值時，表示存貨價值確實已降低，存貨跌價損失已不可避免；處於此種情況下，應以淨變現價值表示存貨的價值，比存貨市價更切合實際；因此，市價不應超過淨變現價值，此其一。另一方面，在存貨成本高於市價的情況下，其市價雖然低於淨變現價值，惟仍然有預計正常利潤存在時，存貨跌價損失不應加以認定；因此，市價不應低於淨變現價值減預計正常利潤，此其二。

　　成本與市價孰低法的市價，加入上述二項限制後，已經蛻變為：成本、市價、與淨變現價值孰低法。其要點如下：

　　1.原則上，存貨的價值，應按成本法計價。

　　2.當存貨成本大於市價（重置成本）時，應放棄成本基礎，改按市價評價。

　　3.市價即指重置成本（指目前購入或製造相同存貨所須成本）；惟：

　　⑴市價不應超過淨變現價值，此即其上限 (ceiling)。

　　⑵市價不應低於淨變現價值減預計正常利潤後的餘額，此即其下限 (floor)。

　　上項說明，改用記號表示如下：

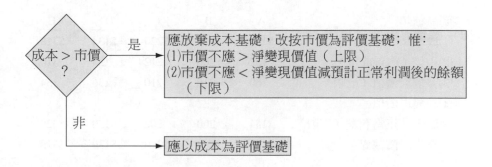

　　茲假定次頁資料：

商品種類	成本	市價 （重置成本）	預計售價	預計完工及 銷 售 費 用	預計正常利潤
A	$148	$152	$172	$12	$ 6
B	220	200	240	30	10
C	220	212	222	12	8
D	134	124	144	8	6
E	318	310	352	18	6

淨變現價值減預計正常利潤後的餘額，可計算如下：

商品種類	A	B	C	D	E
預計售價	$172	$240	$222	$144	$352
預計完工及銷售費用	12	30	12	8	18
淨變現價值	$160	$210	$210	$136	$334
預計正常利潤	6	10	8	6	6
淨變現價值減預計 正常利潤後之餘額	$154	$200	$202	$130	$328

存貨評價如下：

商品種類	A	B	C	D	E
(1)成本	$148	$220	$220	$134	$318
(2)市價（重置成本）	152	200	212	124	310
(3)淨變現價值（上限）	160	210	210	136	334
(4)淨變現價值 　減預計正常利潤（下限）	154	200	202	130	328
存貨評價基礎	$148	$200	$210	$130	$318

說明如下：

A.因成本低於市價，故採用成本。

B.因市價低於成本，不大於(3)，亦不低於(4)，故採用市價。

C.市價低於成本，但不應高於(3)，故採用淨變現價值。

D.市價低於成本，但不應低於(4)，故採用淨變現價值減預計正常利
潤後的餘額。

E.市價雖低於成本，但不應低於(4)，而(4)又高於(1)，故採用成本。

四、成本與市價孰低法的應用

根據會計程序委員會第 43 號會計研究公報第 4 章第 7 條指出：
「根據存貨的性質及內容，成本與市價孰低法，可適當地採用逐項或總
額（在某些情況之下，可按分類總額）比較而決定之。其所採用的方法，
必須最能反映當期的收益」。

由上述的引述可知，成本與市價孰低法的應用，共有三種方法：

1.逐項比較法 (item by item method)：係按各種商品的成本與市價，
逐項比較之，取其較低者為期末存貨計價的標準。

2.分類比較法 (category method)：係按分類存貨的成本與市價總額
比較之，取其較低者為期末存貨計價的標準。

3.總額比較法 (total inventory method)：係按存貨的成本與市價總額
比較之，取其較低者為期末存貨計價的標準。

茲假設下列資料：

類　別	項目	存貨數量	單位成本	單位市價
原料：				
	A	1,200	$ 3.00	$ 2.50
	B	1,300	5.00	4.00
	C	1,000	2.00	2.50
在製品：				
	X	150	10.00	9.00
	Y	160	6.00	7.00
製成品：				
	M	30	120.00	100.00
	N	20	200.00	250.00

根據上列資料，列示三種不同的應用方法於下：

	數量	單位成本	單位市價	合計成本	合計市價	成本與市價孰低法 (1) 逐項比較法	(2) 分類比較法	(3) 總額比較法
原料:								
A	1,200	$ 3.00	$ 2.50	$ 3,600	$ 3,000	$ 3,000		
B	1,300	5.00	4.00	6,500	5,200	5,200		
C	1,000	2.00	2.50	2,000	2,500	2,000		
合　計				$12,100	$10,700		$10,700	
在製品:								
X	150	10.00	9.00	$ 1,500	$ 1,350	1,350		
Y	160	6.00	7.00	960	1,120	960		
合　計				$ 2,460	$ 2,470		2,460	
製成品:								
M	30	120	100.00	$ 3,600	$ 3,000	3,000		
N	20	200	250.00	4,000	5,000	4,000		
合　計				$ 7,600	$ 8,000		7,600	
總　計				$22,160	$21,170			$21,170
期末存貨						$19,510	$20,760	$21,170

　　上述三種方法之中，以逐項比較法所計算的期末存貨價值最低，最能符合穩健原則。傳統的會計方法，對於存貨的評價，最重視穩健原則，故大多採用此法。然而，在若干情況之下，分類比較法仍可獲得相當程度的穩健原則；蓋存貨按性質及構成因素之不同，予以分門別類評價後，有些類別的評價較高，有些類別的評價較低，二者適可互相抵銷。因此，按分類比較的成本與市價孰低法，仍然不失為一種穩健的方法。

　　存貨的成本與市價（重置成本）比較時，雖有逐項比較法、分類比較法、及總額比較法等三種不同方法，依企業的個別需要，任由選用；

惟一旦採用後，即須各期一致採用，不得任意變更，俾符合會計上的一致原則。

13-2　成本與市價孰低法的會計處理

當一企業所持有的存貨，可按低於原取得成本重新購入或製造時，顯然已經發生存貨跌價損失，或稱為存貨持有損失 (inventory holding loss)。

基本上，對於存貨跌價損失，應予認定為發生當期的損失；惟對於存貨帳戶的會計處理，則有下列二種方法：⑴直接抵減存貨帳戶；⑵設置「備抵存貨跌價」帳戶。

一、直接抵減存貨帳戶

在此一方法之下，期末存貨價值按低於成本的市價（重置成本）列帳；換言之，存貨不按原取得成本列帳，改按跌價後的市價列帳，實際上已抵減存貨跌價損失。當期末存貨以低於成本的市價從銷貨成本中扣除時，使銷貨成本包括存貨跌價損失在內；因此，此法不將存貨跌價損失分開記帳，也未分開列報於損益表內；存貨按低於成本的市價，列報於資產負債表。

茲假定下列華民公司的基本資料，並列示在此法之下，期末時調整分錄及財務報表的表達方法如下：

	1998		1999	
	期初存貨	期末存貨	期初存貨	期末存貨
⑴成本	–0–	$50,000	$50,000	$100,000
⑵市價（重置成本）	–0–	55,000	55,000	85,000
⑶存貨評價基礎	–0–	50,000	50,000	85,000
⑷存貨跌價損失		–0–		15,000

1.期末時會計處理方法:

1998 年度:

　12 月 31 日調整分錄:

⑴無期初存貨

⑵期末存貨由銷貨成本轉出:

存貨 (12/31/98)	50,000	
銷貨成本		50,000

1999 年度:

　12 月 31 日調整分錄:

⑴期初存貨轉入銷貨成本:

銷貨成本	50,000	
存貨 (1/1/99)		50,000

⑵期末存貨由銷貨成本轉出:

存貨 (12/31/99)	85,000	
銷貨成本		85,000

2.財務報表的表達方法:

	1998 年	1999 年
資產負債表:		
流動資產:		
存貨	$ 50,000	$ 85,000
損益表:		
銷貨收入（假定）	$250,000	$325,000
銷貨成本:		
期初存貨	$　　-0-	$ 50,000
進貨（假定）	200,000	235,000
商品總額	$200,000	$285,000

期末存貨	(50,000)		(85,000)
銷貨成本		150,000		200,000
銷貨毛利		$100,000		$125,000
各項費用（假定）		(50,000)		(65,000)
稅前淨利		$ 50,000		$ 60,000

二、設置備抵存貨跌價帳戶

在此一方法之下，期末存貨價值仍然按成本列帳，至於存貨成本低於市價（重置成本）的部份，單獨借記「存貨跌價損失」(inventory declining loss) 或「存貨評價損失」 (inventory valuation loss)，貸記「備抵存貨跌價」 (allowance for inventory) 帳戶。因此，在此法之下，存貨及銷貨成本均按原取得成本列帳，一方面將存貨跌價損失分開列報於當期損益表內，另一方面將「備抵存貨跌價」帳戶，列報於資產負債表的存貨項下，作為存貨的抵減帳戶。

茲根據上述華民公司的基本資料，列示設置「備抵存貨跌價」帳戶後期末時的會計處理方法，以及在財務報表的表達方法如下：

1.期末時會計處理方法：

1998 年度：

　12 月 31 日調整分錄：

(1)無期初存貨

(2)期末存貨由銷貨成本轉出：

存貨 (12/31/98)	50,000	
銷貨成本		50,000

1999 年度：

　12 月 31 日調整分錄：

(1)期初存貨轉入銷貨成本：

		50,000	
銷貨成本		50,000	
存貨 (1/1/99)			50,000

(2)期末存貨由銷貨成本轉出:

存貨 (12/31/99)		100,000	
銷貨成本			100,000

(3)記錄存貨跌價損失:

存貨跌價損失		15,000	
備抵存貨跌價			15,000

2.財務報表的表達方法:

	1998 年		1999 年	
資產負債表:				
流動資產:				
存貨	$ 50,000		$100,000	
減: 備抵存貨跌價	(–0–)	$ 50,000	(15,000)	$ 85,000
損益表:				
銷貨收入（假定）		$250,000		$325,000
銷貨成本:				
期初存貨	$ –0–		$ 50,000	
進貨（假定）	200,000		235,000	
商品總額	$200,000		$285,000	
期末存貨	(50,000)		(100,000)	
銷貨成本		(150,000)		(185,000)
銷貨毛利		$100,000		$140,000
各項費用（假定）		(50,000)		(65,000)
存貨跌價損失		–0–		(15,000)
稅前淨利		$ 50,000		$ 60,000

三、兩種會計處理方法的比較

　　兩種不同的會計處理方法，均產生相同的損益及總資產數字，只是分錄及財務報表的內容不同而已。應予說明者，約有下列三點：

　　1.在直接抵減存貨方法之下，期末時存貨帳戶的數字，係按成本與市價孰低法所確定的數字，直接記入存貨（期末）帳戶，並轉列報於財務報表內；俟下期時，上項根據成本與市價孰低法所決定的期末存貨數字，又轉列為下期的期初存貨；因此，在直接抵減存貨帳戶方法之下，期初與期末存貨，均按成本與市價孰低法所確定的數字為準。

　　2.在設置「備抵存貨跌價」帳戶方法之下，期末時存貨帳戶的數字，以及財務報表內所表達的存貨及銷貨成本數字，均以實際的成本為準，至於成本低於市價（重置成本）的部份，另分開列為「存貨跌價損失」及「備抵存貨跌價」，並分別列報於損益表與資產負債表內。

　　3.採用成本與市價孰低法時，不論採用直接抵減存貨帳戶法或設置「備抵存貨跌價」帳戶法，均將存貨的取得成本，其中一部份因存貨跌價而認定為發生年度的損失，剩餘部份則列為出售年度的銷貨成本；因此，在應用成本與市價孰低法時，為確定其對某特定年度的影響情形，必須同時考慮其期初及期末存貨。設如上述華民公司於西元 2000 年 12 月 31 日，擁有存貨成本為$150,000，市價（重置成本）為$130,000，存貨跌價損失為$20,000；該公司於應用成本與市價孰低法時，為確定其對 2000 年度損益的影響，應同時考慮其期初及期末存貨；蓋 1999 年度認定存貨跌價損失$15,000 時，也抵減相同數額的期末存貨，俟次年度時，期初存貨也已減少$15,000，致增加 2000 年度的盈餘$15,000；又 2000 年 12 月 31 日發生存貨跌價損失$20,000，使當年度盈餘減少$20,000；因此，期初與期末存貨對當年度損益的影響淨額為$5,000 ($20,000 − $15,000)。在

直接抵減存貨帳戶方法之下，2000 年 12 月 31 日期末會計處理方法與財務報表的表達方法，與 1999 年度完全相同，資產負債表的存貨項下列報 $130,000；損益表的期初與期末存貨也分別按$85,000 及$130,000 加減銷貨成本，其影響當年度損益淨額為$5,000 [($150,000 − $130,000)−($100,000 − $85,000)]。在採用「備抵存貨跌價」帳戶方法時，其結果也相同，只是內容不同而已；茲列示其會計處理如下：

2000 年度：

12 月 31 日調整分錄：

⑴期初存貨轉入銷貨成本：

銷貨成本	100,000	
存貨 (1/1/2000)		100,000

⑵期末存貨由銷貨成本轉出：

存貨 (12/31/2000)	150,000	
銷貨成本		150,000

⑶記錄存貨跌價損失：

存貨跌價損失	5,000	
備抵存貨跌價		5,000

俟 2000 年 12 月 31 日編製資產負債表時，存貨先按成本列報$150,000，再抵減備抵存貨跌價$20,000（1999 年度$15,000 加 2000 年度$5,000），淨額為$130,000；至於損益表項下，則列報存貨跌價損失$5,000。

13–3　存貨跌價回升的會計處理

存貨於以前年度發生下跌現象，並已認定其跌價損失後，如於續後

年度回升時，應就以前年度認定損失的範圍內，承認存貨跌價回升之利益。

　　為說明存貨跌價回升的會計處理方法，茲假定上述華民公司於 2000 年 12 月 31 日擁有存貨成本$150,000，惟其市價（重置成本）為$160,000；茲分別就直接抵減存貨帳戶法與設置備抵存貨跌價帳戶法，說明其存貨跌價回升的會計處理如下：

一、直接抵減存貨帳戶

　　1.期末時會計處理方法：

　2000 年度：

　　12 月 31 日調整分錄：

　⑴期初存貨轉入銷貨成本：

銷貨成本	85,000	
存貨 (1/1/2000)		85,000

　⑵期末存貨由銷貨成本轉出

存貨 (12/31/2000)	150,000	
銷貨成本		150,000

　　2.財務報表的表達方法：

資產負債表:		
流動資產:		
存貨		$ 150,000
損益表:		
銷貨收入（假定）		$ 405,000
銷貨成本:		
期初存貨	$　85,000	
進貨（假定）	305,000	
商品總額	$ 390,000	
期末存貨	(150,000)	
銷貨成本		(240,000)
銷貨毛利		$ 165,000
各項費用（假定）		(80,000)
稅前淨利		$　85,000

在直接抵減存貨法之下，2000 年度存貨跌價回升之利益，僅就 1999 年度已認定存貨跌價損失$15,000 的範圍內，承認其跌價回升之利益，以符合在成本與市價孰低法之下，「存貨價值不得超過成本」的原則。

二、設置備抵存貨跌價帳戶

　1.期末時會計處理方法:

　2000 年度:

　　12 月 31 日調整分錄:

　⑴期初存貨轉入銷貨成本:

　　　銷貨成本　　　　　　　　　　　　　100,000
　　　　存貨 (1/1/2000)　　　　　　　　　　　　　100,000

　⑵期末存貨由銷貨成本轉出:

存貨 (12/31/2000)　　　　　　　　150,000
　　銷貨成本　　　　　　　　　　　　　　　　150,000

⑶認定存貨跌價回升之利益：

備抵存貨跌價　　　　　　　　　15,000
　　存貨跌價回升利益　　　　　　　　　　　15,000

2.財務報表的表達方法：

　資產負債表：
　　流動資產：
　　　存貨　　　　　　　　　　　$ 150,000
　損益表：
　　銷貨收入（假定）　　　　　　$ 405,000
　　銷貨成本：
　　　期初存貨　　　　$ 100,000
　　　進貨（假定）　　　 305,000
　　　商品總額　　　　$ 405,000
　　　期末存貨　　　　 (150,000)
　　　銷貨成本　　　　　　　　　　 (255,000)
　　銷貨毛利　　　　　　　　　　$ 150,000
　　各項費用（假定）　　　　　　　 (80,000)
　　存貨下跌回升利益　　　　　　　　15,000
　　稅前淨利　　　　　　　　　　$　85,000

　　在設置「備抵存貨跌價」帳戶法之下，亦如同直接抵減存貨帳戶法一樣，僅就 1999 年度認定存貨跌價損失$15,000 的限度內，借記「存貨跌價回升利益」，使與「備抵存貨跌價」帳戶相互沖銷；因此，資產負債表的存貨項下，按存貨成本列帳，已無「備抵存貨跌價」帳戶存在；至於「存貨跌價回升利益」$15,000，則分開列報於當年度的損益表內。

13-4 對成本與市價孰低法的評論

吾人對於成本與市價孰低法,具有下列四點評論:

一、成本與市價孰低法符合保守原則

在成本與市價孰低法之下,當存貨市價(重置成本)下跌時,顯示存貨的效益業已減少,其產生收入的能力也已降低,應將存貨成本減低至市價水準,並認定其跌價損失;反之,當存貨市價上升時,不預計未實現的利益;由此可知,成本與市價孰低法,完全以傳統會計的保守(穩健)原則為出發點,寧預計可能發生的損失,勿預計未實現的利益。故成本與市價孰低法對於存貨的評價,就穩健的觀點而言,頗能符合一般企業的要求,並能廣泛被接受。

二、成本與市價孰低法不違反一致原則

很多反對成本與市價孰低法的會計人士認為,當成本低於市價時,則以成本為存貨的評價基礎;反之,當成本高於市價時,則改按市價為評價基礎,顯然違反會計上的一致原則。吾人對於此項似是而非的評論,實不敢苟同;蓋不論選用任何一種會計處理方法,只要該項方法符合一般公認的會計原則,其方法一經選用後,如續後各期間繼續使用,不予改變,即不違反會計上的一致原則。

三、成本與市價孰低法的下限因正常利潤不易確定而受影響

在應用成本與市價孰低法時,如成本低於市價(重置成本)時,應放棄成本原則,改按市價評價;惟(1)市價不應超過淨變現價值(上限);

(2)市價不應低於淨變現價值減正常利潤後之淨額（下限）。然而，企業的正常利潤難以確定，必將影響成本與市價孰低法的應用。

四、成本與市價孰低法不得因報稅目的與後進先出法併用

我國稅法規定，凡企業因報稅目的而採用後進先出法計算存貨成本時，不得再應用成本與市價孰低法評定存貨價值，美國稅法也有相同的規定；蓋此項規定寓有限制取巧之意，否則於物價上漲時期，採用後進先出法固能享受低稅額的利益，復於物價下跌時期，採用成本與市價孰低法，以較低的市價（重置成本）為存貨價值的評價基礎，將存貨成本減低至市價水準，並認定為當期的存貨跌價損失，達成其抑低淨利以減輕稅款之目的。

美國稅法更嚴格規定，當物價下跌時，凡採用成本與市價孰低法以減低存貨成本至市價水準者，必須應用逐項比較法為準。如因存貨過時而抵減其成本至市價水準者，以發生於同年度為限。

13-5　毛利率法概述

一、毛利率法的意義

企業如因特殊情況，例如發生水災、火災、或其他不可抗拒的災難，導致帳冊簿籍滅失，使成本計算困難，或因企業內部管理之目的，可採用毛利率法 (gross margin method)，以評估期末存貨的價值。

毛利率法係假定企業的毛利，在連續數年內，大致是相同的，故以過去數年的平均毛利率，用來估計當年度期末存貨的價值。因此，毛利率法並非一般公認的會計原則，僅能作為內部管理之用，不得作為對外財務報表應用的基礎。

毛利率法係根據下列公式求得：

∵ 期初存貨 ＋ 進貨淨額 － 期末存貨 ＝ 銷貨成本

∴ 期初存貨 ＋ 進貨淨額 － 銷貨成本 ＝ 期末存貨 ⋯⋯⋯⋯⋯(1)

又　銷貨淨額 － 銷貨成本 ＝ 銷貨毛利

∴ 銷貨成本 ＝ 銷貨淨額 － 銷貨毛利 ⋯⋯⋯⋯⋯⋯⋯⋯⋯⋯⋯(2)

將(2)式代入(1)式:

∴ 期初存貨 ＋ 進貨淨額 －（銷貨淨額 － 銷貨毛利）＝ 期末存貨

茲設下列資料:

	借　方	貸　方
銷貨收入		$100,000
銷貨退回及折讓	$ 5,000	
期初存貨	10,000	
進貨	80,000	
進貨退出及折讓		2,000
進貨運費	4,000	

另悉過去數年平均毛利率為銷貨之 40%。

茲列示採用毛利率法時對期末存貨的估計如下:

期初存貨		$10,000
加: 進貨淨額:		
進貨	$ 80,000	
加: 進貨運費	4,000	
	$ 84,000	
減: 進貨退出及折讓	2,000	82,000
可銷商品總額		$92,000
減: 估計銷貨成本:		
銷貨收入	$100,000	
減: 銷貨退回及折讓	5,000	
銷貨淨額	$ 95,000	
減: 估計銷貨毛利:		
$95,000 × 40%	38,000	57,000
估計期末存貨		$35,000

二、銷貨標高率與成本標高率

對於毛利率的計算，理論上有下列二種方式：(1)銷貨標高率，(2)成本標高率。

1.**銷貨標高率** (mark up on sales)：所謂銷貨標高率，乃指毛利係按銷貨收入為標價的基礎，亦即標高率係以毛利除銷貨收入計算而得；如改按公式表示，可列示如下：

$$銷貨標高率 = \frac{毛利}{銷貨收入}$$

例如某項商品的銷貨收入為$100，銷貨成本$60，則毛利為$40；銷貨標高（毛利）率為 40%。

	金　額	百分比 (%)
銷貨收入	$100	100
銷貨成本	60	60
毛利	$ 40	40

$$銷貨標高率 = \frac{\$40}{\$100}$$
$$= 40\%$$

2.**成本標高率** (mark up on cost)：所謂成本標高率，乃指毛利係按成本為標價的基礎，亦即標高率係以毛利除銷貨成本計算而得；如改用公式表示，可列示如下：

$$成本標高率 = \frac{毛利}{銷貨成本}$$

	金　　額	百分比 (%)
銷貨	$100	$166\frac{2}{3}$
銷貨成本	60	100
毛利	$ 40	$66\frac{2}{3}$

$$成本標高率 = \frac{\$40}{\$60}$$

$$= 66\frac{2}{3}\%$$

如已知成本標高率，求銷貨標高率時，可代入下列公式：

銷貨標高率 = 成本標高率÷(1 + 成本標高率)

代入上例：

$$銷貨標高率 = 66\frac{2}{3}\% \div (1 + 66\frac{2}{3}\%)$$

$$= 40\%$$

若已知銷貨標高率，欲求成本標高率時，可代入下列公式：

成本標高率 = 銷貨標高率÷(1 − 銷貨標高率)

代入上例：

$$成本標高率 = 40\% \div (1 - 40\%)$$

$$= 66\frac{2}{3}\%$$

三、兩種以上商品具有不同毛利率的情況

企業所經營的產品，一般情形都超過二種以上，如其毛利率彼此不

同，在應用毛利率法估計期末存貨時，應分開計算，以避免因合併計算
所造成的偏差。

茲設有下列各項資料：

甲商品訂價可獲得毛利 20%

乙商品訂價可獲得毛利 40%

上年度甲乙兩種商品平均毛利率 25%

存貨計算表——毛利法

	甲商品	乙商品	合　計
期初存貨	$ 10,000	$ 40,000	$ 50,000
進貨	90,000	160,000	250,000
可銷商品總額	$100,000	$200,000	$300,000
減：銷貨成本估計數：			
銷貨淨額	$ 80,000	$170,000	$250,000
減：銷貨毛利估計數：			
$80,000 × 20%	16,000	–	16,000
$170,000 × 40%	–	68,000	68,000
	$ 64,000	$102,000	$166,000
期末存貨估計數	$ 36,000	$ 98,000	$134,000

如將上述資料合併計算，則存貨估計的數字如下：

期初存貨	$ 50,000
進貨	250,000
可銷商品總額	$300,000
減：銷貨成本估計數：	
銷貨淨額	$250,000
減：銷貨毛利估計數$250,000 × 25%	62,500
銷貨成本估計數	$187,500
期末存貨估計數	$112,500

由此可知，以上年度平均毛率綜合估計期末存貨時，致發生偏差 $21,500 ($134,000 − $112,500)。蓋上年度平均毛利率為 25%，而本年度平均毛利率為 33.6%，其計算如下：

銷貨	$250,000	100%
銷貨成本	166,000	
毛利	$ 84,000	33.6%

由上述計算顯示，其所以發生偏差的原因，在於使用不同的平均毛利率所致，其計算如下：

$$250,000 \times (33.6\% - 25\%) = $21,500$$

因此，當企業經營二種以上的產品，而每一種產品的毛利率均不相同，於採用毛利率法以估計期末存貨時，應放棄過去平均毛利率，而改按目前個別產品的毛利率分開計算，才不至於發生偏差。

四、後進先出法對毛利率法的影響

若干企業，於採用後進先出法之餘，復應用毛利率法以估計期末存貨的價值，此時應特別注意。蓋毛利率法係以毛利率估計期末存貨的價值；惟當某一期間的銷貨大於進貨，使期末存貨小於期初存貨；在物價上漲的情況下，由於銷貨成本採用較低的期初存貨，促使毛利率增高；反之，在物價下跌的情況下，由於銷貨成本採用較高的期初存貨成本，促使毛利率下降。毛利率上升或下降，必然影響下期以毛利率法估計期末存貨的正確性。

設某公司過去數年的毛利率均為 40%，並假定下列資料：

銷貨　6,000 單位 @20		$120,000
銷貨成本:		
期初存貨:　2,000 單位　@6.00	$12,000	
進貨:　5,000 單位　@12	60,000	
可銷商品總額	$72,000	
減: 期末存貨: 1,000 單位　@6.00	6,000	66,000
毛利		$ 54,000

　　毛利率由 40% 增至 45% ($54,000 ÷ $120,000)，必將影響下年度期末存貨的價值。茲列示其計算如下:

期初存貨:　1,000 單位　@6.00		$ 6,000
進貨:　5,000 單位　@12.00		60,000
可銷商品總額		$66,000
減: 估計銷貨成本:		
銷貨:　5,000 單位　@20	$100,000	
減: 估計銷貨毛利 45%	45,000	55,000
估計期末存貨價值		$11,000

惟在後進先出法之下，其期末存貨成本如下:

期末存貨數量單位:　1,000 + 5,000 − 5,000 =	1,000
單位成本	@6
期末存貨成本	$6,000

　　期末存貨的估計價值與成本之間相差$5,000 ($11,000 − $6,000)，係由於毛利率自 40% 增加到 45% 的結果，其計算如下: $100,000 × (45% − 40%) = $5,000。

五、毛利率法的應用

毛利率法通常可應用於下列各種特殊情況:

1.存貨如因遭遇水災、火災、或其他意外災害等,致帳冊簿籍滅失,成本計算困難時,可應用毛利率法以估計存貨損失的數額。

2.查帳人員可應用毛利率法核對存貨的價值;如財務報表內存貨價值高於毛利率法所求得數字,除非有足夠的理由能確定其增加之原因,否則查帳人員應認為存貨可能被溢計;反之,存貨亦可能被少計。

3.企業如必須編製期中財務報表或內部使用的財務報表時,可應用毛利率法估計期末存貨的價值,不必實地盤點存貨,可節省很多人力與物力。

4.會計人員如發現期末存貨的價值,與經常年度的存貨價值相差過甚時,可應用毛利率法加以驗證。

5.企業於編製銷貨預算時,可應用毛利率法估計銷貨成本、毛利、及其他相關的預算數字,以完成總體預算的編製工作。

設某公司 19A 年 12 月 31 日,存貨未經盤點即被火燒毀,帳上有關資料如下:

期初存貨	$ 20,000
進貨	180,000
進貨退出及折讓	10,000
銷貨收入	220,000
平均毛利率	25%

另悉存貨之中,有一部份未被火災波及,其售價為$4,000;又已知被火燒毀的存貨殘值,經出售後得款$2,000,估計存貨的損失如下:

商品總額: $20,000 + $180,000 − $10,000　　　　　　　　　　$190,000
減: 估計銷貨成本:
　　銷貨淨額　　　　　　　　　　　　　　　　$220,000
　　減: 銷貨毛利: $220,000 × 25%　　　　　　　55,000　　165,000
估計期末存貨　　　　　　　　　　　　　　　　　　　　　　$ 25,000
減: 未被火燒毀的存貨成本: $4,000 × 75% ＝　　$　3,000
　　毀損存貨的變現價值　　　　　　　　　　　　 2,000　　　 5,000
發生火災損失估計數　　　　　　　　　　　　　　　　　　　$ 20,000

13–6　零售價法概述

一、零售價法的意義

　　若干特殊行業, 例如百貨公司、超級市場、及其他經營多樣化商品之零售業, 可視實際需要採用零售價法評估期末存貨的價值。至於製造業者所購進的原料及零組件, 通常種類繁多, 因不必標價出售, 故不適合採用零售價法。

　　所謂零售價法 (retail inventory method) 係按目前成本與零售價的比率關係, 用於估計期末存貨的價值。當某部門或某公司所經營的各種產品, 其加價 (mark-up) 比率大體上均相同, 而且商品於購入後立即標價時, 最適合採用零售價法。

　　採用零售價法時, 對於與存貨計算有關的各項目, 必須同時記錄其成本及零售價的資料, 據以計算其相互間的比率關係。因此, 零售價與實際成本的比率關係, 一般稱為成本率 (cost ratio), 根據此項成本率, 配合期末存貨的計算公式, 據以推算期末存貨的價值。

　　在應用零售價法時, 必須提供下列有關資料: (1)銷貨收入; (2)期初存貨成本與零售價; (3)進貨成本與零售價; (4)原始零售價的調整項目, 包括加價、加價取銷、減價、減價取銷; (5)其他調整項目: 包括進貨運

費、進貨退回、進貨折讓、銷貨退回、銷貨折讓、特殊損失項目、及員工折扣等。

採用零售價法，係根據下列基本公式求得：

> 期初存貨（零售價）＋ 本期進貨（零售價）
> － 期末存貨（零售價）＝ 銷貨

移項得：

> 期初存貨（零售價）＋ 本期進貨（零售價）－ 銷貨
> ＝ 期末存貨（零售價）
> 期末存貨（零售價）× 成本率* ＝ 期末存貨（成本）
> *成本率 ＝ 成本 ÷ 零售價

上列基本公式係計算成本率最簡單的情形，如決定成本率的因素比較複雜時，應以下列公式計算：

> 成本率 ＝ 成本 ÷（零售價 ＋ 調整數）

零售價法與毛利率法的最大區別，在於毛利率法係以過去的毛利率來估計期末存貨，而零售價法則以當期實際成本率為計算基礎，而非已過時的比率；因此，以零售價法為基礎的對外財務報告，仍然可以被接受。

二、零售價法的應用

零售價法在應用上，可視實際需要而選用下列二種方法之一：

1.不實地盤點存貨：零售價法係以當期實際成本與零售價的比率關係，作為計算期末存貨的基礎；因此，只要平時記錄各有關項目的成本與零售價資料，則任何時日，不必實地盤點存貨，僅根據帳面數字，即

可計算期末存貨的價值。應用此種方式，既簡捷又方便，對於存貨的控制及進貨決策的釐訂，功效卓著。

茲列示其計算釋例如下：

	成　本	零售價
期初存貨	$ 20,000	$ 30,000
進貨	100,000	156,000
進貨運費	10,000	
進貨退出及折讓（*減項）	4,000*	6,000*
	$126,000	$180,000

（成本率 = $126,000 ÷ $180,000 = 70%）

銷貨收入		120,000
估計期末存貨（零售價）		$ 60,000
估計期末存貨（成本）：$60,000 × 70%	$ 42,000	

2.實地盤點存貨：企業為避免逐筆核對進貨發票成本數字的繁重工作，或由於帳務處理錯誤，使存貨的帳面價值與實際數字發生不符現象時，可實際盤點存貨數字，再按成本與零售價的比率關係，用於評定期末存貨的成本數字。

茲以實例列示其計算如下：

	成　本	零售價
成本率的計算：		
期初存貨	$ 12,000	$ 17,000
進貨	110,000	190,000
進貨運費	3,000	
進貨退出及折讓（*減項）	5,000*	7,000*
	$120,000	$200,000

（成本率 = $120,000 ÷ $200,000 = 60%）

期末存貨成本的計算：

實地盤點存貨的零售價	$60,000
成本率	60%
期末存貨（成本）	$36,000

三、原始零售價的調整項目

企業為配合各種經濟環境的變化，或為符合消費者的需要，或為適應市場因素的變化，必須靈活地考量下列各項零售價的調整因素：

1.原始加價 (original mark-up)：原始加價係指原始零售價與成本的差額；原始加價可用金額表示之，亦可按售價或成本的百分率表示之。至於原始零售價 (original retail) 乃商品第一次所訂定的零售價。

2.加價(mark-up)：將標價提高至原始零售價之上，其超過的部份，即稱為加價，亦稱為再加價 (additional mark-up)。

3.加價取銷 (mark-up cancellations)：係指取銷加價的一部份或全部，但加價取銷後的零售價，仍然不低於原始零售價。

4.淨加價 (net mark-up)：係指加價減加價取銷後的淨額。

5.減價(mark-down)：係指將零售價減低至原始零售價以下。

6.減價取銷 (mark-down cancellations)：係指取銷減價的一部份或全部，但減價取銷後的零售價，仍然不高於原始零售價。

7.淨減價 (net mark-down)：係指減價扣除減價取銷後的淨額。

茲列示其釋例如下：

成本	$100
原始加價	40
原始零售價	$140
加價	20
	$160
加價取銷	(10)
	$150
零售價再減$25，包括:	
加價取銷	(10)
	$140
減價	(15)
	$125
減價取銷	5
	$130

由上述資料可知:

淨加價＝加價 － 加價取銷

$$= \$20 - (\$10 + \$10)$$

$$= 0$$

淨減價＝減價 － 減價取銷

$$= \$15 - \$5$$

$$= \$10$$

標高總額 (mark-on)＝原始零售價 ＋ 淨加價 － 成本

$$= \$140 + 0 - \$100$$

$$= \$40$$

最後零售價 (final retail)＝成本 ＋ 原始加價 ＋ 淨加價 － 淨減價

$$= \$100 + \$40 + 0 - \$10$$

$$= \$130$$

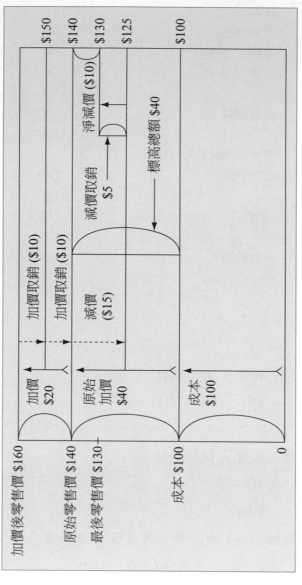

圖 13-1

四、成本率的計算包括淨加價而不包括淨減價

　　傳統會計上，應用零售價法以計算期末存貨的目的，在於將存貨按目前零售價格出售後，能產生正常的毛利，並預計經由零售價法所求得的期末存貨價值，俾符合傳統的保守原則。零售價法的重心在於成本率的計算，而成本率的高低可以決定期末存貨的多寡；基於保守（穩健）原則，傳統零售價法對於成本率的計算，僅包括淨加價而不包括淨減價。成本率的求法如下：

$$成本率 = \frac{成本（期初存貨 + 進貨淨額）}{零售價（期初存貨 + 進貨淨額）+ 淨加價}$$

　　由上述計算公式可知，分母包括淨加價時，成本率將降低，期末存貨亦隨成本率的降低而減少，而符合穩健原則；因此，成本率的計算應包括淨加價。

　　又傳統的零售價法，在計算成本率的公式中，分母不包括淨減價；蓋包括淨減價後，成本率將升高，期末存貨亦隨而增加，不能符合穩健原則，因此，成本率的計算，不包括淨減價。

　　設有下列資料：

	成　本	零售價
期初存貨	$ 6,000	$ 9,000
進貨淨額	63,000	89,000
加價		2,250
加價取銷		250
減價		6,000
減價取銷		1,000
銷貨收入		85,000

茲根據上列資料，列示零售價法的計算方法如下：

	成　本	零售價
期初存貨	$ 6,000	$ 9,000
進貨淨額	64,000	89,000
加價		2,250
加價取銷		(250)
可銷售商品總額	$70,000	$100,000

（成本率 $= \dfrac{\$70,000}{\$100,000} = 70\%$）

減價		(6,000)
減價取銷		1,000
減價後可銷售商品總額		$ 95,000
銷貨收入		85,000
期末存貨（零售價）		$ 10,000
期末存貨（成本）：$10,000 × 70% =	$ 7,000	

五、零售價的其他調整項目

下列各項目，將會影響零售價法的計算，特予說明如下：

1.進貨運費：進貨運費乃進貨成本之一，應予加入進貨成本內，惟不包括於進貨零售價項下。

2.進貨退出：進貨退出應與進貨折讓分開，為進貨帳戶的抵銷帳戶之一，應按其成本與零售價，分別從進貨成本與零售價項下抵減之。

3.進貨折讓：進貨時所獲得的折讓，僅減少進貨成本，故僅由進貨成本項下抵減之。進貨折讓乃進貨尾數的讓免，至於進貨折扣通常係提前付現的現金折扣，也應作為進貨成本的減項；如將進貨折扣列為其他收入時，則進貨應按總額列示，進貨折扣不應包括在內。

4.意外損失項目：凡由於火災、水災、或盜竊致存貨發生損失時，其成本與零售價應分別自商品總額的成本及零售價項下分別抵減之。

5.銷貨退回: 銷貨退回應與銷貨折讓分開,為銷貨收入的抵銷帳戶之一,其零售價應從銷貨收入項下抵減之。如銷貨退回後又放回倉庫,準備下次再予出售時,由於其成本已包括於進貨帳戶內,故其成本不必抵減;如由於商品損壞致發生退回的情形,退回後已無法存入倉庫待售,在此種情況下,其零售價除由銷貨收入項下抵減外,其原取得成本也應由期末存貨的成本項下扣減。

6.銷貨折讓: 銷貨時給予顧客的折讓,為銷貨收入的抵銷帳戶,僅就零售價部份抵減銷貨收入即可。

7.員工折扣: 凡企業按低於正常售價賣給員工的折扣,應自銷貨收入項下抵減之。

8.正常損壞品: 係指在正常情況下,不可避免的損壞品或瑕疵品之零售價格,例如存貨儲存時的自然縮減,或搬運時的破損等,致減少期末時可供銷售的數額,故應自零售價項下扣除。正常損壞品成本,為正常營業成本之一,一般於訂價時已涵蓋於售價之內,此與意外損失不同,前者僅由零售價項下抵減,後者成本與零售價均應抵減。

茲另設一釋例,列示以上各項目在零售價法下的計算方式:

	成　　本	零　售　價
期初存貨	$ 30,000	$ 55,000
進貨	328,200	541,600
進貨運費(1)	5,500	–
進貨退出(2)	(2,800)	(4,600)
進貨折讓(3)	(400)	–
淨加價	–	3,000
意外損失項目*(4)	(18,500)	(25,000)
合計	$342,000	$570,000

（成本率 $= \dfrac{\$342,000}{\$570,000} = 60\%$）

減:

銷貨總額	$426,300	
銷貨退回（再放回倉庫待售）(5)	(6,000)	
銷貨折讓(6)	(300)	
銷貨淨額		(420,000)
員工折扣(7)		(1,000)
淨減價		(16,000)
正常損壞品(8)		(3,000)
期末存貨（零售價）		$130,000
期末存貨（成本）：$130,000 × 60% =	$ 78,000	

*意外損失發生時的分錄，可能情形如下：

現金	6,500	
意外損失（火災損失）	12,000	
進貨（或銷貨成本）		18,500

13-7　避免零售價法應用上的偏差

一、零售價法以平均成本率為計算期末存貨的基礎

　　零售價法適用於百貨公司、超級市場、及其他經營多樣化商品的零售業，前已述及；其所以然者，蓋此等企業所經營的商品種類繁多，盤點不易，故可應用當期成本與零售價的比率關係，以估計其期末存貨價值。

　　茲設某公司僅經營甲、乙兩種商品，其平均成本率可計算如下：

$$平均成本率 = \frac{甲商品總額（期初存貨 + 進貨）成本 +}{甲商品總額（期初存貨 + 進貨）零售價 +}$$

$$\frac{乙商品總額（期初存貨 + 進貨）成本}{乙商品總額（期初存貨 + 進貨）零售價}$$

甲（乙）商品期末存貨成本 = 甲（乙）商品期末存貨零售價 × 平均成本率

由上述說明可知，採用零售價法以計算甲、乙兩種商品的期末存貨
成本，只有在下列條件之下，才能求得正確的結果：甲、乙兩種商品的
個別商品總額（期初存貨＋進貨淨額）及期末存貨，在合計數中所佔比
例皆相同。

茲假設下列有關資料：

每單位	甲商品	成本率	乙商品	成本率
銷貨	$100		$50	
成本	60	60%	30	60%
毛利	$ 40		$20	

	甲商品 （成本率：60%）		乙商品 （成本率：60%）		合　計 （平均成本率：60%）	
	成　本	零售價	成　本	零售價	成　本	零售價
商品總額	$18,000	$30,000	$9,000	$15,000	$27,000	$45,000
銷貨收入		24,000		12,000		36,000
期末存貨零售價		$ 6,000		$ 3,000		$ 9,000

商品總額：

金額——零售價	$30,000	$15,000	$45,000
百分比	$66\frac{2}{3}\%$	$33\frac{1}{3}\%$	100%

期末存貨：

金額——零售價	$ 6,000	$ 3,000	$ 9,000
百分比	$66\frac{2}{3}\%$	$33\frac{1}{3}\%$	100%

由以上的計算可知甲、乙兩種商品，在商品總額及期末存貨中，所
佔的比率均相同，故由平均成本率所計算的期末存貨價值，將不至於發
生偏差；此一事實，可由下列計算獲得證明：

應用平均成本率：

$9,000 × 60% $5,400

應用個別比率：

$6,000 × 60% $3,600

$3,000 × 60% 1,800 $5,400

二、採用零售價法應避免下列情況發生

零售價法係以平均成本率為計算期末存貨的基礎；如一企業有下列情況存在時，採用零售價法將導致偏差的後果。

1.企業各零售部門的成本率不一致時：設某公司有甲、乙兩個零售部門，其成本率不一致，如該公司採用零售價法，並以甲、乙兩個零售部門的平均成本率為基礎時，將導致計算上的偏差。

	甲部門 (成本率：60%)		乙部門 (成本率：70%)		合　計 (平均成本率：$66\frac{2}{3}$%)	
	成　本	零售價	成　本	零售價	成　本	零售價
商品總額	$30,000	$50,000	$70,000	$100,000	$100,000	$150,000
銷貨		40,000		90,000		130,000
期末存貨零售價		$10,000		$ 10,000		$ 20,000

上列計算顯示高成本率及低成本率的商品，在商品總額及期末存貨中，所佔的比率均不相同，其計算如下：

成本率	60%	70%	合　計
商品總額（零售價）	$50,000	$100,000	$150,000
百分比	$33\frac{1}{3}\%$	$66\frac{2}{3}\%$	100%
期末存貨（零售價）	$10,000	$ 10,000	$ 20,000
百分比	50%	50%	100%

在此種情況之下，應按部門別分別計算其期末存貨如下：

$$\text{甲部門存貨成本: } \$10,000 \times 60\% = \$6,000$$
$$\text{乙部門存貨成本: } \$10,000 \times 70\% = \underline{7,000} \quad \$13,000$$

如果係按平均成本率計算時，則期末存貨將發生偏差，其計算如下：

$$\$20,000 \times 66\frac{2}{3}\% \text{（平均成本率）} = \underline{\$13,333.33}$$

2.具有特價品存在時：企業所經營的商品之中，如有特價品存在時，由於特價品的利潤較低，成本率相對提高，倘若任其與正常商品平均計算時，將造成成本率偏高的現象。

設某公司經營正常商品之外，另有特價品存在，其有關資料如下：

	特價品 （成本率：90%）		正常商品 （成本率：60%）		合　計 （平均成本率：67.5%）	
	成　本	零售價	成　本	零售價	成　本	零售價
商品總額	$9,000	$10,000	$18,000	$30,000	$27,000	$40,000
銷貨		9,000		21,000		30,000
期末存貨零售價		$ 1,000		$ 9,000		$10,000

由上述可知特價品與正常商品，在商品總額及期末存貨中，所佔比例不同如下：

	90%	60%	合　計
商品總額（零售價）	$10,000	$30,000	$40,000
百分比	25%	75%	100%
期末存貨（零售價）	$ 1,000	$ 9,000	$10,000
百分比	10%	90%	100%

以平均成本率為計算期末存貨成本時，將發生偏差如下：

$10,000 × 67.5%（平均成本率）		$6,750
個別計算時：		
$1,000 × 90%	$ 900	
$9,000 × 60%	5,400	$6,300

3.採用零售價法的時間不能配合商品標價的時間：採用零售價法以計算期末存貨的時間，如不能配合商品標價的時間，則計算所得的期末存貨成本，必不可靠。

	成　本	零售價
上半年：		
期初存貨	$ 60,000	$100,000
進貨	240,000	400,000
合計	$300,000	$500,000
（成本率：$300,000 ÷ $500,000 ＝ 60%）		
銷貨收入		420,000
期末存貨（零售價）		$ 80,000
期末存貨（成本）：$80,000 × 60% ＝$48,000		
下半年：		
期初存貨	$ 48,000	$ 80,000
進貨	302,000	400,000
加價	–	20,000
合計	$350,000	$500,000
（成本率：$350,000 ÷$500,000 ＝ 70%）		

銷貨收入		400,000
期末存貨（零售價）		$100,000

期末存貨（成本）：$100,000 × 70% = $70,000

如每年計算存貨一次時，其結果如下：

	成　本	零售價
期初存貨	$ 60,000	$100,000
進貨	542,000	800,000
加價	–	20,000
合計	$602,000	$920,000

（成本率：$602,000 ÷ $900,000 = $66\frac{8}{9}$%）

銷貨收入		820,000
期末存貨（零售價）		$100,000

期末存貨（成本）：$100,000 × $66\frac{8}{9}$% = $66,888.89

　　在上列計算中，以下半年的成本率 70% 作為計算期末存貨成本的基礎，因時間上比較接近期末，較能配合標價的時間，所求得的結果也比較接近實際情形。如以全年度平均成本率 66.89% 為計算期末存貨成本的基礎時，由於時間上比較遠一些，無法密切配合標價的時間，使平均成本率受上半年度成本率的影響，不盡理想，導致若干偏差。

　　因此，在一年之中，如成本率變化不定，則採用零售價法應配合商品標價的時間，比較能獲得符合實際的效果。

13–8　後進先出零售價法

　　後進先出零售價法 (LIFO retail method) 乃後進先出法與零售價法的配合應用。

　　在後進先出法之下，成本率的計算，分開為二項：(1)期初存貨的成

本率; (2)本期進貨的成本率; 前者乃期初存貨的成本, 除以期初存貨的零售價而得; 後者包括本期進貨淨額、淨加價、及淨減價, 其計算公式如下:

$$成本率 = \frac{進貨淨額成本}{進貨淨額零售價 + 淨加價 - 淨減價}$$

期末存貨零售價的計算方法, 仍然與傳統零售價法一樣, 係根據下列公式計算而得:

期末存貨(零售價)= 期初存貨(零售價)+ 進貨淨額(零售價)- 銷貨

當期末存貨零售價轉換為期末存貨成本時, 則依期初存貨與本期進貨的不同層次, 分別乘以不同的成本率。

茲列舉一項釋例計算如下:

	成本	零售價	成本率
期初存貨(a)	$ 24,000	$ 32,000	$ 75%
進貨	$ 78,800	$115,000	
進貨退出	(1,800)	(3,000)	
淨加價		4,000	
淨減價		(6,000)	
合計(b)	$ 77,000	$110,000	70%
商品總額: (a) + (b)	$101,000	$142,000	
減: 銷貨收入 $49,000			
銷貨退回 (1,000)		(48,000)	
期末存貨(零售價)		$ 94,000	
期末存貨(成本):			
期初存貨部份: $32,000 × 75% =	$ 24,000		
本期進貨部份: 62,000 × 70% =	43,400		
合計 $94,000		$ 67,400	

由上述說明可知，後進先出法具有下列各項特性：

　1.依期初存貨與本期進貨的不同層次，分開計算其成本率。

　2.本期進貨成本率的計算，包括本期進貨淨額、淨加價、及淨減價。

　3.期末存貨零售價換算為期末存貨成本時，依期初存貨及本期進貨
的不同層次，分別按不同的成本率，分開計算。

13-9　後進先出幣值零售價法

後進先出幣值零售價法 (dollars-value LIFO retail) 乃零售價法與後
進先出幣值法的配合應用，通常適用於物價起伏波動時期。

在後進先出幣值零售價法之下，對於期末存貨成本的計算，通常包
括下列各項步驟：

⑴將期末存貨轉換為按基期零售價表達的期末存貨；此項轉換係以
期末存貨除以當期物價指數（轉換率）而得之。

⑵確定期初存貨按基期零售價表達的數字。

⑶比較⑴及⑵，以確定存貨按基期零售價表達的實際變化數字。

⑷由上項⑶所求得的數字，如為存貨增加，則將存貨增加的實際變
化數字，乘以當期物價指數（轉換率），使原已轉換為基期零售價表達
的實際增加數，再還原為按當期零售價表達的期末存貨實際增加數。

⑸根據上項⑷所求得的期末存貨增加數字，乘以當期成本率，以計
算新增加層次的存貨成本，並予加入期初存貨成本之內，即可求得後進
先出幣值零售價法的期末存貨成本合計數。

茲列舉一項釋例，並按上述步驟列示其計算如下：

	成　本	零售價	成本率	物價指數 （轉換率）
期初存貨: (a)	$ 54,000	$　　90,000 (2)	60%	1.00
進貨	$693,000	$　960,000		
淨加價		40,000		
淨減價		(10,000)	70%	1.12
進貨加價與減價: (b)	$693,000	$　990,000		
商品總額: (a) + (b)	$747,000	$1,080,000		
減: 銷貨淨額		(968,000)		
期末存貨（零售價）		$　112,000		
期末存貨（按基期零售價表達）:				
$112,000 ÷ 1.12		$　100,000 (1)		
期初存貨（按基期零售價表達）		90,000 (2)		
期末存貨增加數（按基期零售價表達）		$　10,000 (3)		
期末存貨（成本）:				
期末存貨增加數還原為當期零售價:				
$10,000 × 1.12		$　11,200 (4)		
$11,200 × 70%		$　7,840 (5)		
加: 期初存貨成本: $90,000 × 60%		54,000		
期末存貨（成本）合計		$　61,840		

13–10　零售價法的用途

零售價法通常可適用於下列各種情況:

1.企業為編製期中財務報表、進行各項分析、或釐定採購決策的需要，必須獲得存貨的價值，當實地盤點存貨有困難或不經濟時，可應用零售價法估計期末存貨的價值。

2.會計人員為避免逐筆核對進貨發票的繁重工作，可先實地盤點存貨數量，再應用零售價法，計算實地盤點存貨數量的零售價及成本數字。

3.若干特殊行業，例如百貨公司、超級市場、及經營商品繁多的零售業，可應用零售價法估計期末存貨的價值，或作為期中控制存貨、進

貨、加價、及減價的依據。

　　4.零售價法所計算的期末存貨數字，可作為企業編製對外財務報表的根據。

　　5.零售價法所提供的成本資料，亦可作為計算報稅所得的基礎。

　　就美國的情形而言，零售價法已獲得全美零售商公會 (National Retail Merchants Association) 的支持，並經國稅局的核准，可作為編製財務報表及計算報稅所得的根據；惟應用零售價法時，至少要每年一次實地盤點存貨數字，以核對零售價法所計算的存貨數字是否正確，如有錯誤發生時，應及時更正。

本章摘要

企業一般均以取得一項資產所支付的成本，作為評估該項資產價值的根據，此項成本評價基礎，乃長久以來會計上奉行不渝的基本原則。然而，根據第 43 號會計研究公報指出，當一項存貨的成本高於市價（重置成本）時，表示該項存貨的未來效益已減少，產生收入的能力業已降低；此時，對於存貨的評價，應放棄成本基礎，改按市價評價；此處所指的市價，係指重置成本而言，亦即目前購入（製造）相同商品所需之成本。惟市價必須受下列二項限制：(1)市價不應超過淨變現價值（上限）；(2)市價不應低於淨變現價值減正常利潤（下限）。在成本與市價孰低法之下，對於存貨跌價損失應即認定為發生當期的損失；對於存貨帳戶的會計處理，則有二種方法：(1)直接抵減存貨帳戶，亦即存貨帳戶不按成本列帳，改按跌價後的市價列帳，無形中使銷貨成本提高，當期淨利因而減少，另一方面，存貨則按低於成本的市價，列報於資產負債表內；(2)設置「備抵存貨跌價」帳戶，於期末作成調整分錄，借記「存貨跌價損失」，貸記「備抵存貨跌價」帳戶，並將上項評價帳戶，列報於資產負債表的存貨項下，作為抵減項目。存貨於認定其跌價損失後，嗣後如再度回升時，應就已認定損失的範圍內，承認其跌價回升的利益。

為編製財務報表之目的，成本與市價孰低法可配合平均法、先進先出法、後進先出法、及其他成本計算方法使用；惟為計算報稅所得之目的，凡存貨成本的計算，已採用後進先出法者，不得再使用成本與市價孰低法，以限制投機取巧者達成避稅之目的。

毛利率法通常應用於若干特殊情況，例如因水災、火災、或其他意外災害等，致帳冊簿籍滅失，使存貨成本的計算發生困難者；蓋毛利率

法係以過去數年的平均毛利率，作為估計期末存貨的價值，不免產生若干偏差，故此種方法並非為一般公認的會計原則。

　　零售價法通常應用於百貨公司、超級市場、及其他經營眾多商品的零售業者；此法係以目前的實際成本與零售價的比率關係，據以計算期末存貨的價值。零售價法可配合平均法、先進先出法、及後進先出法等存貨成本計算方法，一併使用；當物價起伏波動時期，零售價法也可配合後進先出幣值法使用，遂成為後進先出幣值零售價法。

　　傳統的零售價法，乃零售價法與平均成本法的配合應用，對於成本率的計算，係以期初存貨與本期進貨的平均成本率為計算的根據；本期進貨乃本期進貨淨額加淨加價等，惟不包括淨減價於計算成本率之內。後進先出零售價法對於成本率的計算，分成為二：(1)期初存貨成本率；(2)本期進貨成本率；本期進貨成本率的計算，包括本期進貨淨額、淨加價、及淨減價等；因此，此法對於期末存貨成本的計算，應依期初存貨與本期進貨的不同層次，分開計算。

　　零售價法可分別應用於編製財務報表及計算報稅所得之不同目的；惟在應用零售價法於計算報稅所得時，稅務機關則要求各企業，每年至少一次實地盤點存貨，俾改正零售價法可能發生的偏差。

本章討論大綱

成本與市價孰低法概述 {
　成本與市價孰低法的緣由
　成本與市價孰低法的意義
　成本與市價孰低法對於市價的限制
　成本與市價孰低法的應用

成本與市價孰低法的會計處理 {
　直接抵減存貨帳戶
　設置備抵存貨跌價帳戶
　兩種會計處理方法的比較

存貨跌價回升的會計處理：認定存貨跌價後再度回升時，應就已認定損
　　　　　　　　　　　　失的範圍內，承認其跌價回升的利益。

對成本與市價孰低法的評論 {
　成本與市價孰低法符合保守原則
　成本與市價孰低法不違反一致原則
　成本與市價孰低法的下限因正常利潤
　　不易確定而受影響
　成本與市價孰低法不得因報稅目的與
　　後進先出法併用

毛利率法概述 {
　毛利率法的意義
　銷貨標高率與成本標高率
　兩種以上商品具有不同毛利率的情況
　後進先出法對毛利率法的影響
　毛利率法的應用

零售價法概述 {
　零售價法的意義
　零售價法的應用 {
　　實地盤點存貨
　　不實地盤點存貨
　原始零售價的調整項目
　成本率的計算包括淨加價而不包括淨減價
　零售價的其他調整項目

存貨的其他評價方法

避免零售價法
應用上的偏差 {
零售價法以平均成本率為計算期末存貨的基礎
採用零售價法應避免下列情況發生：
　(1)企業各零售部門的成本率不一致時
　(2)具有特價品存在時
　(3)採用零售價法的時間不能配合商品標價的時間

後進先出零售價法

後進先出幣值零售價法

零售價法的用途

本章摘要

習 題

一、問答題

1. 試述成本與市價孰低法的意義。

2. 成本與市價孰低法在應用上又有那三種方法？試述之。

3. 在成本與市價孰低法之下，對於存貨跌價的會計處理，有那二種不同方法？試詳述之。

4. 銷貨標高率與成本標高率有何不同？

5. 毛利率法何以並非為一般公認的會計原則？

6. 毛利率法通常可應用於何種特殊情況？

7. 原始零售價的調整項目有那些？試述之。

8. 傳統零售價法與後進先出零售價法在應用上有何不同？

9. 如何避免零售價法在應用上的偏差？

10. 試述後進先出幣值零售價法對於期末存貨成本的計算，共有那些步驟？

11. 零售價法通常可適用於那些情況？試述之。

12. 解釋下列各名詞：

　　(1)市價上限與下限 (ceiling & floor of market)。

　　(2)預計正常利潤 (estimated normal profit)。

　　(3)重置成本 (replacement cost)。

　　(4)存貨評價損失 (inventory valuation loss)。

　　(5)備抵存貨跌價 (allowance for inventory)。

　　(6)淨加價 (net mark-up)。

(7)淨減價 (net mark-down)。

(8)成本率 (cost ratio)。

二、選擇題

13.1　當一家公司擬採用成本與市價孰低法，作為期末存貨的評價方法，
　　　並按重置成本列報期末存貨價值時，下列二項說明當中，那一項或
　　　那些項說明是正確的呢？

　　　I.存貨的原始成本低於重置成本。

　　　II.存貨的淨變現價值大於重置成本。

　　　(a)只有 I 是正確的。

　　　(b)只有 II 是正確的。

　　　(c) I 與 II 都是正確的。

　　　(d) I 與 II 都是不正確的。

13.2　存貨價值如按成本與市價孰低法評價時，將偏離下列那一項會計
　　　原則？

　　　(a)成本原則（歷史成本）。

　　　(b)一致原則。

　　　(c)保守原則。

　　　(d)充分表達原則。

13.3　X 公司 19A 年 12 月 31 日之會計年度終了日，甲產品成本為
　　　$27,000，重置成本為$26,000；如將這些存貨繼續加工，另支付完工
　　　成本 $5,000，可銷售$35,000；正常利潤為$9,000。

　　　X 公司採用成本與市價孰低法時，期末存貨的評價基礎應為若干？

　　　(a)$27,000

　　　(b)$26,000

　　　(c)$30,000

(d)$20,000

13.4 A 公司於 1998 年 12 月 31 日，依先進先出法所計算的期末存貨成本為$200,000; 有關存貨的資料如下:

預計銷售價格	$204,000
預計處分成本	10,000
正常利潤（毛利）	30,000
重置成本	180,000

A 公司採用成本與市價孰低法以記錄存貨跌價損失。1998 年 12 月 31 日，A 公司期末存貨的帳面價值應為若干?

(a)$200,000

(b)$194,000

(c)$180,000

(d)$164,000

13.5 B 公司於 1998 年 12 月 31 日，以先進先出法為基礎，實地盤點存貨成本為$130,000，重置成本$100,000; B 公司預計，如將這些存貨再繼續加工，另支付成本$60,000，可製成產品$200,000; 另悉 B 公司的正常利潤為銷貨之 10%。根據成本與市價孰低法，B 公司 1998 年 12 月 31 日，在資產負債表內應列報存貨若干?

(a)$140,000

(b)$130,000

(c)$120,000

(d)$100,000

13.6 一項存貨的原始成本，如同時高於重置成本及淨變現價值; 重置成本又低於淨變現價值減正常利潤後之餘額。在成本與市價孰低法

之下，存貨成本應以下列那一項為評價基礎？

(a)淨變現價值。

(b)淨變現價值減正常利潤。

(c)重置成本。

(d)原始成本。

13.7　一項存貨的原始成本，如同時低於重置成本及淨變現價值；淨變現價值減正常利潤後之餘額，又低於原始成本。在成本與市價孰低法之下，存貨成本應以下列那一項為評價基礎？

(a)重置成本。

(b)淨變現價值。

(c)淨變現價值減正常利潤。

(d)原始成本。

13.8　C 公司的會計記錄含有下列各項資料：

存貨 (1/1/98)	$100,000
進貨: 1998 年度	500,000
銷貨收入: 1998 年度	640,000

1998 年12 月 31 日實地盤點存貨為$115,000；C 公司近年來毛利率均固定維持 25%。茲因公司當局懷疑有人盜竊存貨；請您按毛利法計算 C 公司存貨被盜之金額為若干？

(a)$5,000

(b)$20,000

(c)$35,000

(d)$55,000

13.9　D 公司為編製期中財務報表，乃應用零售價法估計期末存貨價值。

1998 年 7 月 31 日的有關資料如下:

	成　本	零售價
期初存貨 (1/1/98)	$ 360,000	$ 500,000
進貨	2,040,000	3,150,000
淨加價		350,000
銷貨收入		3,410,000
正常損壞品損失		40,000
淨減價		250,000

D 公司1998 年7 月 31 日按傳統的平均成本計算其成本率，其期末存貨應為若干？

(a)$180,000

(b)$192,000

(c)$204,000

(d)$300,000

13.10 在零售價法的演算過程中，下列那一項目，應同時列入計算商品總額的成本與零售價項下？

(a)進貨退出。

(b)銷貨退回。

(c)淨加價。

(d)進貨運費。

13.11 E 公司 1998 年 12 月 31 日，以先進先出零售價法計算期末存貨的有關資料如下:

	成　本	零售價
期初存貨	$ 24,000	$ 60,000
進貨	120,000	220,000
淨加價		20,000
淨減價		40,000
銷貨收入		180,000

E 公司1998 年12 月 31 日，如不考慮保守原則之成本與市價孰低法，則採用先進先出零售價法計算所得之期末存貨成本，應為若干？

(a)$48,000

(b)$41,600

(c)$40,000

(d)$38,400

13.12 1997 年 12 月 31 日，F 公司採用後進先出幣值零售價法；1998 年度有關存貨的資料如下：

	成　本	零售價
期初存貨 (12/31/97)	$180,000	$250,000
期末存貨 (12/31/98)	?	330,000
1998 年度物價水準上升		10%
1998 年度成本率		70%

在後進先出幣值零售價法之下，F 公司 1998 年 12 月 31 日的存貨成本應為若干？

(a)$218,500

(b)$231,000

(c)$236,000

(d)$241,600

三、綜合題

13.1　惠仁公司 1998 年 12 月 31 日，有五項期末存貨的有關資料如下：

種類	成　本	市價（重置成本）	預計售價	預計銷售費用	正常利潤
A	$10,000	$ 9,600	$12,000	$　400	$2,400
B	16,000	15,000	16,000	1,600	1,000
C	6,000	6,400	6,600	400	200
D	8,000	7,000	10,000	1,000	600
E	4,000	5,000	5,800	500	1,000

已知惠仁公司採用成本與市價孰低法評定期末存貨的價值。

試求：

　(a)請列表計算期末存貨的評定價值。

　(b)假定惠仁公司對於存貨跌價，另設置備抵存貨跌價帳戶，請列
　　示期末時存貨跌價應有的調整分錄。

13.2　惠文公司 1998 年 12 月 31 日，有關期末存貨的資料如下：

		每　單　位	
	數　量	成　本	市　價
原　料：			
A	400	$ 4.00	$ 4.30
B	800	5.20	5.10
C	100	8.40	8.10
D	1,200	5.00	4.80
E	300	2.50	2.60
在製品：			
M	200	16.00	14.50
N	500	11.00	10.00

O	300	6.00	6.60

製成品:

W	1,500	30.00	32.00
X	3,000	20.00	22.00
Y	2,000	18.00	15.00
Z	5,000	12.00	13.00

已知該公司採用成本與市價孰低法評估期末存貨的價值。

試求: 請分別按下列三種不同基礎, 計算存貨價值:

　(a)逐項比較法

　(b)分類比較法

　(c)總額比較法

13.3 惠德公司 1998 年 12 月 31 日, 期末存貨的成本與市價(重置成本) 如下:

	成　本	市價(重置成本)
1998 年 12 月 31 日	$135,000	$108,000

由於受經濟不景氣的影響, 預計該項產品在出售之前, 將繼續下跌至$95,000。

已知該公司採用成本與市價孰低法, 並設置備抵存貨跌價帳戶。

試求:

　(a)列示 1998 年 12 月 31 日, 有關期末存貨跌價的調整分錄。

　(b)假定 1999 年 12 月 31 日, 該項存貨仍未出售, 並已下跌至$95,000; 請列示 1999 年 12 月 31 日期末存貨跌價的調整分錄。

　(c)另設上項(b)的情形, 存貨雖未出售, 但已上升至$138,000; 請列示 1999 年 12 月 31 日期末存貨跌價回升的應有分錄。

13.4 惠人公司產銷下列四種產品，各種商品的正常利潤均為 30%，已知該公司採用成本與市價孰低法評估期末存貨的價值。

1998 年12 月 31 日，各種商品的有關資料如下：

商品別	成本	重置成本	預計完工及銷售費用	正常售價	預計售價
甲	$7,000	$8,400	$3,000	$14,000	$16,000
乙	9,500	9,000	2,100	19,000	19,000
丙	3,500	3,000	1,000	7,000	6,000
丁	9,000	9,200	5,200	18,000	20,000

*正常售價 ＝成本 ÷(100%－正常毛利率 50%)

試求：請按成本與市價孰低法評定期末存貨的價值。

13.5 惠民公司 1998 年 12 月 31 日，期末存貨包括下列各項：

商品別	數 量	單位成本	單位售價
甲	500	$12.00	$20.00
乙	250	18.00	24.00
丙	250	20.00	16.00
丁	300	24.00	32.00

期末存貨可望於下年度 3 月底之前全部售罄，預計銷售此項存貨的全部推銷費用為$8,880，此項費用於計算淨銷價時，按各種商品的售價總額比例分攤。在正常情況之下，淨利為銷貨之 10%。

1998 年12 月 31 日，各種商品之重置成本如下：

商品別	成　本	市價（重置成本）
甲	100%	為成本之 110%
乙	100%	為成本之 70%
丙	100%	為成本之 60%
丁	100%	為成本之 $91\frac{2}{3}$%

試求：請按成本與市價孰低法評定期末存貨的價值。

13.6　惠友公司 19A 年 3 月5 日發生大火，存貨大部份被焚毀，損失慘

重；有關資料如下：

1. 19A 年 1 月 1 日存貨　　　　　　　　　　　　　　$840,000

2.截至 3 月 5 日止，計發生下列各項：

進貨	$640,000
進貨運費	70,000
進貨退出及折讓	42,000
銷貨收入	588,000

3.售價按成本加價 20%

4.火災發生後之存貨殘值　　　　　　　　　　　　　$171,500

　假定除存貨之殘值外，其餘均被火焚毀。

試求：

　(a)請計算被火焚毀之存貨成本。

　(b)另假定銷貨毛利 20% 時，則火災損失應為若干?

13.7　惠平公司 19A 年 12 月 31 日會計年度終了日，有關資料如下：

	電　器	傢俱用品	合　計
銷貨淨額	$450,000	$1,050,000	$1,500,000
進貨淨額	$400,000	600,000	1,000,000
期初存貨	75,000	125,000	200,000
平均毛利率	20%	40%	25%

試求:

　　(a)試根據上列資料，採用毛利法估計兩者合計之期末存貨價值。

　　(b)採用毛利法求算存貨價值，應特別注意那些事項？試說明之。

（高考財稅人員）

13.8 惠利公司採用傳統零售價法，至1998 年1 月 1 日，該公司管理者決定改採用後進先出零售價法。1997 年 12 月 31 日，按傳統零售價法計算存貨價值如下:

	1998 年 12 月 31 日	
	成　　本	零 售 價
期初存貨 (1/1/98):	$ 17,000	$　30,000
進貨（淨額）	151,000	268,000
淨加價	－	2,000
	$168,000	$ 300,000
成本率　　($168,000 ÷ $300,000 = 56%)		
銷貨（淨額）		(275,000)
淨減價		(5,000)
期末存貨 (12/31/98):		
零售價		$　20,000
成本 ($20,000 × 56%)	$ 11,200	

試求:

　　(a)請計算 1998 年 1 月1 日應改列的期初存貨價值。

　　(b)請列示 1998 年 1 月1 日應改列的會計分錄。

13.9 惠眾公司 1998 年 4 月份，帳上列有下列各項資料:

銷貨收入	$806,000
銷貨退回及折讓	8,000
加價	80,000

減價	96,000
減價取銷	14,000
進貨（零售價）	365,200
進貨（成本）	272,000
進貨運費	18,000
進貨退出（成本）	6,000
進貨退出（零售價）	9,200
加價取銷	16,000
期初存貨（成本）	464,000
期初存貨（零售價）	680,000

試求: 請將上列資料按零售價法評估1998年4月 30 日之期末存貨
　　成本。

13.10 惠華公司於 1998 年 8 月 20 日發生火災, 有關資料如下:

1. 1997 年 12 月31 日, 期末存貨為$302,400。

2. 1998 年度截至火災發生時的各項數字如下:

進貨	$225,440
進貨運費	3,072
進貨退出及折讓	2,800
進貨折扣	1,120
銷貨收入	445,120
銷貨退回及折讓	1,760
銷貨折扣	960

3. 1997 年度該公司之簡明損益表如下:

惠華公司
簡明損益表
1997 年度

銷貨收入		$ 2,256,000
減: 銷貨成本		(1,308,480)
銷貨毛利		$ 947,520
減: 銷售費用	$460,000	
管理費用	221,840	(681,840)
淨利		$ 265,680

試求: 請根據上列資料，計算惠華公司發生火災時之存貨被火焚毀損失。

13.11 惠豐公司 88 年 6 月 1 日清晨發生火災，存貨全部被燒毀，經摘錄有關資料如下:

1.87 年度原帳列銷貨為$887,650，銷貨成本$590,874，期末存貨為$178,436。

2.87 年度帳簿經審核發現:

⑴87 年 10 月曾發生運輸意外致損失商品$5,675，並未列帳。

⑵87 年底進貨$17,104，於 88 年初方收到，而會計部門則列為 87 年度之進貨。

3.88 年 1 月至 5 月間，自三家供應商進貨計$311,760，佔該期間全部進貨之 90%，銷貨共計$537,100。

試估計存貨損失為若干？　　　　　　　　　　　　　（高考會計師）

13.12 惠安公司於 1998 年 1 月 1 日開始營業；下列資料為 1998 年 12 月 31 日期末時之有關資料:

	成本	零售價
期初存貨 (1/1/98)	$ 12,000	$200,000
進貨	725,000	997,000
進貨退出	5,000	7,000
淨加價		10,000
淨減價		40,000
銷貨收入		872,000
銷貨退回		12,000

另悉物價指數為:

	物價指數（轉換率）
1998 年1 月 1 日	125
1998 年12 月 31 日	150

試求: 請按下列二種不同的零售價法, 估計 1998 年 12 月 31 日的
期末存貨價值:

　(a)傳統零售價法（平均成本）。

　(b)後進先出零售價法。

13.13 惠風公司經銷單一產品, 從不同供應商買入; 1998 年 12 月 31 日,
帳上有下列各項:

銷貨收入（33,000 單位 @16）	$528,000
銷貨折扣	7,500
進貨	368,900
進貨折扣	18,000
進貨運費	5,000
銷貨運費	11,000

1998 年度，有關存貨及進貨情形如下：

	數　量	單位成本	總成本
期初存貨：1/1/98	8,000	$8.20	$ 65,600
第一季進貨：3/31/98	12,000	8.25	99,000
第二季進貨：6/30/98	15,000	7.90	118,500
第三季進貨：9/30/98	13,000	7.50	97,500
第四季進貨：12/31/98	7,000	7.70	53,900
	55,000		$434,500

其他補充資料：

惠風公司的會計政策，係以成本與市價孰低法，按總額為比較基礎，作為編製財務報表的根據；成本乃採用後進先出法決定之。

1998 年12 月 31 日，每單位重置成本為$8，每單位淨變現價值為$8.80；每單位正常利潤$1.05。

試求：請為惠風公司編製 1998 年度的銷貨成本表；期末存貨的計算，另以附表表示之。存貨市價下跌時，該公司即直接列報為損失。

第十四章 長期投資

●── 前　言 ──●

　　企業購買其他公司的權益證券（股票）或債券之目的，除在於利用閒置資金以增加收入外，可能為控制或重大影響被投資公司的營業及財務決策，或建立密切的聯屬關係，俾獲得原料、技術、商機、及管理方法等各項營業上的利益。

　　投資人能否控制或重大影響被投資公司，胥視其持股比率大小而定；凡持有被投資公司之股權 50% 以上者，被認定為具有控制能力；持有股權在 20% 至 50% 者，被認定為具有重大影響力；持有股權在 20% 以下者，被認定為無重大影響力。一般言之，企業對於有控制能力及重大影響力的權益證券投資，應予分類為長期投資；凡無重大影響力，惟企業管理者擬持有超過一年或一個正常營業週期孰長期間的權益證券及債券，也應予分類為長期投資；至於企業管理者有意願也有能力持有至到期日的待到期債券，理當分類為長期投資無疑；此外，長期投資還包括各種特定基金投資、人壽保險解約現金價值、及其他各項提供未來使用的土地投資及設備等；上列各項長期投資的會計處理方法，將於本章內詳細探討。

14-1　長期投資概述

一、長期投資的基本概念

企業購買其他公司的證券，往往基於各種不同之目的，一般而言，大約有下列三項：(1)為增加企業的收入；(2)為控制或影響其他公司，以建立密切的聯屬關係；(3)為配合契約、法令規定、或基於企業自願之投資。

通常長期投資 (long-term investment) 係發生於投資人購買其他公司的權益證券（股票）或債券，俾分享其收入，或透過控制能力及重大影響力，取得各種原料、技術、商機、或管理方法等，以獲得若干營業上的利益；因此，如企業管理者有意願持有一項投資超過一年或一個正常營業週期孰長之期間者，應予歸類為長期投資。

二、長期投資的範圍

長期投資包括若干投資於其他公司的權益證券或債券、特定基金投資、人壽保險解約現金價值、及投資於供未來營業上使用的財產或設備等；茲將長期投資一覽表，列示如表 14-1：

表 14-1 長期投資範圍一覽表

長期投資 {

長期權益證券投資
（長期股權投資） {
對被投資公司具有控制能力→權益法→編製合併報表*
對被投資公司具有重大影響力→權益法
對被投資公司無重大影響力→成本法
}

長期債券投資：待到期債券→攤銷成本法

長期備用證券投資
（包括債券及持股比率 20% 以下之權益證券）→公平價值法

特定基金投資 {
償債基金
擴充廠房基金
贖回特別股基金
其他型態之特定基金
}

人壽保險解約現金價值

其他：提供未來使用之土地投資及設備等

　　*屬高等會計範圍

三、長期與短期投資的分類及其會計處理

　　對於證券投資的會計處理方法，主要取決於對證券的分類；而證券的分類，通常決定於下列五項因素：⑴證券的型態包括權益證券或債券；⑵投資期間長短；包括長期投資及短期投資，一般係以一年或一個正常營業週期孰長的期間為分類標準；⑶持股比率高低，凡持股比率在 50% 以上者，表示投資人對被投資公司具有控制能力；如持股比率在 20% 至 50% 者，表示具有重大影響力；如持股比率在 20% 以下者，表示無重大影響力；⑷企業管理者的意願；⑸有無確定的公平價值。

　　上列五項因素影響證券投資的分類，進而決定其會計處理方法，錯綜複雜；茲將其歸納如表 14-2。

表 14-2　長期及短期證券投資的分類及其會計方法

證券投資類別

權益證券

- 有控制能力（50%以上）→ 編製合併報表（權益法）
- 有重大影響力（20～50%）→（權益法）
- 無重大影響力（20%以下）→ 可確定公平價值？
  - 非 →（成本法）
  - 是 → 擬於短期內出售？
    - 非 → 備用證券（公平價值法）（依管理者意願個別決定屬短期或長期投資）
    - 是 → 短線證券（公平價值法）

債券

- 有意願持有至到期日？有能力持有至到期日？
  - 是 → 待到期債券（攤銷成本法）
  - 非 → 公平價值法 → 擬於短期內出售？
    - 非 → 備用證券（公平價值法）（依管理者意願個別決定屬短期或長期投資）
    - 是 → 短線證券（公平價值法）

投資分類（時間長短）：長期投資、短期投資

短期投資 → 短線證券（公平價值法）

14-2　長期權益證券投資的分類

權益證券一般又稱為股權證券 (equity security)，乃表彰投資人對被投資公司的權益（業主）地位，對於被投資公司的經營決策，可透過投票權參與管理；此外，投資人亦可享有盈餘分配權、優先認股權、及分配剩餘財產權等。

當被投資公司發行認股權、認股證、或其他形式的購股權利時，投資人可選擇按被投資公司的既定或設定價格，行使或出售其既有的權利。

權益證券通常包括普通股、特別股、認股權、認股證、及其他可按既定或設定價格買賣的證券；惟被投資公司根據發行或贖回條款所附帶產生的可轉換債券或特別股，則不可包括於權益證券的範圍內。

在會計上，對於權益證券的會計處理方法，主要決定於其分類方法，而對於權益證券的分類方法，其基本關鍵則在於投資人對被投資公司是否具有控制能力及重大影響力而定。

對於權益證券的分類方法，吾人於上冊第十章內，已有詳盡的說明；此處僅就長期權益證券投資的分類及其會計處理方法，予以歸納為下列三點：

1.凡投資於具有投票權的被投資人權益證券，其持股比率在 50% 以上者，除非有相反的證據，否則應予認定為投資人對被投資人具有控制能力，此時應編製合併財務報表。

2.凡投資於具有投票權的被投資人權益證券，其持股比率在 20% 至 50% 者，除非有相反的證據，否則應予認定為投資人對被投資人具有重大影響力，應採用權益法。

3.凡投資於具有投票權的被投資人權益證券，其持股比率在 20% 以下者，除非有相反的證據，否則應予認定為投資人對被投資人並無重大影響力，如無確定的公平價值時，應採用成本法。

根據上述說明，茲將權益證券投資的分類與會計處理方法，彙總列示於圖 14-1。

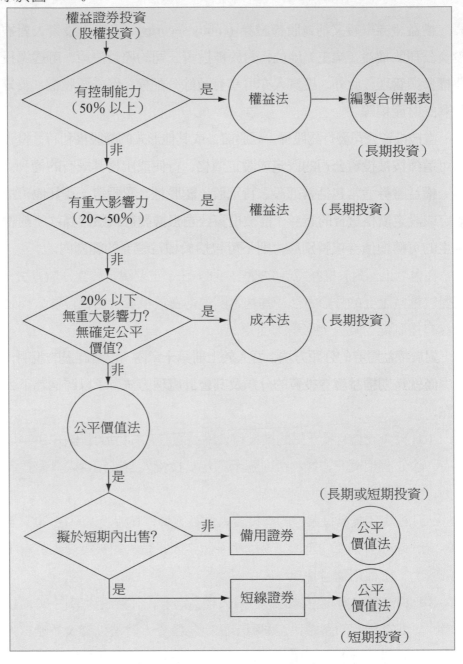

圖 14-1　權益證券投資的分類及其會計處理方法

14-3　有重大影響力的長期權益證券投資：權益法

一、權益法的意義

根據會計準則第 18 號意見書 (APS Opinion No. 18, par. 6) 指出：「權益法 (equity method) 係指投資人於購買被投資公司的股票時，最初即按成本記入投資帳戶；惟於取得後，投資帳戶的帳面價值，將隨被投資公司每年損益多寡而加以調整，就其持分比率認定之；另一方面，所調整的金額，也要認定為投資人的收入，並包括於當年度的損益表內；惟此一調整金額，屬於公司間的損益，於編製合併報表時，應予沖銷；此外，投資人於投資日所支付的成本，與取得被投資公司可辨認淨資產持分的溢付差額，由於耗用、出售、廢棄、或其他事故，必須加以攤計。投資人的投資帳戶，也要隨被投資人資本變動而調整，以反映其應得持分部份；投資人從被投資公司所獲得的股利，應減少投資帳戶的帳面價值；被投資公司連年的營業虧損或其他損失，如顯示投資帳戶的價值，業已降低，而且並非暫時性質，此時應將投資帳戶價值降低，以認定其損失，縱然此項價值降低的部份，超過權益法所認定的金額，亦在所不問。」

由上述說明可知，採用權益法的會計處理，頗為複雜，投資人的投資帳戶，必須伴隨被投資公司的有關交易事項而變動，並應於適當的時間內記錄。一般而言，投資人採用權益法時，於原始取得一項長期投資後，其會計處理方法將涉及下列六種型態的交易事項：

　　1.按持股比率記錄被投資公司的淨利：每年被投資公司報告淨利時，投資人應按其持股比率認定收入，並視為投資帳面價值的增加，借記投

資帳戶，貸記投資收益；如被投資公司的淨利報告中，含有非常損益項目時，投資人應將非常損益項目分開記錄。

2.被投資公司發放現金股利的記錄：當被投資公司發放現金股利時，投資人應借記現金，貸記投資帳戶；在權益法之下，收到被投資公司的股利時，並非收益，而係投資的減少；換言之，權益法視股利為收回投資的一部份。

3.按持股比率記錄投資人於投資日取得可辨認資產公平市價超過帳面價值所增加的成本：投資人按被投資公司可辨認資產的公平市價取得投資，而此等資產（例如存貨、廠產設備、及土地等）的公平市價，通常大於帳面價值，致增加此等資產於耗用、出售、廢棄、或其他事故發生時的成本；其調整分錄通常借記投資利益，貸記投資帳戶，分別抵減當期投資利益與投資的帳面價值。

4.記錄商譽成本的攤銷費用：商譽乃投資人於投資日取得不可辨認無形資產的部份；惟投資人通常將商譽成本包括於投資帳戶，並未將商譽分開記錄；因此，續後年度對於商譽成本的攤銷，借記投資利益，貸記投資帳戶。

5.按持股比率記錄被投資公司處分投資日已存在資產的損益：處分資產損益係以處分收入與投資後的帳面價值之差額認定；投資人應就利益部份借記投資，貸記處分資產利益，並將處分資產利益於當期損益表內分開列報之。

6.消除公司間的損益：投資人與被投資公司間交易所產生的損益，當二個公司被視為單一營業個體而必須編製合併報表時，應消除公司間的損益。

二、權益法會計釋例

設南洋公司於 1999 年 1 月 1 日，購入立信公司發行的普通股 37,500

股，支付成本$475,000；已知立信公司發行 150,000 股，每股面值$10，當時資產負債表各項目的帳面價值及公平市價如下：

	帳面價值	公平市價	差異
現金及應收款項	$ 280,000	$ 280,000	$ –0–
存貨	380,000	400,000	20,000
廠產設備（預計剩餘使用年限 10 年）	600,000	720,000	120,000
土地	540,000	640,000	100,000
資產總額	$1,800,000	$2,040,000	$240,000
負債總額	$ 300,000	$ 300,000	$ –0–
股東權益（淨資產）	1,500,000	1,740,000	240,000
負債及股東權益總額	$1,800,000	$2,040,000	$240,000

1.原始投資分錄：

1999 年 1 月 1 日，南洋公司購入立信公司普通股 37,500 股，取得 25%（37,500 股 ÷ 150,000 股）股權，對立信公司營運及管理決策，具有重大影響力，故會計處理應採用權益法；購入時分錄如下：

長期投資——立信公司普通股　　　　　475,000
　　現金　　　　　　　　　　　　　　　　　　475,000

2.溢付成本的分配：

由上述資料可知南洋公司以$475,000購入立信公司 25% 之股權，取得可辨認淨資產帳面價值$375,000 ($1,500,000 × 25%)，總共溢付$100,000 ($475,000 – $375,000)；上項溢付金額實際上包含下列二項因素：(1)可辨認資產公平市價超過帳面價值；(2)商譽價值（不可辨認無形資產公平市價）。

(1)可辨認資產公平市價超過帳面價值：

	帳面價值	公平市價	差異	南洋公司 持股25%
存貨	$380,000	$400,000	$ 20,000	$ 5,000
廠產設備（預計剩餘使用年限 10 年）	600,000	720,000	120,000	30,000
土地	540,000	640,000	100,000	25,000
南洋公司取得可辨認淨資產公平市 價超過帳面價值				$60,000

(2)商譽價值：

長期投資總成本	$475,000
取得可辨認淨資產帳面價值	375,000
溢付總成本	$100,000
可辨認資產公平市價超過帳面價值	60,000
商譽（不可辨認無形資產公平市價）	$ 40,000

上列商譽的計算方法，亦可經由下列方法求得：

長期投資總成本（取得被投資公司淨資產持股 25%）		$475,000
可辨認資產總額之公平市價	$2,040,000	
減：負債總額	(300,000)	
可辨認淨資產公平市價	$1,740,000	
持分	25%	
可辨認淨資產公平市價持股 25%		435,000
商譽（不可辨認無形資產公平市價持股 25%）		$ 40,000

　　經上列溢付成本分配後，南洋公司支付成本$475,000 取得立信公司 25% 權益證券投資，所獲得項目可列示如下：

25% 可辨認淨資產帳面價值：$1,500,000 × 25%		$375,000
25% 可辨認資產公平市價超過帳面價值：		
存貨	$ 5,000	
廠產設備（預計剩餘使用年限 10 年）	30,000	
土地	25,000	
小計		60,000
商譽（25% 不可辨認無形資產公平市價）		40,000
合計		$475,000

　　綜合上述說明，茲將南洋公司投資於立信公司 25% 之普通股，溢付成本$100,000，取得可辨認資產公平市價超過帳面價值$60,000 及商譽價值$40,000，特以圖形列示於圖 14-2。

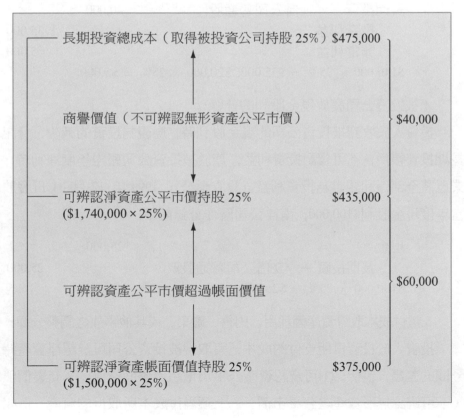

圖 14-2　溢付成本的內容

3.認定被投資公司的年終損益：

　　在權益法之下，投資人於取得被投資公司的權益證券後，其投資帳戶的帳面價值，將隨被投資公司每年的損益而改變。設立信公司1999年度部份損益表列示如下：

<table>
<tr><td>非常損益前淨利</td><td>$140,000</td></tr>
<tr><td>非常利益</td><td>20,000</td></tr>
<tr><td>本期淨利</td><td>$160,000</td></tr>
</table>

　　南洋公司（投資人）1999年12月31日認定被投資公司淨利的分錄：

長期投資——立信公司普通股	40,000	
投資利益		35,000
非常利益		5,000

$140,000 \times 25\% = \$35,000; \$20,000 \times 25\% = \$5,000$

4.被投資公司發放現金股利的分錄：

　　投資人於收到被投資公司的現金股利時，應視為投資的減少，貸記長期投資帳戶，不可貸記投資利益，蓋於被投資公司報告年度淨利時，業已將全部淨利認定為投資利益。設立信公司1999年12月31日發放當年度現金股利$100,000；南洋公司應作分錄如下：

現金	25,000	
長期投資——立信公司普通股票		25,000

$100,000 \times 25\% = \$25,000$

5.溢付成本取得資產因耗用、出售、廢棄、或其他事故之調整分錄：

　　投資人於投資日所支付的成本，與取得被投資公司可辨認淨資產持分間的差額，包括：(1)可辨認資產公平市價超過帳面價值；(2)商譽價值（不可辨認無形資產之公平市價）。上項溢付成本所取得的資產，例如

存貨、廠產設備等可辨認資產的公平市價超過帳面價值部份，以及商譽等，由於耗用、出售、廢棄、或其他事故，必須加以調整。

⑴存貨的公平市價超過帳面價值的調整分錄：假定南洋公司 1999 年 1 月 1 日投資於立信公司普通股時之存貨帳面價值$380,000，全部於 1999 年度出售；由於其公平市價為$400,000，超過帳面價值$20,000，使其銷貨成本虛減，相對減少南洋公司的投資利益與投資帳面價值，應作成下列調整分錄：

投資利益	5,000	
長期投資——立信公司普通股		5,000

$20,000 \times 25\% = \$5,000$

⑵廠產設備的公平市價超過帳面價值的折舊調整分錄：1999 年 1 月 1 日，立信公司廠產設備的公平市價超過帳面價值$120,000，預計剩餘使用年限 10 年，採用直線折舊法，每年折舊成本虛減$12,000；對南洋公司而言，每年收入減少$3,000 ($120,000 \times 25\% \times 1/10$)；1999 年12 月 31 日應作成下列調整分錄：

投資利益	3,000	
長期投資——立信公司普通股		3,000

⑶商譽成本的攤銷分錄：南洋公司 1999 年 1 月1 日購入立信公司普通股，取得商譽成本$40,000，假定按 40 年最高攤銷年限計算，則 1999 年 12 月 31 日，應作成下列調整分錄：

投資利益	1,000	
長期投資——立信公司普通股		1,000

$40,000 \div 40 = \$1,000$

經過上列各項分錄後，南洋公司 1999 年 12 月 31 日長期投資帳戶的餘額如下：

	長期投資——立信公司普通股 25%
期初餘額 (1/1/1999)	$475,000
1999 年度淨利: $160,000 × 25%	40,000
1999 年度現金股利: $100,000 × 25%	(25,000)
可辨認資產公平市價超過帳面價值之調整:	
存貨	(5,000)
廠產設備之折舊	(3,000)
商譽攤銷	(1,000)
期末餘額 (12/31/1999)	$481,000

　　上項長期投資 1999 年 12 月 31 日期末餘額$481,000，亦可經由下列長期投資變動表的編製，獲得證實。

南洋公司
長期投資變動表
1999 年度

	1/1/1999	1999 年度 增（減）數	12/31/1999
25% 可辨認淨資產帳面價值	$375,000	$　　－0－	$375,000
25% 可辨認資產公平市價超過帳面價值:			
存貨	5,000	(5,000)	－0－
廠產設備	30,000	(3,000)	27,000
土地	25,000	－0－	25,000
商譽	40,000	(1,000)	39,000
1999 年度淨利		40,000	40,000
1999 年度現金股利		(25,000)	(25,000)
合計	$475,000	$　6,000	$481,000

　　至於南洋公司 1999 年度投資於立信公司普通股 25% 所獲得的投資利益及非常利益，分別為$26,000 及$5,000，其計算如下:

長期投資利益:

　　1999 年度認定立信公司淨利: $140,000 × 25%　　　　$35,000

　　可辨認資產公平市價超過帳面價值虛減成本的調整:

　　　存貨增加銷貨成本　　　　　　　　　　　　　　(5,000)

　　　廠產設備之折舊　　　　　　　　　　　　　　　(3,000)

　　不可辨認無形資產之攤銷:

　　　商譽攤銷費用　　　　　　　　　　　　　　　　(1,000)

　　合計　　　　　　　　　　　　　　　　　　　　$26,000

非常利益:

　　認定立信公司之非常利益: $20,000 × 25%　　　　$ 5,000

14-4　無重大影響力的長期權益證券投資: 成本法

一、成本法的意義

　　會計準則第 18 號意見書 (APB Opinion No. 18, par. 6) 指出: 「成本法 (cost method) 係指投資人對於被投資公司的股票投資, 按取得成本記入投資帳戶; 自投資之後, 投資人收到被投資公司從投資日起所產生的保留盈餘項下發放股利, 始得認定為收益; 因此, 投資人僅就投資日後被投資公司所產生的保留盈餘限度內分配, 才能當為股利。超過投資日後所產生的保留盈餘限度分配股利, 視為投資收回處理, 應記錄為投資成本的減少。被投資公司如連年虧損, 或因其他事故之發生, 顯示投資價值業已降低, 而且並非暫時性質; 遇此情形, 應予認定投資價值降低的部份。」

　　由上述說明可知, 權益證券投資採用成本法時, 投資人的收益, 主要係以股利為認定基礎; 投資人依成本法將投資列報於財務報表內, 無法反映被投資公司的實際變動; 投資人認定股利收入於損益表內, 可能

與被投資公司當期的盈利（虧損）無關。因此，成本法實無法適當反映與股票投資有關的各項盈利。

此外，根據財務會計準則第 115 號聲明書 (FASB Statement No. 115, par. 112) 指出：「本委員會作成結論認為，證券投資的公平價值跌價至攤銷成本基礎以下，並推定其非為暫時性質，應予認定為損失，包括於當年度計算盈利的因素之一；一項證券投資所具有的損失，必須予以認定，縱然該項證券投資尚未出售，亦無影響。」

二、成本法會計釋例

南榮公司於 1998 年 1 月 1 日，以$300,000 購入新成立之立榮公司普通股 10,000 股；已知立榮公司在外流通股票總共 100,000 股，股票並未上市，無法確定其公平市價；1998 年 12 月31 日，立榮公司獲利 $400,000，發放現金股利$300,000；俟 1999 年 12 月 31 日，假定立榮公司僅獲利 $100,000，該公司董事會為維持穩定的股利決策，仍決議發放現金股利 $300,000；俟 2000 年 12 月 31 日，該公司發生虧損$200,000，並預期短期間內營業不會好轉，故當年度無法發放任何股利；影響所及，使南榮公司投資帳戶的預計公平價值，已降低為$255,000，而且跡象顯示此項跌價並非暫時性質。

根據上列資料，南榮公司取得立榮公司 10% 的股權，對該公司無重大影響力，股票亦無確定公平市價，故應採用成本法的會計處理。

1.1998 年 1 月 1 日原始取得投資的分錄：

長期投資——立榮公司普通股	300,000	
現金		300,000

2.1998 年 12 月 31 日收到現金股利的分錄：

現金	30,000	
投資利益		30,000

$300,000 \times 10\% = \$30,000$

3.1999 年 12 月 31 日收到現金股利的分錄:

現金	30,000	
投資利益		20,000
長期投資——立榮公司普通股		10,000

立榮公司　1998 年度獲利$400,000，發放現金股利$300,000，保留盈餘$100,000，1999 年度獲利$100,000 發放現金股利$300,000，其中$100,000 屬於投資成本之收回；南榮公司持股比率 10%，投資收回 $10,000 ($100,000 × 10%)。

4.2000 年 12 月 31 日:

(1)無現金股利收入: 不作分錄。

(2)發生永久性跌價損失$35,000 的分錄:

長期投資跌價損失	35,000	
長期投資——立榮公司普通股		35,000

1999 年12 月 31 日，南榮公司投資帳戶的帳面價值已降低為$290,000；2000 年12 月 31 日，由於立榮公司發生虧損，短期內營業不會好轉，使南榮公司投資帳戶的預計公平價值，降低為$255,000，發生永久性跌價損失 $35,000，應予降低其價值；茲以 T 字形帳戶列示如下:

長期投資——立榮公司普通股

1/1/1998		300,000	12/31/1999		10,000
			12/31/2000	永久性跌價	35,000
12/31/2000	預計公平價值	255,000			

14–5 改變評價方法的會計處理

投資人擁有被投資公司股權持股比率，往往會發生變動，導致對股權投資評價方法的改變。例如某投資人原持有被投資公司少數股權，茲為達到對被投資公司的重大影響力，乃大量買進被投資公司的普通股，遂將原來對投資的會計處理，由公平價值法，改變為權益法。如發生與上述相反的情形，則其會計處理，將由權益法改變為公平價值法。

一、權益法改變為公平價值法

當投資人擁有被投資公司普通股持股比率下降，到達 20% 以下時，已喪失對被投資公司的重大影響力，而且可確定其公平價值，管理者目前無意願出售；在這些情況下，投資人所持有的權益證券，應予分類為備用證券，而其會計處理方法，應由原來的權益法，改變為公平價值法。

另一種情形，所有條件均與上述相同，唯一不同者，乃投資公司的管理者，目前有意願於短期內出售全部的權益證券，則上項權益證券應分類為短線證券；遇此情形，雖然分類不同，惟短線證券的會計處理方法，仍然要採用公平價值法。

所謂公平價值法 (fair value method)，係指投資帳戶的帳面價值（包括投資帳戶加評價帳戶），應隨其公平價值（市場價值）而調整，而將其差額，一方面列為備抵評價帳戶，另一方面則列為未實現持有損益。

當一項權益證券投資的會計處理，由權益法改變為公平價值法時，投資帳戶在權益法之下的帳面價值，應改按其公平價值評價，兩者之差額，應借記評價帳戶，貸記未實現持有損益；如權益證券重新分類為短線證券時，以其進出活絡，故不論為暫時性或永久性的未實現持有損益，均予以認定並列報於當期損益表內；如權益證券重新分類為備用證券時，

除非為永久性的跌價，始列報於當期損益表內，否則應列報於資產負債表的股東權益項下，當為其抵減或附加項目。不論為短線證券或備用證券，收到被投資公司的股利收入時，均列為投資利益，並列報於當期損益表內。

會計釋例:

南方公司於 1996 年 1 月 1 日，取得立人公司 30% 的普通股，投資成本為$1,500,000；俟 1999 年 1 月 1 日，由於立人公司對外增加發行，使南方公司持股比率下降為 15%，已喪失對立人公司的重大影響力；公司管理者乃決定將上項權益證券重新分類為備用證券，並由原來的權益法，改變為公平價值法；當時投資帳戶的帳面價值為$1,800,000，惟其公平價值為 $2,000,000。

1999 年 1 月 1 日，南方公司應作成下列分錄:

備用證券投資——立人公司普通股	1,800,000	
備抵評價: 備用證券投資——立人公司普通股	200,000	
長期投資——立人公司普通股		1,800,000
未實現持有損益		200,000

上述「備抵評價: 備用證券投資」列報於資產負債表的資產項下，作為「備用證券投資——立人公司普通股」帳戶的附加帳戶；「未實現持有損益」則列報於資產負債表的股東權益項下。

二、公平價值法改變為權益法

當投資人擁有被投資公司普通股持股比率上升，到達 20% 以上時，對被投資公司的經營決策，已具有重大影響力者，其權益證券投資的會計處理方法，應改採用權益法。

會計原則委員會第 18 號意見書 (APB Opinion No. 18, par. 19) 指出:「投資人取得被投資公司之普通股，過去由於持股比率未達一定標

準而採用權益法以外的會計方法；事後如持股比率提高，有可能改採用權益法；當一項投資事後條件改變，一旦足夠條件採用權益法時，投資人必須放棄其他方法，而改採用權益法；投資人的投資帳戶、營業結果（當期及前期）、及保留盈餘等，應如同取得子公司的方式，予以逐步追溯調整。」

由上述說明可知，當投資人原來取得被投資公司普通股持股比率少於 20%，致採用權益法以外的其他方法；一旦持股比率提高至 20% 以上，有資格採用權益法時，投資人應放棄其他方法，改採用權益法。改變之日，對於投資及保留盈餘帳戶，應予追溯調整，就如同一開始即採用權益法一樣；此外，以前年度的營業結果，應予重新表達，以反映權益法的會計處理。

釋例一：

南華公司於 1998 年 1 月 1 日，以$100,000 購入立德公司在外流通股票 10,000 股之 1,000 股，取得10% 股權，權益證券分類為備用證券，採用公平價值法；另悉當時立德公司淨資產為$1,000,000。1998 年度，立德公司獲利$300,000，發放現金股利$200,000；1999 年 1 月1 日，南華公司另以$220,000 購入立德公司普通股票 2,000 股，再取得 20% 股權，當時立德公司淨資產為$1,100,000；南華公司擁有立德公司普通股 3,000 股，持股比率增加為 30%，具有重大影響力，乃決定改採用權益法。1999 年 12 月 31 日，立德公司獲利$250,000，發放現金股利$200,000。

根據上列資料，南華公司應作成下列各項分錄：

1.1998 年 1 月 1 日原始投資分錄：

備用證券投資——立德公司普通股	100,000	
現金		100,000

2.1998 年 12 月 31 日收到立德公司現金股利的分錄：

　　現金　　　　　　　　　　　　　　　　　20,000
　　　　股利收入　　　　　　　　　　　　　　　　　　　20,000

3.1999 年 1 月 1 日另購入普通股 2,000 股的分錄：

　　備用證券投資──立德公司普通股　　220,000
　　　　現金　　　　　　　　　　　　　　　　　　　　220,000

4.1999 年 1 月 1 日改採用權益法的應有分錄：

　　長期投資──立德公司普通股　　　　330,000
　　　　備用證券投資──立德公司普通股　　　　　　　320,000
　　　　保留盈餘　　　　　　　　　　　　　　　　　　 10,000

長期投資：

1/1/1998　購入 1,000 股	$100,000
12/31/1998　認定立德公司淨利: $300,000 × 10%	30,000
12/31/1998　發放現金股利: $200,000 × 10%	(20,000)
1/1/1999　購入 2,000 股	220,000
合　計	$330,000

保留盈餘: $300,000 × 10% − $20,000 = $10,000

5.1999 年 12 月 31 日認定立德公司淨利的分錄：

　　長期投資──立德公司普通股　　　　75,000
　　　　投資利益　　　　　　　　　　　　　　　　　　 75,000
　　$250,000 × 30% = $75,000

6.1999 年 12 月 31 日收到立德公司現金股利的分錄：

　　現金　　　　　　　　　　　　　　　　60,000
　　　　長期投資──立德公司普通股　　　　　　　　　 60,000
　　$200,000 × 30% = $60,000

釋例二：

　　南僑公司於 1998 年 1 月 1 日，購入立大公司普通股 2,000 股，取得在外流通股票之 20%，支付成本$300,000；由於未被選任為董事，故對立大公司的經營決策，並無重大影響力，管理者乃將其分類為備用證券，並採用公平價值法；1999 年 1 月 1 日，南僑公司投資帳戶的帳面價值為$360,000，按公平價值予以列帳；立大公司亦於當日購入自家普通股 2,000 股，隨即加以註銷，使在外流通普通股減少為 8,000 股；南僑公司由於持股比率提高為 25%（2,000 股 ÷ 8,000 股），乃決定改採用權益法；已知立大公司 1998 年度獲利$75,000，1999 年 1 月 1 日於註銷股票後之淨資產為$1,260,000。

　　根據上列資料，南僑公司有關投資的分錄如下：

　1.1998 年 1 月 1 日購入立大公司普通股的分錄：

備用證券投資——立大公司普通股	300,000	
現金		300,000

　2.1999 年 1 月 1 日調整公平價值的分錄：

備抵評價：備用證券投資——立大公司普通股	60,000	
未實現持有損益		60,000

　3.1999 年 1 月 1 日改採用權益法的調整分錄：

長期投資——立大公司普通股	315,000	
未實現持有損益	60,000	
備用證券投資——立大公司普通股		300,000
備抵評價：備用證券投資——立大公司普通股		60,000
保留盈餘		15,000

　　　$1,260,000 × 25% = $315,000; $75,000 × 20% = $15,000

14-6　長期權益證券投資的特殊問題

權益證券投資於取得、持有、及出售過程中，通常會涉及下列各項特殊問題：(1)股票股利；(2)股票分割；(3)認股權。

一、股票股利

股票股利 (stock dividends) 乃被投資公司以增發股票的方式，無償配股給投資人，代替現金股利；蓋股票股利對投資人而言，僅股數增加而已，對被投資公司仍持有相同比率的權益，理論上並無實質利益，故不予列為收入。

投資人於收到被投資公司的股票股利時，不論對投資採用何種會計處理方法，均不必作任何正式分錄，僅作成收到額外股數的備忘記錄即可；惟必須重新計算每股的投資成本，以備出售時計算損益之用。

會計釋例：

設甲公司於 1999 年 1 月 2 日，購入乙公司普通股 2,000 股，每股 $115.50，持有 20% 股權，對乙公司具有重大影響力；1999 年 4 月 1 日，乙公司發放股票股利 10%；1999 年 10 月 1 日，甲公司出售乙公司股票 200 股，每股售價$112；甲公司有關投資的分錄如下：

1.1999 年 1 月 2 日購入時的分錄：

長期投資——乙公司普通股	231,000	
現金		231,000

　$115.50 × 2,000 = $231,000

2.1999 年 4 月 1 日收到股票股利的備忘記錄：

收到乙公司 10% 之普通股股票股利計 200 股，重新計算每股成本$105 [$231,000 ÷ (2,000+200)]

3.1999 年 10 月 1 日出售股票的分錄:

現金	22,400	
長期投資——乙公司普通股		21,000
出售投資利益		1,400

$112 × 200 = \$22,400; \$105 × 200 = \$21,000$

　　如股票股利所發放的股票種類,與原始取得股票種類不同時,其會計處理方法約有三種:

　　1.**分攤法** (allocation method):此法係將投資帳戶之帳面價值,按新股票與舊股票的市場價值之相對比例,予以分攤。

　　2.**不計成本法** (noncost method):此法不計新股票的成本,僅於收到股票股利時,作成收到股數的備忘記錄即可;俟出售時,將出售總收入全部認定為利益處理。

　　3.**市場價值法** (market value method):此法係將新股票按其市場價值記帳,視同收到財產股利一樣。

　　上述三種方法,以分攤法最為合理,應用也比較普遍;不計成本法過於保守,而市場價值法甚少被採用。

　　會計釋例:

　　沿用上述甲公司擁有乙公司普通股 2,000 股的實例,假定1999 年4 月 1 日,乙公司發放 10% 特別股作為普通股的股票股利,當時普通股每股市價\$123.20,特別股每股市價\$38.50。茲按分攤法列示兩種股票的分攤方法如下:

股票種類	股數	每股市價	總市價	成本分攤
普通股	2,000	\$123.20	\$246,400	\$224,000*
特別股	200	38.50	7,700	7,000
合　計			\$254,100	\$231,000

$$*\$231,000 × \frac{\$246,400}{\$254,100} = \$224,000$$

1999 年 4 月 1 日甲公司收到股票股利的分錄:

> 長期投資——乙公司特別股　　　　　　7,000
> 　　長期投資——乙公司普通股　　　　　　　　　7,000

上述分錄係假定甲公司擬長期持有乙公司特別股, 故予以記入長期投資帳戶。

二、股票分割

股票分割 (stock split) 係指公司董事會, 依法定程序, 將股票每股面值予以減低, 使股數按比例相對增加, 以利於股票之流通。

就被投資公司的立場, 股票分割與股票股利可能有若干差異, 但就投資人的立場, 兩者實質上並無差異, 蓋投資人可取得比分割以前較多的股數, 而其投資成本並無增減。因此, 投資人對於被投資公司股票分割的會計處理方法, 也如同股票股利的會計處理方法一樣, 僅作成股數增加的備忘記錄, 並重新計算每股投資成本即可, 無須作任何正式分錄。

三、認股權

認股權 (stock right) 係指被投資公司書面承諾普通股票持有人, 可於未來某特定期間, 按比較有利的某特定價格, 行使其購買該公司所發行限定數量股票的權利。

被投資公司為提高投資人的投資意願, 通常承諾認股權人可按低於公平市價行使認購權; 因此, 認股權才有價值存在。認股權如附著於股票價值之內時, 稱為附權股 (rights-on stock), 一旦予以分離後, 稱為除權股 (ex-rights stock); 認股權通常附著於股票價值之內而發行, 故其價值應與股票價值分開, 單獨列示; 其分攤方法, 通常係按股票市場價值(不包括認股權)與認股權市場價值的相對比例計算; 茲列示其計算公式如下:

$$\text{認股權價值} = \frac{\text{認股權市場價值}}{\text{認股權市場價值} + \text{股票市場價值}} \times \text{投資成本}$$

會計釋例:

設丁公司於 1999 年 1 月 2 日,發行普通股 100,000 股,股票發行條款規定,凡購買普通股 5 股者,即可取得認股權一張,每張認股權可按 $10 認購普通股一股;當時普通股每股市場價值$12.40,每張認股權市場價值$2;認股權期滿日為 1999 年 4 月 1 日,逾期即失效力。投資人丙公司購買丁公司的普通股 20,000 股,每股購價$12.80;俟 1999 年 4 月 1日,丙公司行使認股權 3,800 張,其餘 200 張逾期失效。

茲列示投資人丙公司處理其認股權的有關會計方法如下:

1.1999 年 1 月 1 日丙公司購入丁公司股票的分錄:

長期投資——丁公司普通股	248,000	
認股權	8,000	
現金		256,000

有關認股權成本的分攤方法,列示如下:

$$\text{認股權} = \frac{\$8,000}{\$8,000 + \$248,000} \times \$256,000 = \$8,000$$

普通股市場價值: $\$12.40 \times 20,000 = \$248,000$

認股權市場價值: $\$2 \times (20,000 \div 5) = \$8,000$

投資成本: $\$12.80 \times 20,000 = \$256,000$

2.丙公司 1999 年 4 月 1 日行使認股權的分錄:

長期投資——丁公司普通股	45,600	
認股權		7,600
現金		38,000

$\$10 \times 3,800 = \$38,000; \$2 \times 3,800 = \$7,600$

3.1999 年 4 月 1 日記錄認股權 200 張失效的分錄:

認股權失效損失 400
　　認股權 400
　$2 \times 200 = \$400$

14–7　長期備用證券投資: 公平價值法

凡未分類為「待到期債券」及「短線證券」的債券及持股比率在 20% 以下的權益證券, 均予歸類為備用證券 (available-for-sale securities); 一項備用證券投資應否分類為短期投資或長期投資, 胥視企業管理者的意願按個別基礎加以決定; 例如若干製造業者, 往往於營業較為清閒的季節, 利用閒置資金購買證券, 既不予經常買進賣出, 亦不予持有至到期日, 僅於需用資金時, 再予變現。為使讀者瞭解備用證券究竟應分類為短期投資? 抑或為長期投資? 茲再以圖 14–3 列示之。

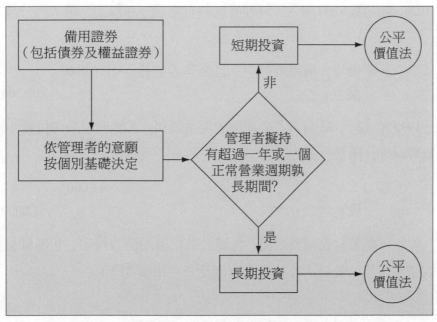

圖 14–3　備用證券投資之分類

　　備用證券投資的會計處理方法，係採用公平價值法，亦即於購入時，先按取得成本列帳，隨後於編製財務報表時，再按當時公平市價調整之；至於利息收入、股利收入、或已實現損益，則於當期認定之，並包括於當期損益表內；至於未實現持有損益，則不予認定，而單獨分開列報於資產負債表的股東權益項下。

　　有關短期備用證券投資的會計處理，吾人已於上冊第十章內討論，以下將就長期備用證券投資加以闡述。

一、長期備用證券投資：權益證券

　　當企業管理者對於一項持股比率少於 20% 的權益證券投資，擬持有超過一年或一個正常營業週期孰長之期間者，應予歸類為長期投資。

會計釋例：

　　設甲公司於 1999 年 4 月 1 日購入乙公司普通股 1,000 股，持股比率 10%，按每股$100 購入，管理者擬持有超過一年以上；購入時分錄如下：

　　　長期投資：備用證券——乙公司普通股　　100,000
　　　　　現金　　　　　　　　　　　　　　　　　　　100,000

　　1999 年 12 月 31 日，乙公司發放現金股利，其屬於甲公司持股 10% 者為$12,000，應予分錄如下：

　　　現金　　　　　　　　　　　　　　　　12,000
　　　　　股利收入　　　　　　　　　　　　　　　　12,000

　　俟年終編製財務報表之前，凡屬於長期備用證券投資，包括權益證券或債券，予以彙總比較其帳面價值及公平市價如下：

	長期備用證券投資		
	帳面價值	公平市價	公平市價高（低）於帳面價值
乙公司普通股（持股 10%）	$100,000	$110,000	$10,000
丙公司普通股（持股 5%）	80,000	78,000	(2,000)
丁公司債券（利率 8%）	120,000	121,000	1,000
合　計	$300,000	$309,000	$ 9,000

經上列比較後，年終應予調整如下：

　　長期投資：備用證券　　　　　　　　　　9,000
　　　未實現持有損益：備用證券　　　　　　　　　　9,000

　　上列「未實現持有損益：備用證券」應列報於資產負債表內股東權益項下，單獨分開列報之。

二、長期備用證券投資：債券

　　當企業管理者對於一項「待到期債券」以外之債券投資，擬持有超過一年或一個正常營業週期孰長之期間者，應予分類為長期投資。

　　會計釋例：

　　甲公司於 1999 年 1 月 1 日購入丙公司 3 年期八厘債券$120,000，擬持有超過一年以上，惟無意願亦無能力持有至到期日，購入時市場利率亦為 8%，故按面值購入，其分錄如下：

　　　長期投資：備用證券——丙公司八厘債券　　120,000
　　　　現金　　　　　　　　　　　　　　　　　　　120,000

　　假定丙公司八厘債券每年底付息一次，則甲公司 1999 年 12 月 31 日收到利息時，應予分錄如下：

現金	9,600	
利息收入		9,600

$$\$120,000 \times 8\% = \$9,600$$

　　年度終了編製財務報表之前，甲公司應將上項長期備用債券投資，與其他長期備用權益證券投資彙總比較其帳面價值與公平市價，俾作成評價調整分錄，其會計處理方法如同本節前段所述，此處從略。

14-8　長期債券投資／待到期債券：攤銷成本法

一、待到期債券的意義

　　第 115 號財務會計準則聲明書(FASB Statement No. 115, par. 7) 指出：「投資企業的管理者，如有意願及有能力，將一項債券投資持有至到期日者，應予分類為待到期債券，並按其攤銷成本衡量其價值，列報於資產負債表內。」

　　由上述說明可知，待到期債券 (held to maturity debt) 係指投資企業的管理者，有意願也有能力，將一項債券長期持有至到期日者；如符合下列二種情況之一者，雖然提早出售未到期債券，也視為持有至到期日債券：(1)出售的日期已接近到期日，市場利率變動的風險事實上已不存在，或不至於影響已出售債券的公平價值；(2)當絕大部份（至少 85% 以上）的本金業已收回後，始予出售者。

　　此外，待到期債券投資的會計處理方法，應採用攤銷成本法處理；所謂攤銷成本法 (amortized cost method)，係指一項債券投資的帳面價值，應將其取得成本，採用實際利率調整其發行溢價或折價的方法。

　　如投資企業的管理者，無意願或無能力，將一項債券投資持有至到期日者，應將其分類為短線證券或備用證券投資，並按公平價值法評價；有關短線證券及備用證券的會計處理，吾人已分別於上冊第十章及前節

討論過, 此處不再說明。

茲將債券投資的分類方法, 列示於圖 14-4。

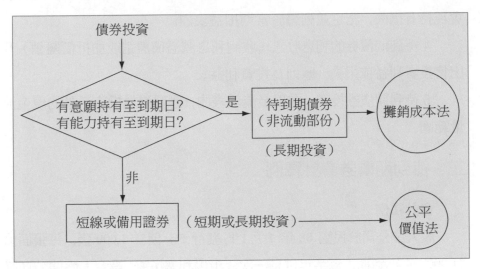

圖 14-4 債券投資的分類及其會計處理

二、待到期債券的會計處理

投資人對於一項債券投資, 有意願又有能力持有至到期日, 應予分類為待到期債券, 屬於長期投資性質; 其會計處理方法, 吾人可予歸納為下列五點:

1.投資帳戶按原始取得成本列帳, 惟自取得後, 應採用攤銷成本法, 將原始取得成本, 按實際利率調整其溢價或折價; 溢價攤銷將使投資帳戶的帳面價值逐期減少, 投資利益 (利息收入減溢價攤銷) 也將相對減少; 反之, 折價攤銷將使投資帳戶的帳面價值逐期增加, 投資利益 (利息收入加折價攤銷) 也將相對增加。

2.投資帳戶不隨市場價值的變動而改變, 不予認定未實現的持有損

益，亦無須設置備抵評價帳戶。

3.如待到期債券的市場價值，發生非臨時性之下降，致低於其帳面價值時，應將其帳面價值調低至新成本基礎；成本降低的部份，視為已實現持有損失，認定並列報於當期損益表內。

4.待到期債券的利息收入（收到利息減溢價攤銷或加折價攤銷）及出售投資利益或損失，應列為投資利益。

5.待到期債券投資，在現金流量表內，應歸屬於投資活動的現金流量範圍。

三、待到期債券會計釋例

會計釋例：

設大業公司於民國 88 年 1 月 1 日發行 5% 債券 1,000 張，每張面值 $1,000，4 年到期，每半年付息一次，市場利率 6%；投資人南強公司購買 100 張，共支付成本$96,490.15，該公司管理者有意願也有能力持有至到期日；已知南強公司採用攤銷成本法，並按實際利率攤銷債券折價；茲列示其長期債券投資攤銷表如表 14–3。

表 14-3　長期債券投資攤銷表──利息法

債券面值：$100,000；4 年到期；每半年付息一次
市場利率 6%；名義利率 5%；民國 88 年 1 月 1 日發行

期　別	投資利益	收到利息	債券折價攤銷	長期債券投資
88.1.1				$ 96,490.15
88.7.1	$ 2,894.71	$ 2,500	$ 394.71	96,884.86
89.1.1	2,906.55	2,500	406.55	97,291.41
89.7.1	2,918.74	2,500	418.74	97,710.15
90.1.1	2,931.30	2,500	431.30	98,141.45
90.7.1	2,944.24	2,500	444.24	98,585.69
91.1.1	2,957.57	2,500	457.57	99,043.26
91.7.1	2,971.30	2,500	471.30	99,514.56
92.1.1	2,985.44	2,500	485.44	100,000.00
合　計	$23,509.85	$20,000	$3,509.85	

南強公司記錄長期債券投資的有關分錄如下：

1.88 年 1 月 1 日購入債券投資的分錄：

長期投資——大業公司債券	96,490.15	
現金		96,490.15

2.88 年 7 月 1 日收到利息的分錄：

現金	2,500.00	
長期投資——大業公司債券	394.71	
投資利益		2,894.71

續後期間收到利息及攤銷折價，可比照上列方法記錄之。

3.92 年 1 月 1 日債券到期收回本金的分錄：

現金	100,000.00	
長期投資——大業公司債券		100,000.00

14–9　特定基金投資

一、特定基金的意義及種類

所謂特定基金 (special-purpose funds) 係指企業基於契約要求、法律規定、或企業本身的需要而設置的一項基金，並於特定的期間內，按期提撥固定或非固定的金額，專戶儲存及孳息，俾於未來某特定日，聚集可觀的基金數額，專款作為特定之用。

一般常見的特定基金，約有下列各種：

1.償債基金 (sinking funds)。

2.擴充廠房基金 (plant extension funds)。

3.贖回特別股基金 (preferred stock redemption funds)。

各項特定基金投資，在資產負債表內，應列報於非流動資產項下，

屬於長期投資的性質；在現金流量表內，應列報於投資活動的現金流量
項下；惟特定基金的利息或股利收入，則屬於一般營業活動的範圍，應
列入營業活動的現金流量項下。

二、特定基金投資會計釋例

會計釋例：

沿用上述大業公司的實例，於民國 88 年 1 月 1 日發行 4 年期債券
$1,000,000，每半年付息一次；債券發行條款規定大業公司自 88 年 7 月
1 日開始，每半年提撥償債基金一次，專戶儲存並按 6% 孳息，俾於 4
年後集資$1,000,000 作為償還債券之用。

設：$M = $ 償債基金年金終值

$P = $ 每期基金提存金額

則：$M = P \times \dfrac{(1+i)^n - 1}{i}$

$\$1,000,000 = P \times \dfrac{(1+0.03)^8 - 1}{0.03}$

$= P \times 8.89233605$

$P = \$112,456.39$

表 14-4 償債基金累積表

4 年期；每半年提存一次

年利率 6%；到期日：民國 92 年 1 月 1 日

日　期	每期基金提存金額	每期利息	每期基金及利息	償債基金餘額
88.7.1	$112,456.39	$　　-0-	$　112,456.39	$　112,456.39
89.1.1	112,456.39	3,373.69	115,830.08	228,286.47
89.7.1	112,456.39	6,848.59	119,304.98	347,591.45
90.1.1	112,456.39	10,427.74	122,884.13	470,475.58
90.7.1	112,456.39	14,114.27	126,570.66	597,046.24
91.1.1	112,456.39	17,911.39	130,367.78	727,414.02
91.7.1	112,456.39	21,822.42	134,278.81	861,692.83
92.1.1	112,456.39	25,850.78	138,307.17	1,000,000.00
合　計	$899,651.12	$100,348.88	$1,000,000.00	

大業公司有關償債基金投資的分錄如下：

1.88 年 7 月 1 日提存基金的分錄：

償債基金投資	112,456.39	
現金		112,456.39

2.89 年 1 月 1 日提存基金及增加利息的分錄：

償債基金投資	115,830.08	
投資利益		3,373.69
現金		112,456.39

續後期間提存償債基金及增加利息，可比照上列方法記錄之。

3.92 年 1 月 1 日償還到期債券的分錄：

應付債券	1,000,000.00	
償債基金投資		1,000,000.00

14–10　人壽保險解約現金價值

一、人壽保險解約現金價值概述

企業為分散風險，往往為其高層人員投保人壽保險，並以公司為受益人；人壽保險解約現金價值 (cash surrender value of life insurance) 係指一旦保險契約終止時，投保人可收回的現金價值，此項價值係隨投保人繳保險費期間的經過而增加，故具有長期投資的性質，在資產負債表內，應列報於基金及投資項下。

當一項人壽保險的最初若干年期間，並無現金解約價值存在；因此，在這一段期間內所繳納的人壽保險費，均屬於費用性質；一旦現金解約價值發生時，應將當期所繳納保險費的一部份，記錄為「人壽保險解約現金價值」，屬於資產性質；此後，現金解約價值將隨繳納保險費時間的增加而逐期增加，其所增加的部份，應由人壽保險費項下扣除，借記「人壽保險解約現金價值」帳戶；如保險事故發生，投保公司所收到保險公司的保單金額及退還人壽保險費之合計數，於扣除人壽保險解約現金價值及未耗用保險費後之餘額，應認定為人壽保險理賠利益 (gain on settlement of life insurance indemnity)。

二、人壽保險解約現金價值會計釋例

設建業公司於 1995 年 1 月 1 日起，為其高級管理人員投保終身人壽保險$1,000,000，並以公司為受益人，最初六年的有關資料如下：

年度	人壽保險費	人壽保險解約現金價值
1995	$24,000	$ –0–
1996	24,000	–0–
1997	24,000	4,000
1998	24,000	9,000
1999	24,000	15,000
2000	24,000	21,000

俟 1999 年 8 月 1 日,該公司高級主管人員過世;有關人壽保險解約現金價值的會計處理方法,列示如下:

1. 1995 年及1996 年繳交保險費的分錄:

人壽保險費	24,000	
現金		24,000

2. 1997 年繳交保險費的分錄:

人壽保險解約現金價值	4,000	
人壽保險費	20,000	
現金		24,000

3. 1998 年繳交保險費的分錄:

人壽保險解約現金價值	5,000	
人壽保險費	19,000	
現金		24,000

$9,000 - $4,000 = $5,000

4. 1999 年繳交保險費的分錄:

人壽保險解約現金價值	6,000	
人壽保險費	18,000	
現金		24,000

$15,000 - $9,000 = $6,000

5. 1999 年 8 月 1 日保險事故發生時的分錄:

現金	1,010,000	
人壽保險費		7,500
人壽保險解約現金價值		15,000
人壽保險理賠利益		987,500

人壽保險理賠利益的計算方法如下：

人壽保險保單金額	\$1,000,000
加：退還未耗用保險費*：$24,000 \times \dfrac{5}{12}$	10,000
收到現金	\$1,010,000
減：人壽保險解約現金價值	(15,000)
沖銷未耗用人壽保險費**：$18,000 \times \dfrac{5}{12}$	(7,500)
人壽保險理賠利益	\$ 987,500

　*指每年繳交現金之保險費。
　**指每年繳交現金扣除解約現金價值後之保險費。

　　有關人壽保險解約現金價值的會計處理，應予注意者尚有下列三點：
(1)人壽保險理賠利益，乃屬正常損益項目，不可列為非常損益；(2)以公司為受益人之人壽保險費，不得抵減課稅所得；(3)人壽保險理賠利益，不必列為課稅所得。因此，以公司為受益人的人壽保險費及人壽保險理賠利益，係屬於稅前財務所得與課稅所得的永久性差異項目。

●———— ● **本章摘要** ● ————●

　　企業購買其他公司的證券，其主要目的有三：(1)增加收入；(2)控制或影響其他公司，以獲得營業上的利益；(3)配合契約、法令規定、或基於企業自願之投資。

　　企業對於一項證券投資的會計處理方法，主要取決於對該項投資的分類；在會計上，首先要將一項證券投資，依各種因素加以分類後，再決定其會計處理方法。決定證券投資分類的因素，主要有下列五項：(1)證券的型態，包括權益證券（股票）及債券；(2)長期投資與短期投資，一般係以一年或一個正常營業週期孰長期間為分類標準；(3)持股比率大小，凡持股比率 50% 以上者，表示投資人對被投資公司具有控制能力；凡持股比率在 20% 至 50% 之間者，表示投資人對被投資公司具有重大影響力；凡持股比率在 20% 以下者，表示投資人對被投資公司無重大影響力；(4)投資企業管理者的意願，包括是否有意願將一項債券持有至到期日？是否將一項權益證券或債券於短期間內再予出售？(5)有無確定的公平價值？

　　會計上首先根據證券的不同型態，予以分類為權益證券（股票）投資及債券投資兩種；此項區分之目的，在於依其不同性質，再將權益證券依其持股比率大小，進一步分類為有控制能力的權益證券投資、有重大影響力的權益證券投資、及無重大影響力的權益證券投資三種。無重大影響力的權益證券投資，惟具有可確定的公平價值，如企業管理者擬於短期內出售者，予以分類為短線證券，屬於短期投資性質；如企業管理者不擬於短期內出售者，則予分類為備用證券。至於債券投資，如企業管理者有意願又有能力持有至到期日者，予以分類為待到期債券；凡

無上項意願或能力，惟可確定其公平價值者，如企業管理者擬於短期內出售者，予以分類為短線證券，屬於短期投資性質；如企業管理者不擬於短期內出售者，則予分類為備用證券。

長期投資包括下列各項：(1)有控制能力的權益證券投資，其會計處理應採用權益法，並編製合併財務報表；(2)有重大影響力的權益證券投資，其會計處理也應採用權益法；(3)無重大影響力的權益證券投資，又無確定公平價值者，應採用成本法；(4)待到期債券投資，其會計處理應採用攤銷成本法；(5)長期備用證券投資（包括債券及持股比率 20% 以下之權益證券）；一項備用證券依管理者意願並按個別基礎分類為短期或長期投資；凡管理者擬持有超過一年或一個正常營業週期孰長之期間者，應予分類為長期投資，否則即屬於短期投資；長期備用證券投資，不論為權益證券或債券投資之會計處理，均採用公平價值法；(6)特定基金投資，通常委託信託人管理與孳息，使基金投資隨孳息而增加；(7)人壽保險解約現金價值，隨繳交人壽保險費的增加而增加，不但具有投資的效益，而且可分散企業的風險。

本章討論大綱

長期投資

- 長期投資概述 { 長期投資的基本概念
  長期投資的範圍
  長期與短期投資的分類及其會計處理 }

- 長期權益證券投資的分類 { 有控制能力（50% 以上）*
  有重大影響力（20～50%）
  無重大影響力（20% 以下） }

- 有重大影響力的長期權益證券投資：權益法 { 權益法的意義
  權益法會計釋例 }

- 無重大影響力的長期權益證券投資：成本法 { 成本法的意義
  成本法會計釋例 }

- 改變評價方法的會計處理 { 權益法改變為公平價值法
  公平價值法改變為權益法 }

- 長期權益證券投資的特殊問題 { 股票股利
  股票分割
  認股權 }

- 長期備用證券投資：公平價值法 { 長期備用證券投資：權益證券
  長期備用證券投資：債券 }

- 長期債券投資／待到期債券：攤銷成本法 { 待到期債券的意義
  待到期債券的會計處理
  待到期債券會計釋例 }

- 特定基金投資 { 特定基金的意義及種類
  特定基金投資會計釋例 }

- 人壽保險解約現金價值 { 人壽保險解約現金價值概述
  人壽保險解約現金價值會計釋例 }

- 本章摘要

*屬高等會計範圍

—————● 習　題 ●—————

一、問答題

1.略述長期投資的意義。

2.長期投資包括那些？

3.決定長期與短期投資的因素有那些？

4.那些權益證券投資應歸類為長期投資？這些長期權益證券投資應採用何種會計方法？

5.權益法的意義為何？

6.商譽的價值應如何計算？

7.權益證券投資採用成本法時，試略述其會計處理方法。

8.何謂公平價值法？

9.權益證券投資由權益法改變為公平價值法時，試略述其會計處理方法。

10.權益證券投資由公平價值法改變為權益法時，試略述其會計處理方法。

11.投資人對於股票股利的會計處理方法為何？

12.如股票股利所發放的股票種類與原始取得股票種類不同時，其會計處理方法有那三種？

13.投資人如何分攤認股權成本？

14.那些權益證券投資應歸類為長期投資？這些長期債券投資應採用何種會計方法？

15.何謂攤銷成本法？

16.何謂特定基金投資？常見的特定基金投資有那些？

17.何謂人壽保險解約現金價值？

18.人壽保險理賠利益如何計算？具有何種性質？

二、選擇題

下列資料用於解答 14.1 至 14.3 的根據：

A 公司於 1998 年 1 月 2 日支付成本$900,000，取得 X 公司 30% 普通股，使 A 公司對 X 公司的營業及財務決策，具有重大影響力；1998 年度，X 公司獲利$360,000，年終時發放現金股利$225,000；截至 1999 年 6 月 30 日止之六個月期間，X 公司獲利$450,000，截至 1999 年 12 月 31 日止之六個月期間，獲利$900,000；1999 年 7 月 1 日，A 公司出售其擁有 X 公司一半的股權，收現$675,000；X 公司於 1999 年 12 月 31 日，發放現金股利$270,000。

14.1　A 公司 1998 年度的損益表內，應列報投資 X 公司的稅前投資利益為若干？

(a)$67,500

(b)$108,000

(c)$225,000

(d)$360,000

14.2　A 公司 1998 年 12 月31 日的資產負債表內，應列報投資帳戶的帳面價值為若干？

(a)$900,000

(b)$920,000

(c)$940,500

(d)$1,008,000

14.3　A 公司 1999 年度的損益表內，應列報當年度出售X 公司一半股權的利益為若干？

(a)$110,250

(b)$127,500

(c)$137,250

(d)$204,500

14.4 B 公司擁有 Y 公司 10% 的特別股及 25% 的普通股; Y 公司 1999 年 12 月 31 日特別股及普通股餘額如下:

特別股: 10% 累積非參加	$1,000,000
普通股	2,000,000

B 公司 1999 年度獲利$460,000, 未發放任何股利。

B 公司 1999 年度損益表內, 應列報投資 Y 公司的利益為若干?

(a)$75,000

(b)$90,000

(c)$100,000

(d)$115,000

14.5 C 公司於 1999 年 1 月 1 日購入 Z 公司 40% 股權, 支付成本 $640,000, 當時 Z 公司的淨資產帳面價值為$1,350,000; 除存貨與機器設備之外, 其他各項資產的帳面價值均與其公平價值相同; 存貨及機器設備的公平價值超過帳面價值分別為$15,000 及$135,000; 機器設備的使用年數為 9 年; 存貨全部於 1999 年度出售; 如發生商譽時, 其攤銷年限為 40 年。Z 公司 1999 年度獲利$160,000, 發放現金股利$60,000。

C 公司 1999 年度損益表內, 應列報投資 Z 公司利益若干? (a)$50,000

(b)$51,000

(c)$60,000

(d)$64,000

14.6 D 公司於 1998 年 1 月 2 日購入 S 公司 10% 股權; 1999 年 1 月 2 日, D 公司再購入 S 公司 20% 股權, 俾能重大影響 S 公司的營業及財務決策; 兩次購買的成本, 均與所取得 S 公司淨資產帳面價值之持分相當, 故無溢付成本情形; 1998 年度及 1999 年度 S 公司淨利及發放現金股利如下:

	1998 年度	1999 年度
淨利	$840,000	$910,000
發放現金股利	280,000	420,000

D 公司 1999 年 1 月 2 日應追溯 1998 年度調整保留盈餘若干? 又 D 公司 1999 年度應列報投資 S 公司利益若干?

	調整 1998 年度保留盈餘	1999 年度投資利益
(a)	$ 224,000	$273,000
(b)	$ 140,000	$273,000
(c)	$ 56,000	$273,000
(d)	$ 56,000	$147,000

14.7 E 公司於 1999 年 1 月 2 日, 購入 T 公司在外流通普通股 100,000 股之 10%, 支付成本$400,000; 1999 年 12 月 31 日, E 公司另購入 20,000 股, 支付成本$1,200,000; 兩次購買均無商譽發生, 1999 年期間, T 公司亦未曾另發行新股。T 公司 1999 年度獲利$800,000。E 公司 1999 年 12 月 31 日之資產負債表內, 應列報對 T 公司之投資若干?

(a)$1,600,000

(b)$1,680,000

(c)$1,740,000

(d)$1,840,000

14.8　F 公司擁有 U 公司在外流通累積非參加 6% 特別股 100,000 股之 10%，每股面值$50；此外，F 公司另擁有U 公司普通股 5,000 股，持股比率 2%；U 公司 1998 年度未能獲利，故未發放股利；1999 年度發放特別股現金股利$600,000 及 5% 普通股股票股利，當時普通股每股市價$50。

F 公司 1999 年度損益表內，應列報股利收入若干？

(a)$–0–

(b)$30,000

(c)$60,000

(d)$72,500

14.9　G 公司於 1997 年 1 月 2 日，購入 V 公司普通股 1,000 股，支付成本$90,000；1999 年 12 月 1 日，G 公司收到 V 公司 1,000 張認股權，每張認股權可按$75 認購V 公司普通股一股；未發行認股權之前，V 公司普通股每股公平市價$100，發行認股權之後，每股公平市價$90；G 公司於 1999 年 12 月 2 日，將全部認股權按每張$10 出售。

G 公司出售認股權利益應為若干？

(a)$–0–

(b)$500

(c)$1,000

(d)$2,000

14.10　H 公司於 1995 年為其總經理王君購買人壽保險$1,000,000，並以 H 公司為受益人；1999 年 12 月 31 日，有關資料如下：

人壽保險解約現金價值 (1/1/1999)	$42,000
人壽保險解約現金價值 (12/31/1999)	55,000
每年支付人壽保險費	25,000

H 公司 1999 年人壽保險費為若干？

(a)$25,000

(b)$13,000

(c)$12,000

(d)$–0–

三、綜合題

14.1 正聲公司於 1999 年 1 月 1 日，購入華友公司 25% 股權，支付成本 $420,000，對華友公司的營業及財務決策，具有重大影響力；當時華友公司的資產負債表內容如下：

	帳面價值	公平市價	差　　異
現金及應收帳款	$ 120,000	$ 120,000	$　 –0–
存貨	480,000	488,000	8,000
廠產設備	600,000	838,000	238,000
土地	180,000	198,000	18,000
合計	$1,380,000	$1,644,000	$264,000
負債	$ 180,000	$ 180,000	$　 –0–
股東權益	1,200,000	1,464,000	264,000
合計	$1,380,000	$1,644,000	$264,000

另悉華友公司 1999 年度獲利$180,000，發放現金股利$120,000；存貨全部於 1999 年度出售；廠產設備可使用 12 年，採用直線法計算折舊；如有商譽時，按 40 年攤銷。

試求：

　(a)列示正聲公司 1999 年 1 月 1 日的投資分錄。

　(b)計算正聲公司所獲得華友公司各項可辨認資產公平市價超過帳面價值的持分部份。

　　(c)計算正聲公司所購入的商譽價值。

　　(d)正聲公司 1999 年度投資於華友公司的利益應為若干？

14.2 華新公司於 1998 年 1 月 1 日，購入麗美公司普通股 10,000 股，取得 20% 的股權，支付成本$1,000,000；由於未能被選為董事，故對麗美公司的營業及財務決策，並無重大影響力，乃將其歸類為備用證券投資，按公平價值法處理；俟 1999 年 1 月 1 日，華新公司的投資帳戶帳面價值為$1,200,000；當日，麗美公司贖回在外流通股票 10,000 股，使華新公司的持股比率提高為 25%，該公司乃決定改採用權益法；已知麗美公司 1998 年度淨利$250,000，未發放任何股利；1999 年 1 月 1 日淨資產公平價值為$4,200,000；1999 年度獲利$360,000，發放現金股利$200,000。

　　試求：

　　(a)記錄華新公司 1998 年 1 月 1 日購入麗美公司普通股的分錄。

　　(b)記錄華新公司 1998 年度在公平價值法之下普通股公平市價上升的分錄。

　　(c)記錄華新公司 1999 年 1 月 1 日由公平價值法改變為權益法的應有分錄。

　　(d)記錄華新公司 1999 年 12 月 31 日應有的會計分錄。

14.3 正中公司於 1998 年 1 月 1 日，購入大業公司 4 年期 8% 債券面值$1,000,000，市場利率 6%，每年付息一次；正中公司管理者有意願也有能力持有至到期日；按利息法攤銷。

　　試求：

　　(a)計算正中公司購入大業公司債券的應有價格。

　　(b)記錄正中公司 1998 年 1 月 1 日購入債券的分錄。

　　(c)記錄正中公司 1998 年 12 月 31 日應收利息的調整分錄。

　　(d)記錄正中公司 1999 年 1 月 1 日收到利息的分錄。

(e)記錄 2002 年 1 月 1 日債券到期收回本金的分錄。

(f)編製長期債券投資攤銷表。

14.4 三洋公司於 1998 年 1 月 1 日，以$200,000 購入四海公司普通股 10%；1999 年 1 月 1 日，三洋公司擬對四海公司的營業及財務決策 具有重大影響力，乃以$450,000 另購入其在外流通普通股之 20%； 兩次購入所支付的成本，均與所取得淨資產帳面價值的持分相同， 並無溢付成本的情形。1998 年度及 1999 年度四海公司列報下列資 料：

	1998 年度	1999 年度
淨利	$450,000	$500,000
發放股利	200,000	300,000

三洋公司於 1999 年 1 月 1 日，對於四海公司的投資，由原來的公 平價值法，改採用權益法，並追溯調整 1998 年度投資與保留盈餘 帳戶。

試求：

(a)根據公平價值法記錄三洋公司 1998 年度有關投資的各項分錄。

(b)記錄 1999 年 1 月 1 日另購入 20% 普通股的分錄。

(c)記錄 1999 年 1 月 1 日改採用權益法的追溯既往調整分錄。

(d)記錄 1999 年 12 月 31 日三洋公司認定四海公司淨利及發放現 金股利的分錄。

14.5 金門公司購入馬祖公司普通股 10,000 股，每股購價$93，持股比率 20%；事後，馬祖公司業務發達，為鼓勵原有股東之投資意願，遂 發行認股權，規定凡持有該公司普通股 5 股者，即可獲得認股權一 張，可按 $100 認購普通股一股；當時，每一除權普通股市價$120，

每張認股權市價$20。金門公司行使認股權 1,800 張，剩餘 200 張按每張$20 出售。

試求：記錄金門公司下列各項交易的分錄：

(a)購入普通股的分錄。

(b)分攤普通股與認股權成本的分錄。

(c)行使認股權的分錄。

(d)出售認股權的分錄。

14.6 唐人公司於 1996 年起，即為其總經理購買終身人壽保險$1,000,000；保單前 5 年的有關資料如下：

年度	人壽保險費	人壽保險解約現金價值
1996	$25,000	$　–0–
1997	25,000	–0–
1998	25,000	5,000
1999	25,000	12,000
2000	25,000	20,000

1999 年 10 月 1 日，唐人公司總經理過世，唐人公司按照保單獲得理賠，並退還未耗用人壽保險費。

試求：

(a)請為唐人公司記錄自 1996 年起至1999 年止每年支付人壽保險費的分錄。

(b)列示 1999 年 10 月 1 日保險事故發生後，唐人公司收到保單金額及退回未耗用保費的有關分錄。

第十五章　長期性資產㈠: 取得與處置

●━━━━━━━━━● 前　　言 ●━━━━━━━━━●

　　企業擁有各項提供為營業上使用的長期性資產, 在會計上通常可分為有形資產與無形資產兩種; 有形資產乃具有實質物體存在的長期性資產, 依其損耗的不同, 復可區分為兩種: (1)財產、廠房、及設備資產; (2)遞耗資產。

　　企業擁有長期性資產之目的, 在於透過營運的過程而獲得利益; 然而, 另一方面也因耗用或由於物質上因素, 逐漸降低其價值, 此即折舊或折耗的問題。

　　一項長期性資產取得的方式很多, 有現金取得、賒購取得、其他資產交換取得、自建資產、捐贈資產等; 長期性資產成本的決定, 往往隨其取得方式之不同而異其趣。

　　一項長期性資產於持有期間, 必須適當地加以維護, 難免發生各項支出或分攤有關成本; 長期性資產於使用若干時間後, 有可能發生出售、交換、或廢棄等情事。

　　以上各項問題, 除折舊、折耗、及無形資產等, 容於第十六章及第十七章再予討論外, 其餘則將於本章內逐項闡述之。

15–1　長期性資產概述

一、長期性資產的意義及特性

　　所謂長期性資產 (long-lived assets)，係指為企業所擁有，並提供為營業上長期使用，而不以出售為目的的各項資產；因此，長期性資產一般又稱為廠房資產 (plant assets)、營運資產 (operating assets)、固定資產 (fixed assets)、資本資產 (capital assets)、或財產、廠房、及設備 (property, plant and equipment) 等。

　　由上述說明可知，長期性資產具有下列三項特性：

　　1.提供企業長期使用：長期性資產係指使用期限較長的各項資產，例如土地、廠房、機器、及各項設備等；其中土地一項，可提供企業長期使用，也不發生任何耗損。可提供企業使用的資產很多，並非均屬於長期性資產；筆墨紙張等，僅能提供短期耗用，缺乏長期使用的特性，故不應歸入長期性資產之內。

　　2.提供營業上使用，不以出售為目的：長期性資產係提供營業上長期使用，而不以出售為目的者；倘一項資產係以出售為目的時，則屬於企業的存貨，而非長期性資產。例如房地產公司所持有未脫售的土地及房屋，屬於房地產公司的存貨；機器製造公司所持有未出售的機器，屬於機器製造公司的存貨；蓋以上兩者均以出售為目的，故不能列入長期性資產項下。

　　3.正在使用中：長期性資產乃企業正在使用中的資產，故應逐期提列折舊費用（土地除外），俾將資產成本分攤於各使用年限內，使與各年度的收入相互配合。蓋取得長期性資產之目的，在於利用長期性資產的效益以從事經營活動。倘一項資產雖具備上述二種特徵，但由於某種

原因, 已廢棄不用者, 應列為報廢資產 (retired assets), 並從長期性資產中轉列入其他資產項下。又如購入以提供為擴充廠房或其他用途的土地, 雖具有長期性資產的型態, 惟並不在使用中, 故應予列入投資項下, 而非屬長期性資產。但將來於該項土地上興建廠房或提供作為其他用途時, 應將土地重新歸入長期性資產項下, 以表示土地已在使用中。

二、長期性資產的分類

企業提供為營業上長期使用的資產, 種類繁多, 而且性質也不一樣。在會計上, 對於長期性資產, 一般均以是否具備物體的型態, 予以分類為下列二大類:

1.有形長期性資產 (tangible long-lived assets): 有形長期性資產, 乃具有實質物體存在的長期性資產; 此類長期性資產, 依其不同性質及損耗之差異, 又可分為下列二種:

⑴財產、廠房、及設備: 此類資產, 包括企業所取得而使用於營業上具有實體存在的各項資產, 例如土地、建築物、機器、器具、農場、牧場等; 此類資產具有一項特性, 即此類資產雖經長期使用, 其實體不因使用而與產品相結合, 例如提供生產用的廠房、機器、及設備等, 雖經長期使用, 使其生產力逐漸降低, 但其物質上的因素, 並無改變, 不因使用而與產品結合; 相反的情形, 原料存貨則因使用而併入製成品。

根據會計原則委員會第 12 號意見書 (APB Opinion No. 12) 第 5 段的規定, 企業所編製的資產負債表, 必須按折舊性資產的主要項目, 加以分類; 蓋每一種長期性資產的性質, 以及使用年限等, 各有不同, 折舊的方法各異。因此, 正確而又適當的分類方法, 對於財務狀況及營業成果的忠實表達, 十分重要。此外, 為達到企業內部控制之目的, 對於每一項長期性資產, 得分別設立明細分類帳, 俾保存正確的財務資料。

一般言之, 財產、廠房、及設備, 依是否應予提列折舊, 可歸納為

下列二種:

    (a)必須提列折舊的資產: 包括建築物、機器、工具、及各項設備等。

    (b)不必提列折舊的資產: 包括土地、農場、及牧場等。

(2)遞耗資產 (wasting assets): 此類資產包括所有各項經由開採而逐漸耗竭的天然資源 (natural resources),例如礦藏、油井、天然氣、及森林等。

  2.無形資產 (intangible assets): 此類資產係指無實質物體存在的各項特殊權利,此項權利通常由政府或所有權人,賦予使用人在經營上、財務上、或其他可創造利益的營業權 (business rights); 一般可分為下列二種:

(1)有特定存續期限 (limited-term of existence) 的無形資產: 係指因受法律、規定、契約,或資產特性等因素的影響,而具有特定的存續期限,例如專利權、版權、特許權、租賃權益、租賃權改良、開辦費等。

(2)無特定存續期限 (unlimited-term of existence) 的無形資產: 係指於取得時未受任何限制,而具有永久性無形潛在經濟價值存在,例如商譽、商標權及商號等。

三、長期性資產的會計問題

企業取得一項長期性資產之目的,在於提供營業上長期使用; 取得的方式很多,會計上將面臨成本如何決定的問題; 另一方面在使用或持有期間,為維護長期性資產的正常運作或延續其使用壽命,亦將發生各項支出,包括資本支出與收益支出的劃分問題; 長期性資產的經濟效益,將隨使用期間的過去而逐漸降低,應予合理分攤其成本; 長期性資產一旦使用到不符合經濟效益時,應予處置,包括出售、交換、或廢棄的會計問題。

茲將長期性資產的會計問題,以圖 15–1 列示之。

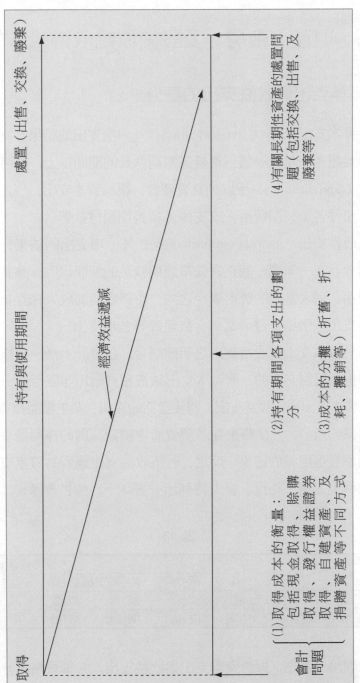

圖 15-1 長期性資產的會計問題

15-2 財產、廠房、及設備原始取得成本的決定

一、資本支出與收益支出的劃分

1.資本支出 (capital expenditures)：凡一項支出的結果，其所獲得的經濟效益超過一年或一個正常營業週期孰長的期間以上，應將該項支出資本化 (capitalization)，予以列為資產者，稱為資本支出；例如取得各項資產、預付各項長期費用，或支付各項長期預付款等。

2.收益支出 (revenue expenditures)：凡一項支出的結果，其所獲得的經濟效益在一年或一個正常營業週期孰長的期間以內，應將該項支出當為費用，列入當期的費用帳戶之內，使與當期的收入相互抵銷者，稱為收益支出；例如支付水電費、修理費等各項支出。

對於資本支出與收益支出之明確劃分，在會計上是一項極為重要的問題，也是絕對必要的；蓋資本支出須按預計耐用年限予以分攤成本；若誤將資本支出列為收益支出，將使當期的淨利、業主權益及資產數額，發生虛減的情形，並使將來在該項資產存續期間內的淨利發生虛增，及資產數額發生虛減的結果；反之，若將收益支出誤列為資本支出，則其影響適與上述情形相反。吾人特列示一表如下，俾供參考：

表 15-1

	本		期	續後資產存續期間	
	資 產	淨 利	業主權益	資 產	淨 利
資本支出誤列為收益支出	虛 減	虛 減	虛 減	虛 減	虛 增
收益支出誤列為資本支出	虛 增	虛 增	虛 增	虛 增	虛 減

就理論上言之，對於資本支出與收益支出，必須嚴格劃分；惟就實務上言之，由於若干支出，在本質上雖符合資本支出的條件，但以其數

額相當微小, 對於未來的效益並不重要, 或對未來的效益在實際上無法作合理的衡量時, 在實務上均將其逕列為收益支出, 以避免會計處理上的繁重工作。

二、財產、廠房、及設備原始取得成本的一般決定原則

根據美國財務會計準則委員會第 34 號財務會計聲明書第 4 段指出:「取得一項資產的 (歷史) 成本, 應包括使該項資產達到可使用狀態與地點所發生的必要支出總和; 如一項資產需要一段時間的準備活動才能達到可使用的狀態, 其間所發生的利息支出, 也應計入資產成本之內。」

由上述可知, 對於一項財產、廠房、及設備資產的原始取得成本, 原則上應以取得該項資產的現金支出 (cash outlay) 為衡量基礎。如一項資產係以現金以外的條件交換取得時, 則資產應按交易成立時所約定條件之公平市價 (fair market value) 列帳。如所約定條件缺乏確定性的公平市價時, 則以取得資產的公平市價為準。一項資產除非已置於可使用或具有生產能力的狀態, 否則不能視為已取得 (acquired)。因此, 為取得一項資產, 從開始進行取得至可供使用或具有生產能力狀態為止之各項合理 (reasonable) 及必要 (necessary) 的支出, 例如運費、稅捐、佣金、保險費、安裝費, 及試車費等各項附加成本, 均應包含在內。倘若所取得的資產係屬土地及房屋等不動產者, 其勘測費、登記費等, 均應包括於資產成本之內; 惟如因取得資產而提早付款所獲得的現金折扣 (cash discount), 是為取得資產的成本節省 (cost savings), 自應從成本中予以抵減, 以免虛增資產的成本。茲將資產原始取得成本的決定公式, 列示如下:

財產、廠房及設備之原始取得成本 = 購價 + 附加成本
－ 現金折扣

15–3　現金取得資產成本的決定

　　財務會計準則委員會於 1984 年頒佈第 2 號財務會計觀念聲明書第 67 段 (SFAC No. 2. par 67) 指出：「財產、廠房、設備、及大部份的存貨，應以歷史成本為列帳的基礎；所稱歷史成本，乃取得資產所支付的現金或約當現金數額。」

　　凡以現金取得一項資產的歷史成本，應包括使該項資產置於可使用狀態或地點所發生的必要支出總和，通常包括淨發票價格（購價減現金折扣）、運費、稅捐、登記費、佣金、安裝費、及試車費等各項附加成本。

　　以現金取得資產成本的決定，比較簡單；蓋所支付者為現金或約當現金，不發生任何的評價問題。惟吾人應考慮下列二項問題：

一、現金折扣的問題

　　凡購買長期性資產所獲得的任何現金折扣，應作為成本的減項。例如購入某項長期性資產的總價為$500,000，約定如於十天之內付款時，可獲得 2% 的付現折扣，當即以$490,000 ($500,000 × 98%) 記錄長期性資產。若由於某種原因致無法取得該項資產的付現折扣時，則$10,000 ($500,000 × 2%)，實為遲延支付的罰款，不應視為長期性資產成本的一部份，故應列為折扣損失 (discount lost)，並於財務報表上單獨列入財務費用項下。

二、聯合成本分攤的問題

　　企業常以一筆總價 (lump-sum price) 購入兩種或兩種以上的長期性資產，則所支付之總價，即為所購入各項資產的聯合成本 (joint cost) 或稱共同成本 (common cost)。如所購入的資產具有不同的耐用年限，必須將

其聯合成本分攤於各項長期性資產，俾能提供計算折舊的適當基礎。此項成本的分攤，對於長期性資產的評價與未來年度損益的確定，實有其必要性；蓋長期性資產依其物質上的耗損與否，各有不同；有些長期性資產必須提列折舊、折耗或攤銷；有些則不必提列。又必須提列折舊、折耗或攤銷的長期性資產，其計算的比率每年常不相同，對於長期性資產的評價，及未來各年度損益的計算，實具有重大的影響。

上述情形最常見於以一筆總價購入不動產，包括土地及建築物等。由於土地的耐用年數並無限定，而建築物的耐用年數則有限定，故於取得時必須將其總成本分攤於土地及建築物之內，在會計上是絕對必要的。

茲設某公司以一筆總價$1,000,000 購入土地及建築物，經評估的結果，土地的公平市價為$480,000，建築物的公平市價為$720,000，則其成本應分配如下：

資　　產	評估價值	比　　例	成本分攤
土　　地	$ 480,000	$\frac{2}{5}$	$ 400,000 ($1,000,000 × $\frac{2}{5}$)
建築物	720,000	$\frac{3}{5}$	600,000 ($1,000,000 × $\frac{3}{5}$)
合　　計	$1,200,000	1	$1,000,000

如無公平市價可資評估時，會計人員應如何分攤成本？處此情形，吾人可審查買賣時雙方對於各項資產各別協定的價格為準。例如上例，會計人員於審查買賣雙方協定價格時，係按土地$380,000 及建築物$620,000 訂立買賣契約，則吾人可按此一比例分攤成本。如缺乏上項可靠的證據，或者認為上項證據並不切合實際的情形，會計人員必須另外尋求其他足以證明各項資產相關價值的客觀證據，作為成本分攤的基礎。設如上例，土地及建築物課稅的評價分別為 $378,000 及$522,000，則其聯合成本，

應予分攤如下：

	課稅評價	比　率	×	聯合成本	=	成本分攤
土　地	$378,000	42%				$ 420,000
				$1,000,000		
建築物	522,000	58%				580,000
合　計	$900,000	100%				$1,000,000

　　如各項證據均付闕如，則可委託外界的獨立評估人 (independent appraiser) 或由公司董事會合理評定之。

15–4　賒購取得資產成本的決定

　　根據會計原則委員會第 21 號意見書第 12 段 (APB Opinion No. 21, par. 12) 的規定，以賒購方式取得一項資產的評價基礎，應以下列二項孰者較為客觀與可靠為決定依據：

　　1.資產的現金價格（公平市價）。

　　2.取得一項資產所承擔未來應付款項按市場通行利率予以折現的現值。

　　一般言之，一項資產以賒購方式取得時，其價格通常高於現金價格；賒購價格超過現金價格的部份，應於資產存續期間內，按有系統的方法，予以攤轉為利息費用。

　　倘若取得資產的現金價格無法確定時，應根據契約所隱含的利率，據以計算其利息費用及現金價格，作為列帳的基礎。

　　設某項機器及設備如按現金價格購入時應為$600,000，然而亦可簽發 1 年期年利率10% 的應付票據取得之。購入時應分錄如下：

機器及設備	600,000	
應付票據		600,000

一年以後應付票據到期時，支付現金之分錄如下：

應付票據	600,000	
利息支出	60,000	
現金		660,000

$$\$600,000 \times 10\% \times 1 = \$60,000$$

此外，對於長期性資產之購置，常以遞延分期付款的方式取得，以免一次即需支付鉅額資金的困難，此項購買契約一般稱為遞延付款契約 (deferred payment contracts)。

設某公司按遞延付款契約購入一部機器，約定在 5 年內每年底支付現金 \$158,278；如吾人不考慮契約內所隱含的利息因素時，則所購入的機器成本及所承擔的負債，應以\$791,390 (\$158,278 × 5) 加以列帳；然而在理論上，會計人員應尋求此項機器的現金價格或等值現金，作為該項機器的入帳基礎，而不能將其實際所隱含的利息費用，包括於機器成本之內。正確的機器成本，應以 5 年內每年付款的總額按現行折現率計算其現金（折現）價值；假定現行折現率為 10%，則機器的現值可計算如下：

$$現金（折現）價值 = 每期支付數 \times 利率（查年金現值表）$$
$$= \$158,278 \times P\,\overline{5}|0.1$$
$$= \$158,278 \times 3.790787$$
$$= \$600,000.00(近似值)$$

購入機器時應作分錄如下：

機器及設備	600,000	
分期應付款折價	191,390	
分期應付款——機器遞延付		
款契約		791,390

第一年底支付遞延付款契約款項時，應作分錄如下：

分期應付款──機器遞延付款契約	158,278	
利息支出	60,000	
現金		158,278
分期應付款折價		60,000

$$\$600,000 \times 10\% = \$60,000$$

第二年底支付遞延付款契約款項時，應作分錄如下：

分期應付款──機器遞延付款契約	158,278	
利息支出	50,172	
現金		158,278
分期應付款折價		50,172

$$(\$791,390 - \$158,278) - (\$191,390 - \$60,000) = \$501,722$$
$$\$501,722 \times 10\% = \$50,172$$

茲將 5 年期間每年底遞延付款契約款項攤銷表列示如下：

表 15-2　遞延付款契約款項攤銷表

年　度	每年底支付金額 (借)分期應付款 (貸)現　　　金	(借)利息支出 (貸)分期應付 款折價	分期應付 款折價	分期應 付　款
0	–	–	$191,390	$791,390
1	$158,278	$ 60,000	131,390	633,112
2	158,278	50,172	81,218	474,834
3	158,278	39,362*	41,856	316,556
4	158,278	27,470**	14,386	158,278
5	158,278	14,386***	–0–	–0–
合　計	$791,390	$191,390		

*$(\$474,834 - \$81,218) \times 10\% = \$39,362$

**$(\$316,556 - \$41,856) \times 10\% = \$27,470$

***$(\$158,278 - \$14,386) \times 10\% = \$14,386$(近似值)

如遞延付款的期限甚短，且利率亦小，則賒購長期性資產所隱含的利息不多，可不予考慮；然而如遞延付款的期限較長，且利率亦大，賒購長期性資產所隱含的利息必多，則合理予以預計長期性資產賒購價值的現金（折現）價值是有必要的。

15–5　發行權益證券取得資產成本的決定

企業以發行權益證券的方式，交換取得一項長期性資產時，對於所取得資產成本的決定，往往遭遇若干困難，其原因如下：

1.交換所涉及的權益證券及長期性資產價值，常缺乏現成的公平價值可資評價。

2.發行權益證券所取得的長期性資產，如涉及未證實的礦產、特許權、專利權、化學品製造公式、或採礦權等特殊資產時，其價值的決定，殊為不易。

3.權益證券市價與交易量多寡，關係密切；發行權益證券所取得資產成本的決定，究竟適用何項標準，殊感困難。

4.證券價值起伏不定，如逕以某特定短暫期間的市價為評價基礎，其可靠性不無令人存疑。

會計人員儘管於面臨上述各項困難時，仍然必須尋求合理的評價基礎；一般言之，應以權益證券公平價值與長期性資產公平價值，孰者較為客觀為評價基礎。

設某公司發行普通股 20,000 股，以交換取得一項機器設備；已知該項機器缺乏公平市價，惟交換日每一普通股在股票市場的成交價格為 $15，則以權益證券取得機器設備的分錄如下：

機器設備	300,000	
普通股本		300,000

$15 × 20,000 = $300,000

如權益證券與長期性資產的公平價值，均付闕如時，則委託獨立評估人或由公司董事會評估之。

發行權益證券取得資產成本的決定，對於公司債權人的權益，具有重大的影響；因此，公司債權人對於資產成本的評估認為有不當時，可於事後提出證據向法院控告其所核定的價值，有高於資產實際價值的情形，致造成證券折價之發生，倘因此而對其債權構成損害時，得要求股東負責賠償。故會計人員對於因發行證券所取得長期性資產價值的評估，應根據各有關會計原則或董事會的議決，謹慎為之。

15–6 自建資產成本的決定

企業常利用剩餘產能，自建供自己使用的長期性資產，藉以獲得成本之經濟，並可有效控制自建資產的品質與性能。自建資產的會計問題，主要的有下列各點:

一、自建資產成本的決定原則

自建資產 (self-constructed assets) 的成本，原則上應包括所有與自建資產有關的各項直接成本在內；稱直接成本 (direct costs) 者，乃與自建資產具有直接關係，並可明確加以辨認的各項成本，例如因自建資產而發生的直接原料、直接人工、設計費、許可費、規費、稅捐、牌照費、保險費、及其他工程費等。至於一般製造費用應否包括於自建資產成本之內，至今仍然是一項爭論中的問題；大體上可歸納為下列二派主張:

1.自建資產分攤增支製造費用的方法 (incremental overhead approach): 主張採用此法的人士認為，因自建資產而增加的變動製造費用，才是自建資產的攸關成本 (relevant costs)，自應加入自建資產成本之內；至於固定製造費用，通常在特定的營運範圍內，是固定不變的，不因自建資產而增加，故不予加入自建資產成本之內；惟如因自建資產而使原有的

產能不敷應用，必須增加固定成本時，則所增加的固定製造費用，自應加入自建資產成本之內。

由上述說明可知，凡主張因自建資產而增加製造費用時，始予加入自建資產成本之內，一般又稱為製造費用增支化本法 (incremental-overhead capitalized approach)。此法不會曲解企業正常產品的營運成本，故在會計實務上，普遍被採用。

2.自建資產與正常產品共同分攤全部製造費用的方法：此法將自建資產與正常產品一視同仁，按比率共同分攤全部製造費用，以免虛減自建資產的成本。

主張採用此法的人士認為，成本分攤的主要功能，在於將每一會計期間的全部製造費用，由當期的所有產品，共同分攤，應無例外；如將全部製造費用，僅歸由正常產品單獨負擔，而忽略自建資產的存在，必將導致低估自建資產價值的後果。

主張採用此法的人士認為，傳統會計的全部成本觀念：「任何一項產品必須包括全部成本，應無例外。」的會計觀念，迄今仍然普遍被接受，亦為美國成本會計準則委員會 (American Cost Accounting Standards Board, 簡稱 CASB) 加以認同如下：「因自用而營建之有形資本資產，必須將可辨認而歸由該自建資產負擔的製造費用，包括一般及管理費用，加以資本化，成為自建資產成本的一部份。」

茲舉一實例說明之，設金門公司運用自有設備，自建辦公設備。自建期間自 1998 年 1 月 1 日起，至同年 3 月 31 日止。自建計劃擬定之前，公司曾接獲外界廠商出售全套的相同辦公設備開價$810,000；由於上項開價過高，該公司決定自建。自建期間各項成本如下：

原料耗用（包括正常產品耗用$360,000）			$ 540,000
直接人工（包括正常產品耗用$900,000）			1,350,000
當年度製造費用總額：			
固定			270,000
變動			180,000
直接人工小時（包括正常產品耗用 100,000 小時）			150,000

　　另悉該公司對於製造費用的分攤，係按直接人工時數為分攤基礎。
茲分別按上述二派主張，列示自建資產分攤製造費用的方法如下：

　　1.自建資產僅分攤增支製造費用的方法：

			自建資產	正常產品	合　　計
直接原料			$180,000	$ 360,000	$ 540,000
直接人工			450,000	900,000	1,350,000
製造費用：					
固定:	100,000	@$2.70*	–	270,000	270,000
變動:	50,000	@$1.20**	60,000	–	60,000
	100,000	@$1.20	–	120,000	120,000
合　　計			$690,000	$1,650,000	$2,340,000

$$* \frac{\$270,000}{100,000} = \$2.70$$

$$** \frac{\$180,000}{150,000} = \$1.20$$

　　2.自建資產與正常產品共同分攤全部製造費用的方法：

	自建資產	正常產品	合　　計
直接原料	$180,000	$ 360,000	$ 540,000
直接人工	450,000	900,000	1,350,000
製造費用:			
固定:　50,000@$1.80*	90,000		90,000
100,000@$1.80		180,000	180,000
變動:　50,000@$1.20	60,000		60,000
100,000@$1.20		120,000	120,000
合　　計	$780,000	$1,560,000	$2,340,000

$$*\frac{\$270,000}{150,000} = \$1.80$$

二、自建資產成本與公平市價的比較

一般公認的會計原則 (GAAP), 主張一項自建資產評價基礎, 應以其公平市價 (fair market value) 為其最大極限。如其總成本（包括直接成本、分攤製造費用、及營建期間利息費用資本化等）, 超過同類型資產的公平市價時, 視為自建資產發生不經濟, 或由於無效率而產生, 應認定為損失; 否則, 如任其留存帳上, 不但會高估自建資產的價值, 而且於續後資產使用期間內, 將發生溢提折舊費用的情形。

另一方面, 如自建資產的總成本, 低於同類型資產的公平市價時, 基於會計上的保守原則, 仍然以自建資產的總成本為評價基礎, 而不予認定自建資產成本節省的利益。

企業於進行一項自建資產期間, 通常將其所發生或分攤的成本, 借記在建設備 (equipment under construction) 或在建工程等類似帳戶, 此等帳戶於未完工之前, 一般歸類為投資或其他資產, 俟完成後再予轉入設備、建築物、或其他適當的帳戶。吾人茲以上述金門公司之實例, 分

別列示三種不同情形如下:

    1.自建資產總成本等於公平市價:

設金門公司自建資產總成本與其公平市價均為$780,000, 則完工時分錄如下:

辦公設備	780,000	
在建辦公設備		780,000

    2.自建資產總成本大於公平市價:

設金門公司自建資產總成本為$780,000, 惟其公平市價為$760,000, 自建資產以公平市價為評價基礎, 其完工分錄如下:

辦公設備	760,000	
自建資產損失	20,000	
在建辦公設備		780,000

    3.自建資產總成本小於公平市價:

設金門公司自建資產總成本為$780,000, 惟其公平市價為$810,000, 自建資產以總成本為評價基礎, 其完工分錄如下:

辦公設備	780,000	
在建辦公設備		780,000

三、購建期間利息資本化問題

此一問題涉及的層面較廣, 吾人將於下節討論之。

15-7　購建期間利息資本化問題

一、利息資本化的基本概念

一項資產的取得成本, 應包括使該項資產置於可應用或可銷售狀態

及地點之一切必要支出總和；自建資產通常需要耗費一段期間，以從事
於營建工作，俾達到可運用或銷售狀態；在這段期間內，為自建資產支付
款項所負擔的利息費用，自應予以資本化，包括於自建資產成本之內。

　　抑有進者，企業如不自建資產，而改向外界購入時，廠商通常已將
其財務費用加入於產品成本之內；因此，營建期間的利息費用，如未予資
本化，必將虛減自建資產的價值，並影響續後期間折舊費用的提存數。

　　因此，自建資產及購置資產利息資本化之目的，在於達到：⑴使資
產成本能公正表達其真實價值；⑵將取得資產的總成本，按有系統的方
法，分攤於資產的存續期間內，使與其收入達成密切配合的原則。

二、符合利息資本化條件的資產項目

　　財務會計準則委員會於 1979 年頒佈第 34 號財務會計準則聲明書第
9 段 (SFAS No. 34, par. 9) 指出：「下列型態的資產（符合利息資本化條
件之資產），其利息費用應予資本化：

　　1.為提供企業本身使用而建造或生產的資產（包括自建或委託他人
建造，並已支付定金或施工款項者）。

　　2.專案建造或生產，以提供為銷售或出租的資產，例如建造船舶或
開發不動產等。」

　　惟財務會計準則第 34 號第 10 段指明下列情形之資產項目，不得將
其利息費用資本化：

　　1.經常性或重複性大量生產的存貨。

　　2.已提供或可提供營業上使用的資產。

　　3.目前並未提供營業上使用，也未進行任何必要的活動使其達到可
使用狀態的資產。

　　上述第 1 項及第 2 項，意義至為明顯，不必贅言。至於第 3 項，
實有進一步說明的必要；例如一項目前未提供營業上使用的土地，也未

進行任何必要的開發活動，使其達到可使用狀態；因此，購置土地款項所承擔的利息費用，不得資本化。惟為達到某特定使用目的，將土地積極進行開發工作後，在土地開發工作的持續期間內，土地及其開發成本的利息費用，應予資本化；如土地開發之目的，在於建造房屋，則利息資本化部份，應作為房屋成本之一；如土地開發後係提供為分段出售之用，則利息資本化部份，應列為擬出售土地的成本之一。

三、潛在資本化的利息金額

1.潛在資本化利息 (interest potentially capitalizable)，僅限於一項資產在購建期間，為支付購建資產成本所必須負擔的利息費用；亦即若不購建該項資產，即無須負擔該項利息費用，故此項利息又稱為可避免利息 (avoidable interest)。

2.潛在資本化利息金額，係以該期間為購建資產累積支出之加權平均數乘以利率而得之；其計算方式如下：

潛在資本化利息（可避免利息）

＝（購建資產累積支出加權平均數）×（利率）×（購建期間）

3.上項資本化利率，原則上應以該會計期間的借款利率為計算根據。

4.企業如因購建資產而對外專案借款時，此項借款利率可作為資本化利率。

5.如購建資產累積支出加權平均數大於專案借款時，則上項潛在資本化利息，必須分開計算；即專案借款利息以專案借款利率計算之；超出專案借款金額的部份，另以其他應負擔利息債務的加權平均利率計算之。其計算方式如下：

$$潛在資本化利息 = 專案借款利息 + 超出專案借款利息$$

$$= （專案借款 \times 專案借款利率 \times 期間）$$

$$+ （超出專案借款金額之累積支出加權平均數$$

$$\times 其他債務之加權平均利率 \times 期間）$$

6.潛在資本化利息金額，不得超過實際利息金額; 如發生超過的情形，應改按實際利息為資本化利息金額。

7.在計算潛在資本化利息時，應包括折價、溢價、或發行成本的攤銷部份，惟不包括不附利息應付款項的應計利息部份。

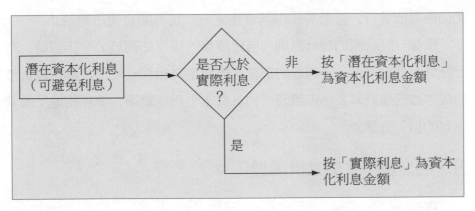

圖 15–2

四、利息資本化的期間

根據財務會計準則第 34 號第 17 段 (SFAS No. 34, par. 17) 指出:「當下列三種情況同時具備時，利息資本化期間應即開始:

1.購建資產的支出已發生。

2.使資產達到可使用狀態及地點的必要活動已經開始進行。

3.利息費用已發生。」

　　只要上列三種情況存在時，利息資本化應繼續進行；企業如停止購建資產的重大活動時，應立即暫停利息資本化，等到恢復後為止。然而，由於外界的干擾，致發生短暫性的中斷，則無須停止利息資本化的進行。

　　當購建資產的活動實質上已完成，並可提供為特定用途或出售時，利息資本化應即予停止。購建資產的若干部份，如已完成，並可單獨使用時，則完成部份應即停止利息資本化。惟若干部份雖已完成，但必須等待其他部份整體完成後，才能一起使用時，則利息資本化仍應繼續進行，直至購建資產全部完成後才停止。又如購建資產本身雖已全部完成，但必須等到其他相關資產完成後，才能配合使用；遇此情形，利息資本化仍應繼續進行，直至其他相關資產完成，並可配合使用時為止。

　　根據一般公認的會計原則，自建資產的成本如高於公平市價時，應予減低至公平市價，其超過的部份，應認定為損失；然而，當自建資產的成本雖已高於其公平市價時，利息資本化仍應繼續，俾正確地反映其應有的損失金額。

五、利息資本化的會計處理

釋例一：

　　設某公司於 1998 年 7 月初起，自建一項機器設備提供自用，符合利息資本化的要求；該年 7 月初，即已支出$2,000,000，7 月 1 日起至 9 月 30 日止，另均勻地支出$600,000；7 月 1 日起至 9 月 30 日止，另有下列債務未償還：

　　1.為自建資產而專案貸款$1,000,000，利息 12%。

　　2.應付票據$800,000，利率 9%。

　　3.應付債券$1,200,000，利率 10%。

　　另悉機器設備於 1998 年 9 月底完成，並投入生產行列。

　　試根據上列資料，計算 1998 年 7 月份至 9 月份應予資本化的利息

金額。

第一步：計算實際利息如下：

$$\$1,000,000 \times 12\% \times \frac{3}{12} = \$30,000$$

$$800,000 \times 9\% \times \frac{3}{12} = 18,000$$

$$1,200,000 \times 10\% \times \frac{3}{12} = \underline{30,000}$$

實際利息合計　　　　　　　$\underline{\$78,000}$

第二步：計算自建資產累積支出加權平均數：

$$\$2,00,000 \times 1 + \$600,000 \times 0.5 = \underline{\underline{\$2,300,000}}$$

或：　$(\$2,000,000 + \$2,600,000) \div 2 = \$2,300,000$

第三步：計算潛在資本化利息（可避免利息）：

$$\$1,000,000 \times 12\% \times \frac{3}{12} = \qquad\qquad \$30,000$$

$$(\$2,300,000 - \$1,000,000) \times 9.6\%^* \times \frac{3}{12} = \qquad \underline{31,200}$$

潛在資本化利息合計　　　　　　　$\underline{\underline{\$61,200}}$

$$^*(\$18,000 + \$30,000) \div (\$800,000 + \$1,200,000) \times \frac{12}{3} = 9.6\%$$

第四步：比較潛在資本化利息與實際利息；前者不得超過後者。本釋例前者$61,200，不超過後者$78,000；因此，資本化利息金額為$61,200，應予分錄如下：

機器設備	61,200	
利息費用		61,200

釋例二：

設某公司於 1998 年 1 月 2 日，自建倉庫一棟；有關資料如下：

1.公司債務:

(1) 1998年 1 月 3 日，自建倉庫專案貸款$1,000,000，利率 10%。

(2) 1996年 1 月 5 日起 6 年期抵押貸款$800,000，利率 6%; 此項貸款與自建倉庫無關。

2.自建倉庫支出:

(1) 1998年 1 月 3 日支出$1,000,000。

(2) 1998年 6 月 1 日，支出$2,400,000。

3.自建倉庫於 1998 年 12 月 30 日完成。

根據上列資料，潛在資本化利息可計算如下:

第一步: 計算實際利息如下:

$$\begin{aligned}
\$1,000,000 \times 10\% \times 1 &= \$100,000 \\
800,000 \times 6\% \times 1 &= \underline{48,000} \\
\text{實際利息合計} &\quad \underline{\underline{\$148,000}}
\end{aligned}$$

第二步: 計算自建倉庫累積支出加權平均數:

$$\$1,000,000 \times 1 + \$2,400,000 \times \frac{7}{12} = \$2,400,000$$

第三步: 計算潛在資本化利息（可避免利息）:

$$\begin{aligned}
\$1,000,000 \times 10\% \times 1 &= \$100,000 \\
(\$2,400,000 - \$1,000,000) \times 6\% \times 1 &= \underline{84,000} \\
\text{應予資本化利息合計} &\quad \underline{\underline{\$184,000}}
\end{aligned}$$

第四步: 比較潛在資本化利息與實際利息，潛在資本化利息不得大於實際利息; 本釋例潛在資本化利息$184,000，大於實際利息$148,000，故改按實際利息予以作成資本化分錄如下:

建築物——倉庫	148,000	
利息費用		148,000

經過利息費用資本化後，自建資產(倉庫)成本為$3,548,000 ($1,000,000+ $2,400,000 + $148,000)。

15–8 捐贈資產成本的決定

企業有時會接受股東、地方人士、政府機關、或其他營利事業機構的捐贈; 例如公司於財務困難時，往往接受股東捐贈股票後，再予轉售，以獲得資金; 地方人士、或政府機關，為吸引企業在當地設廠投資，藉以增加就業及繁榮地方，往往有條件地捐贈土地，俟條件履行時，受贈者才能獲得捐贈資產的所有權。

一、捐贈的定義

財務會計準則委員會於 1993 年 6 月，頒佈財務會計準則聲明書第 116 號 (SFAS No. 116)，其中第 5 段提出: 「捐贈乃企業接受其他營業單位或個體，以自願及非相對移轉 (nonreciprocal transfer) 方式，無條件獲得現金、其他資產、或免除債務之負擔; 其他資產包括證券、土地、建築物、各項設備、材料、物料、無形資產、提供服務、及承諾未來無條件之給與等。」

企業如以資產交換方式，取得其他營業單位或個體的資產，惟所換入資產的價值，顯然不成比例地大於換出資產的價值時，此項交易一部份視為資產交換，一部份視為接受資產捐贈。

在若干情況下，贈與者往往對於捐贈資產的使用，設定某些限制條件，然而，這些限制條件，並不影響捐贈的本質及其認定準則。

二、捐贈資產的認定準則

在財務會計準則聲明書第 116 號未頒佈實施之前，受贈人通常均按捐贈資產的公平市價，借記資產，貸記捐贈資本，並將捐贈資本包括於

資產負債表的股東權益項下；惟自從 1993 年財務會計準則聲明書第 116 號頒佈後，主張不論是限制條件或不限制條件的捐贈資產，均按其公平市價為認定準則，借記資產，貸記收入或利益帳戶；凡折舊性的捐贈資產，也應於開始使用後，依捐贈資產的公平市價提列折舊費用。

捐贈資產的公平市價無法確定時，則暫不予認定，等到有確實的公平市價時，始予認定列帳。

接受服務之受贈公司，必須於接受服務後，並符合下列情形時，始能加以認定：

1.創造資產或增進資產的品質，惟並不增加財務負擔。

2.捐贈個體提供特別的技術服務；倘若非由於接受服務之捐贈時，受贈公司必須另支付代價，始能獲得該項服務者。

凡對於藝術品、歷史文物、及其他具有紀念性的捐贈資產，並符合下列情形者，則無須加以認定：

1.提供公共展示用的商品，不作為財務收入之目的。

2.提供保存用的收藏品。

3.出售捐贈資產的收入，擬另購入他項收藏品者。

釋例：

設某公司接受捐贈建築物及土地，其公平市價分別為 $800,000 及 $200,000，可提供廠房之用；另支付 $10,000 辦理登記費用；受贈時可作分錄如下：

建築物	800,000	
土地	200,000	
現金		10,000
捐贈利益		990,000

15–9　特定資產取得成本的決定

本章前面各節所討論者，均為企業取得長期性資產的一般處理原則；本節將進一步討論特定資產取得成本的決定。

一、土地 (land)

土地屬於不動產之一，具有恆久存在的特性，不因使用而有所耗損。土地的取得成本，通常包括下列各類：

　　1.購價：亦即土地購買契約的價格。

　　2.取得產權的各項成本：包括經紀人佣金、調查費、驗界費、代書費、分割費、登記費、所有權保險費及各項稅捐等。

　　3.遷移及清除費用：包括支付原佔用人遷讓費或法律規費、舊建築物拆除費用（扣除殘值淨額）、解除未到期租約費用、測量費、排水費、清除費等。

　　4.具有恆久性的土地改良費用：包括土地整平、填土、排水、築堤及美化環境等各項具有恆久性的土地整理及改良成本，惟此項成本如非為恆久性而需予折舊者，例如圍牆、給水系統、人行道、路燈等，則應列入「土地改良」(land improvements) 帳戶，不得包括於土地成本項下。

　　5.各項攤派費用：包括各項特賦、教育捐、工程受益費及其他附徵的行政規費等。

　　此外，企業於購買土地時，如承諾代替原地主支付逾期財產稅，或代為承擔已逾期的土地抵押借款本息時，也應將其包括於土地成本之內。

　　一般而言，土地依其持有之目的，約可分為三類：

　　1.提供為營業上長期使用的土地：凡提供為營業上長期使用，並正在使用中，而不以出售為目的之土地，會計上即將此類土地歸類於土地

項下，並按照上述各項原則，決定土地的取得成本；在資產負債表內，則列報於財產、廠房、及設備的分類項下。

2.作為投資或投機用待機出售的土地：此類土地係以出售為目的，目前既不用於營業上，自不可列為土地，而按其性質列為投資或其他資產；惟就房地產公司或土地開發公司而言，此類土地應歸類為其存貨。此類土地於未出售前所負擔的財產稅、利息費用、及各項維護費用，應予資本化，加入資產成本之內，增加出售成本，俾於出售時收回。

3.提供將來擴充營業用的土地：此類土地應予列入長期投資或其他資產項下；在未使用前之各項維護費用，應予加入資產成本之內；惟一旦使用後，應將其轉列為土地，續後各項一般性維護費用，一律列為營業費用。

二、建築物 (buildings)

建築物的成本包括購價及使建築物到達可使用狀態的各項必要成本；一般言之，舉凡與取得建築物有關連或對未來使用有效益的成本，例如使用前之修復、變造及改良費用、白蟻檢查費、稅捐、佣金、登記費、代書費等，均應包括在內。

自建或委託承包商建造的建築物成本，應包括建築材料、人工、監工、其他成本或合約價款等。在特殊情況下，尚須包括下列各項成本：

1.如以一筆總價購入土地及待拆除的舊房屋，則全部購價均借記土地帳戶。拆除舊房屋成本經扣除出售殘餘收入後的淨額，亦應借記土地帳戶。

2.原由企業使用中的舊房屋，經予拆除重新改建時，拆除舊房屋所發生的報廢損失，應予列為土地或新建房屋的成本。

3.挖掘地基的成本，應列為新房屋成本，而非屬土地成本。

4.建築許可或執照費應予資本化而列為房屋成本。

5.建築臨時辦公室、接待所、工具房及材料存放室等成本，均可予以資本化，列為房屋成本；惟於永久性房屋興建期間，為搭建臨時營業場所所耗用的成本，應列為營業費用，不得予以資本化。

6.建築師設計費及施工期間的監工費用，應予資本化。

7.營建期間為預防意外事故發生所支付的保險費，可包括於房屋成本內。如未經保險而保險事故已發生時，其所支付的賠償費亦可予以資本化；惟所支付的賠償費如過鉅，宜列為損失較妥，以免虛增房屋的成本。

8.營建期間為建造房屋而向外舉債所發生的利息及若干費用，在某些情況下亦可予以資本化。

一般言之，房屋的成本不得包括下列各項：營建期間所發生的各種非常損失，例如罷工、水災、火災，或其他天然災害的損失，以及放棄舊建築物所造成的損失。

為使讀者易於瞭解起見，特列舉一項釋例如下：某公司 1998 年 1 月間，購入土地一塊並委託承包商建築廠房一棟，有關成本如下：

土地購價（包括各項取得成本）	$1,800,000
營建期間之保險費	30,000
房屋委建合約總價（未包括挖掘地基成本）	3,000,000
建築師設計費	40,000
道路工程受益費	80,000
挖掘地基成本	62,000
地價稅（建築前）	32,000
營建期間支付承包價款的利息費用	52,000

新廠房於 1998 年底建造完成，有關土地及建築物成本分配如下：

	土地成本	建築物成本
土地購價（包括各項取得成本）	$1,800,000	
營建期間之保險費		$　30,000
房屋委建合約總價（未包括挖掘地基成本）		3,000,000
建築師設計費		40,000
道路工程受益費	80,000	
挖掘地基成本		62,000
地價稅（建築前）	32,000	
合計	$1,912,000	$3,132,000

營建期間支付承包商價款的利息費用，必須併入應予資本化利息費用的計算因素之一，不可逕予列入建築物成本項下。

三、機器及設備 (machinery & equipment)

機器及設備的成本，應涵蓋購價及為使機器與設備置於可使用狀態所必要 (necessary) 而合理的(reasonable) 一切附加成本在內，包括運費、關稅、運送中的保險費、棧租、處理成本、安裝費、試車費（試車期間所耗用的原料、人工及製造費用）等。吾人於此欲特別強調者，即於取得機器及設備時，凡非必要而又不合理的成本，不應予以資本化，以免虛增資產的成本。例如購入某項笨重機器，經由大卡車裝運，未經核准而擅自行駛市區時，因違反交通規則而遭致罰款處分，此項罰款自不得予以資本化，以其非合理之支出也。另設於購入某項設備時，由於不適當的卸貨方法，致使設備受損所支付的修理費，不得加入設備成本之內。惟若購入已使用過的舊設備，於購入時必須加以翻修的成本，則應予資本化，加入設備成本之內，蓋此項翻修成本實為使舊設備達於可使用狀態所必要的成本。

為精確計算機器及設備的折舊費用，並加強其內部管理起見，凡對於機器及設備的名稱、編號、存放地點、製造廠商、經銷商、使用期間、

安裝日期、購價、安裝成本、估計耐用年數、折舊率、修理及非常使用（加班）情形等有關資料，應予詳細記載，以便查考。

四、工具 (tools)

　　工具可分為機器工具及手工工具兩種；機器工具實為機器的一部份，本來應當加入於機器成本之內，然而由於此項工具容易毀損、遺失或被竊，況且其價值較低，耐用年限又短，移動性極大，故通常均將機器工具及手工工具合併列入工具帳戶內。

　　企業甚少投入鉅額的資金於購置工具上面，而且如缺乏完整而又可靠的記錄時，實無法按一般長期性資產的會計方法加以處理。有關工具的會計處理方法約可歸納為下列四種:

　　1.於購入工具時即予資本化而記入工具帳戶，並於每一會計期間末了時，按某一綜合折舊率予以提存折舊。倘情況許可時，應定期盤點工具留存數量，藉以證實或調整帳上的記錄。一般價值較高且耐用年數較長的工具，可用此法。

　　2.於購入工具時，即予資本化而記入工具帳戶，會計年度終了時，實地盤點庫存工具數量，使與原有數量相互比較，並按成本比例以計算損壞、遺失或被竊的損失，將其轉列為當期費用。

　　3.按經常的工具存量予以資本化，列為資產；所有於後來購入而超過經常存量的部份，均列為當期費用。

　　4.於購入時即全部列為當期費用。

　　上述第 1、第 2 兩法，頗有可取之處，第 3 法亦不失為一項權宜的處理方法，惟對於經常存量的決定，缺乏一定的標準，殊成問題。至於第 4 法，除非工具的價值很小，否則將導致低估資產價值及誤列淨利的惡果，實不可取。

五、模型 (patterns)

模型具有長期使用的特性，並為製造產品時所不可缺少者。模型成本的會計處理方法，一般可根據下列二項原則：

1.凡提供生產經常性產品之用的模型，應將模型成本借記資產帳戶，並按其耐用年數，逐年攤提折舊費用。

2.凡提供生產特殊產品之用的模型，應將模型成本借記特殊產品的成本。如模型係供生產二批以上的特殊產品時，為求穩健起見，應將模型成本列入第一批成本之內。

六、生財器具(furniture & fixtures)

凡提供營業上長期使用的各項耐久性器具或設備，例如辦公設備、玻璃櫃檯、保險箱、貨架、商品陳列設備等，均可列入生財器具帳戶。為明確劃分管理費用與推銷費用起見，最理想的方法應將生財器具區分為辦公設備 (office equipment) 與營業設備 (store equipment)；前者之折舊費用屬於管理費用，而後者之折舊費用則屬於推銷費用。

15–10　資產持有期間的各項支出

長期性資產的使用期間較長，在使用期間內，將發生各項支出，包括增添、改良、換新、修理、維護、重安裝、重佈置、或遷移等；對於這些支出，是否應予資本化，殆已成為一項不易確定的問題。

處理此項問題的決定原則為：凡一項支出的結果，具有下列各項效益者，屬於資本支出，列為資產：

1.增加資產的數量。

2.增進資產的品質，例如生產或服務效率的增進。

3.提高資產的價值。

4.延長資產的使用年限。

反之，如一項支出的結果，僅在於維持資產正常的使用狀態，無法達成上述四項效益者，則屬於收益支出，列為費用。

此外，如由於意外、疏忽、誤用、或盜竊所引起的各項支出，應予認定為損失；如此項損失同時具有非常性質及不常發生的兩項要件時，根據會計原則委員會第 30 號意見書 (APB Opinion No. 30) 的規定，應列為非常損失 (extraordinary loss)。

一、增添 (additions)

增添係指新購、添建一項新資產，或將一項現有資產擴充，屬資產數量的增加。例如將現有房屋添建廂房（邊房），或增加現有的生產設備，均屬增添。由此可知，增添具有量的加大 (enlargement)、擴充 (expansion) 或延伸 (extention) 之意，完全是一項新單位的增加，與取得新資產具有相同的性質。

增添的會計處理，吾人應加以考慮者有下列二點:

1.凡對於原有資產予以增添時，如必須將原有資產的一部份加以改裝或拆除時，會計上應如何處理？例如由於一項房屋增添，如必須將舊有中央冷氣系統拆除，以便另裝設高能量的新中央冷氣系統，則原有的冷氣設備必須予以報廢。記錄此項增添時，應同時將原有冷氣設備成本及其備抵折舊科目，在帳上加以轉銷，並認定其所發生的任何損失，而不得將此項損失列為新資產成本的一部份。

2.增添資產的耐用年數，一般要比原有資產的耐用年數為長，除非原有資產的報廢不影響增添資產的繼續使用，固可按增添資產與原有資產的耐用年數分別計算其折舊外，否則應以原有資產的耐用年數為準。

設萬邦公司擁有倉庫一座，成本$930,000，殘值$30,000，估計耐用年

數 25 年，採直線法折舊。當該座倉庫使用 10 年後，於第 11 年初另增添一廂房成本$308,000，估計耐用年數為 20 年，殘值$8,000，又設該公司會計年度採曆年制。倉庫之報廢並不影響廂房之繼續使用者，則有關分錄如下：

(1)增添時：

建築物——廂房	308,000	
現金		308,000

(2)增添一年後之折舊分錄：

折舊費用	15,000	
備抵折舊——建築物——廂房		15,000

$(\$308,000 - \$8,000) \div 20 = \$15,000$

折舊費用	36,000	
備抵折舊——建築物——倉庫		36,000

$(\$930,000 - \$30,000) \div 25 = \$36,000$

二、改良與換新 (improvement & replacement)

所謂改良係指更換較佳品質之零組件，使原有資產的效能獲得增進或改善，以提高其服務效率，屬於質的增進；惟改良不一定能增加或延長其耐用年數。因此，改良係因原有資產的某一部份（例如零件），雖未損壞，但為增進其服務效能起見，特為之改換較佳品質的新裝置。例如將舊型的木板屋頂，改裝現代化的防火瓦片，或一部機器原有舊式的發動機，改裝新式而又具有高性能的發動機，均為改良的範例。

換新係指對資產某項零組件更換相同品質的零組件；凡數額鉅大者，屬於重大換新 (major replacement)，屬於資本支出；凡數額微小者，屬於零星換新 (minor replacement)，不具備會計上的重要性原則 (materiality)，

屬於收益支出, 逕列為費用。

改良與換新在本質上稍有不同, 蓋改良係將資產的原有裝置予以更換另一較佳品質之零組件, 冀能改善效率; 至於換新係就資產的原有裝置, 予以更換同樣的新裝置, 只有新舊之分, 而無性質之別; 況且, 通常的換新, 僅在於繼續或恢復原有資產的正常效率而已。事實上, 改良與換新在實務上頗難明確劃分, 故於此特將兩者在會計處理上三種不同的方法, 予以合併討論如下:

1.資本化法 (capitalization): 凡重大改良或換新的結果, 能增進資產的服務效率或延長原有耐用年數者, 應將此項支出予以資本化, 借記資產帳戶, 俾能符合會計上之成本原則。在此法之下, 對於被改良或被換新部份的成本或備抵折舊, 因未予確實核算, 故不從帳上減除, 通常僅重新修正折舊率即可。至於零星的改良與換新, 以其數額微小, 一般均逕予列為費用處理, 以資簡化。

2.抵減備抵折舊法 (reducing accumulated depreciation): 凡改良或換新的結果, 能延長資產的耐用年數者, 應將此項支出借記原有資產的備抵折舊帳戶, 並將原有的折舊率一併修正之。

3.替換法 (substitution): 此法的基本觀念認為, 資產的改良與換新, 乃對於舊資產單位的拆除與新資產單位的裝置, 故舊資產單位的成本及其備抵折舊, 應一併從帳上減除, 並列計其處置損失 (disposal loss); 至於新資產單位的成本, 則借記資產帳戶。

設某公司於 1995 年初, 購入機器設備成本$100,000, 預計可使用 10 年, 無殘值, 採用直線法提存折舊; 俟 1999 年初, 某部份零組件予以換新, 其新成本為$24,000, 舊組件成本$20,000, 預計殘值不變。茲分別列示三種不同會計處理方法如下:

1.資本化法:

⑴ 1999 年初重置新組件的分錄:

機器設備	24,000	
現金		24,000

(2) 1999 年 12 月 31 日及續後年度提存折舊分錄（假定使用年數不變）：

折舊費用	14,000	
備抵折舊——機器設備		14,000

$(\$100,000 - \$40,000 + \$24,000) \div (10 - 4) = \$14,000$

2.抵減備抵折舊法：

(1) 1999 年初重置新組件的分錄：

備抵折舊——機器設備	24,000	
現金		24,000

(2) 1999 年 12 月 31 日及續後年度提存折舊分錄（假定使用年數延長 2 年）：

折舊費用	10,500	
備抵折舊——機器設備		10,500

$[\$100,000 - (\$40,000^* - \$24,000)] \div (10 - 4 + 2) = \$10,500$

$^* \$100,000 \div 10 \times 4 = \$40,000$

3.替換法：

(1) 1999 年初重置新組件的分錄：

機器設備	24,000	
現金		24,000

(2)出售舊組件分錄（假定舊組件出售得款$10,000）：

現金　　　　　　　　　　　　　　10,000
備抵折舊——機器設備　　　　　　8,000
資產處置損失　　　　　　　　　　2,000
　　　機器設備　　　　　　　　　　　　　20,000
$\$20,000 \div 10 \times 4 = \$8,000$

(3) 1999 年 12 月 31 日及續後年度提存折舊分錄（假定使用年數不變）：

折舊費用　　　　　　　　　　　　17,333
　　　備抵折舊——機器設備　　　　　　　17,333
$[(\$100,000 - \$20,000 + \$24,000) - (\$40,000 - \$8,000)] \div (10 - 4) =$
$\$17,333$

上述三種方法之中，以替換法最為合理；惟採用此法時，必須能適當確定舊組件成本及其備抵折舊數額，為其先決條件。

三、修理與維護 (repairs and maintenance)

修理成本 (repair cost) 係指長期性資產因使用或其他事故而發生損壞或故障時，必須加以修復後，始能繼續使用的支出。修理成本可分為零星修理 (minor repair) 與重大修理 (major or extraordinary repair) 二種。前者支出的目的僅在於維持資產的正常使用狀態，既不能延長使用期限，亦無法增加服務效率；例如機器拉鍊的修理、火星塞的重置等，均屬一般性的修理成本，應借記費用帳戶。後者支出的目的在於增加資產的效率或延長其耐用年數；例如機器的重大整修、房屋結構的加強、電路系統的改良等，均屬重大修理，應借記資產帳戶。

維護成本 (maintenance cost) 係指使長期性資產維持正常使用狀態的支出，例如機器加油、清潔、調整，及油漆等支出。由於維護成本與一般零星的修理成本，在本質上有許多相似之處，且實務上常無法作明確

的劃分，因此，在會計處理上每將其合而為一。

　　吾人茲分別就經常性零星修理與維護及重大修理的會計處理方法，列示如下：

　　1.經常性零星修理：蓋經常性零星支出最顯著的特性，即在於支出後，既不能增加資產的價值，又不能延長資產的耐用年數，故通常均將此項支出列為費用；惟有關此項支出的列帳方法有二：

　　(1)列為費用：當支出發生時，逕列費用帳戶。

　　(2)設置備抵帳戶：此法認為一般資產在起初時的修理及維護成本往往甚少，然而必將隨使用年數的增加而向後遞增；為使此項費用的分攤趨於均勻起見，乃於取得一項長期性資產時，即予預計該項資產的全部修理及維護成本總額，並將此項成本按資產的耐用年數予以分攤，借記修理及維護費用，貸記備抵修理及維護費用 (allowance for repair and maintenance)。設某公司取得一項設備的耐用年數為 4 年，預計 4 年內修理及維護費用的總額為$20,000。此項費用必將由少而多，逐年增加；該公司為使淨利趨於均勻起見，乃採用備抵帳戶的方法。有關分錄如下：

　　(a)每年年底記錄當年度預計修理及維護費用：

修理及維護費用	5,000	
備抵修理及維護費用		5,000

　　(b)記錄第一年度實際支付修理及維護費用（假定第一年度實際支付$3,500）：

備抵修理及維護費用	3,500	
現金（或應付款等）		3,500

　　當年度損益表內列示修理及維護費用$5,000。至於「備抵修理及維護費用」帳戶列有貸方餘額$1,500 ($5,000 − $3,500)，應如何歸類的問題，不免引起爭論。一般言之，備抵帳戶的貸方餘額，不宜列為業主權益的

一部份，蓋以借記一項費用來增加業主權益的數額，顯然不合乎邏輯。如將備抵帳戶的貸方餘額，列為負債，亦不無問題，蓋實際上並無法定的債務可言，會計上自不能列記未發生的負債。如將備抵帳戶當為資產的附帶帳戶（備抵帳戶如為貸方餘額時，屬抵銷帳戶；備抵帳戶如為借方餘額時，則屬附加帳戶），可能係遭受最少批評的一種方法。

設置備抵帳戶的方法，雖已為會計界所接受，倘若具有合理的分攤基礎與客觀預計條件時，不難獲得分攤均勻的目標；然而若干會計人員極力反對採用此法，蓋於此法之下，將使一項資產的修理及維護費用，隨其使用年數之增加而增加的事實，隱而不彰。此外，設置備抵帳戶的方法，目前亦不為稅法上所認可。

2.重大修理：重大修理的最大特徵乃在於其數額相當龐大，並非經常性質，而且又能增加服務效能及耐用年數者，故應予資本化。其會計處理方法有二：

⑴資本化法：凡支出的結果可增進資產的服務效能者，則應將此項支出資本化，列記資產帳戶。

⑵借記備抵折舊帳戶：凡支出的結果可延長資產的耐用年數者，則應將此項支出借記其相對應的備抵折舊帳戶。

此外，凡由於意外事故或特殊原因所造成的重大修理，例如火災或水災所引起大整修，其未經保險或保險不足的部份，應列為損失處理。

四、重安裝、重佈置及遷移成本 (reinstallation, rearrange-ment and moving costs)

機器及設備的重安裝或重佈置所發生的支出，其目的在於求得更有效率的生產配備、廠房佈置等，以改善工人工作程序，增進工作效能，或減少未來的生產成本。

企業可能為獲得原料或人工供應之方便，或為接近銷售市場，以減

少運輸成本起見，每將全部或部份廠房及辦公室予以遷移。

凡為提高生產效率而將機器重安裝的成本，自應予以資本化，合併列記於原資產帳戶內，並按原機器剩餘耐用年數分攤。惟對於第一次所發生的安裝成本及其相對應的備抵折舊，應予沖銷。

機器的重佈置成本，以及廠房或辦公室的遷移成本，倘數額鉅大，而且其所產生的經濟效益確能超過一個會計年度以上者，在理論上應予資本化，列為遞延費用，並按預期可產生經濟效益的期間予以攤銷。倘重佈置或遷移成本的數額微小，或者其所產生的經濟效益，並未超過一個會計年度者，可逕列為當期費用。此外，倘由於非常事故所造成的重佈置或遷移成本，同時具有非常性質及不常發生的特性，而且數額龐大者，自應包括於非常損益項下。

15-11 長期性資產的交換

非貨幣性資產的交換，包括存貨及各項長期性資產的交換，涉及下列二項重要的會計問題：(1)交換損益的認定；(2)交換資產的評價。

一、非貨幣性資產交換的會計處理原則

根據會計原則委員會第 29 號意見書 (APB Opinion No. 29) 的規定，茲將非貨幣性資產交換的會計處理原則，摘錄如下：

1.非貨幣性資產的交換，如換入與換出資產的公平價值，均無法確定時，則不予認定損益，換入資產應按帳面價值評價。

2.非貨幣性資產的交換，如可確定其公平價值時，可根據其公平價值減帳面價值，以認定其損益；其計算損益的公式如下：

公平價值 - 帳面價值 = 利益（損失）

3.非貨幣性資產交換的換入資產，其評價一般決定如下：

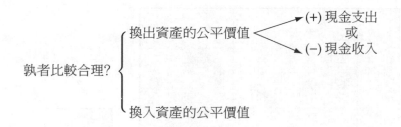

4.不同資產的交換，視為計算交換損益的過程已完成，應予認定其全部交換損益；換入資產應按公平價值借記資產。

5.相同資產的交換，可分二方面說明：(1)凡交換涉及一部份現金收入，應就現金收入比例〔現金收入 ÷（現金收入 ＋ 換入資產公平市價）〕認定其利益；換入資產則按公平市價減遞延利益之餘額，借記資產。(2)凡交換涉及一部份現金支出或不涉及任何現金收付時，不認定利益；換入資產則按換出資產的帳面價值，借記資產。

6.如根據上列(2)計算資產交換損益的結果為損失時，不論為相同或不同資產的交換，應予認定全部損失；換入資產則按公平價值，借記資產。

茲將上述各項非貨幣性資產交換的會計處理原則，另以表 15-3 列示之：

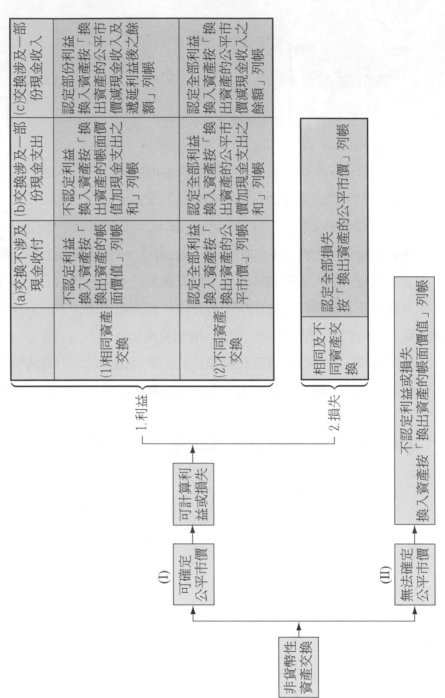

表 15-3　非貨幣性資產交換的會計處理原則

二、非貨幣性資產交換的會計處理釋例

I. 可確定公平市價：

　1.利益：

　⑴相同資產交換：

　　⒜交換不涉及現金收付：

釋例：

設某公司以一項公平市價$60,000 舊設備（成本$55,000，備抵折舊$20,000）交換相同新設備。

本釋例為相同資產的交換，不涉及現金收付，雖有$25,000 交換利益（$60,000 – $35,000），不應認定；換入資產按「換出資產的帳面價值」列帳，其分錄如下：

設備（新）	35,000	
備抵折舊——設備	20,000	
設備（舊）		55,000

換入資產的價值雖然低估，惟續後年度的折舊費用較低，將使利益相對增加。

　　⒝交換涉及一部份現金支出：

釋例：

設某公司以一項舊機器（成本$50,000，備抵折舊$10,000）及現金$20,000，交換一項公平市價$80,000 的相同新機器。

本釋例為相同資產的交換，涉及一部份現金支出，不認定利益，換入資產按「換出資產的帳面價值加現金支出之和」列帳。

機器（新）	60,000*	
備抵折舊——機器	10,000	
機器（舊）		50,000
現金		20,000

*換入資產 ＝ 換出資產帳面價值 ＋ 現金支出

　　　＝ $40,000 + $20,000

　　　＝ $60,000

(c)交換涉及一部份現金收入：

釋例：

設某公司以具有$60,000公平市價的舊機器（成本$65,000，備抵折舊$10,000），換入相同的新機器，並收到現金$20,000。

本釋例應予認定利益$1,667，可計算如下：

$$\frac{\$20,000}{\$20,000 + \$40,000^*} \times [\$60,000 - (\$65,000 - \$10,000)]$$

$$= \$1,667$$

*$60,000 - $20,000 = $40,000

換入資產應按「換出資產的公平市價減現金收入及遞延利益後之餘額」列帳；亦即 $60,000 - $20,000 - ($5,000 - $1,667) = $36,667。

現金	20,000	
機器（新）	36,667	
備抵折舊——機器	10,000	
機器（舊）		65,000
資產交換利益		1,667

(2)不同資產交換：

　(a)交換不涉及現金收付：

釋例：

設某公司以一項機器設備公平市價$60,000（成本$65,000，備抵折舊

$10,000），交換電腦設備。

本釋例為不同資產的交換，視為舊資產的損益過程已完成，應予認定全部利益或損失；換入資產按「換出資產的公平市價」列帳。

電腦設備	60,000	
備抵折舊——機器	10,000	
機器設備		65,000
資產交換利益		5,000*

$$*資產交換利益 = 公平市價 - 帳面價值$$
$$= \$60,000 - (\$65,000 - \$10,000)$$
$$= \$5,000$$

(b)交換涉及一部份現金支出：

釋例：

設如上例(a)，惟另支付現金$2,000。

本釋例為不同資產的交換，故應認定全部利益$5,000 [$60,000-($65,000-$10,000)]。換入資產按「換出資產的公平市價加現金支出之和」列帳；亦即 $60,000 + $2,000 = $62,000。

電腦設備	62,000	
備抵折舊——機器	10,000	
機器設備		65,000
現金		2,000
資產交換利益		5,000

(c)交換涉及一部份現金收入：

釋例：

設如上例(a)，惟另收到現金$1,000。

本釋例為不同資產的交換，應認定全部利益 $5,000 [$60,000-($65,000-$10,000)]；換入資產按「換出資產的公平市價減現金收入之餘額」列帳；亦即 $60,000 - $1,000 = $59,000。

現金	1,000	
電腦設備	59,000	
備抵折舊——機器	10,000	
機器設備		65,000
資產交換利益		5,000

　　2.損失: 不論相同或不同資產的交換, 均應認定全部損失, 換入資產應按「換出資產的公平市價」列帳。

　　釋例:

　　設某公司以堆高機交換運貨卡車; 堆高機的公平價值$20,000 (成本$40,000, 備抵折舊$12,000)。

　　本釋例為不同資產的交換,應認定全部損失$8,000 (公平市價$20,000–帳面價值$28,000)。

運輸設備	20,000	
備抵折舊——機器設備	12,000	
資產交換損失	8,000	
機器設備		40,000

　　上項釋例, 如改為相同資產的交換, 亦應認定全部損失, 其分錄完全相同。

Ⅱ. 無法確定公平市價:

　　非貨幣性資產的交換, 如換入資產與換出資產的公平市價均無法確定時, 既無法計算交換資產的損益, 更遑論對損益之認定; 因此, 換入資產應按「換出資產的帳面價值」列帳。

　　釋例:

　　設某公司以舊廠房 (成本$800,000, 備抵折舊$240,000) 交換新建地一塊; 舊廠房與新建地的公平市價, 均無法確定。

　　本釋例不予認定損益, 新建地則按舊廠房的帳面價值列帳。

土地	560,000	
備抵折舊——建築物	240,000	
建築物		800,000

15-12　長期性資產的出售與廢棄

　　長期性資產的處置問題，包括交換、出售、及廢棄等；長期性資產的交換已於上節闡述，本節再依序討論其出售及廢棄問題。

　　長期性資產的出售或廢棄，考其原因有二: ⑴自願的處置，例如基於經營效率的考量，倘若再繼續使用時，將發生不經濟的後果；出售長期性資產，通常起因於此。⑵非自願的處置，例如自然災害或政府法令的限制等；廢棄長期性資產，通常起因於此。

　　不論處置資產的原因為何，凡屬於折舊性資產者，應先提列截至處置日止之備抵折舊，並據以計算其帳面價值，進而沖銷其相關的帳戶，始能確定該項資產的處置損益 (gains or losses on disposal of assets)。

一、長期性資產的出售

　　當一項已提滿折舊或僅提存部份折舊的長期性資產出售時，如其殘值或再出售價值收到現金時，應就該項資產的帳面價值與所收到現金的差額，認定為資產出售損益。

　　1.提滿折舊後出售長期性資產之殘值:

　　設機器一部成本$600,000，預計耐用年數 5 年，殘值$100,000；經提滿$500,000 之折舊後，於第 5 年底予以出售殘值，收到現金$120,000，應分錄如下:

現金	120,000	
備抵折舊——機器	500,000	
機器		600,000
機器出售利益		20,000

2.未提滿折舊前出售長期性資產：

設如上例，倘於第 4 年 7 月 1 日出售該項資產得款$120,000，應分錄如下：

⑴記錄第 4 年度 6 個月份的折舊費用：

折舊費用	50,000	
備抵折舊		50,000

⑵記錄機器出售時之分錄：

現金	120,000	
備抵折舊——機器	450,000	
機器出售損失	30,000	
機器		600,000

機器出售的利益或損失，如就預計耐用年數或估計殘值的錯誤而言，實質上係對以前年度所列報的淨利加以調整。然而如就資產的價格水準而言，實由於資產的價格變化所發生，一般均將此項損益視為經常性的損益項目，惟必須與營業性損益項目分開列報，並列報於發生年度的損益表內。

二、長期性資產的廢棄

一項長期性資產如暫時不用，或不再使用時，應予轉入備用資產(stand-by asset)；此時，不予提列折舊，直至恢復使用為止。如一項長期性資產，由於已陳舊不堪使用，或由於非自願原因，不得已必須廢棄，且無任何收入時，則其帳面價值（資產成本減備抵折舊）即列為損失；如此項損失具有非常性質及不常發生的特性，且金額鉅大時，應列為非常損益項目。

● 本章摘要 ●

　　長期性資產乃為企業所擁有，並提供營業上長期使用，而不以出售為目的之資產；由此可知，一項長期性資產應具備下列各項特性：⑴提供企業長期使用；⑵提供營業上使用，不以出售為目的；⑶正在使用中。

　　長期性資產可分類為：⑴有形長期性資產；⑵無形資產。有形長期性資產又可分為財產、廠房、設備、及遞耗資產等。

　　長期性資產的會計問題有四：⑴取得成本的衡量；⑵持有期間各項支出的劃分；⑶成本的分攤（包括折舊、折耗、及攤銷等）；⑷有關長期性資產的處置問題（包括交換、出售、及廢棄等）。

　　一項資產取得的方式很多，有現金取得、賒購取得、發行權益證券取得、自建資產、捐贈資產、及交換資產等不同方式；一般言之，取得一項資產的成本，應包括使該項資產置於可使用狀態或地點所發生的必要支出總和；如一項資產需要一段時間的準備活動，才能達到可使用狀態，其間所發生的利息支出，也應計入資產成本之內。

　　賒帳取得一項長期性資產時，應以未來債務的現值為評價基礎；如以發行權益證券方式取得一項長期性資產時，其價值應以權益證券或長期性資產之公平價值，孰者較為客觀評價之。自建資產的成本，應包括所有與自建資產攸關的各項直接成本在內，例如直接原料、直接人工、設計費、許可費、稅捐、及保險費等；至於製造費用的分攤，則有二派不同的主張：⑴自建資產僅分攤增支製造費用的方法；⑵自建資產與正常產品共同分攤全部製造費用的方法。自建資產利息資本化的金額，以「潛在資本化利息」與「實際利息」孰低為準，且必須同時具備下列三種情況：⑴自（購）建資產的支出已發生；⑵使資產達到可使用狀態與

地點之必要活動已經開始進行；(3)利息費用已發生。此外，根據一般公認的會計原則，自建資產的總成本，應以其公平市價為最大極限；換言之，如自建資產的總成本，低於同類型資產的公平市價時，仍以自建資產的總成本為評價基礎，惟如自建資產的總成本高於同類型資產的公平市價時，應以其公平市價為準，其超過公平市價的部份，應認定為損失。非貨幣性資產的交換，應以換出與換入資產的公平市價，孰者較為客觀而認定之；非貨幣性資產的交換，如發生交換損失時，基於保守原則，基本上應予以認定之；對於不同資產的交換利益，可予全部認定，惟對於相同資產的交換利益，僅就涉及現金收入比例〔現金收入÷（現金收入＋資產公平市價）〕部份認定之；然而，如無法確定換出與換入資產的公平市價時，則不予認定任何交換損益。

長期性資產持有期間的各項支出，如能：(1)增加資產的數量；(2)增進資產的品質；(3)提高資產的價值；(4)延長資產的使用年限等，視為資本支出，應借記資產帳戶；除此之外的其他各項支出，視為收益支出，應借記費用帳戶。

長期性資產使用相當時間後，如因效率遞減，仍然繼續使用時，必將產生不經濟的情形，應予停用或出售，此乃自願處置的場合；在若干情況下，由於天然災害或政府的法令限制，而發生非自願的出售或廢棄；不論是自願的或非自願出售或廢棄，均應認定其處置利益或損失。

本章討論大綱

長期性資產概述
- 長期性資產的意義及特性
- 長期性資產的分類
- 長期性資產的會計問題

財產、廠房、及設備原始取得成本的決定
- 資本支出與收益支出的劃分
- 財產、廠房、及設備原始取得成本的一般決定原則

現金取得資產成本的決定
- 現金折扣的問題
- 聯合成本分攤的問題

賒購取得資產成本的決定：應以現金價格為資產成本，賒購價格與現金價格之差額，依到期期間長短，逐期轉列為利息費用。

發行權益證券取得資產成本的決定：原則上應以權益證券與長期性資產的公平市價孰者較為客觀為評價基礎；如無上項公平市價時，可聘獨立評估人或由公司董事會合理認定之。

自建資產成本的決定
- 自建資產成本的決定原則
- 自建資產成本與公平市價的比較
- 購建期間利息資本化問題

購建期間利息資本化問題
- 利息資本化的基本概述
- 符合利息資本化條件的資產項目
- 潛在資本化的利息金額
- 利息資本化的期間
- 利息資本化的會計處理

捐贈資產成本的決定
- 捐贈的定義
- 捐贈資產的認定準則

特定資產取得成本的決定
- 土地　　工具
- 建築物　模型
- 機器及設備　生財器具

長期性資產㈠：取得與處置

資產持有期間的各項支出 {
增添
改良與換新
修理與維護
重安裝、重佈置及遷移成本
}

長期性資產的交換 {
非貨幣性資產交換的會計處理原則
非貨幣性資產交換的會計處理釋例
}

長期性資產的出售與廢棄 {
長期性資產的出售
長期性資產的廢棄
}

本章摘要

習 題

一、問答題

1. 長期性資產可分類為有形及無形資產，試說明兩者之差異。

2. 成本原則如何應用於長期性資產的取得？

3. 試區分資本支出與收益支出的不同。

4. 發行權益債券取得長期性資產時，其成本應如何決定？

5. 交換取得一項資產時，其取得成本應如何決定？

6. 資產交換時，決定交換利益的過程，在何種情況下達到終點？

7. 不同資產的交換，換入資產應以何項成本為評價基礎？

8. 捐贈資產是否需要列帳？如何列帳？其價值應如何決定？

9. 自建資產是否應分攤一般製造費用？

10. 自建資產成本應包括那些？試述之。

11. 符合利息資本化條件的資產項目有那些？那些資產項目之利息費用不得資本化？

12. 利息資本化的時間開始於何時？終止於何時？

13. 請簡略說明非貨幣性資產交換的一般會計處理原則。

14. 處置長期性資產收到現金時，發生處置資產損益的性質為何？

15. 資本化利息費用對當年度的損益有何影響？對續後年度的損益又有何影響？

16. 請解釋下列各名詞:

(1)遞耗資產 (wasting assets)。

(2)資本支出 (capital expenditures) 與收益支出 (revenue expenditures)。

(3)製造費用增支化本法 (incremental-overhead capitalized approach)。

(4)潛在資本化利息 (interest potentially capitalizable)。

(5)可避免利息 (avoidable interest)。

(6)備用資產 (stand-by asset)。

二、選擇題

15.1　A 公司購入機器成本$250,000，另支付運費$40,000 及試車費$20,000 後，即可參加生產行列。 A 公司記錄機器成本應為若干？

(a)$310,000

(b)$290,000

(c)$270,000

(d)$250,000

15.2　B 公司於 1998 年 12 月 31 日，購入一片可興建廠房之土地成本$1,000,000；地上有舊廠房必須先要拆卸，所得材料出售得款$20,000； 1998 年12 月間，B 公司發生下列成本：

拆卸成本	$125,000
土地登記及代書費	25,000
整平、填土及排水成本	30,000

1998 年 12 月 31 日，B 公司資產負債表內土地成本應列報若干？

(a)$1,160,000

(b)$1,150,000

(c)$1,105,000

(d)$1,055,000

15.3　C 公司自建房屋一棟，俾提供營業上使用；自建工程由 1999 年 1

月初開始，至 1999 年 6 月底完成；在此一期間內，為自建房屋而專案貸款的利息支出$300,000，其他借款利息支出$120,000；此外，根據自建資產累積支出平均數計算其利息為$240,000。 1999年 1 月 1 日至同年 6 月 30 日，C 公司自建房屋應予資本化的利息費用為若干?

(a)$120,000

(b)$240,000

(c)$300,000

(d)$350,000

15.4　D 公司於 1998 年 1 月初起，自建辦公大樓，直至 1999 年 6 月底完成，並於同年 7 月 1 日遷入。自建資產總成本$5,000,000，其中$4,000,000 係均勻地發生於 1998 年度；已知 1998 年度的借款利率為 12%，且當年度實際利息支出為$204,000。 1998 年 12 月 31 日，D 公司應予資本化的利息費用金額，應為若干?

(a)$204,000

(b)$240,000

(c)$300,000

(d)$480,000

15.5　E 公司於 1998 年 7 月 1 日，以機器一部換入 X 公司的普通股 1,000 股，已知機器當時的帳面價值為$100,000，其公平市價為 $120,000。另悉X 公司普通股每股帳面價值$60； 1998 年 12 月 31 日， X 公司普通股在外流通股票總數為 10,000 股，每股帳面價值$50。 1998年12 月 31 日， E 公司於資產負債表內，應列報投資於X 公司普通股為若干?

(a)$120,000

(b)$100,000

(c)$60,000

(d)$50,000

15.6 F 公司於 1998 年 4 月 1 日，以一項具有帳面價值$84,000 的舊機器，換入具有現金價值$102,500 的相同新機器，另支付現金$30,000。 F 公司應認定資產交換損失為若干？

(a)$–0–

(b)$11,500

(c)$18,500

(d)$30,000

15.7 G 公司以存貨帳面價值$100,000，另支付現金$5,000，換入同性質存貨，其公平價值為$110,000；另悉換出存貨的公平價值為$105,000。G 公司對於上項存貨交換，應認定多少利益（損失）？

(a)$10,000

(b)$5,000

(c)$–0–

(d)$(5,000)

15.8 M 公司與 N 公司均為傢俱經銷商，為滿足顧客的需要，兩家公司彼此交換傢俱； M 公司另支付$180,000 給 N 公司，作為補償交換商品的品質差異。

	M 公司	N 公司
成　　本	$600,000	$756,000
公平市價	720,000	900,000

在 N 公司的損益表內，其傢俱交換利益應列報若干？

(a)$–0–

(b)$28,800

(c)$144,000

(d)$180,000

15.9　H 公司以一部舊卡車（帳面價值$60,000，公平市價$100,000），交換新卡車一部，其公平市價為$75,000；另收到現金$25,000，作為交換資產公平市價的補償收入。H 公司應記錄所換入新卡車的成本為若干？

(a)$35,000

(b)$45,000

(c)$60,000

(d)$75,000

15.10　K 公司於 1998 年 7 月 1 日，購入倉庫一座成本$2,160,000，並含有土地在內；其他有關資料如下：

	公平市價	帳面價值
土　地	$ 800,000	$ 560,000
建築物	1,200,000	1,120,000
	$2,000,000	$1,680,000

　　K 公司對於土地成本應記錄若干？

(a)$560,000

(b)$720,000

(c)$800,000

(d)$864,000

15.11　L 公司於 1998 年度，用於廠房的各項支出如下：

繼續及經常性修理費	$60,000
廠房重新粉刷	15,000
供電系統重大改良	57,000
屋頂磁磚部份換新	21,000

L 公司 1998 年度廠房的修理及維護費用應為若干?

(a)$144,000

(b)$123,000

(c)$96,000

(d)$81,000

15.12 P 公司從事印刷事業, 1998 年發生於印刷機的各項支出如下:

購置校對及裝釘設備成本	$42,000
裝置校對及裝釘設備成本	18,000
重大換新的零件成本	23,000
重安裝人工及費用	24,000

重大換新及重安裝可提高工作效率, 惟不會延長印刷機的使用年限。P 公司 1998 年度應予資本化的支出為若干?

(a)$–0–

(b)$60,000

(c)$83,000

(d)$107,000

三、綜合題

15.1 廣豐公司自建廠房一棟, 業已完成, 並發生下列各項費用:

支付承包商現金	$1,800,000
建地成本	900,000
舊廠房拆卸成本	360,000
舊廠房拆卸廢料出售收入	90,000
營建期間耗用電費	36,000
購買建築材料之利息支出	18,000
自建資產利息資本化金額	54,000
變造及改良費等	64,000

試求: 請分別計算土地與建築物的成本各為若干?

15.2 廣達公司購入卡車一部, 支付定金$50,000, 餘款採用分期付款的方式, 分為 20 個月, 每月$10,000, 於一個月後開始支付, 利率 24%。

試求:

(a)請計算卡車的成本, 並列示其取得時的分錄。

(b)請列示支付第一個月分期付款的分錄。

15.3 廣仁公司從事於自建廠房資產, 於 1996 年及 1997 年期間, 共支付 $900,000; 1998 年度均勻地支付$600,000, 至於 1998 年底完成。1998 年期間各項負債如下:

應付帳款平均餘額	$ 150,000
應付債券: 10%	2,500,000
自建資產貸款: 12%	1,000,000

試求: 請完成下列各項:

(a) 1998 年自建資產累積支出加權平均數。

(b) 1998 年度實際利息費用。

(c) 1998 年應予資本化利息費用（可避免利息費用）。

(d) 1998 年資本化利息費用金額, 並列示資本化利息費用的分錄。

15.4 廣大公司以舊機器（成本$400,000，備抵折舊$160,000）換入相同性質的新機器；已知舊機器的公平市價為$320,000，廣大公司另收入現金$60,000。

試求：請列示廣大公司交換機器時之分錄，並詳細列示各項數字的計算過程。

15.5 廣友公司於 1998 年 1 月初起，自建辦公大樓提供自用，符合利息資本化的條件；1998 年 1 月初，即已支出$3,600,000；另於當年度，均勻地支出$960,000。下列各項負債，於 1998 年度繼續存在：

1. 自建資產專案貸款$2,400,000，利率 12%。

2. 應付票據$1,800,000，利率 10%。

3. 應付公司債$1,200,000，利率 9%。

已知該項自建資產於 1998 年 12 月 31 日完工，次年元旦遷入。

試求：

(a)請計算廣友公司 1998 年度資本化利息金額。

(b)列示 1998 年 12 月 31 日資本化利息的分錄。

15.6 廣隆公司於 1998 年 1 月初，自建廠房一座，提供營業上使用；有關資料如下：

1. 公司債務：

(1)1998 年 1 月 2 日，獲准自建廠房專案貸款$3,000,000，利率 10%。

(2)1996 年 1 月 3 日起 5 年期抵押貸款$2,000,000，利率 12%；此項貸款與自建廠房無關。

2. 自建廠房支出：

(1) 1998 年 1 月 2 日支出$2,500,000。

(2) 1998 年度均勻地支出$5,600,000。

3. 自建廠房於 1998 年 12 月 31 日完成，次年初開始啟用。

試求:

　㈎計算廣隆公司 1998 年度資本化利息費用金額。

　㈏列示 1998 年 12 月 31 日資本化利息分錄。

　㈐假定廣隆公司自建廠房的公平市價為$8,400,000, 則該公司1998
　　年 12 月 31 日自建廠房的評價基礎應為若干? 請列示其評價的
　　分錄。

第十六章　長期性資產㈡：折舊與折耗

────●　前　　言　●────

　　吾人已於第十五章內，闡述有形長期性資產的取得與處置有關會計問題；本章將進一步說明長期性資產成本的分攤。

　　企業取得長期性資產之目的，在於提供營業上長期使用，期能為企業產生未來的經濟效益；會計上基於費用與收入配合原則，必須將長期性資產的成本，按照有系統的方法，分攤於各受益期間，俾達到費用與收入密切配合的境界。

　　有形長期性資產分為廠產設備（財產、廠房、及設備）、遞耗資產；廠產設備因提供使用或由於物質上自然損耗的部份，稱為折舊；遞耗資產因開採而耗竭的部份，稱為折耗；此二者所牽涉的有關會計問題，將成為本章所要探討的基本課題。

16–1 折舊的基本概念

一、折舊的意義

就會計的觀點而言，所謂折舊(depreciation)，係指企業對於所擁有各項提供營業上長期使用的有形廠產設備（包括財產、廠房、及設備）成本，按有系統及合理的方法，分攤於各使用期間的一種會計處理程序。除非企業在進行重改組，否則折舊不按超過成本之重評價、市價、或現時價值計算其折舊；此外，土地不因使用而耗損，故不予折舊。

企業取得一項長期性資產之目的，在於提供營業上長期使用，俾逐年產生收入；因此，基於費用配合收入原則，一般公認會計原則乃要求企業將長期性資產的成本，於扣除預計殘值後，按有系統及合理的方法，分攤於各受益期間內，使費用與收入達到密切配合的目標；此種分攤成本的方法，一般又稱為折舊會計 (depreciation accounting)。

根據會計研究公報第 43 號第 9 章 C 節 (ARB 43, ch. 9, sec. C) 指出：「折舊是一種分攤成本的過程，而非評價的方法。」

二、折舊的性質

根據上述折舊的意義，折舊實具有下列各項特性：

1.提列折舊是一種有系統及合理的分攤成本方法：企業所擁有的各項財產、廠房、及設備等有形長期性資產成本，在本質上實為一項長期性預付成本，此項成本必須按有系統及合理的方法，分攤於未來的各受益期間內，俾達到費用與收入密切配合之目的。

2.提列折舊並非資產評價的方法：折舊費用係根據成本減預計殘值後之餘額，作為計算基礎，除少數特殊情形外，否則不以重評價、市價、

或現時價值為依據; 因此, 長期性資產的帳面價值 (資產成本減備抵折
舊), 往往不等於其市場價值; 由此可知, 提列折舊並非資產評價的方
法。

資產負債表		衡量觀念
應收帳款	$ ×××	
減: 備抵壞帳	(×××)	
應收帳款淨額	$×××	淨變現價值
建築物	$ ×××	
減: 備抵折舊	(×××)	
建築物淨額	$×××	未折舊成本

　　上列二項帳面價值, 具有完全不同的意義; 蓋應收帳款淨額, 表示
應收帳款扣除備抵壞帳後, 預期可收回的淨變現價值。至於建築物淨額,
僅顯示未折舊成本, 此項金額並不一定等於可變現價值。

　　3.折舊會計以歷史成本為基礎, 不受市場價值變化的影響: 會計上
的成本原則, 因具備客觀性與可靠性, 乃成為各項長期性資產取得成本
(歷史成本) 的根據, 並作為計算折舊的基礎; 此外, 傳統會計的保守
原則, 也嚴格限制長期性資產按市場價值的增減而改變。

三、會計上提列折舊的原因

　　會計上認定折舊金額之多寡, 與資產效益的降低或市場價值的變化,
沒有絕對的關聯性; 然而, 資產價值將隨時間之經過而逐漸減少, 甚至
於損耗殆盡, 足以證明每期按適當的方法提列若干折舊費用, 是有必要
且為合理的會計處理程序。茲將會計上提列折舊的原因, 分為下列二點
說明:

　　1.物質上的因素 (physical factors): 此乃長期性資產由於物質上原

因而發生折舊的情形。又可分為:

(1)因營業上使用而磨損 (wear & tear)。

(2)因時間因素 (time element) 而自然耗損。

(3)因意外事故 (casualties) 例如水災、火災等而遭致毀損。

2.經濟上的因素 (economic factors):此乃長期性資產由於使用不經濟或功能上原因,已不值得再繼續使用,故亦稱為功能因素 (functional factors)。復可分為:

(1)不敷使用 (inadequacy):企業所擁有的長期性資產,往往為配合某一特定的營業範圍而設置;倘由於企業的經營規模不斷成長,其營業範圍日漸擴大,致使原有的長期性資產失去效能。例如某公司擁有一座舊廠房,原可繼續使用,然而由於無法配合日益增加的銷貨量,該公司不得不放棄舊廠房,而重新建造適合未來需要的新廠房。

(2)已被取代 (supersession):由於產品革新與技術上改良,促使新產品取代舊產品的使用。例如空中巨無霸 747 波音式噴射客機的啟用,使很多大航空公司用螺旋槳推動飛機的作業,產生不經濟的結果,必須將許多仍可使用的螺旋槳式飛機,甚至於容量較少的 727 型噴射客機,送到舊飛機市場上。

(3)過時不適用 (obsolescence):凡非屬於上述兩種原因所造成過時不適用的情形。

在一個高度發展的工業社會中,經濟上的折舊因素對於折舊的影響,遠超過物質上的因素,尤其是具有特定用途的特殊資產,此種情形更為顯著。

折舊雖不因市場價值之高低而改變;然而,當一項營業性資產,由於市場需求之繼續降低、產品因過時不適用,或不適當的搬運方法等,使該項資產的帳面價值大於其使用價值 (use value) 甚鉅時,根據一般公認的會計原則 (GAAP),應將該項資產的帳面價值減低,以反映其實際

價值，並認定此項價值降低的部份為當期損失，而並非折舊費用。

四、提列折舊對財務報表的影響

1.折舊對損益表的影響：

折舊對損益表的影響，端視買賣業與製造業而有所不同。就買賣業而言，每期的折舊費用由資產負債表轉入損益表內，直接沖抵當期的稅前淨利。茲以圖形列示如下：

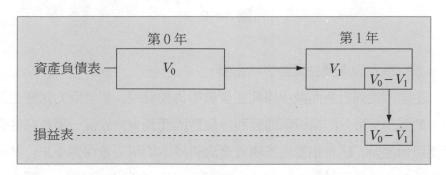

圖 16-1

圖 16-1 之 V_0 代表第 0 年某項資產的價值，V_1 代表第 1 年該項資產的價值，兩者相差 $V_0 - V_1$，即為折舊費用，全部轉入當期的損益表內。

就製造業而言，每期轉入製造成本的折舊費用，如產品已製造完成並予出售時，再由製造成本轉入銷貨成本而列報於當期損益表內；其未完工或未銷售的部份，則仍留存於期末存貨的成本中，並列報於資產負債表內。茲以圖形列示如下：

圖 16-2 之 D_1 代表轉入製造成本的折舊費用，當產品製造完成並予出售時，再由製造成本轉入銷貨成本而列報於當期損益表內；D_2 代表未製造完成或未出售的部份，仍然留存於期末存貨成本項下，並列報於當期資產負債表內；其關係如下：

$$D_1 + D_2 = V_0 - V_1$$

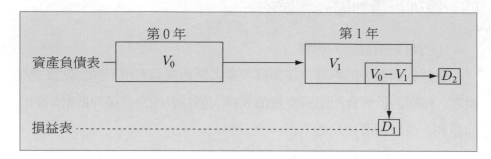

圖 16–2

2.折舊對股東權益變動表的影響:

企業因提列折舊而減少淨利並少繳所得稅費用，使當期的保留盈餘相對地減少，可分配給股東的股利分配數因而減少；故當一項長期性資產耗用殆盡時，已有相當於該項資產取得成本的現金被保留下來，其中涵蓋一部份未分配給股東，另外一部份少繳稅（所得稅節省）。吾人可用符號列示如下:

$$C = 成本; \quad C_1 = 未分配給股東部份; \quad C_2 = 少繳稅部份;$$
$$t = 稅率$$
$$C_1 = C(1 - t)$$
$$C_2 = C \cdot t$$

由上述可知，由於折舊之提列，使一項資產在存續期間內各期之股東權益變動表內，少列總額等於 C_1（資產取得成本減所得稅節省 C_2）的保留盈餘。此項保留盈餘因不存在而不分配給股東，因而增加企業的現金。

3.折舊對現金流量表的影響:

折舊費用是一項非付現成本（於取得時已一次付現），故於營業過程中所產生的現金流量，於超出營業成本後，其剩餘部份，即為來自淨利與折舊的現金流量；當企業發放現金股利後，來自淨利的現金流量，由企業轉入股東手中，來自折舊的現金流量，則被保留下來。因此，吾人於編製現金流量表時，要把折舊費用與其他同性質的遞耗資產折耗及無形資產攤銷等費用，加入淨利項下，以計算來自營業活動的現金流量。

折舊對現金流量的影響，隨企業所採用的折舊方法有所不同；如採用加速折舊法時，將使早期的折舊費用大於後期的折舊費用，早期的現金流量，也就大於後期的現金流量；如改採用其他折舊方法時，則其情況又隨而改變。

16–2　決定折舊的各項因素

計算折舊時，係由下列四項因素決定之:

一、取得成本 (acquisition cost)

長期性資產的取得成本，泛指使該項資產達到可用狀態及地點所發生的必要成本總和，包括購價及各項附加成本在內；此外，在資產持有期間所發生的各項資本支出，也應予資本化，包括在資產成本之內。

根據會計原則委員會第 6 號意見書 (APB No. 6) 指出:「財產、廠房、及設備資產，不得按重估價值、市場價值、或現時價值予以升值，使其價值超過成本。惟此項原則對企業進行準改組 (quasi-reorganizations) 或重整 (reorganizations) 的會計處理實務，並不適用；此外，如企業在國外設有分支機構，當所在地發生嚴重性的通貨膨脹或貶值時，上項限制資產增值的會計原則，也不得適用；一旦資產予以增資後，其折舊的計算，也要比照增值後的數額計算；然而，當企業編製合併財務報表時，對於國外分支機構因資產增值所引發的有關項目，應予沖銷。」

二、預計殘值(estimated salvage or residual value)

係指一項長期性資產於廢棄時的殘餘價值，此項殘值通常以預計的方式予以估定之。蓋資產的殘值於出售廢產時可予收回現金，為原有成本的減少，自應由原有成本中減除。然而在預計其殘值時，應考慮拆除或搬遷廢產的各項費用。在實務上，當一項殘值為數甚微或無法預計時，通常均略而不計，以資簡捷。

取得成本減預計殘值後，即為計算折舊的基礎；在若干情況下，當一項長期性資產廢棄時，並無任何殘值，則其取得成本即為折舊基礎(depreciation base)。

三、預計耐用年數 (estimated life)

係指一項長期性資產可提供服務的有效期間。預計耐用年數的衡量單位，通常有下列三種:

1.時間單位 (time units): 例如年或月等時間單位。

2.操作或工作時間 (operating periods or working hours): 例如直接人工時數，或機器工作時數等衡量單位。

3.產量單位 (units of output): 例如噸、公斤、公尺、桶、里等實際產量或營運單位。

吾人在預計一項資產的耐用年數時，必須考慮限制該項資產耐用年數的各項影響因素，此項因素包括上節所討論的物質上及經濟上的因素在內。此外，在選擇一項衡量耐用年數適當單位的問題時，必須先要探討折舊的原因所在，俾使所選擇的衡量單位，與折舊的發生原因，具有密切的關聯性。例如一部電動機可選擇發動時數作為其計算折舊的標準；一部卡車可選擇行車里數作為其計算折舊的標準。

四、選擇計算折舊的方法

在高度工業化的現代社會，長期性資產在產品製造過程中，佔著極重要的地位。由於折舊費用佔經營成本的重要部份，折舊的計算方法與經營成本，及其與企業的管理決策，均具有密切的關係。因此，對於計算折舊方法的選擇，必須審慎為之。

除上述四項決定折舊的因素中，以第四項因素影響每一期間的折舊費用最為深遠；因此，對於折舊方法的選擇，在會計上強調採用有系統及合理的方法。

16–3　計算折舊的方法

計算折舊的方法很多，通常可分類如下：

1.直線法（平均法）。

2.工作時間法。

3.產量法。

4.加速折舊法。

　⑴定率餘額遞減法。

　⑵加倍定率餘額遞減法。

　⑶年數合計反比法。

　⑷遞減率成本法。

5.盤存法。

6.現值法。

7.利息法。

除上述現值法及利息法吾人已於上冊第六章討論外，其餘各種方法將於本章內繼續探討之。

一、直線法 (straight-line method)

此法係將長期性資產的成本，平均分攤於各收益期間負擔，故又稱為平均法 (average method)。其計算公式如下：

$$D = \frac{C - S}{N}$$

$D = 每期折舊額 \text{ (depreciation)}$

$C = 成本 \text{ (cost)}$

$S = 殘值 \text{ (salvage)}$

$N = 預計耐用年數 \text{ (estimated life)}$

設有機器一部，成本$100,000，殘值$10,000，預計耐用年數 5 年。每年折舊應計算如下：

$$D = \frac{\$100,000 - \$10,000}{5}$$

$$= \$18,000$$

茲列示每年提存折舊分錄及折舊表如下：

折舊分錄及折舊表——直線法

年度	（借）折 舊	（貸）備抵折舊	備抵折舊累積數	帳面價值
0				$100,000
1	$18,000	$18,000	$18,000	82,000
2	18,000	18,000	36,000	64,000
3	18,000	18,000	54,000	46,000
4	18,000	18,000	72,000	28,000
5	18,000	18,000	90,000	10,000
	$90,000	$90,000		

由上述討論顯示，直線法的最大特徵在於每年折舊費用均一致，適

成一直線。茲以圖形列示如下：

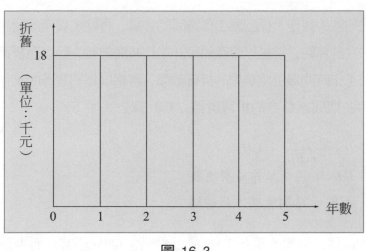

圖 16–3

　　直線法計算簡單，容易瞭解，並具備有系統及合理的處理方法，符合折舊會計的基本要求，故被一般企業所廣泛採用。凡合乎下列各種條件之一者，均可採用此法：

　　1.長期性資產服務潛能的降低幾乎每期均一致。

　　2.長期性資產服務潛能的降低與時間因素有關，而與使用的情形無關。

　　3.長期性資產的使用情形每期頗為一致。

　　4.每期的修理及維護成本大致相同。

　　如資產所提供的服務潛能或產生的經濟效益，與時間的經過無關，則不適合採用直線法；此外，如資產的過時不適用，成為折舊的主要原因時，也不適合採用直線法。

二、工作時間法 (working hours method)

此法的基本假定，係認為工作時間的多寡，將縮短資產的耐用年數。因此本法在計算時，首先以資產的預計工作時間總數，除以應折舊總額，求得每一工作時間單位應負擔的折舊數額，再乘以每期實際的工作時間，即可求得各期間應負擔的折舊數額。其計算公式如下：

$$D = \frac{C - S}{T.H.} \times A.H.$$

$T.H. = 預計工作時間總數$

$A.H. = 每期實際工作時間$

設如前例，機器的預計工作時間總數為 1,800 小時，而本期實際工作時間為 400 小時，則本期的折舊數額應計算如下：

$$D = \frac{\$100,000 - \$10,000}{1,800} \times 400$$

$$= \$20,000$$

茲將該項機器 5 年期間的實際工作時間、折舊提存分錄及折舊表彙總列示如下：

折舊分錄及折舊表──工作時間法

年度	實際工作時間	（借）折舊	（貸）備抵折舊	備抵折舊累積數	帳面價值
0					$100,000
1	400	$20,000	$20,000	$20,000	80,000
2	450	22,500	22,500	42,500	57,500
3	500	25,000	25,000	67,500	32,500
4	350	17,500	17,500	85,000	15,000
5	100	5,000	5,000	90,000	10,000
	1,800	$90,000	$90,000		

工作時間法依資產實際使用的情形而分攤成本，具備有系統及合理的折舊會計處理方法之要求，並使收入與費用之間，適當配合。故凡一項資產服務潛能的喪失，受使用時間的影響甚大時，應採用此法。此外，倘一項資產各期間使用的情形變化很大時，亦適合於採用此法。惟此法對於工作時間資料的記錄與搜集，往往不易準確，是其缺點。

三、產量法 (production method)

此法的基本假定與工作時間法相同，認為工作時間愈長，產量愈多，則資產的耐用年數必將隨而比例減少。因此，本法在計算時，係以資產的預計總產量，除以應折舊總額，求得每一單位產品所應負擔的折舊數額，再乘以每期實際產量，即可求得各期間應負擔的折舊數額。其計算公式如下：

$$D = \frac{C - S}{T.U.} \times A.U.$$

$T.U. = 預計總產量$

$A.U. = 每期實際產量$

設如前例，機器預計總產量為 9,000 單位，而本期實際生產 1,950 單位，則其折舊應計算如下：

$$D = \frac{\$100,000 - \$10,000}{9,000} \times 1,950$$

$$= \$19,500$$

茲將該項機器 5 年期間的實際產量、折舊提存分錄及折舊表，彙總列示如下：

折舊分錄及折舊表——產量法

年度	實際產量	（借）折舊	（貸）備抵折舊	備抵折舊累積數	帳面價值
0					$100,000
1	1,950	$19,500	$19,500	$19,500	80,500
2	2,260	22,600	22,600	42,100	57,900
3	2,500	25,000	25,000	67,100	32,900
4	1,750	17,500	17,500	84,600	15,400
5	540	5,400	5,400	90,000	10,000
	9,000	$90,000	$90,000		

　　產量法如同工作時間法一樣，確認資產服務潛能的喪失與其實際使用情形，具有密切的關係，故此法的優劣點，大致與工作時間法相同。凡一項資產，每一會計期間使用情形具有大幅度變化，服務潛能或耐用年數減少與產量之間，存有密切的關聯性，實際產量可確實求得，而且能合理預計其總產量時，特別適合於採用產量法。反之，當一項資產廢棄與否，受經濟因素影響很大時，折舊費用之大小，如與產量多寡無關，而與新代用品的出現有關時，則不適宜採用產量法。此外，有很多資產，例如建築物、辦公設備、及其他與生產無關的設備等，因缺乏可衡量其服務效率的標準，也不適合採用產量法。

　　如一項資產的生產效率一致時，產量法與工作時間法的折舊數額也相等。設如前例，在產量法之下，第 3、第 4 兩年的折舊額分別為$25,000 及 $17,500；而在工作時間法之下，第 3 年工作時間為 500 小時，每小時折舊率 $50 [($100,000 − $10,000) ÷ 1,800]，故亦等於$25,000；第 4 年工作時間為 350 小時，折舊額亦為$17,500 ($50 × 350)，蓋第 3 年的工作效率每小時 5 單位 (2,500 ÷ 500)，第 4 年的工作效率每小時亦為 5 單位 (1,750 ÷ 350)，故其折舊數額在產量法與工作時間法之下均相同。至於其他年度，因工作效率不一致，故在兩法之下的折舊數額亦不相同。由此吾人可獲得一項結論：當產量法與工作時間法均可適用時，產量法通常

較工作時間法為佳，蓋於產量法之下，折舊費用的分攤隨產量多寡而改變，不因工作效率的高低而變化其折舊率；換言之，產量法實以產品收入為計算折舊費用的變數，就收入與費用配合的觀點而言，實超越工作時間法之上。

此外，吾人將進一步就產量法與直線法加以比較如下：

年度	產量	產　量　法 折舊總額	單位成本	直　線　法 折舊總額	單位成本
1	400	$20,000	$50.00	$18,000	$45.00
2	450	22,500	50.00	18,000	40.00
3	500	25,000	50.00	18,000	36.00
4	350	17,500	50.00	18,000	51.43
5	100	5,000	50.00	18,000	180.00

在產量法之下，折舊總額是變動的，然而其單位成本則是固定不變的。在直線法之下，折舊總額是固定的，然而其單位成本則是變動的。上項差異，對於產品價格的釐定、成本控制及管理決策的考慮等，均具有重要的參考價值。

四、加速折舊法 (accelerated depreciation methods)

稱加速折舊法者，係指在一項長期性資產使用的期間內，愈早期提列愈多的折舊費用，愈晚期提列愈少的折舊費用，藉以加速資產使用成本的分攤，俾能在短期間內，將資產折舊殆盡。

主張採用加速折舊法的原因很多，茲列舉其犖犖大端者如下：

(1)在一項長期性資產使用的期間內，早期所提供的效率，通常較其後期為大，故早期自應比後期負擔較多的折舊費用。吾人如以 E 代表一項資產所提供的效率，另以 N 代表耐用年數；則 E 將隨 N 的增加而

遞減; 在具有標準型態的加倍定率餘額遞減法之下, 其情形如下:

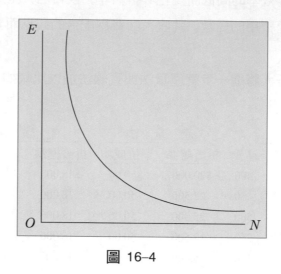

圖 16–4

　　(2)一項資產早期的修護成本, 一般較其後期者為小; 為使成本的分攤趨於均勻起見, 早期應提列較後期為多的折舊費用, 故實有採用加速折舊法的必要。茲以 C 代表成本, N 代表耐用年數, 並以圖形列示兩者在不同期間的配合情形如下:

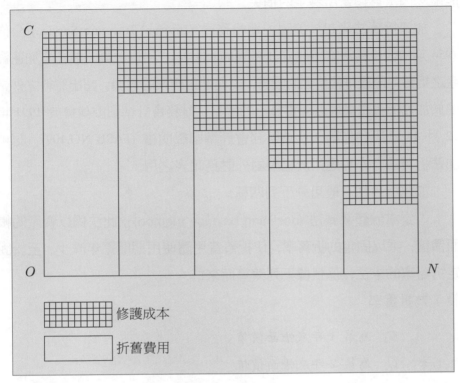

圖 16-5

(3)採用加速折舊法將使企業後期的折舊費用提前於早期提列; 早期的折舊費用增加, 淨利減少, 則所得稅的負擔減輕; 後期的折舊費用減少, 淨利增加, 則所得稅的負擔加重, 從表面上看起來, 雖然早期所得稅減輕負擔的部份, 可能為後期所得稅增加負擔的部份所抵銷, 其實因稅負減少在先, 增加在後, 由於時間價值 (time value) 之不同, 等於使企業獲得了一筆無息的貸款一樣。

(4)在工商業高度發展的今日, 由於產品的不斷創新與技術的日益改良, 使一項長期性資產因經濟因素對其折舊的影響, 遠超過物質因素; 因此, 企業如採用加速折舊法時, 可儘速提早將資產成本分攤殆盡, 俾

能減少因汰舊換新所發生的損失。

加速折舊法緣起於美國內地稅務局 (Internal Revenue Service) 公佈 1954 年內地稅務法案 (Internal Revenue Code)，用以鼓勵一般企業加速資產之折舊，俾獲得報稅上的優惠，以促進工商業的發展。超出意料之外，由於加速折舊法具備若干實質上的優點，財務會計準則委員會於 1991 年 12 月 16 日另頒佈第 109 號財務會計準則聲明書 (FASB NO.109)，認可加速折舊法，亦可應用於編製對外財務報表之用。

加速折舊法一般可分下列四種：

1.定率餘額遞減法 (declining balance method)：此法係以資產的帳面價值，乘以固定的折舊率，使折舊費用隨使用期間逐年減少。至於固定折舊率的求法，係根據下列演算而來：

設 r 為折舊率

C_1　為第 1 年底帳面價值

C_2　為第 2 年底帳面價值

　　$\vdots$

C_n　　為第 n 年底帳面價值

則　　$C_1 = C(1 - r)$

$C_2 = C_1(1 - r)$

$\quad = C(1 - r)(1 - r)$

$\quad = C(1 - r)^2$

　$\vdots$

$C_n = C(1 - r)^n = S$

$(1 - r)^n = \dfrac{S}{C}$

$(1 - r) = \sqrt[n]{\dfrac{S}{C}}$

$$r = 1 - \sqrt[n]{\frac{S}{C}}$$

設如前例，r 之計算如下：

$$r = 1 - \sqrt[5]{\frac{\$10,000}{\$100,000}}$$

$$= 1 - \sqrt[5]{\frac{1}{10}}$$

$$\therefore r = 1 - anti\log\frac{\log 1 - \log 10}{5}$$

$$= 1 - anti\log\frac{0 - 1}{5}$$

$$= 1 - anti\log(-0.2)$$

$$= 1 - \frac{1}{anti\log 0.2}$$

$$= 1 - \frac{1}{1.586}$$

$$= 1 - 0.631$$

$$= 36.9\%$$

每年底應提列折舊數額如下：

第 1 年提列：　$\$100,000 \times 36.9\% = \$36,900$

第 2 年提列：　$\$63,100 \times 36.9\% = \$23,284$

$\vdots$

採用此法時，必須要有預計殘值，才能求得固定的折舊率；倘無預計殘值時，可用一元為名義殘值。

茲列示在此法之下，每年提存折舊的分錄及折舊表於後：

折舊分錄及折舊表——定率餘額遞減法

年度	（借）折　舊	（貸）備抵折舊	備抵折舊累積數	帳面價值
0				$100,000
1	$36,900	$36,900	$36,900	63,100
2	23,284	23,284	60,184	39,816
3	14,693	14,693	74,877	25,123
4	9,271	9,271	84,148	15,852
5	5,852*	5,852	90,000	10,000
	$90,000	$90,000		

*尾數調整

　　財務會計準則聲明書第 109 號(SFAS No.109, par.288) 指出：「餘額遞減法（包括定率餘額遞減法與加倍定率餘額遞減法）能配合有系統及合理的折舊會計處理方法；如預期某項資產的生產效率或獲益能力，在早期相對地大於後期，或資產的維護費用於後期有逐漸增加趨勢時，餘額遞減法可提供最令人滿意的成本分攤效果。此項結論也適用於涵蓋年數合計反比法在內之其他能獲致如同上述效果的各種方法。」

　　由上述說明可知，定率餘額遞減法、加倍定率餘額遞減法、年數合計反比法、及其他可獲致相同效果的折舊方法，已被認定為一般公認的會計原則。

　　2.加倍定率餘額遞減法 (double declining-balance method)：此法為美國聯邦所得稅法所允許的方法之一。根據聯邦所得稅法的規定，若干新資產（亦有例外）的折舊率，不得超過直線法的兩倍；此法在計算時，概不考慮其殘值，而且資產折舊後的帳面價值，不得低於其殘值。由於此法的計算係以帳面價值乘以固定的折舊率（$\frac{1}{N} \times 2$），故稱為加倍定率餘額遞減法。茲列示其計算公式如下：

$$D_1 = C_0 \times r^*$$
$$D_2 = C_1 \times r$$

$$\vdots$$

$$D_n = C_{n-1} \times r$$

$D_1 =$ 第 1 年折舊數額;　　$D_2 =$ 第 2 年折舊數額;

$D_n =$ 第 n 年折舊數額;　　$C_0 =$ 第 0 年底帳面價值;

$C_1 =$ 第 1 年底帳面價值;　$C_{n-1} =$ 第 $n-1$ 年底帳面價值;

$r =$ 折舊率

$*r = \dfrac{2}{N}$

設如前例, 每年折舊費用計算如下:

$$D_1 = \$100,000 \times \frac{2}{5}$$
$$\quad = \$40,000$$
$$D_2 = \$60,000 \times \frac{2}{5}$$
$$\quad = \$24,000$$
$$\vdots$$

　　茲列示在此法之下每年提存折舊的分錄及折舊表如下:

折舊分錄及折舊表——加倍定率餘額遞減法

年度	（借）折舊	（貸）備抵折舊	備抵折舊累積數	帳面價值
0				$100,000
1	$40,000	$40,000	$40,000	60,000
2	24,000	24,000	64,000	36,000
3	14,400	14,400	78,400	21,600
4	8,640	8,640	87,040	12,960
5	2,960*	2,960	90,000	10,000
	$90,000	$90,000		

*查第 5 年度本來應提列折舊 $5,184 ($12,960 \times \frac{2}{5}$), 將使第 5 年底的帳面價值降低為 $7,776[\$100,000 - (\$87,040 + \$5,184)]$ 低於其殘值, 將與事實不符, 故改提列 $2,960($90,000 - $87,040)。

3.年數合計反比法 (sum-of-the-years'-digits method)：此法係以長期性資產耐用年數相加之和為分母，並以代表年度數字的相反秩序為分子，乘以折舊基礎；由於分母維持不變，而分子則每年遞減，故將使此項折舊率隨使用年數之增加而遞減。茲列示其計算公式如下：

$$D_1 = (C - S) \times \frac{n}{1 + 2 + 3 + \cdots + n}$$

$$D_2 = (C - S) \times \frac{n-1}{1 + 2 + 3 + \cdots + n}$$

$$\vdots$$

$$D_n = (C - S) \times \frac{1}{1 + 2 + 3 + \cdots + n}$$

如以 D_t 代表第 t 年的折舊額，

又　　$\because 1 + 2 + 3 + \cdots + n = \frac{n}{2}(n + 1)$

$$\therefore D_t = (C - S) \times \frac{n - t + 1}{\frac{n}{2}(n + 1)}$$

設如前例，機器一部的成本\$100,000，預計可使用 5 年，殘值\$10,000。則：$\frac{5}{2}(5 + 1) = 15$

每年應提折舊額計算如下：

$$D_1 = (\$100,000 - \$10,000) \times \frac{5}{15} = \$30,000$$

$$D_2 = (\$100,000 - \$10,000) \times \frac{4}{15} = \$24,000$$

$$\vdots$$

$$D_5 = (\$100,000 - \$10,000) \times \frac{1}{15} = \$\ 6,000$$

茲列示在本法之下每年提列折舊的分錄及折舊表如下：

折舊分錄及折舊表——年數合計反比法

年度	（借）折舊費用	（貸）備抵折舊	備抵折舊累積數	帳面價值
0				$100,000
1	$30,000	$30,000	$30,000	70,000
2	24,000	24,000	54,000	46,000
3	18,000	18,000	72,000	28,000
4	12,000	12,000	84,000	16,000
5	6,000	6,000	90,000	10,000
	$90,000	$90,000		

採用年數合計反比法時，折舊費用隨使用時間的經過而成為有規律地遞減，其情形如下：

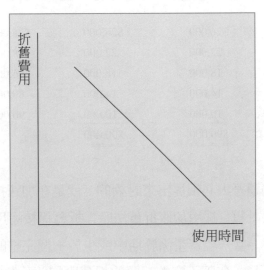

圖 16–6

年數合計反比法能配合有系統及合理的折舊會計處理之要求，尤其是那些高科技及電腦等產品，在早期可獲得較大的利益，而且於科技方法迅速改變時，即發生過時現象時，最適合採用此種方法。

4.遞減率成本法 (diminishing-rate-on-cost method)：此法係任意選擇折舊率的一種方法，並無任何公式可資遵循。此法在選擇折舊率時，應預留殘值佔總成本的百分率，然後再隨意決定遞減的折舊率，故亦為加速折舊法之一。

設如前例，機器一部的成本$100,000，預計可使用 5 年，殘值$10,000。

殘值$10,000 為成本之 10%，故 5 年內每年折舊率的合計數不得超過 90%。

茲列示在此法之下每年提存折舊的分錄及折舊表如下：

折舊分錄及折舊表——遞減率成本法

年度	折舊率	（借）折舊費用	（貸）備抵折舊	備抵折舊累 積 數	帳面價值
0					$100,000
1	26%	$26,000	$26,000	$26,000	74,000
2	22%	22,000	22,000	48,000	52,000
3	18%	18,000	18,000	66,000	34,000
4	14%	14,000	14,000	80,000	20,000
5	10%	10,000	10,000	90,000	10,000
	90%	$90,000	$90,000		

另有一項問題吾人必須提出來討論的，就是在加速折舊法之下，不完整期間折舊的計算。採用加速折舊法時，折舊係按耐用年數每一完整的時間單位計算。當一項資產係於期中或少於一個完整的期間取得時，將發生最初與最後一年因不完整期間的折舊應如何分攤的技術問題。

為說明方便起見，吾人將前例修正如下：

民國87年 4 月 1 日購入一部機器成本　　　　　$100,000

預計耐用年數　　　　　　　　　　　　　　　4 年

殘值　　　　　　　　　　　　　　　　　　$ 10,000

1.在加倍定率餘額遞減法之下，首先計算完整年度的折舊費用（不考慮會計年度）；然後依當年度所佔完整年度的比例，分別計算其折舊費用；其計算方式如下：

完整年度	加倍定率餘額遞減法完整年度折舊費用
4/1/87～3/31/88	$(\$100,000 - 0) \times \dfrac{2}{4} \quad\quad = \$50,000$
4/1/88～3/31/89	$(\$100,000 - \$50,000) \times \dfrac{2}{4} = \ \ 25,000$
4/1/89～3/31/90	$(\$100,000 - \$75,000) \times \dfrac{2}{4} = \ \ 12,500$
4/1/90～3/31/91	$\$100,000 - \$87,500 \quad\quad\quad = \ \ \ \ 2,500^*$

*第 4 年度應提列$6,250 $[(\$100,000 - \$87,500) \times \dfrac{2}{4}]$，將使帳面價值低於殘值 $9,000，與事實不符，故改提列$2,500，以符實際情形。

87 年度折舊費用：

$$4/1/87～12/31/87:\ \$50,000 \times \dfrac{9}{12} = \underline{\underline{\$37,500}}$$

88 年度折舊費用：

$$1/1/88～3/31/88:\quad \$50,000 \times \dfrac{3}{12} = \$12,500$$

$$4/1/88～12/31/88:\quad \$25,000 \times \dfrac{9}{12} = \ \underline{18,750}$$

合計　　　　　　　　　　　　　　　$\underline{\$31,250}$

續後年度類推。

2.在年數合計反比法之下：首先計算每一完整期間的折舊費用，然後將每一完整期間的折舊費用加以分攤，歸由兩個不同的會計年度負擔；其計算如下：

完整年度	年數合計反比法完整年度折舊費用	
4/1/87～3/31/88	$(\$100,000 - \$10,000) \times \dfrac{4}{10}$	$= \$36,000$
4/1/88～3/31/89	$(\$100,000 - \$10,000) \times \dfrac{3}{10}$	$=\ 27,000$
4/1/89～3/31/90	$(\$100,000 - \$10,000) \times \dfrac{2}{10}$	$=\ 18,000$
4/1/90～3/31/91	$(\$100,000 - \$10,000) \times \dfrac{1}{10}$	$=\ 9,000$

87 年度折舊：

$$4/1/87 \sim 12/31/87:\ \$36,000 \times \frac{9}{12} = \underline{\underline{\$27,000}}$$

88 年度折舊：

$$1/1/88 \sim 3/31/88:\quad \$36,000 \times \frac{3}{12} =\ \$9,000$$

$$4/1/88 \sim 12/31/88:\ \$27,000 \times \frac{9}{12} =\ \underline{20,250}$$

合計 $\underline{\underline{\$29,250}}$

續後年度類推。

　　綜合上述四種加速折舊法，就收入與費用配合的觀點而言，確能超越任何其他方法之上。蓋於一項長期性資產使用期間內，通常早期的服務效率要高於後期的服務效率，如採用加速折舊法，使早期負擔較後期為多的折舊費用，能使收入與費用之間，獲得密切的配合。吾人如以 R 代表資產所提供的產品出售收入或服務收入曲線，並以 D 代表折舊費用曲線，則兩者密切配合的情形，可由下圖看出來：

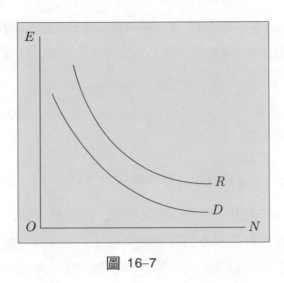

圖 16–7

五、盤存法 (inventory method)

　　此法又稱為評價法 (appraisal method)。當某一企業之若干長期性資產的數量甚多而其價值不大，或易於損壞及遺失，須經常予以補充時，可採用實地盤存制以決定其折舊費用，較能符合實務上的需要。例如工廠使用中的小工具、零件、模型等，由於數量多、價值小，而且易於毀損或遺失，若仍如其他資產一樣，個別記入資產帳戶，並據以一一提列折舊費用，事實上極為困難而又不經濟。故對於此項資產於平時購入時，即借記資產帳戶，使與期初的部份相加，並於期末時實地盤點留存的數量，然後將該項資產帳戶減至此一金額，其差額即為折舊費用。如遇有殘值出售的情形，其出售收入列為當期折舊費用的減項。

　　設某公司民國 87 年初工具盤存 50 件，每件成本$100，共值$5,000。當年度另購入 20 件，每件成本$100。購入時應分錄如下：

工具　　　　　　　　　　　　　　　　2,000
　　現金　　　　　　　　　　　　　　　　　　2,000

至民國 87 年 12 月 31 日，實際盤點手存的工具時，如依現狀評估其成本約為$5,800，陳舊部份的工具售得現金$500，則當年度的折舊分錄可列示如下：

現金	500	
折舊費用	700	
工具		1,200

$$[(\$5,000 + \$2,000) - \$5,800] = \$1,200$$

由於盤存法並非「有系統而又合理」的折舊方法，也沒有固定的公式可循，而且在評估資產的期末價值時，不免帶有主觀的成分；因此，只有在無法採用一般的折舊方法之特殊情況下，才採用此法。

16–4　分類折舊與綜合折舊

本章前面所討論的各種計算折舊方法，均按個別單位的資產提列折舊，故稱為個別折舊 (unit depreciation)。一企業如擁有眾多的相同或類似資產，為便於計算折舊起見，可採用分類折舊與綜合折舊的方法，以資簡捷。

一、分類折舊(group depreciation)

凡長期性資產具有相同的性質，或其耐用年數相近者，各組成一類 (a group)，並按單一分類折舊率 (group depreciation rate)，乘以該類資產的集合成本 (group costs)，即可求得應提列的折舊數額，此稱為分類折舊法。

然而，由於長期性資產的耐用年數，常因實際使用情形而異；故一項同時購入的相同資產，雖然其預計耐用年數相同或相似，但事實上，可能有一部份已報廢，而另一部份仍然尚在使用中。

分類折舊法的應用，通常按該項資產的平均耐用年數 (composite or

average life)，計算其分類折舊率；每一類資產僅設置一個集合的資產帳戶 (group asset account) 及一個相對應的備抵折舊帳戶。因此，每一類資產帳戶的帳面價值，與個別資產之間，並無任何直接的關係；蓋在分類折舊法之下，唯一的帳面價值乃是指該類資產的集合成本與集合備抵折舊之差額，並非個別的資產成本與個別備抵折舊之差額。

當某一類資產中的個別資產報廢時，一概不計算其報廢損益。蓋分類折舊既以平均值來計算折舊，因此對於單位資產的報廢損益，自不受重視。某一項資產報廢時，借記出售報廢資產殘值的現金收入數額，貸記報廢資產的原有成本，借貸方的差額則借記備抵折舊帳戶。

購入新資產以補充報廢資產所遺留之不足時，均按其取得成本記入集合資產帳戶。

設某公司購入相同的小型機器 10 件，每件成本$10,000，預計耐用年數均為 5 年，無殘值。其中有 3 件機器於使用 4 年後報廢，另 4 件於使用 5 年後報廢，其餘則於使用 6 年後報廢。按預計耐用年數 5 年為準。該公司相同資產的分類折舊率為 20% (100% ÷ 5)；茲列示其分類折舊分錄及折舊表如下：

折舊分錄及折舊表——分類折舊法

年度	（借）資產	（借）折舊費用	（貸）備抵折舊	備抵折舊累 積 數	帳面價值
0	$100,000				$100,000
1		$ 20,000	$ 20,000	$20,000	80,000
2		20,000	20,000	40,000	60,000
3		20,000	20,000	60,000	40,000
4		20,000	20,000	—	—
4	(30,000)	—	(30,000)	50,000	20,000
5	—	14,000	14,000	—	—
5	(40,000)	—	(40,000)	24,000	6,000
6	—	6,000	6,000	—	—
6	(30,000)	—	(30,000)	–0–	–0–
	$　–0–	$100,000	$　–0–		

上表有關折舊費用的計算，每件機器每年平均應提列折舊費用$2,000 [$100,000 ÷ (10 × 5)]。第 1 至第 4 年期間，每年均使用機器 10 件，故應負擔$20,000 ($2,000 × 10) 的折舊費用；第 5 年僅使用機器 7 件，應負擔折舊費用$14,000 ($2,000 × 7)；第6 年僅剩餘機器 3 件，故應負擔折舊費用$6,000 ($2,000 × 3)。

二、綜合折舊(composite depreciation)

所謂綜合折舊，係根據分類折舊的原理，將不同種類及不同耐用年數的長期性資產，計算其綜合折舊率 (composite rate)，再乘以其綜合成本 (composite costs)，即可求得其應提列的折舊數額，此稱為綜合折舊法。

綜合折舊與分類折舊的計算方法大致相同，其所不同者，僅在於其適用的對象而已；換言之，綜合折舊係應用於不同種類及不同耐用年數的資產，而分類折舊則應用於每一類相同種類或耐用年數相近的資產，

按類分別計算其折舊。

　　綜合折舊係就各種不同種類的資產，設置單一綜合資產帳戶 (composite asset account)，及其相對應的備抵折舊帳戶；因此，綜合資產帳戶的帳面價值，與個別資產之間，並無任何直接關係。

　　設某公司擁有下列各種不同種類的設備資產，其耐用年數均不相同。茲列示綜合折舊率的計算方法如下：

資產種類	成　本	殘　　值	可折舊成本	預計耐用年數	每年折舊額
甲	$ 10,000	$ 1,000	$ 9,000	4	$ 2,250
乙	30,000	3,000	27,000	6	4,500
丙	60,000	7,500	52,500	10	5,250
	$100,000	$11,500	$88,500		$12,000

綜合折舊率：　$12,000 ÷ $100,000 = 12%
綜合（平均）耐用年數：　$88,500 ÷ $12,000 = 7.375（年）

　　綜合折舊率一旦求得之後，除非資產的組成因素或其預計耐用年數發生重大變化，否則可繼續應用於折舊的計算上。

　　設如上例，該公司設備資產及其耐用年數並無改變，每年應提列折舊費用的分錄如下：

　　　　折舊費用　　　　　　　　　　　　　12,000
　　　　　　備抵折舊——設備　　　　　　　　　　　12,000
　　　　$100,000 × 12% = $12,000

　　當一項資產報廢時，應借記出售舊資產殘值的現金收入數，貸記資產帳戶，兩者的差額，借記備抵折舊帳戶。如同分類折舊法一樣，在綜合折舊法之下，不計算任何資產報廢損益。

　　茲設上列甲項設備資產於第 4 年底予以出售，得款$1,000，並另購入同類新設備資產的成本$12,500，其有關分錄如下：

⑴舊資產報廢並出售其殘值的分錄:

現金	1,000	
備抵折舊——設備	9,000	
設備——甲		10,000

⑵購入新設備資產的分錄:

設備——甲	12,500	
現金		12,500

⑶第 5 年底應提列折舊費用的分錄:

折舊費用	12,300	
備抵折舊——設備		12,300

$(\$100,000 - \$10,000 + \$12,500) \times 12\% = \$12,300$

分類與綜合折舊法，係基於下列三項假定:

1.資產重置時，均能取得同類的資產。

2.資產通常於耐用年數終了時始予報廢。

3.出售報廢資產的現金收入，通常均相當於其帳面價值。

分類與綜合折舊法的最大缺點，在於其平均之處理程序上，惟供營業上長期使用的各項資產，其耐用年數往往差別很大，按平均方式所獲得的結果，必將發生重大的偏差而不易觀察。故我國稅法上規定折舊應按各項長期性資產分別計算，並於財產目錄上列明，俾能求得正確的折舊數額。

然而分類或綜合折舊法的計算既簡單而又方便，並可減少許多詳細記錄各項資產及計算折舊的繁重工作，在實務上不失為一項簡捷的折舊方法。

16–5　折舊目錄及其記錄方法

　　當企業所擁有每一類長期性資產的項目為數不多時，可使用折舊目錄 (depreciation schedule)，或稱為折舊分攤表 (lapsing schedule)，藉以簡化以後年度折舊額的計算，並提供各項資產成本及其相對應備抵折舊的連續記錄。

　　當取得一項長期性資產時，應將其取得日期、取得成本、預計耐用年數及殘值等有關資料，一一列入折舊目錄內，並將每一期間應提列的折舊費用，分別列入每一期間的折舊欄內。俟資產耐用年限已屆滿應予報廢時，將原取得成本貸記資產帳戶，借記備抵折舊帳戶；如發生資產報廢損益時，則另記錄於普通日記簿或現金收入日記簿內。如一項長期性資產於未到期之前提早報廢時，不必將原來已列記的折舊費用劃掉或更正，僅於記錄報廢資產的同一行內，記載適當的抵減數，藉以抵銷原已記錄的折舊費用。

　　吾人茲舉一簡單範例列示折舊目錄的編製方法及其記錄如下：

　　1.折舊目錄的編製方法：

折舊目錄——辦公設備

取得或(報廢)日期	資產別	資產帳戶借(貸)	餘額	備抵折舊借(貸)	餘額	殘值	耐用年數	折舊費用(直線法)86	87	88	89	90	91	92
86.1.3	A	3,000	3,000			200	4	700	700	700	700			
86.1.7	B	5,000	8,000			–0–	5	1,000	1,000	1,000	1,000	1,000		
86.7.1	C	4,200	12,200			600	3	600	1,200	1,200	600			
86年度折舊				(2,300)	2,300			2,300						
87.1.2	D	6,000	18,200			–0–	4		1,500	1,500	1,500	1,500		
87.7.3	E	4,800	23,000			800	5		400	800	800	800	800	400
87年度折舊				(4,800)	7,100				4,800					
88年度折舊				(5,200)	12,300					5,200				
89.1.5 (報廢)	A	(3,000)	20,000	2,100	10,200						(700)			
89年度折舊				(3,900)	14,100						3,900			
90.1.6	F	8,000	28,000			1,000	5					1,400	1,400	1,400

2.有關每年提列折舊費用及資產報廢時的分錄:

86 年 12 月 31 日:

折舊費用	2,300	
備抵折舊──辦公設備		2,300

87 年 12 月 31 日:

折舊費用	4,800	
備抵折舊──辦公設備		4,800

88 年 12 月 31 日:

折舊費用	5,200	
備抵折舊──辦公設備		5,200

89 年 1 月 5 日:

現金	300*	
備抵折舊──辦公設備	2,100	
辦公設備報廢損失	600	
辦公設備		3,000

*假定出售辦公設備殘值的現金收入為$300。

89 年 12 月 31 日:

折舊費用	3,900	
備抵折舊──辦公設備		3,900

16–6　折舊決策的選擇

　　採用不同的折舊方法,可影響企業的現金流出,例如採用各種加速折舊法,可使資產在早期的存續期間內,增加較多的折舊費用,相對減少營業淨利及保留盈餘。一方面由於早期年度的營業淨利減少,其所得稅費用因而減少;另一方面由於淨利減少,保留盈餘也相對減少,可分配給股東的現金股利數額,因而減少。因此,採用不同的折舊決策,可影響企業的現金流出,其道理至為明顯。

釋例：

臺北公司於 1999 年 1 月初，購入一項辦公設備成本$400,000，預計可使用 4 年，預計無殘值；企業管理者鑒於公司新創立，為穩固公司的財務，一方面擬於公司新成立的最初幾年內，暫不發放現金股利，一方面擬採用加速折舊方法，俾享有最初年度少繳稅的利益，以增進資本累積速度；假定所得稅率為 30%。

根據上列資料，臺北公司對於辦公設備$400,000 的折舊方法，如分別採用直線法與加倍定率餘額遞減法時，列示其 1999 年度提列折舊的比較如下：

	直線折舊法	加倍定率餘額遞減法
辦公設備折舊：		
$400,000 \times \frac{1}{4}$	$100,000	
$400,000 \times \frac{1}{4} \times 2$		$200,000

茲將臺北公司採用不同折舊方法對於現金流量的影響，列表比較如下：

臺北公司
折舊決策——不同折舊方法的比較
1999 年度

	決策 A 直線折舊法	決策 B 加倍定率餘額遞減法	差　　異
銷貨收入	$1,000,000	$1,000,000	$ –0–
現金成本及費用	(600,000)	(600,000)	–0–
非付現成本——折舊	(100,000)	(200,000)	100,000
稅前淨利	$ 300,000	$ 200,000	$100,000
所得稅：30%	90,000	60,000	$ 30,000(a)
淨利	$ 210,000	$ 140,000	$ 70,000(b)

(a)所得稅節省數。
(b)淨利減少，可分配給股東的保留盈餘減少。

由上述分析可知，臺北公司如採用加速折舊法——加倍定率餘額遞減法，而不採用直線法，則 1999 年度折舊費用將增加$100,000 ($200,000 − $100,000)，影響所及，當年度所得稅費用少繳$30,000 ($100,000 × 30%)，淨利也減少$70,000 [$100,000 × (1 − 30%)]；此外，為貫徹臺北公司管理者的加速資本累積決策，公司成立初期，暫不發放現金股利，改發放股票股利或其他方法；則 1999 年度期間，僅因採用不同的折舊決策，即能節省現金流出 $100,000($30,000 + $70,000)，間接地留存於公司內部，使公司的財務，更為穩固。

吾人於此特別提醒讀者注意的，即對於折舊費用不要誤解為可提供營業上的現金流入量；事實上，折舊費用（包括折耗及攤銷等）係屬於非現金成本，故能使營業淨利減少，一方面可節省所得稅費用，另一方面因減少營業淨利（扣除所得稅後之部份），使可分配給股東股利的保留盈餘，因而減少，間接地節省現金流出量。

16–7　資產受創與折舊會計

由於科技發展迅速，促使長期性資產的價值，可能於瞬間劇減，此稱為資產受創 (asset impairment)；有時候資產受創是全部的，有時候則是局部的。

資產受創的情形，於科技高度發達之今日，非常普遍，故受創損失 (impairment loss) 並不屬於非常損失。

根據一般公認會計原則，企業審查資產有無受創情形時，必須先考慮資產的帳面價值、公平價值、及可回收價值；因此，計算資產受創損失必須與折舊會計一併處理。

一、資產受創的會計處理原則

財務會計準則委員會於 1995 年 3 月頒佈第 121 號財務會計準則聲

明書 (FASB No. 121)，為統一會計處理及提供對外財務報表的需要，凡對於各項長期性資產、若干可辨認無形資產、及商譽等資產，在使用中或擬處分時，如發生受創情形，應按照下列原則處理:

　1.使用中的資產:

　⑴凡發生下列事項時，應審查資產可能發生受創情形:

　　(a)資產的市場價值劇烈下降。

　　(b)資產的使用方法或物體形態發生變化。

　　(c)由於政府法令或企業經營環境的變化，使資產的價值深受影響。

　　(d)資產的購建成本與預算成本發生重大差距。

　　(e)來自資產的營收或現金流量發生重大損失。

　⑵測試是否發生資產受創的方法如下:

$$可回收價值 < 帳面價值　　（資產受創已發生）$$

　　上列可回收價值 (recoverable value) 一般又稱為可回收成本 (recoverable cost)，係指一項資產於未來使用期間或處分（變賣、交換、或廢棄）時，預期可收回的淨現金流入量（未折現價值）總和；淨現金流入量係指現金流入量減去為取得現金流入的各項必要支出。

　⑶一旦發生資產受創情形，應按下列程序處理:

　　(a)將資產的帳面價值減低至公平價值 (fair value)，並認定為受創損失；其計算方式如下:

$$資產受創損失 = 帳面價值 - 公平價值$$

　　(b)帳面價值係指載至資產受創損失確定之日，資產成本減去備抵折舊後的餘額。

　　(c)公平價值係指資產受創損失確定之日，該項資產可出售的市價。

　⑷一旦確定資產受創並降低其帳面價值至公平價值後，如於續後期

間，其公平價值再度回升時，於資產使用期間，不予認定，必須延至處分時，始得認定。

2.計劃處分的資產：

(1)包括企業管理者已計劃處分的各項長期性資產及若干無形資產，惟這些資產並不屬於處分企業某部門的一部份。

(2)計劃處分的資產，係以帳面價值與公平價值（已扣除預計處分費用）孰低為列帳之根據；當公平價值扣除預計處分費用後之淨額，低於其帳面價值時，其差異應予認定為資產受創損失。預計處分費用包括佣金、財產移轉稅、律師費、及其他處分相關費用，但不包括維持費，除非出售契約要求賣方負擔該項費用。

(3)計劃處分的資產，於提早認定受創損失後，應予歸類為其他資產，並停止提列折舊，不得列報於資產負債表的「財產、廠房、及設備」項下。

(4)已決定處分的資產，在處分之前，如公平價值發生增減變化時，應予重估 (revaluation)，並按重估價值列報於帳上；嗣後公平價值如再度減低時，應增加其受創損失；反之，如公平價值回升時，在不超過帳面價值的範圍內，應認定其回升的利益。

二、資產受創會計處理釋例

釋例一：

1.資產受創損失認定與否的比例方法：

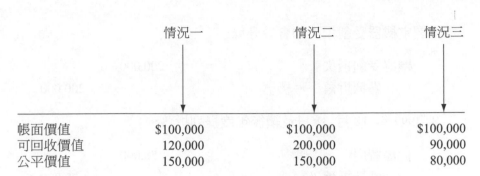

	情況一	情況二	情況三
帳面價值	$100,000	$100,000	$100,000
可回收價值	120,000	200,000	90,000
公平價值	150,000	150,000	80,000

情況一：不認定損失（可回收價值$120,000 大於帳面價值$100,000）
情況二：不認定損失（可回收價值$200,000 大於帳面價值$100,000）
情況三：認定損失（可回收價值$90,000 小於帳面價值$100,000；損失$20,000＝帳面價值$100,000 － 公平價值$80,000）

　2.認定損失的會計分錄：

　　資產受創損失　　　　　　　　　　　20,000
　　　備抵折舊（或資產帳戶）　　　　　　　　　20,000

釋例二：

　某公司於 1994 年 1 月初，購入一項機器成本$1,000,000，預計可使用 10 年，殘值$100,000，採用直線法提列折舊；俟 1999 年 1 月 1 日，同業競爭者紛紛採用新型機器，致使原有機器價值劇減；該公司預計該機器可回收價值為$270,000，公平價值為$350,000，屆時無殘值。

　茲於 1999 年 1 月 1 日，已確定機器受創損失$200,000，其計算及有關分錄如下：

　1.機器受創損失的計算：

原始取得成本	$1,000,000
減：備抵折舊 (1994～1998)：$\frac{5}{10} \times (\$1,000,000 - \$100,000)$	450,000
帳面價值：1999 年 1 月 1 日	$ 550,000
公平價值：1999 年 1 月 1 日新帳面價值	350,000
受創損失	$ 200,000

2.認定機器受創損失的會計分錄:

| 機器受創損失 | 200,000 | |
| 備抵折舊——機器 | | 200,000 |

3. 1999 年 12 月 31 日及續後年度提列折舊:

| 折舊費用 | 70,000 | |
| 備抵折舊 | | 70,000 |

$350,000 \div (10 - 5) = \$70,000$

釋例三:

某公司擁有一項設備, 1998 年12 月 31 日於提列折舊後之帳面價值為$200,000(成本$300,000,備抵折舊$100,000);由於新型設備問世,促使該項設備繼續使用時,發生不經濟的結果,公司管理者乃決定停止使用,並擬於短期內加以處分;已知設備的公平價值為$110,000,出售設備費用$10,000。

1.設備受創損失的計算:

原始取得成本	$300,000
減: 備抵折舊	100,000
帳面價值: 1998 年 12 月31 日	$200,000
公平價值淨額: ($110,000 – $10,000)	100,000
受創損失	$100,000

2.認定設備受創損失的會計分錄:

| 設備受創損失 | 100,000 | |
| 備抵折舊——設備 | | 100,000 |

3.已決定處分的資產,不再提列折舊。

4.假定上項設備於 1999 年 12 月 31 日,尚未處分,惟公平價值上

升為\$125,000。公平價值回升時，在未超過帳面價值的範圍內，應認定為「受創損失回升利益」：

備抵折舊——設備	15,000	
受創損失回升利益		15,000

$(\$125,000 - \$10,000) - \$100,000 = \$15,000$

16–8　折舊相關資料在財務報表之揭露

採用不同的折舊方法，對於一企業的財務狀況及經營結果，具有重大的影響；因此，根據一般公認會計原則，主張應將下列與折舊相關的資料，在財務報表內，或於其備註欄內揭露之：

1.當期折舊費用。

2.在資產負債表編製日，按折舊性資產之性質別或功能別予以分類後，表達各大類資產的餘額。

3.在資產負債表編製日，按各大類折舊性資產分類或總和予以表達其備抵折舊數額。

4.表達對各大類折舊性資產所用以計算折舊的方法。

5.資產受創的情形及其所處之經營環境。

6.預期處分資產的日期及其帳面價值。

7.其他與折舊相關的重要項目。

此外，會計原則委員會又於第22號意見書中，主張應將一企業有關折舊與攤銷的會計政策，予以表達。

16–9 折耗的基本概念

一、折耗的意義

　　所謂折耗 (depletion)，係指各項天然資源（或稱遞耗資產），諸如礦山、油井、砂石場、森林等，因開採而使其儲藏量逐期減少，以至於殆盡者；此項逐漸減少的部份，會計上稱為折耗或耗竭。故折耗亦如同折舊一樣，為有系統而又合理的方法以分攤遞耗資產成本至各受益期間內。

　　折耗為產品成本之一，當遞耗資產經開採後變成產品時，有關遞耗資產的成本，應合理地予以攤轉為產品成本，其理至明。凡產品已銷售者，再由產品成本轉為銷貨成本，剩餘的部份，即為期末存貨成本；故會計實務上，均於期末時將折耗費用按已出售及未出售的比率，直接轉入銷貨成本及期末存貨內。吾人茲以圖形列示折耗攤轉的情形如下：

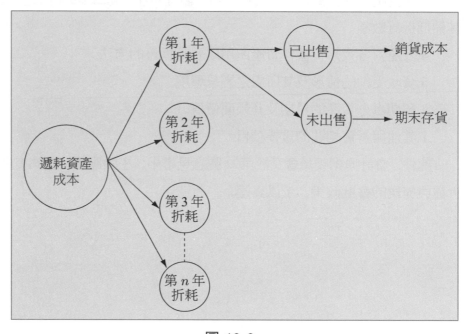

圖 16–8

二、折耗的基礎

遞耗資產的折耗基礎，通常以該項資產的取得成本減去經開採殆盡後土地的剩餘價值。

1.成本：係指為取得遞耗資產支出的總和，包括購價及一切附加成本在內；此項附加成本的範圍至為廣泛，諸如佣金、探勘費、測量費、登記費及其他各項必要的支出。倘遞耗資產係自行發現者，其成本的內容，理論上應按照下列原則決定之：

⑴凡支付於已證明有天然資源存在的開發成本 (development costs)，諸如開山、築路、打樁、鑿井、探測、鑽孔及坑內挖掘或架木等成本，均應包括於遞耗資產成本之內。

⑵凡支付於已證明無天然資源存在的開發成本，應將其沖轉為損失。

⑶凡支付於為發現新礦產而進行不斷探測的各項成本，或為獲得一處具有生產力的礦藏，而必須同時在數處作試探性的鑽探，例如吾人假定平均於鑽探 4 個乾井後，始能獲得一個具有生產力的油井，則鑽探 4 個乾井的成本，應予資本化，列為具有生產力油井的成本。

以上所討論者，係就一般礦產資源而言。至於森林資源的情形，必須經長期間的培植與養護，始能收穫；舉凡有關防火、防止病蟲害、管理費支出、財產稅及其他各項養護費用 (carrying charges)，在森林資源成長的過程中，必須予以資本化。如在開發中仍然予以養護者，則資本化的數額，僅限於未開發的部份；例如有森林一處，某年度的養護成本為$100,000，如在當年度有 10% 的木材已採伐，則資本化的部份僅限於$90,000 而已。

在若干情況下，發現資產的成本不足以表示該項天然資源的實際價值時，應放棄成本原則，改按公平價值評價，以作為計算折耗的基礎。

2.殘值：遞耗資產的殘值，通常係指經開採耗盡後的土地殘餘價值；

然而如有任何於開採耗盡後必須將其恢復至原有狀況的成本，應從殘值內扣除之。

三、預計總儲藏量

預計天然資源可開採的總儲藏量，往往要比預計長期性資產的耐用年數更為困難；一旦預計就緒之後，如於生產進行中，另有新的資料足以證明其原預計總儲藏量不正確時，應及時加以修正。惟對於過去已折耗的部份，則不必再作追溯既往之更正。

一項天然資源總儲藏量最理想的衡量單位，乃該項資產的生產單位；例如煤以公噸為單位，原油以桶為單位。

16–10　折耗的計算方法

有關遞耗資產折耗的計算方法，一般可分為二種：(1)成本折耗法，(2)法定折耗率或百分率折耗法。茲分別說明如下：

一、成本折耗法 (cost depletion method)

此法對於折耗的計算，除若干特殊的情況以外，完全以遞耗資產的取得成本為根據；換言之，即以上節所討論之折耗基礎為計算折耗的標的。

就理論上言之，吾人前面所列舉的各種折舊方法，無不以「成本減殘值」為基礎，應可適用於折耗的計算。然而直線法純以時間因素為根據，而天然資源的耗竭則與實際產量有關；因此，直線法事實上無法適用於折耗的計算。此外，尚有若干折舊方法，對於折耗的計算，也不適宜。

截至目前為止，產量法是計算折耗最普遍的方法。吾人茲列示其計算公式如下：

$$每單位折耗額 = \frac{成本-淨殘值}{預計總儲藏量}$$

$$每期折耗額 = 每單位折耗額 \times 當期實際開採數量$$

茲舉一例以說明之。設金山礦業公司取得銅礦礦山一座，成本$8,000,000，預計可開採生銅 250,000 單位；於開採殆盡後土地的淨殘值（已扣除修復成本）為$500,000，假定民國 88 年開採銅礦 40,000 單位，其中有 30,000 單位已出售；開採成本包括人工、物料及其他製造費用每單位$50，另外尚應負擔開採設備的折舊每單位$20。有關折耗的會計處理如下：

1. 88 年度折耗額的計算：

$$每單位折耗額 = \frac{\$8,000,000 - \$500,000}{250,000} = \$30$$

$$88 年度折耗額 = \$30 \times 40,000 = \$1,200,000$$

2. 88 年底折耗分錄：

折耗	1,200,000	
備抵折耗——銅礦		1,200,000

3. 銷貨成本及期末存貨的計算：

	總　成　本	單位成本
銷貨成本：		
折耗	$1,200,000	$ 30
人工、物料及其他製造費用	2,000,000	50
開採設備折舊費用	800,000	20
生產總成本	$4,000,000	$100
減：期末存貨成本：		
$100 × 10,000	1,000,000	
銷貨成本：$100 × 30,000	$3,000,000	

4. 88 年底有關折耗的結帳分錄：

銷貨成本	3,000,000	
存貨（期末）	1,000,000	
折耗		1,200,000
開採成本*		2,800,000

*包括開採設備的折舊費用

二、法定折耗率或百分率折耗法 (statutory depletion or percentage depletion method)

此法係由稅法或有關法令規定，除森林以外之各項天然資源折耗額的計算，係按實際出售產品收入總額的百分率為標準，而不考慮其取得成本多寡或生產數量為若干，故一般又稱為收益法。吾人茲分別就中美兩國不同法令的規定，列舉其百分率如下：

1.我國各類遞耗資產法定折耗率如下：

石油（包括油頁岩）、天然氣	27.5%
鈾、鐳、銥、鈦、釷、鋯、釩、錳、鎢、鉻、鉬、鉍、汞、鈷、鎳、天然硫磺、錫、石棉、雲母、水晶、金剛石等	23%
鐵、銅、銻、鋅、鉛、金、銀、鉑、鋁、硫化鐵等	15%
煤炭	12.5%
寶石（包括玉）、瑩石、綠柱石、硼砂、硝酸鈉、芒硝、重晶石、天然碱、明礬、岩鹽、石膏、砒磺、磷、鉀、大理石（包括方解石）、苦土石（包括白雲石）等	10%
瓷土、長石、滑石、火黏土、琢磨砂、顏料石等	5%

2.美國各類遞耗資產法定折耗率如下：

石油、天然氣	22%
金、銀、油頁岩、銅，及鐵鑛	15%
瓷土、石瀝青、硼砂、鐵礬土、除稅率 15% 以外之金屬鑛	14%
煤、氯化鈉	10%
碎石、泥炭、沙石、氯化鎂	5%

　　我國法令又規定，每年所提列的折耗額，不得超過該項遞耗資產當年度未減除折耗額前之收益額 50%，其累積額不得超過該資產的成本。美國法令亦規定每年折耗額之提列，不得超過未減除折耗前從該項資產所獲得淨利之 50%，而對於折耗的累積額，則不受折耗基礎的限制；換言之，按照美國的稅法，一企業可提列超過遞耗資產成本更多的折耗額。

　　假定上述金山鑛業公司之例，設 1998 年度開採生銅 40,000 單位，其中有 30,000 單位按每單位$300 出售。茲分別列示在產量折耗法與法定折耗率法之下的經營成果如後:

	1998 年度經營成果	
	產量折耗法	法定折耗率法
出售銅產收入:　$300 × 30,000	$ 9,000,000	$ 9,000,000
開採成本（包括設備折舊）	(2,800,000)	(2,800,000)
折耗前淨利	$ 6,200,000	$ 6,200,000
折耗:		
$30 × 30,000	(900,000)	
$9,000,000 × 15%		(1,350,000)
稅前淨利	$ 5,300,000	$ 4,850,000
所得稅（假定平均所得稅率為 40%）:		
$5,300,000 × 40%	2,120,000	
$4,850,000 × 40%		1,940,000
稅後淨利	$ 3,180,000	$ 2,910,000

　　由上列計算可知，在法定折耗率法之下，1998 年度折耗額為$1,350,000，高於產量折耗法 ($900,000)，而且亦不超過折耗前淨利$6,200,000 之 50%，故能符合法令之規定，當可適用。如果不包括折耗在內的開採成本為$7,000,000，則法定折耗率法所提列的折耗率數額，將以$1,000,000[($9,000,000 −$7,000,000) × 50%] 為極限。在本實例中，金山鑛業公司因採用法定折耗率提列折耗，顯然要比採用產量法更為有利，蓋採用法定折耗率計算折耗的結果，可獲得所得稅寬減的利益計$180,000 ($2,120,000 − $1,940,000)，亦即多提列的折耗額乘以所得稅率的積數 ($450,000 × 40% = $180,000)。然而，在會計實務上，究竟採用何種折耗方法比較有利，胥視實際情形而定。

本章摘要

　　折舊係指一企業將各項提供營業上使用的長期性資產成本，按有系統及合理的方法，分攤於各使用期間的一種會計處理程序。某年度的折舊費用多寡，並不一定等於資產的市場價值在該年度內降低的部份，也不表示與該年度所受利益大小成正比例關係；由於物質上的自然損壞、生產或服務效率遞減、或由於過時不堪使用等諸多原因，使長期性資產的成本，必須按適當的折舊會計方法，予以分攤。

　　決定每一會計期間折舊費用多寡的四項因素為：⑴取得成本，⑵預計殘值，⑶預計耐用年數，⑷選擇計算折舊的方法。

　　計算折舊的方法雖然很多，惟下列各種方法則為一般公認會計原則所接受：⑴直線法（平均法），⑵工作時間法，⑶產量法，⑷加速折舊法，包括定率餘額遞減法、加倍定率餘額遞減法、年數合計反比法及遞減率成本法等。

　　折舊費用為非付現成本，雖非為營業上現金流入量來源之一，但由於採用不同的折舊決策，卻可節省現金流出量；例如採用各種加速折舊法，可增加早期資產存續期間的折舊費用，相對地減少其營業淨利，使所得稅負擔減少，現金流出量因而減少；另一方面，由於淨利減少，可分配給股東的保留盈餘也減少，支付現金股利的現金流出量也因而減少。

　　當取得或處分一項長期性資產的時間，在未能配合會計年度終了日的情況下，將發生不完整年度的折舊費用計算問題；在直線法之下，係按不完整年度佔完整年度的比例，計算其折舊費用。在各種加速折舊法之下，首先要計算完整年度的折舊費用（不考慮會計年度），然後依不完整年度所佔完整年度的比例，計算其折舊費用；續後年度則視為二個

不完整年度，分別按比例加以計算，再予加總，即可求得。

　　企業如擁有眾多相同或類似的長期性資產時，可將其組成一類，並按單一分類折舊率，乘以分類資產的集合成本；如為不同種類及不同耐用年數的長期性資產時，可根據綜合折舊率，乘以其綜合成本，以計算其折舊數額，可節省很多計算折舊的繁重工作。

　　由於科技日新月異，產品汰舊換新頻繁，往往使一項長期性資產的價值，瞬間劇減，發生受創損失；一般言之，當一項資產可回收價值小於其帳面價值時，可確定已發生受創損失；資產受創損失等於帳面價值減公平價值之差額。一旦確定受創損失後，應予認定為當年度的損失，借記資產受創損失，貸記備抵折舊帳戶；資產的公平價值則作為續後年度提列折舊的新成本。已決定處分的資產，在未處分之前，如其公平價值扣除預計處分費用後的淨額，低於帳面價值時，也應予認定為受創損失；在未處分之前，仍然要繼續觀察其公平價值變化情形，以便加以調節。

　　遞耗資產包括礦山、油井、天然氣、森林、及其他各項天然資源等，將因開發而使其價值逐漸耗竭，此種費用稱為折耗；一般提列折耗的方法有二：(1)成本折耗法，(2)法定折耗率法（百分率折耗法）；究竟要採用何種方法為宜，胥視實際情形而定。

本章討論大綱

長期性資產㈡：折舊與折耗

折舊的基本概念
- 折舊的意義
- 折舊的性質
- 會計上提列折舊的原因
  - 物質上的因素
  - 經濟上的因素
- 提列折舊對財務報表的影響

決定折舊的各項因素
- 取得成本
- 預計殘值
- 預計耐用年數
- 選擇計算折舊的方法

計算折舊的方法
- 直線法（平均法）
- 工作時間法
- 產量法
- 加速折舊法
  - 定率餘額遞減法
  - 加倍定率餘額遞減法
  - 年數合計反比法
  - 遞減率成本法
  - } 個別折舊
- 盤存法

分類折舊與綜合折舊
- 分類折舊：凡相同性質或耐用年數相近者，各組成一類，按單一折舊率計算折舊的方法。
- 綜合折舊：凡不同種類及不同耐用年數之資產，按綜合折舊率計算其折舊的方法。

折舊目錄及其記錄方法

折舊決策的選擇：採用不同的折舊決策，可影響企業的營業淨利，進而影響所得稅、保留盈餘、及現金股利等，使現金流量深受其影響。

資產受創與折舊會計
- 資產受創的會計處理原則
  - 使用中的資產
  - 計劃處分的資產
- 資產受創會計處理釋例

折舊相關資料在財務: 採用不同的折舊方法，對於企業的財務狀況及經營
報表之揭露　　　　　成果，具有重大影響；舉凡與折舊有關的資料，應
　　　　　　　　　　於財務報表內揭露之。

折耗的基本概念 { 折耗的意義
　　　　　　　　 折耗的基礎
　　　　　　　　 預計總儲藏量

折耗的計算方法 { 成本折耗法
　　　　　　　　 法定折耗率或百分率折耗法

本章摘要

習　題

一、問答題

1. 解釋並比較折舊、折耗、與攤銷。

2. 發生折舊的原因為何？請詳述之。

3. 提列折舊何以並非資產評價的方法？

4. 提列折舊對財務報表發生何種影響？試述之。

5. 計算折舊係由那些因素決定之？

6. 提列折舊與重置新資產的關係如何？請說明之。

7. 採用直線法與產量法計算折舊時，對製造業的產品單位成本，具有何種不同的影響？

8. 何謂加速折舊法？在何種情況下適合採用加速折舊法？

9. 加倍定率餘額遞減法與年數合計反比法，孰者於第一年提列較多之折舊費用？

10. 不完整年度的折舊費用應如何計算？

11. 何謂分類折舊？何謂綜合折舊？

12. 折舊方法的選擇對企業現金流量具有何種不同的影響？

13. 何謂資產受創損失？在何種情況下應認定資產受創損失？資產受創損失應如何計算？

14. 折舊目錄具有何種功能？

15. 何謂折耗？計算折耗的基礎為何？

16. 計算折耗的方法有那些？試述之。

17. 解釋下列各名詞：

(1)折舊會計 (depreciation accounting)。

(2)過時不適用 (obsolescence)。

(3)折舊基礎 (depreciation base)。

(4)資產受創 (asset impairment)。

二、選擇題

16.1 A 公司於 1998 年 1 月 2 日，購入一項機器時，支付定金$20,000，並簽訂一項 2 年期的分期付款契約，每月份支付現金$10,000；該項機器如按現金購買時，其購價為$220,000；機器預計使用年數為 5 年，殘值$10,000，採用直線法提列折舊。1998 年度應提列折舊費用為若干？

(a)$42,000

(b)$44,000

(c)$50,000

(d)$52,000

16.2 B 公司於 1996 年 1 月初，購入一項設備成本$200,000，預計可使用 5 年，按加倍定率餘額遞減法提列折舊 2 年後，又改變採用直線法。1998 年 12 月 31 日， B 公司於提列上項設備的折舊費用後，其備抵折舊帳戶餘額應為若干？

(a)$120,000

(b)$152,000

(c)$156,800

(d)$168,000

16.3 C 公司對於長期性資產，通常於購入年度提列全年度折舊費用，惟於資產處分年度則不提列折舊費用；1998 年 12 月 31 日，有關某項設備之資料如下：

購入年度	1996 年
成本	$440,000
預計殘值	80,000
備抵折舊	288,000
預計使用年數	5 年

已知 C 公司自 1996 年起，即繼續採用相同的折舊方法。1998 年度，C 公司應提列折舊費用為若干？

(a) $48,000

(b) $72,000

(c) $88,000

(d) $96,000

16.4　D 公司於 1996 年 1 月初，購入某項機器成本$528,000，預計可使用 8 年，無殘值；俟 1999 年 1 月初，發現該項機器自購入後，僅能使用 6 年，估計殘值為$48,000。D 公司乃於1998 年度開始，按新的預計年數計算折舊。1999 年 12 月31 日，機器的備抵折舊餘額應為若干？

(a) $352,000

(b) $320,000

(c) $308,000

(d) $292,000

16.5　E 公司採用直線法提列折舊費用，其有關資料如下：

	12/31/97	12/31/98
土地	$ 200,000	$ 200,000
建築物	780,000	780,000
機器設備	2,600,000	2,780,000
	$3,580,000	$3,760,000
減：備抵折舊	1,480,000	1,600,000
	$2,100,000	$2,160,000

E 公司於1997 年度及 1998 年度，分別提列折舊費用$200,000及$220,000。E 公司 1998 年度處分長期性資產的金額為若干？

(a)$160,000

(b)$125,000

(c)$100,000

(d)$40,000

16.6　F 公司於 1996 年 8 月 31 日取得一項機器成本$640,000，可使用 5 年，預計殘值$100,000，按直線法提列折舊。1999 年5 月 31 日，預計未來可收回價值$300,000，機器帳面價值$270,000，惟無殘值。1999 年 5 月 31 日，已確定機器受創損失。1999 年 6 月份，F 公司應提列折舊費用若干？

(a)$12,704

(b)$10,000

(c)$9,000

(d)$6,296

16.7　1998 年 12 月間，G 公司的機器設備價值突然劇減；俟 1998 年 12 月 31 日，其有關資料如下：

機器設備成本	$900,000
備抵折舊	540,000
預期未來現金流入量（未折現）	315,000
公平價值	225,000

G 公司於1998 年12 月 31 日編製損益表時，應列報機器受創損失若干？

(a)$135,000

    (b)$45,000

    (c)$585,000

    (d)$675,000

16.8 H 公司於 1998 年 10 月 31 日，收到政府強制徵收之補償金$900,000；該公司原來擁有倉庫一座，包括土地在內的帳面價值$550,000，因拓寬道路而被政府強制徵收。H 公司於收到補償金後，另覓地並購入一片土地成本$600,000。1998 年 12 月 31 日，H 公司應列報倉庫被徵收利益為若干？

    (a)$–0–

    (b)$100,000

    (c)$350,000

    (d)$650,000

16.9 J 公司擁有一輛運貨卡車，於 1998 年 7 月 1 日發生車禍，受損頗鉅，當時卡車的帳面價值為$100,000；該公司於 1998 年 6 月底，剛委託某汽車修理廠換裝新引擎並完成例行性的維護工作，惟帳單於 1998 年 7 月 10 日才送來，列示引擎成本$28,000 及修理費$8,000。1998 年 8 月初，J 公司獲得保險公司賠償金$140,000，J 公司擬將該款項用於另購入新卡車之需。J 公司於 1998 年 12 月 31 日的損益表內，應列報若干此項卡車意外事件之利益（損失）？

    (a)$40,000

    (b)$12,000

    (c)$–0–

    (d)$(8,000)

16.10 K 公司擁有下列三種類型的長期性資產：

型式	成　本	殘　值	使用年數
A	$120,000	$3,000	10
B	150,000	6,000	8
C	60,000	9,000	6

K 公司綜合折舊率及綜合耐用年數分別為若干?

	綜合折舊率	綜合耐用年數
(a)	10%	8.500
(b)	11.3%	8.053
(c)	12.0%	7.500
(d)	12.3%	7.053

16.11 L 公司於 1996 年 7 月 1 日, 取得一項機器成本$61,000, 預計殘值$1,000, 可使用 3 年, 如採用年數合計反比法提列折舊, 則 1996 年度及 1999 年度的折舊費用分別為若干?

	1996 年度	1999 年度
(a)	$20,000	$　–0–
(b)	15,000	5,000
(c)	10,000	10,000
(d)	5,000	15,000

16.12 M 公司於 1998 年初購入礦山一座, 成本$5,280,000, 煤儲藏量 1,200,000噸; 煤礦經過開採完了後, 應予恢復原狀, 另需支付成本$360,000, 惟經過整理後, 預計可出售$600,000。1998 年度, 另支付開發成本$720,000, 產量 60,000 噸。 1998 年度之損益表內, M 公司應列報折耗若干?

(a)$270,000

(b)$288,000

(c)$300,000

(d)$318,000

三、綜合題

16.1 東和公司於 1996 年 1 月 1 日，購入一項特殊生產設備，成本 $204,000。由於此項設備之生產技術進步迅速，預期於 4 年後予以報廢，估計殘值$62,000，惟將發生處置費用$18,000。

有關該項設備之資料如下：

預計使用時間：

年數	4
工作時數	20,000

實際工作時數：

年　度	時　數
1996	5,500
1997	5,000
1998	4,800
1999	4,600

試求：

(a)假定東和公司會計年度採用曆年制；請按工作時間法為該公司編製折舊分錄及折舊表。

(b)試按下列各種方法計算該公司前兩年度之折舊費用：

(1)直線法。

(2)年數合計反比法。

(3)定率餘額遞減法 (30%)。

(4)加倍定率餘額遞減法。

16.2 三和公司擁有一套廠房設備，其內容如下:

設備種類	成　　本	預計殘值	預計耐用年數
A	$149,000	$ 9,000	10
B	70,000	–0–	7
C	190,000	40,000	15
D	31,000	1,000	5
E	60,000	10,000	5

已知該公司採用綜合基礎以計算該項設備之折舊。

試求:

　(a)計算設備資產之綜合折舊率及綜合耐用年數，並列示第一年底提存折舊之分錄。

　(b)在第二年期間，由於性能上之原因，不得不將 B 設備予以換新。已知新設備成本$80,000，預計可使用 6 年，殘值$13,000; 舊設備售價$40,000。請列示上列交易事項之有關分錄。

　(c)記錄第二年底提存折舊之分錄。

16.3 仁和公司於 1995 年 7 月 1 日，購入一項設備成本$680,000，預計可使用 4 年，殘值$40,000。

試求: 請分別按下列三種方法，計算1995 年度至 1999 年度的折舊費用數額:

　(a)直線法。

　(b)加倍定率餘額遞減法。

　(c)年數合計反比法。

16.4 永和公司於 1997 年 1 月 2 日，購入一項設備成本$102,000，預計可使用 5 年，殘值$12,000，採用年數合計反比法提列折舊; 俟 1999 年 1 月初，永和公司認為此項設備的價值迅速降低，預計未來的現金流入量，包括殘值在內，約為$30,000，而當時之公平價值為$21,000。

試求: 請根據上列資料, 為永和公司完成:

(a)計算 1999 年 1 月初設備受創損失金額。

(b)列示認定設備受創損失的分錄。

(c)列示 1999 年 12 月 31 日按年數合計反比法提列折舊的分錄。

16.5 福和公司的會計年度採用曆年制, 擬於 1998 年 12 月 31 日, 處分一項機器; 該項機器當時於提列折舊後的帳面價值為$250,000(成本 $375,000, 備抵折舊$125,000), 其公平價值為$200,000, 預計處分資產成本$25,000。惟等待一年後, 仍未脫手, 俟 1999 年 12 月 31 日, 機器的公平價值及預計處分成本, 分別改變為$160,000 及$20,000。

試求: 請為福和公司完成下列各項:

(a)計算 1998 年 12 月 31 日的機器受創損失金額及其認定損失的分錄。

(b)調整 1999 年 12 月 31 日機器受創損失金額及其必要的分錄。

16.6 人和礦業公司於 1996 年 1 月初, 購入礦山一座之成本$3,600,000, 預計可生產礦產 200,000 噸。礦產於全部開採完了時, 礦山必須加以填平與整理, 才能配合環保的要求, 預計尚須耗用成本$300,000, 惟經整理後之殘值為$750,000。開山築路等各項開發成本為$1,100,000; 搭建礦地工房成本$150,000, 預計其耐用年數足供開發此項礦產之用。

1996 年開始採礦作業, 共採礦 60,000噸; 1997 年度, 因僱用工人不易, 當年度僅開採 40,000 噸。自 1998 年開始, 重新估計尚可開採 180,000 噸; 1998 年度開採 58,000 噸。

試求: 請為人和礦業公司記錄自 1996 年 1 月初, 購入礦山、支付開發成本、及各年度提列折耗的各項分錄。

16.7 中和公司於民國 87 年10 月 1 日開始營業; 該公司會計部門所提供的不完整折舊表如下:

折　舊　表
民國 88 年及 89 年 9 月 30 日（會計年度終止日）

資　產	取得日期	成　本	殘　值	折舊方法	預計耐用年數	折舊費用:9/30 年度終了	
						88 年	89 年
土地#1	87年10月1日	$(a)	*	*	*	*	*
房屋#1	87年10月1日	(b)	$47,500	直　線　法	(c)	$14,000	$(d)
土地#2	87年10月2日	(e)	*	*	*	*	*
房屋#2	營　建　中	210,000（至當時止）	–0–	直　線　法	30	–0–	(f)
捐贈設備	87年10月2日	(g)	2,000	18.78% 定率餘額遞減法	10	(h)	(i)
機器#1	87年10月2日	(j)	5,500	年 數 合 計反　比　法	10	(k)	(l)
機器#2	88年10月1日	(m)	–0–	直　線　法	12	–0–	(n)

*不適用

該公司會計人員因經驗不足, 特敦聘　台端協助完成上項折舊表。台端經確定上表所列資料均屬正確外, 另獲得下列各項資料:

1. 折舊係按取得之第 1 個月至處置之第 1 個月計算。

2. 土地#1 及房屋#1 係向其他公司聯合購入。中和公司對於土地及房屋共支付$812,500。取得時, 土地評估價值為$72,000, 房屋評估價值為$828,000。

3. 土地#2 係於 87 年 10 月 2 日以新發行普通股票 3,000 股交換取得。取得日每張股票面值$5, 惟公平價值每股$25。87 年 10 月間, 中和公司曾支付$10,400用於拆除土地上一座餘留之舊房屋, 以便興建新房屋。

4. 88 年 10 月 1 日於新取得之土地上興建房屋#2。至 89 年 9 月 30 日止中和公司共支付$210,000 於營建中之房屋, 預計全部完工成

本為$300,000，並預定於 90 年 7 月完工與使用。

5.若干設備係由該公司股東所捐贈。此項捐贈設備於捐贈時，其公平價值為$16,000，殘值$2,000。

6.機器#1 的全部成本為$110,000，包括安裝成本$550，及直至 89 年 1 月 31 日為止之經常修理及維持費$11,000。此項機器於 89 年 2 月 1 日予以出售。

7.88 年 10 月 1 日購入機器#2，支付定金$3,760，及自 89 年 10 月 1 日起分 10 年，每年分期付款$4,000，其通行利率為 8%。

試求：請將上列折舊表內英文字母的部份，填入適當的金額（計算至元位為止）。

第十七章　無形資產

前　言

　　無形資產泛指那些不具實體存在，惟含有高度不確定性之未來經濟效益的各項權利；企業可透過向外購買的方式，取得無形資產，也可自行發展而成。若干無形資產，例如專利權、特許權、版權、商標及商號、租賃權改良、及開辦費等，均可加以辨認；某些無形資產，例如商譽及繼續經營價值等，則無法辨認。一般言之，可辨認的無形資產，可單獨向外界購入；至於不可辨認的無形資產，則無法單獨向外界購入。

　　無形資產的會計問題，通常涉及下列三項：(1)原始取得無形資產成本的決定；(2)企業向外盤購價格超過正常成本的決定；(3)無形資產價值劇減或甚至於永久消失時的會計處理方法。

　　上述各項問題，將於本章內詳細探討；此外，無形資產的會計處理原則，自 1970 年 11 月 1 日以後，有了重大的改變。在此之前，如一項無形資產並無限定的存續期限，其成本均不予攤銷；反之如一項無形資產具有特定的存續期間，則應按有系統的方法，於特定的期間內攤銷之。自上述日期以後，凡向外購入無形資產的成本，均應列帳，並應於預計有用期間內攤銷之，其期限最長不得超過 40 年；此外，對於不可辨認無形資產的發展、維護、或復原成本，均於發生時逕列為費用。

17-1 無形資產的基本概念

一、無形資產的意義

所謂無形資產 (intangible assets)，係指一企業基於法律或契約關係所賦予的各項權利，或由於經營上之優越獲益能力 (earning power)，所產生的各種無實體惟具有潛在無形價值存在，能使企業之實質淨資產超過有形淨資產的部份，均稱為無形資產。

無形資產與有形資產的主要分野，一般均以其是否具有實體存在 (physical existence) 為分界線，而法律上亦沿用此項區分標準。故就法律觀點言之，無形資產的範圍至為廣泛，凡任何無實體存在，惟具有實際價值 (actual value) 的各項財產、權利及獲益能力等均屬之，除一般無實體資產外，尚包括現金、應收帳款、應收票據及各項投資等各項流動資產。然而就會計觀點言之，無形資產必須供營業上長期使用，而且非以出售或變現為目的之各項長期性無實體資產，僅包括：專利權、版權、特許權、租賃權改良、開辦費、商譽、繼續經營價值、商標權及商號等。

二、無形資產的性質

一般言之，無形資產具有下列各項特性：

1.無實體存在：無形資產的主要特性，在於無實質形體存在。

2.不易變現：企業在繼續經營過程中所取得的各種無形資產，往往與業務有關，不能任意將其變現。

3.恒與企業連為一體：無形資產實依存於營業個體而存在，常與整個企業個體，具有不可分離的關係。故吾人如欲評估無形資產的價值，例如評估商譽的價值，首先應就整個企業個體加以評價；企業的整體價

值超過各項有形資產總值的剩餘價值 (residual value)，即屬於無形資產的價值。

4.其價值與取得成本常無直接關係：無形資產所產生的潛在無形價值，與其取得成本之間，通常均無直接關係。例如一項自行發現並已向政府申請專利權的無形資產，其所耗費的成本可能極為有限，常不足以代表其實際所能產生的無形價值。蓋具有特殊價值的專利權，透過專製專銷的結果，常可獲得超越尋常的特殊利益，絕非區區之專利權取得成本所能代表。

5.其價值缺乏穩定性：不論基於法律或契約所賦予的特殊權利，或者由於經營上所產生的優越獲益能力，其經濟價值往往變化無常，缺乏穩定性。例如一企業所具有的超額獲益能力，由於商業上競爭劇烈，實難望其永久維持矣！

6.衡量殊為困難：對於無形資產價值大小、未來提供經濟效益多寡、或預計有用年限長短的衡量與預計，殊感不易。

三、無形資產的分類

無形資產的種類繁多，性質各異，存續期間也不相同；為對各項無形資產作正確的評價，並符合適當的會計處理起見，實有加以合理分類的必要。

1.依其可否辨認而分類：

(1)可辨認無形資產 (identifiable intangible assets)：係指有特定的證明可資辨認，並可脫離企業個體而單獨被認定的無形資產，諸如專利權、版權、特許權、商標權及商號、租賃權改良、及開辦費等。此類無形資產既可辨認，而又能脫離企業而單獨存在，故其取得方式可能係向外界購入而獲得者，或由企業自行發展而成者。

(2)不可辨認無形資產 (un-identifiable intangible assets)：係指無特定

的證明可資辨認，通常係由若干經濟因素綜合影響而成的，很難脫離企業個體而單獨被認定的無形資產，諸如商譽、繼續經營價值等。此類無形資產通常係由企業自行發展而成的情形較多，如係向外購入者，必須全盤承購正在營業中的整個企業而後始能獲得，無法單獨取得。

　2.依其取得的方式而分類：

⑴單獨取得的無形資產。

⑵整批取得的無形資產。

⑶因企業合併 (business combination) 而取得的無形資產。

⑷企業自行發展而成的無形資產。

　3.依預期受益期限 (expected period of benefit) 而分類：

⑴有限定存續期限 (limited-term of existence) 的無形資產：係指因受法令、契約，或資產的特性等因素的影響，而具有特定的存續期限，如專利權、版權、特許權、租賃權改良、開辦費等。

⑵無限定存續期限 (unlimited-term of existence) 的無形資產：係指在取得時未受任何限制，而具有永久性的無形潛在經濟價值，如商譽、商標權及商號等。

　4.依其可否交換而分類：

⑴可交換無形資產 (exchangeable intangible assets)：專利權、商標權、版權、及特許權等，均為可交換的無形資產。

⑵不可交換無形資產 (un-exchangeable intangible assets)：開辦費屬於可分割的不可交換無形資產；商譽則屬於既不可分割又不可交換的無形資產。這些資產除非與企業一併移轉，否則將無法單獨交換。

傳統會計主張以受益期間為分類標準，近代會計則偏重按可否辨認為分類標準。吾人深以為如欲無形資產能有適當的處理，應採用綜合的分類方法，才不致於發生偏廢的現象。

17-2　無形資產的會計處理原則

無形資產的會計處理, 涉及下列三項重要問題:

1.無形資產取得成本的決定: 應用成本原則。

2.無形資產使用期間成本的分攤: 應用配合原則。

3.無形資產受創損失或處分的會計處理: 應用收入原則; 無形資產的帳面價值與處分收入的差額, 則認定為處分損益。

傳統會計對於無形資產的會計處理方法, 著重其受益期限, 如一項無形資產具有可確定的受益期限, 則其成本即依可確定的受益期限加以攤銷; 反之, 如一項無形資產無確定受益期限, 則不予攤銷, 等待受益期限可確定再說, 受益期限無法確定, 永遠不予攤銷。

會計原則委員會於 1970 年 8 月頒佈第17 號意見書 (APB Opinion No. 17) 指出: 「本委員會認為, 凡企業向外購入的無形資產, 涵蓋企業因與其他公司合併而取得的商譽, 應按其取得成本借記資產帳戶。企業自行發展的不可辨認無形資產成本, 應逐列為費用處理。本委員會並進一步作成下列結論: 每一類型無形資產的成本, 必須按有系統的方法, 攤銷於各收益期間內; 攤銷的期間, 最長不得超過 40 年。」

根據上項處理無形資產的一般公認會計原則, 吾人特予綜合歸納如下:

表 17-1 無形資產的會計處理原則

型式別	無形資產取得方式	
	向外購入	自行發展
1.可辨認無形資產: 例如專利權、版權、商標、特許權、及開辦費等。	(1)按取得成本予以資本化, 借記資產帳戶。 (2)無形資產成本, 應於預計有用年限或法定有效年限孰短期間內攤銷之; 惟最長期限不得超過 40 年。	(1)依特定無形資產借記資產或費用帳戶。 (2)如借記資產帳戶, 其成本應予攤銷。
2.不可辨認無形資產: 例如商譽。		(1)於發生時逕列為費用帳戶。 (2)既然不予資本化, 故無攤銷之必要。

一、無形資產取得成本的決定

　　無形資產的取得成本, 也如同一般財產、廠房、及設備等有形資產一樣, 原則上應以取得無形資產所支付的現金或現金等值, 作為列帳的根據; 如以現金以外的他項資產交換取得時, 一般均以換出資產與換入資產的公平價值何者較為明確而擇優決定之; 如以承擔負債的方式取得時, 應以所承擔負債的現值決定之; 如以發行股票的方式取得時, 應以股票與無形資產的公平價值何者較為明確擇優決定之。

　　如以一筆總成本購入數種無形資產, 或用盤購正在經營中的整個企業所取得的可辨認無形資產, 應按所取得各項資產的個別公平價值比例分攤其總成本, 據以決定各項資產的成本; 如所取得的無形資產, 有一部份係屬無可辨認者, 則應將總成本扣除各項有形資產及可辨認無形資產的公平價值外, 另扣除所承擔的負債後, 其餘額即屬於不可辨認無形資產的成本。

　　凡自行發展的無形資產, 其會計處理方法胥視該項無形資產是否可辨認而定; 如為研究、發展、維持或恢復一項無形資產的各項支出, 而該項無形資產係屬可辨認的, 且具有可確定的存續期限時, 則上述各項

支出均應予以資本化，列為無形資產的成本；反之，如該項無形資產係屬不可辨認的，而且亦無可確定的存續期限時，則上述各項支出，應於發生時，逐列為費用，由發生當期的收入負擔。

　　茲列舉一例說明之。設甲公司盤購正在經營中的乙公司，其總成本為$800,000，各項有形資產及可辨認無形資產的公平價值如下：

有形資產	$650,000
專利權	120,000
版權	100,000

　　此外，另由甲公司承擔乙公司對外的長期債務本息共計 $150,000，則不可辨認無形資產的成本，可予計算如下：

購入總成本		$800,000
減：有形資產（公平價值）	$650,000	
專利權（公平價值）	120,000	
版權（公平價值）	100,000	
合計	$870,000	
減：承擔長期負債本息	150,000	720,000
商譽（不可辨認無形資產）價值		$ 80,000

　　由此可知，不可辨認的無形資產，僅限於耗用成本向外購入者，始予記入資產帳上。

二、無形資產的攤銷

　　無形資產如同有形資產一樣，對企業均具有提供服務潛能並產生收入的功用，自應將其成本，按有系統而又合理的方法，予以攤入各受益期間；此種分攤成本的程序，在會計上稱為攤銷 (amortization)。

一般言之，無形資產的成本，應於法定有效年限與預計有用年限孰短期間內攤銷之。

多年以來，會計人員均將無形資產分成以下兩類：

1.甲類無形資產 (type A intangibles)：此類無形資產具有一定的存續期限，例如專利權特許權及版權等。

2.乙類無形資產 (type B intangibles)：此類無形資產的存續期間通常無法確定，或在本質上無確定之存續期限者，例如商譽、秘方、繼續經營價值等。

傳統的會計理論，認為凡屬於甲類無形資產，均須予以攤銷；至於乙類無形資產，除非已確定其具有一定的存續期限者，否則概不予攤銷。由於此項會計處理方法，影響所及，使若干已無實際價值的無形資產，仍長久留存帳上。因此，會計原則委員會乃於第 17 號意見書中特再設定下列之攤銷政策：

「本委員會認為無形資產的價值總有一天會消失；因此，對於已記錄的無形資產成本，應按有系統的攤銷方法，予以分攤於預計各受益期間內負擔。」

上項預計受益期間，係指法定有效年限或預計有用年限；會計人員於預計無形資產的受益期限時，應考慮下列各項因素：

(1)有關法律、規定或契約等所訂定的最高有效年限。

(2)無形資產因更新或延伸致變更其特定受益年限的可能性。

(3)無形資產因受陳舊、需求、競爭或其他各種經濟因素的影響，致減少其有用年限的可能性。

(4)無形資產的受益年限與個別員工或全體員工的服務年限具有關聯的可能性。

(5)競爭者、管理人員或其他有關人員的預期行動。

(6)就表面上而言，雖無確定的受益年限，但實際上可能具有不確定

性，或無法合理予以預計其效益者；遇有此種情形，應考慮及之。

(7)一項無形資產可能由許多具有不同有效年限的因素所綜合而成。

　　無形資產的攤銷期限，必須根據上列各有關因素，予以審慎評核後，始可獲得合理的預計受益年限。然而，根據會計原則委員會的意見，無形資產攤銷的期間，最長亦不得超過 40 年。

　　每一種無形資產的成本，必須根據個別的受益年限為基礎，予以攤銷；除非有特殊的情況發生，致使無形資產變成無價值外，否則不應於甫取得後即予沖銷。

　　關於無形資產的攤銷方法，除非一公司能證明另有別種更適當的方法外，否則應採用直線法來攤銷。茲列示無形資產的攤銷公式如下：

$$A = \frac{C}{N}$$

$A = 攤銷；\ C = 成本；\ N = 受益年限$

　　所謂其他更適當的方法，例如一企業有確實的證據，可以顯示無形資產早期所消耗的潛在服務價值較晚（後）期為高時，則可採用加速法予以攤銷。

　　此外，企業應經常不斷地評估無形資產的受益年限，以便確定該項存續年限是否受法令或經濟因素的影響，而必須加以變更。如果無形資產的預計受益年限須予變更時，會計上應採用既往不究的方法處理之；即以未攤銷的成本，由剩餘的受益年限來攤銷；然而修正後的剩餘受益年限，加上已耗用年數之和，仍不得超過 40 年。

　　無形資產的攤銷方法、預計受益年限，以及每年度的攤銷金額，應在財務報表上加以表達。

　　設某公司於第 1 年初取得一項無形資產的成本$160,000，預計受益年限為 8 年。經使用 2 年後，於第 3 年初估計尚可存續 4 年。有關該項無形資產的攤銷分錄如下：

(1)第 1 年及第 2 年底之攤銷分錄:

攤銷(費用)	20,000	
無形資產		20,000

$160,000 ÷ 8 = $20,000

(2)第 3 年底及續後各年度攤銷分錄:

攤銷	30,000	
無形資產		30,000

($160,000 − $40,000) ÷ 4 = $30,000

　　第 3 年初無須變更無形資產的帳面價值,而將其未攤銷的剩餘成本計$120,000,繼續由剩餘受益年限 4 年來攤銷。

三、無形資產受創與處分的會計處理

　　1.無形資產受創 (impairment of intangible assets): 由於技術不斷創新,若干無形資產也如同長期性資產一樣,往往受新技術或新發明等因素之衝擊,其價值可能瞬間劇減,產生無形資產受創損失 (impairment loss of intangible assets)。一般言之,包括各項可辨認無形資產及商譽等,在使用中或擬處分時,如發現其帳面價值小於可回收價值時,可確定已發生無形資產受創損失。無形資產受創損失乃其帳面價值超過公平價值的部份,應借記無形資產受創損失,貸記無形資產或備抵攤銷。經降低後的無形資產帳面價值,成為新的成本,按剩餘受益年限攤銷之。

　　2.無形資產的處分: 當一項無形資產由於出售、交換、廢棄、或作成其他處分時,對於未攤銷的成本,應從帳上沖銷,並應認定其處分損益,列為當期損益的一部份;處分損益乃無形資產的帳面價值與處分淨收入的差額。

17–3　可辨認無形資產個論

以上所討論者，均為無形資產的一般性事項。茲再將個別無形資產的會計處理方法，分別加以說明。

一、專利權 (patents)

凡新發明而具有工業上價值者，或對於物品的形狀構造或裝置，首先創作合於實用之新型者，或對於物品之形狀、花紋、色彩，首先創作適於美感之新式樣，得依法申請專利權；經政府核准後，權利人具有專製或專銷的權利，故專利權的經濟價值，不在專利權本身，而在於透過專利權所獲得的利益；蓋一旦享有專利權，能使權利持有人具有排除他人的特性，而享受獨佔市場的利益。

凡向外購入的專利權，其取得成本應予資本化，列為資產。凡根據契約得使用他人的專利權時，除非於開始時即一次支付整筆的款項，始得列入無形資產帳戶之外，否則應即列為費用帳戶。此外，凡定期給付生產技術的權利金，通常須以製造費用或營業費用帳戶列帳。

凡由企業自行研究發展而成的專利權，其成本僅包括與取得該項專利權有直接關係的法律規費及執照費為限；至於研究及發展成本（如實驗費，模型成本等），根據財務會計準則第 2 號聲明書之規定，自從 1975 年 1 月 1 日以後，應作為費用處理，不得列為專利權成本的一部份。

專利權因受他人侵犯而發生訴訟時，如獲得勝訴，其訴訟費係為維護專利權而發生，自應予以資本化，加入專利權成本之內；若因勝訴而獲得賠償收入，則應將賠償收入抵減訴訟費，其差額列為其他收入。如告敗訴，則專利權已不能成立，應將其成本、訴訟費及賠償費等，列為其他費用。然而專利權的訴訟案件，往往要經過長期間才能解決；因此，

一般會計人員均認為，倘若對於訴訟案件的勝訴與否，具有不確定時，應逕以費用帳戶列帳。

　　對於專利權的存續期間，我國專利法規定如下：新發明為 15 年，新型為 10 年，新式樣為 5 年，均自申請之日起算。美國法律則規定為 17 年。故專利權的成本，應於其有效的存續期間內攤銷之。我國所得稅法又規定：「商標權、專利權及其他各種特許權等，可依其取得後法定享有之年數為計算攤折的標準」。惟事實上，專利權的經濟效益年數，一般均短於其法定享有之年數；因此，對於專利權的攤銷期間，通常係按經濟效益年數為準。

　　設某公司於 84 年 12 月 26 日，向外購入一項專利權的成本為 $175,000，並即向政府主管官署申請專利，共支付法律規費$5,000；至 85 年 1 月 2 日始獲得專利權證明，享有 15 年的專利權，即日起開始製造專利品。86 年 3 月 31 日有人企圖侵犯該項專利權，該公司乃聘請律師訴諸法律，共支付律師費用$33,000；據律師王君表示，該公司必可獲得勝訴。87 年 7 月 1 日，該公司以成本$120,000 購買較原有專利權更具有競爭性之另一項專利權，藉以維護原有的專利權。茲列示專利權的有關分錄如下：

(1) 84 年 12 月 26 日：

專利權	180,000	
現金		180,000

　　$175,000 + $5,000 = $180,000

(2) 84 年 12 月 31 日：專利權迄未使用，故不予攤銷。

(3) 85 年 12 月 31 日：

| 攤銷 | 12,000 | |
| 專利權 | | 12,000 |

$180,000 \div 180 = $1,000

$1,000 \times 12 = $12,000

(4) 86 年 3 月 31 日:

| 專利權 | 33,000 | |
| 現金 | | 33,000 |

(5) 86 年 12 月 31 日:

| 攤銷 | 13,800 | |
| 專利權 | | 13,800 |

$1,000 + [$33,000 \div (180 - 15)] = $1,200

$1,000 \times 3 + $1,200 \times 9 = $13,800

(6) 87 年 7 月 1 日:

| 專利權 | 120,000 | |
| 現金 | | 120,000 |

(7) 87 年 12 月 31 日:

| 攤銷 | 19,200 | |
| 專利權 | | 19,200 |

$1,200 + [$120,000 \div (180 - 30)] = $2,000

$1,200 \times 6 + $2,000 \times 6 = $19,200

(8) 88 年 12 月 31 日:

| 攤銷 | 24,000 | |
| 專利權 | | 24,000 |

茲將專利權攤銷計算表列示如表 17–2。

表 17-2 專利權攤銷計算表

年 月 日	專利 成本	專利 餘額	剩餘存續期間（月）	每月攤銷數	全年攤銷數	累積數	帳面價值	說 明
84.12.26	$180,000	$180,000					$180,000	
85. 1. 2			180	$1,000			180,000	$180,000 ÷ 180 = $1,000
12.31			(12)	1,000	$12,000	$12,000	168,000	
86. 1. 1	$ 33,000	$213,000	168	1,000			168,000	($168,000 − $3,000 + $33,000) ÷ 165 = $1,200
3.31			(3)	1,000	3,000			
12.31			(9)	1,200	10,800	25,800	187,200	
87. 1. 1	$120,000	$333,000	156	1,200			187,200	($198,000 − $10,800 − $7,200 + $120,000) ÷ 150 = $2,000
7. 1			(6)	1,200	7,200			
			(6)	2,000	12,000	45,000	288,000	
88. 1. 1			144	2,000			288,000	$288,000 ÷ 144 = $2,000
12.31			(12)	2,000	24,000	69,000	264,000	

二、版權 (copyright)

版權係賦予著作人或發行人一種專銷書籍、美術及學術性作品的權利，故又稱為著作權。著作物經註冊後，權利人得禁止他人翻印、仿製或其他侵權行為。

著作權的有效期間，在我國的法律規定著作權歸著作人終身享有之，並得於著作人死亡後由繼承人繼續享有 30 年，著作物用官署、學校、公司、會所、其他法人或團體名義者，其著作權的年限為 30 年。又從一國文字著作以他種文字翻譯者，得享有著作權 20 年。

美國的法律規定，在 1978 年 1 月 1 日以前，著作權的期限為 28 年，到期可再申請續延，但以一次為限。自 1978 年 1 月 1 日以後，法律規定著作權人得終身享有之，並得於著作人死亡後由繼承人繼續享有 50 年。

版權應依法定的期限逐期攤銷之，但衡之實際，法定年限甚長，著作物的暢銷期間有限，為保守計，應以低於法定的年限攤銷之。故我國所得稅法第六十條規定：著作權以 15 年為計算攤折（銷）之標準，如因特定事故，不能按照規定年數攤折時，得提出理由申請縮短。在若干情況之下，被認為已沒有價值的版權，往往由於某種特殊原因，可能會重新產生價值；最顯著的例子就是影片公司的舊影片，其製作成本早已攤銷殆盡，但由於電視的發明與推廣，以及人們晚睡的習慣日益普遍，影響所及乃使原來被認為已無價值的舊影片，重新產生價值。

設某出版商向著作人購入版權成本$400,000，應分錄如下：

版權	450,000	
現金		450,000

假定上項版權按 15 年計算攤銷，則每年的攤銷分錄如下：

攤銷	30,000	
版權（或備抵攤銷）		30,000

$450,000 \div 15 = \$30,000$

三、特許權 (franchises)

特許權係指政府特許私人或私人團體經營某種特定事業的權利，如漁業權、礦業權等。另一種特許權即由某一企業個體授予另一企業個體某種特殊的營業權，例如經銷權或連鎖經營權等，從中收取權利金。

特許權的取得方式，有一次預付一筆總代價者，有按期支付者；特許權僅限於一次支付者始得記入特許權資產帳戶；如係按期支付的情形，則應列記為發生年度的費用帳戶。

特許權的有效期間可能有一定期限者，亦有不設定期限者，甚至於有永久性存在者。凡具有一定期限的特許權，應於限定的期間，或較短的期間內予以攤銷其成本。凡不設定期限或具有永久性的特許權，仍應設定合理的期間加以攤銷；但此項設定的期間，最長亦不得超過 40 年。我國所得稅法規定，特許權可依其取得後法定享有之年數為計算攤銷的標準；但在取得後因特定事故，不能依規定年數攤銷時，得提出理由申請縮短。

設某公司購買麥當勞連鎖經營權，一次支付 10 年期經營權之總價 $500,000；此外，每年尚須支付年費$48,000。發生時之分錄如下：

特許權	500,000	
現金		500,000
特許費用	48,000	
現金		48,000

每年攤銷特許權的分錄如下：

攤銷　　　　　　　　　　　　　　　　　50,000

　　特許權（或備抵攤銷）　　　　　　　　　　　50,000

$500,000 \div 10 = \$50,000$

四、商標權及商號 (trademarks & trade name)

　　商標權及商號係指政府主管機關核准企業享有專用某種標誌或名稱的權利，此項標誌或名稱，通常以文字、標籤、牌子、圖樣或記號表示之，用以區別某一商號或商品，與其他商號或商品不同，俾能使顧客易於接受其產品的一種重要方法。商標及商號之所以具有價值，乃由於顧客信賴此一標誌或名稱，故能使商品暢銷，或能以較高的價格出售，為企業帶來經濟效益。

　　商標及商號如係自行設計者，其設計成本及向政府主管官署申請登記的費用，均應予以資本化。如係向外購入者，應按支付的成本列帳。然而為使顧客對某一企業的商標或商號發生信心，經常要耗費鉅額的廣告費支出來推廣，而此項支出與商標或商號價值之增加，其關係往往模糊不清，難於直接確定；因此，對於商標或商號的成本，除非向外直接購入取得而外，通常不將廣告費支出記錄為商標或商號的成本。

　　就美國的情形而言，聯邦政府授權美國專利權及商標權辦事處 (United States Patent and Trademark Office) 辦理商標及商號的事宜，凡企業過去或現在即已繼續不斷地使用某種商標或商號時，經向專利權及商標權辦事處註冊後，即可使用 20 年，到期可再延期，次數並無限制；惟商標或商號成本的攤銷期間，仍然不得超過 40 年。

　　我國商標法規定，商標專用期間為 10 年，自註冊之日起算；但專用期限到期時，得依法申請延長，每次仍以 10 年為限，延長的次數則不予限制。

　　商標權的期限雖為 10 年，但既可申請延長，延長的次數又無限制，故實質上商標權可以永久使用，似無攤銷的必要。惟我國所得稅法為顧及實際情形，乃規定商標權可依其取得後法定享有之年數內攤銷之。因此，一般企業在其財務會計上，均採用 10 年為攤銷商標成本的期間。

　　此外，倘企業處於工業不甚發達的國家，一種產品往往不計品質之優劣，常受市場需求不踴躍的影響，可能慢慢趨於被淘汰，以至於不能繼續產銷時，則留存鉅額的商標權於帳面上，仍未予攤銷，亦非所宜；故凡遇有上述情形時，應予一次沖銷為宜。

　　設某公司自行設計一項商標的設計費$15,000，律師代辦費$30,000，諮詢及顧問費$10,000，登記費$5,000；應作分錄如下：

商標權	60,000	
現金		60,000

假定上項商標權分 10 年攤銷，每年應作攤銷分錄如下：

攤銷	6,000	
商標權（或備抵攤銷）		6,000

五、租賃權改良 (leasehold improvements)

　　租賃權改良係指承租人對於租賃財產的增添或改善，以增進其效益。一項租賃契約，乃出租人與承租人雙方共同約定，一方授權他方，允其於特定期間內使用或享有租賃物的經濟利益，並以收付租金為報償的契約。就承租人的立場而言，租賃可分為營業租賃與融資租賃或稱資本租賃。前者屬於一般租賃的性質，不予資本化；後者賦予承租人於租期屆滿時，享有優先續約選擇權，或按低於公平價值之承購權，此項租賃在本質上相當於分期付款購買的方式，故應予資本化。當承租人透過租賃契約方式，取得一項租賃資產之使用權時，不論是營業租賃或融資租賃，

租賃契約通常允許承租人對租賃資產作適當的改良，以提高其效率。租賃權改良與租賃資產不同，蓋租賃權改良雖附著於租賃資產之上，租賃期間屆滿時，租賃權改良是否歸還出租人所有，胥視當事人所訂契約及實際情形而定。

　　租賃權改良應於租賃期間內攤銷之。如租賃期間長於資產使用期間，則應以租賃權改良的耐用期間為準；蓋承租人僅享有使用權而無所有權，一旦租賃契約期滿，其使用權即屬於出租人。例如一棟房屋的租賃期間為 10 年，租賃權改良的耐用年數為 8 年，則應以 8 年為攤銷期間；反之，如租賃權改良的耐用年數為 12 年，而房屋的租賃期間仍為 10 年，則應以 10 年為攤銷期間。如雙方約定，出租人於租賃期滿時，須支付代價向承租人購買租賃權改良時，則租賃權改良成本，應扣除估計殘值後，再攤銷於各受益期間。倘租賃契約規定承租人於原租約到期時，得享有續租的權利，惟續約與否尚無法確定時，通常均按原租賃期間予以分攤。此外，亦有若干會計人員主張應將租賃權改良列入財產、廠房及設備項下。

　　設某承租人與出租人簽訂一項房屋租賃契約 5 年，租約期間屆滿時，承租人另享有 3 年的續約選擇權；此外，租約允許承租人對租賃資產的改良，惟租賃權改良應於租約期間屆滿時，與租賃資產無償歸還出租人；承租人於簽訂租賃契約後，即耗用成本$160,000 進行改良，預計其耐用年數為10 年。支付租賃權改良成本時，應作成下列分錄：

租賃權改良	160,000	
現金		160,000

　　預期租約屆滿可再續約時，租賃權改良應按原租約 5 年加續約 3 年之合計數，作為攤銷年限，每年攤銷如下：

| 攤銷 | 20,000 | |
| 租賃權改良（或備抵攤銷） | | 20,000 |

$160,000 \div 8 = $20,000$

　　如預期租約屆滿不再續約時，租賃權改良應按原租約 5 年作為攤銷年限，每年攤銷如下：

| 攤銷 | 32,000 | |
| 租賃權改良（或備抵攤銷） | | 32,000 |

$160,000 \div 5 = $32,000$

六、開辦費 (organization costs)

　　一個企業從開始籌備，至正式成立為止，其間常須相當之努力與耗用，才能謀其有成；諸如產品設計、市場調查、訂立公司章程、辦理設立登記、召開股東大會及董事會等，均將發生各項費用。就理論上言之，對於企業在正式成立之前的各項費用，顯然對將來的收入有貢獻，其效益必將及於整個企業的存續期間，故一般均主張將開辦費加以資本化，列為無形資產。

　　若干人士認為，企業早期所發生的營業損失、債券折價、債券發行費用及廣告費等，其性質如同開辦費一樣，故主張應比照開辦費的處理方法，悉數予以資本化，列入開辦費帳戶內。實則其性質不一，吾人實不敢苟同。

　　開辦費的效益既能及於企業整個存續期間，故其攤銷期間，可按照美國會計師公會會計原則委員會的意見，以 40 年為準。惟事實上美國聯邦所得稅法規定開辦費的攤銷，自開始營業之日起，最低不得少於 60 個月逐期攤折之。我國所得稅法亦規定開辦費的攤銷，每年至多不得超過 20%，但營利事業其預定的營業年限低於 5 年者，依其預定的營業年

限攤銷之。此外，開辦費的攤銷，應自營業開始之年度起，逐年攤提，不得間斷，其未攤銷者，應於當年度糾正補列。

設某公司於成立時，為訂立公司章程、辦理設立登記、及召開股東大會等，發生法律費用$50,000 及公司登記費用$30,000；此外，公司於開業第一年發生虧損$120,000。上項公司創立的法律費用及登記費，應列為開辦費，屬於無形資產，其分錄如下：

開辦費	80,000	
現金		80,000

開辦費按 5 年期間，每年攤銷如下：

攤銷	16,000	
開辦費（或備抵折舊）		16,000

$80,000 \div 5 = \$16,000$

至於公司於剛成立時所發生的虧損，不得資本化，應逐列為損失處理。

17–4　不可辨認無形資產個論

一、商譽 (goodwill)

1.商譽的意義：商譽係指企業在經營上，具有產生優越的潛在獲益能力 (earning power) 存在之經濟價值。換言之，凡一企業能獲得超越同業的正常投資報酬率時，即具有商譽存在。商譽的形成，其範圍至為廣泛。凡能產生超額利潤 (excess earnings) 者均屬之，包括企業的信譽、企業高階層管理人員的聲望、良好的主顧關係、營業地點適中、有效率的產品製造方法、良好的勞資關係、員工工作能力與合作態度、精良產品、對顧客的服務態度及健全的財務制度等，無不包括在內。

2.商譽的性質：商譽既然是產生超額利潤的無形價值，吾人可根據此一特性，進一步地指出，商譽乃一企業總體價值超過各項有形資產及可辨認無形資產之和再扣除所承擔負債的部份；因此，就本質上而言，商譽實為一項主要評價帳戶 (master valuation account)，具有調節企業總體價值與淨資產公平價值相互間差異的功能，故一般將商譽稱為缺口填補物 (gap filler)。

3.商譽價值的計算：應列帳的商譽，係於企業合併時整批盤購而得。根據會計原則委員會於 1970 年 8 月間頒佈第 16 號意見書 (APB Opinion No. 16) 指出：「盤購取得的資產，不僅要求得其集體成本，而且要將集體成本分配到個別成本；……有形資產及可辨認無形資產之和，減去所承擔負債後的淨額，與集體成本之差額，即為不可辨認無形資產。」該意見書進一步指出：「企業盤購的集體成本超過可辨認資產（包括有形資產及可辨認無形資產之和）減去所承擔負債之差額，應列為商譽。」

由上述說明可知，商譽價值的計算如下：

商譽 ＝ 企業總體價值 － 淨資產公平價值

　　 ＝ 集體成本 － [(有形資產* ＋ 可辨認無形資產*) － 負債*]

*公平價值

茲將商譽與企業總體價值的關係，列示於圖 17–1。

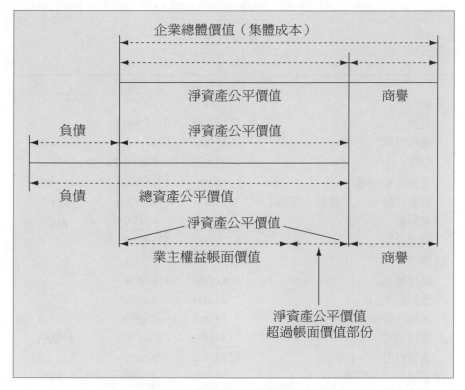

圖 17-1　商譽與企業總體價值的關係

釋例:

設甲公司於 1999 年 1 月 1 日, 以$100,000 合併乙公司時, 乙公司資產負債表的帳面價值及公平價值, 分別列示如下:

乙公司
資產負債表
1998 年 12 月 31 日

	帳面價值	公平價值	差　　異
資產：			
現金	$ 15,000	$ 15,000	
應收帳款	45,000	42,000	$(3,000)
存貨	30,000	30,000	
其他流動資產	16,000	15,000	(1,000)
財產、廠房、及設備（淨額）	110,000	118,000	8,000
專利權	43,000	46,000**	3,000
資產合計	$259,000	$266,000	
負債：			
應付票據	$ 42,000	$ 42,000	
應付帳款	23,000	23,000	
其他流動負債	15,000	15,000	
應付債券	125,000	120,000	(5,000)
負債合計	$205,000	$200,000	
業主權益（淨資產）	54,000	66,000	12,000
負債及業主權益合計	$259,000	$266,000	

*有形資產公平價值 ($220,000)
**可辨認無形資產公平價值

商譽價值可計算如下：

$$商譽 = 企業總體價值（集體成本）- 淨資產公平價值^*$$

$$= \$100,000 - [(\$220,000 + \$46,000) - \$200,000]$$

$$= \$34,000$$

*淨資產公平價值 ＝ 總資產公平價值 - 負債公平價值
　　　　　　　　＝（有形資產公平價值 ＋ 可辨認無形資產
　　　　　　　　　公平價值）- 負債公平價值

	淨資產 帳面價值	淨資產 公平價值		總體價值 （集體成本）
0	$54,000	$66,000		$100,000

淨資產公平價值超　　商譽
過帳面價值部份　　　$34,000
$12,000

1999 年 1 月 1 日，甲公司合併乙公司的分錄如下：

現金	15,000	
應收帳款	42,000	
存貨	30,000	
其他流動資產	15,000	
財產、廠房、及設備	118,000	
專利權	46,000	
商譽	34,000	
應付票據		42,000
應付帳款		23,000
其他流動負債		15,000
應付債券		120,000
現金		100,000

4.負商譽 (negative goodwill)：商譽既然是一企業的總體價值超過其淨資產公平價值的部份，在理論上，商譽也可能發生負數；申言之，當一企業的總體價值低於其淨資產公平價值時，即發生負商譽的情形。

根據一般公認的會計原則，商譽僅於企業合併時，所支付的購價大於所取得淨資產公平價值之情況下，始予列帳，此一會計原則也適用於負商譽；茲列示其計算公式如下：

負商譽 = 淨資產公平價值 – 總體價值

= [(有形資產*＋可辨認無形資產*)–負債*]–集體成本

*公平價值

　　根據會計原則委員會第 16 號意見書 (APB Opinion No. 16) 指出：「企業於合併時分配於所取得淨資產的價值，不得超過所支付的成本；蓋歷史成本原則所秉持的立場，認為列記於所得淨資產的數字，不得大於所支付的成本。在少數情況下，企業合併所取得可辨認資產的總市價或重估價值，扣除所承擔的負債後，其餘額可能超過企業所支付的成本。超過成本的數額，應按比例攤入於所取得各項非流動資產（有價證券之長期投資除外）之內，以減低其價值。如因此項分攤使各項非流動資產價值減低為零時，剩餘的淨資產公平價值超過成本數額，應予列為遞延貸項，並應於不超過 40 年的預計受益期間內，按有系統的方法，攤入損益之內。」

　　釋例：

　　假定上述甲公司於 1999 年 1 月 1 日，以$57,800 合併乙公司。甲公司所取得淨資產的公平價值，大於所支付成本，其差額為$8,200 ($66,000 – $57,800)，此即負商譽。此項淨資產公平價值超過所支付成本的數額，應按比例攤入於所取得各項非流動資產之內，以減低其價值。其計算如下：

$$攤入財產、廠房、及設備 = \frac{\$118,000}{\$118,000 + \$46,000} = \$5,900$$

$$攤入專利權 = \frac{\$46,000}{\$118,000 + \$46,000} = \$2,300$$

1999 年 1 月 1 日，甲公司合併乙公司的分錄如下：

現金	15,000	
應收帳款	42,000	
存貨	30,000	
其他流動資產	15,000	
財產、廠房、及設備	118,000	
專利權	46,000	
應付票據		42,000
應付帳款		23,000
其他流動負債		15,000
應付債券		120,000
負商譽		8,200
現金		57,800

當負商譽按比例攤入於所取得各項非流動資產時，其分攤分錄如下：

負商譽	8,200	
財產、廠房、及設備		5,900
專利權		2,300

　　5.商譽價值的預計方法：向外購入的商譽，雖然可按照前述方法，按一企業合併其他企業所支付的成本，與所取得淨資產公平價值之差額，作為列帳的根據。但事實上，當買賣雙方在進行議價的過程中，已將可能存在的商譽價值考慮在內，且包括於盤購總價之中。因此，對於商譽的價值，往往要應用各種合理的方法，事先加以估計，以期求得其公平價值，俾作為議價的根據。

　　對於商譽的估計，實即對整個企業個體的評價，其範圍至為廣泛，通常可包括下列五個步驟。茲為便於說明起見，假定來來公司擬合併人人公司。民國 88 年 12 月 31 日，人人公司的資產負債表如下：

人人公司

資產負債表

88 年 12 月 31 日

現金	$ 80,000	各項負債	$ 200,000
應收帳款（淨額）	120,000	業主權益	800,000
存貨（後進先出法）	200,000		
長期投資（證券）	300,000		
財產、廠房及設備（淨額）	200,000		
專利權	100,000		
	$1,000,000		$1,000,000

(1)估計可辨認淨資產的公平價值：企業於讓售時，由於其帳面價值鮮能與其公平價值相符；因此，對於各項可辨認資產，包括有形資產及可辨認無形資產，必須加以評價，俾能確定其公平價值。

一般言之，凡現金及等值現金 (equivalent cash) 項目，通常其帳面價值頗能接近公平價值。應收帳款是否能接近公平價值，端視其評價方法是否合理而定，故應審慎評核其所提存的備抵壞帳是否適當。存貨如採用後進先出法計價時，在物價趨於上漲的情況之下，存貨的價值必然偏低；因此，為解決此一問題，似可採用先進先出法、平均法，或其他適當的方法。長期投資之目的在於長期持有某項投資，除非情況特殊致使其成本無法合理表達公平價值外，否則一般均以取得成本為評價的標準。至於各項財產、廠房及設備等長期性資產，由於受各種因素的影響，致使其帳面價值鮮能與其公平價值相互一致；故必須按現時公平價值一一加以重估價，以決定其合理價值。各項可辨認無形資產，諸如專利權，其價值多寡，往往受各種經濟或非經濟因素的影響，應予核實評估。此外，凡任何已存在的可辨認無形資產，如尚未列帳時，應予以補列帳，以資公允。

　　另假定上述人人公司的各項資產，經雙方協議的結果，須予重新調整的部份如下：應收帳款所提存的備抵壞帳應增加$5,000；存貨按先進先出法計算其公平市價為$320,000；財產、廠房及設備經重估價後應增值$165,000，專利權已確定無任何價值存在；此外，其他各項尚稱合理。茲列示可辨認淨資產的公平價值如下：

人人公司
淨資產帳面價值與公平價值調整表
88 年 12 月 31 日

項　目	帳面價值	調　整	公平價值
現金	$　80,000		$　80,000
應收帳款（淨額）	120,000	$　(5,000)	115,000
存貨——由後進先出法			
改為先進先出法	200,000	120,000	320,000
長期投資（證券）	300,000		300,000
財產、廠房及設備（淨額）	200,000	165,000	365,000
專利權	100,000	(100,000)	–0–
資產合計	$1,000,000	$ 180,000	$1,180,000
減：負債	(200,000)		(200,000)
淨資產	$　800,000	$ 180,000	$　980,000

　　(2)預計未來每年預期的平均利潤：向外購入另一企業的目的，在於取得其未來的獲益能力，而不在於過去的獲益能力。然而，過去的獲益資料往往是作為預計未來獲益能力的最適當根據。惟吾人在分析過去的淨利資料時，必須注意下列二點：第一，要從過去的獲益經驗中，考慮對未來獲益的可能性；第二，分析過去獲益的資料時，必須選擇與估計未來淨利有關連的因素，舉凡各項沒有關連的因素，應予以剔除。因此，對於過去的資料，應考慮下列各項因素：

　　(a)必須選擇最近連續數年的淨利資料作為分析的對象，不可僅以

某一年度的淨利數字，當為預計未來利潤的根據，蓋 1 年的資料，往往無法顯示企業淨利的變動趨勢；然而，其所選擇的時間亦不可太長，蓋企業過去早期的淨利數字，因受經濟因素及環境變遷的影響，已與目前或未來的經濟情況不同。究竟應以多少年較為適當？事實上並無絕對的標準；大多數的會計人員均認為以 3 至 6 年為適度。

(b)必須以經常性的營業淨利為根據，不應包括營業外或特殊損益項目在內。

(c)如有顯著的事實表示過去及未來的淨利將發生重大差異時，應予考慮；例如世界經濟景氣循環、企業政策的改變、同業競爭的程度、勞工市場的變化、原料供應的情形等諸因素，均須加以考慮。

(d)帳務處理方法的改變或不一致，亦應加以考慮。

(e)淨利、收入及費用項目的增減變化趨勢，應加以考慮。

(3)選擇合理的正常投資報酬率：由於各行業的投資風險及情況各不相同，故其投資報酬率亦各殊。因此，在預計某一企業的商譽價值時，應選擇該企業同業間正常的投資報酬率為宜，以免相左。然而雖屬同業，亦有不盡相同之處；故凡情況特殊者，例如不同的經營環境、不同的財務結構、不同的會計處理方法等，尤應考慮及之。

對於淨利的獲得，常有難易之分；準此以觀，獲得超額的利潤，必然比獲得正常的利潤更難。因此，在計算商譽的價值時，應將淨利分為正常的利潤與超額的利潤，然後依其風險性大小，以及獲得的難易程度，分別按照不同的投資報酬率予以計算，始能獲得合理的預計數字。

各種行業投資報酬率的資料，可從金融業、同業公會、徵信機關，或政府部門所發行的報告或定期刊物中獲得。吾人為便於本節末對於商譽價值的計算起見，假定人人公司合理的正常投資報酬率為 10%。

(4)預計未來的超額利潤: 即指合併其他企業所獲得的淨利, 超過可辨認淨資產公平價值按正常投資報酬率計算所獲得淨利的部份。可用公式表示如下:

預計未來每年平均超額利潤 = 預計未來每年平均利潤

$-$（可辨認淨資產公平價值 × 正常投資報酬率）

上述來來公司合併人人公司之例, 其預計未來每年平均利潤為$128,000, 可辨認淨資產現時公平價值為$980,000, 正常投資報酬率為 10%。茲列示其預計未來每年平均超額利潤的計算方法如下:

$$預計未來每年平均超額利潤 = \$128,000 - (\$980,000 \times 10\%)$$
$$= \$30,000$$

(5)計算商譽價值: 計算商譽價值的方法很多, 茲列示一般常用的各種方法如下:

(a)平均利潤年數購買法 (year's purchase of average earnings)

此法即按預計未來每年平均利潤的若干年數計算。例如上述來來公司合併人人公司之例, 雙方協議商譽按預計未來每年平均利潤購買 3 年份。則商譽計算如下:

預計未來每年平均利潤	$128,000
購買 3 年份	3
商譽價值	$384,000

此法的優點在於計算簡單, 然而卻缺乏理論根據。蓋雙方協議購買的年數, 毫無理論根據, 此其一。商譽係指企業具有超額利潤存在, 而與正常的平均利潤無直接關係, 此其二。此法以未來的利潤數字, 用來表示商譽的現在價值, 未能考慮貨幣價

值的時間因素，此其三。

(b)平均超額利潤年數購買法 (year's purchase of average excess earnings)

此法即按預計未來每年平均超額利潤的若干年數計算。例如上述來來公司合併人人公司之例，雙方協議商譽按預計未來每年平均超額利潤購買 6 年份。則商譽價值的計算如下：

預計未來每年平均超額利潤	$ 30,000
購買 6 年份	6
商譽價值	$180,000

此法在理論上已能符合商譽的觀念，較上法更為合理。惟雙方協議購買的年數，仍然缺乏理論根據，而且未能考慮貨幣價值的時間因素，是為其缺點。

(c)平均利潤資本化減淨資產 (capitalization of average earnings minus net assets)

此法即以預計未來每年的平均利潤，按正常投資報酬率予以資本化，再減去可辨認淨資產之公平價值後，即可求得商譽的價值。例如上述人人公司預計未來每年平均利潤為$128,000，正常投資報酬率為 10%，可辨認淨資產之公平價值為$980,000。則商譽價值的計算如下：

預計未來每年平均利潤	$ 128,000
正常投資報酬率	10%
	$1,280,000
減: 可辨認淨資產公平價值	980,000
商譽價值	$ 300,000

另一種算法，亦可獲得相同的商譽價值，即以預計未來每年的平均超額利潤，按正常投資報酬率予以資本化，即可求得商譽的價值。其算法如下：

預計未來每年平均超額利潤	$ 30,000
正常投資報酬率	10%
商譽價值	$300,000

此法在理論上已能符合商譽的觀念，並以資本化的理論，代替買賣雙方毫無根據的協議方法，已經比上述各種方法改進很多。然而此法仍然有其瑕疵；蓋處於自由競爭的經濟社會中，欲維持超額利潤的存在，往往比較困難，故必須以高於正常的投資報酬率予以資本化，比較合理。此外，本法亦未能考慮貨幣價值的時間因素。

(d)平均超額利潤按高於正常投資報酬率資本化 (capitalization of average excess earnings at a higher-than-normal rate of return)

此法即以預計未來每年的平均超額利潤，按高於正常的投資報酬率予以資本化，即可求得商譽的價值。高於正常的投資報酬率，視投資風險大小及獲得之難易程度而定，可能為 15%、20% 或25% 等。假定來來公司與人人公司雙方協議按 20% 計算時，則商譽價值應計算如下：

預計未來每年平均超額利潤	$ 30,000
高於正常投資報酬率	20%
商譽價值	$150,000

此法在理論上已漸臻理想，其唯一的缺點就是仍然未能考慮貨

幣價值的時間因素。

(e)平均超額利潤現值法 (present value of average excess earnings)

此法即以預計未來每年平均超額利潤，按正常投資報酬率計算其現值，作為商譽的價值。例如上述來來公司與人人公司之例，雙方協議商譽按每年平均超額利潤之 10% 折算 6 年年金現值。其算法列示如下：

預計未來每年平均超額利潤	$ 30,000.00
每元按 10% 折算 6 年之年金現值($P\,\overline{6}|0.1$)	4.355261
商譽價值	$130,657.83

此法在理論上固有其獨特之處，然而其計算比較複雜，而且在攤銷時亦煞費周章，是為其缺點。

6.商譽的攤銷：對於商譽成本的攤銷問題，已經是會計上多年來爭論的問題。一般言之，在 1970 年未頒佈第 17 號意見書以前，大多數的會計人士均認為，商譽是一種永久性的資產，不因時間經過而消失；因此，除非有足夠的證據，證明商譽已不存在，否則不應攤銷；尤其是當一企業能繼續維持一定水準的利潤時，此種主張的理由更為充分。惟自 1970 年頒佈第 17 號意見書之後，會計原則委員會主張所有無形資產，包括商譽在內，均應予攤銷，而且限定攤銷的期間，最長不得超過 40 年。茲將會計人員對於商譽攤銷的三種不同處理方法，說明如下：

⑴直接從業主權益項下沖銷：

由於一般公認的會計原則，對於企業內部自行發展的商譽，不予認定；因此，遂令若干會計人員認為，由企業合併而產生的商譽，也應有一致的處理方法，於取得後應立即沖銷，而且應由業主權益項下沖減，不得列報為沖銷年度的損益項目之一。

⑵不確定存續期間，不予攤銷：

若干會計人員認為商譽既無確定的存續期間，非等到商譽的價值有劇烈下降時，否則不予沖銷，任其留存帳上，成為永久性資產。在 1970 年會計原則委員會未頒佈第 17 號意見書以前，此項會計方法，遂成為處理商譽的一般公認會計原則。

⑶商譽成本攤銷於預期受益期間內：

大多數的會計人員認為，商譽也如同其他資產一樣，其價值也逐漸消失，故商譽成本應攤銷於各受益期間內，俾達到收入與費用相互配合的原則。

衡之事實，商譽為一項極為脆弱而且不易確定的無形資產；因此，基於會計上之穩健及配合原則，應採用上述第⑶種方法，將商譽成本按預期受益期間攤銷，惟最長的期間也不得超過 40 年。

根據會計原則委員會所頒佈之第 17 號意見書指出：「本委員會認為，對於商譽及其他無形資產的攤銷，除非有其他更合適與有系統的攤銷方法，否則應採用直線法攤銷之。」

設上述甲公司於 1999 年 1 月1 日合併乙公司時，取得商譽成本 $34,000，預計受益期間為5 年，每一會計年度終了日，應作成下列商譽的攤銷分錄：

攤銷	6,800	
商譽		6,800

$34,000 \div 5 = \$6,800$

7.商譽的處分：商譽係因企業合併而取得，與企業整體連為一體；故商譽無法脫離企業而單獨處分。當被合併企業的大部份或可分離的一部份，被出售或辦理清算時，則當初隨該部份合併取得的商譽成本，如有未攤銷完了的剩餘部份，應包括於出售或清算資產成本之內。

二、繼續經營價值 (going-concern value)

　　所謂繼續經營價值，亦可簡稱為繼續價值 (going value)，係指企業因繼續經營而存在的價值，使企業的整體價值超過其所持有特定或可辨認資產之上，屬於一項不可辨認的無形資產。就本質上而言，繼續經營價值與商譽的性質頗為相近，然而商譽往往與企業優越的獲益能力有關，而繼續經營價值則與創辦企業的成本及努力有關。因此，當某一企業如僅獲得正常的利潤，或甚至於暫時發生虧損的現象，仍然具有繼續經營價值存在。

　　繼續經營價值通常不單獨列報於帳上，而逕予包括於商譽價值之內；但是在盤購另一企業時，無不把繼續經營價值列入考慮的重要項目之一。因此，就購入者或讓與人的立場，確定繼續經營價值的大小，在理論上實有其必要性。

　　繼續經營價值的理論基礎與會計處理方法，仍然是一項尚在發展中而未被確定的問題；惟美國最近有幾件法院的判決，都承認了繼續經營價值的存在。其中有一件更認為盤購正在營業中的企業，應認定其繼續經營價值的存在，故由盤購總價中分攤一部份作為取得繼續經營價值的成本。美國稅務法庭 (Tax Court of America) 並曾允許企業於關閉某一工廠的作業而移作他用時，得將繼續經營價值損失的部份，作為所得稅的減項。

17–5　研究及發展成本

一、研究及發展成本概述

　　所謂研究及發展成本（research & development costs，簡稱 R&D），

泛指一企業為製造新產品、尋求新的生產方法、新技術、改進現有產品、或發展新知識等，而進行各項活動所發生的支出，預期這些支出對企業未來具有價值。

　　在科技高度發達，商場競爭劇烈的現代經濟社會中，研究及發展成本不但為促進企業的生產力所必須，而且可加強企業的競爭能力與獲益能力；因此，在科技先進的歐美各國之大企業，例如美國的波音公司（製造飛機），其研究及發展成本，通常年度均為公司盈餘的 300% 以上。

　　研究及發展成本，很可能成為企業所擁有的無形資產之一部份，但其本身並非無形資產。

二、研究及發展成本的會計處理方法

　　在 1974 年財務會計準則委員會未頒佈第 2 號財務會計準則聲明書以前，由於缺乏一套統一處理研究及發展成本的會計原則，故對於研究及發展成本的會計處理方法，非常分歧；若干企業將研究及發展成本，於發生時即列為費用處理；若干企業則將所有研究及發展成本，一律予以資本化，列為無形資產，並於續後年度攤銷之；介於上述二種極端的不同處理方法之外，尚有各種實務上的差異，非常混亂。因此，財務會計準則委員會乃於 1974 年10 月，頒佈第 2 號財務會計準則聲明書 (FASB Statement No. 2) 指出：

　　「研究係指有計劃的探索與追究，藉以發現新知識，俾用於發展新產品、新服務、新技術、新製造方法、或改進現有產品的品質及製造方法等。」

　　「發展係指將研究所獲得的新知識，轉應用於製造新產品或改進現有產品的計劃與設計；它涵蓋新觀念的建立、設計、替代產品之測試、模型建造、及實驗工場之作業等；它不包括對現有產品、生產線、製造方法、或其他現行作業的例行性或定期性改變；它也不包括市場研究與

　　市場調查的活動。」

　I.「研究及發展成本包括下列各項活動：

　　　1.為發現新知識的實驗室研究。

　　　2.探索新發現的用途。

　　　3.產生新產品或新製造方法可行性觀念的建立與設計。

　　　4.新產品或新製造方法的研究、實驗、及評估。

　　　5.改進產品配方或製造方法的設計。

　　　6.生產原型或模型的設計、製造、與測試。

　　　7.工具、模型、或鑄具等所涉及新技術的設計。

　　　8.試驗工場（房）的設計、建造、與作業；此項工場的規模，並非作為商業性生產之用。

　　　9.使現有產品達到功能上及經濟上的要求，並適合於製造需要的各項工程活動。」

　　以上各項均屬研究及發展成本，除非用於未來不同的計劃或用途，始予資本化外，否則應即列為研究及發展費用。

　II.「研究及發展成本不包括下列各項活動：

　　　1.初期生產階段工程上的檢查與追蹤作業。

　　　2.生產過程中的品質管制，包括例行性的產品實驗。

　　　3.生產停頓時所採取的權宜措施或解決方法。

　　　4.提升或改良現有產品品質的例行性措施。

　　　5.在繼續營業過程中，為配合顧客特定需要，利用現有產能的配套措施。

　　　6.現有產品因季節性或其他定期性的改變。

　　　7.工具、模型、或鑄具等例行性設計。

　　　8.與建造、重搬遷、重佈置等有關聯的設計及建築工程活動，或特定研究及發展計劃以外的產能及設備之籌備活動。

9.專利權的申請、許可、訴訟、或轉讓等法律行動。」

以上各項非屬於研究及發展成本，不得列為研究及發展費用。

第 2 號財務會計聲明書提出下列五種型態的研究及發展成本及其會計處理方法：

研究及發展成本的型態	會 計 處 理 方 法
1.原料、設備、及產能的研究及發展成本。	除非用於未來不同的計劃或用途，否則應即列為費用處理。
2.人事費用的研究及發展成本。	應即列為費用處理。
3.向外購入無形資產的研究及發展成本。	除非具有未來不同的使用價值，否則應即列為費用處理。
4.因契約規定為買方提供服務的研究及發展成本。	作為買方的費用處理。
5.分攤與研究及發展活動有關的成本。	應即列為費用處理。

由上述說明可知，凡一項原料、設備、產能、及購入的無形資產（例如一項購入的專利權），可使用於未來的其他計劃時，應予資本化，列為資產。一項資產使用於研究及發展之目的，其每年提列的折舊及攤銷費用，也應屬於研究及發展成本範圍內，列為研究及發展費用。

茲將以上有關研究及發展成本的會計處理，綜合列示如下：

```
研究及
發展活動
（上列 I #1～#9）
       │
       ↓
研究及        ┌ 原料、設備、產能的耗用
發展成本      │ 人事費用                          ┌ 用於未來：應予資本化，列
             │ 向外購入無形資產的耗用            │        為資產。
             │ 分攤與研究及發展活動有關的成本    │
             │                                  └ 用於當期：應即列為研究及
             │                                           發展費用。
             └ 因契約規定為買方提供服務 ──────→ 屬買方的研究及發展成本。

非研究及發展活動 ──────→ 非研究及發展成本 ──────→ 當為一般項目處理
（上列 II #1～#9）
```

三、研究及發展成本會計處理釋例

釋例一：

設某公司於 1999 年度發生下列各項成本：

1. 工具、模型、及鑄具等涉及新技術成本$75,000。

2. 改進產品配方的設計成本$80,000。

3. 生產模型的設計、製造、及測試成本$100,000。

4. 新產品的研究、實驗、及評估成本$85,000。

5. 生產停頓時採取臨時應變措施的成本$40,000。

6. 購買原料$60,000 以提供研究及發展之需要，其中$15,000 可作為
　 次年度其他用途。

1999 年度發生上列各項成本的彙總分錄如下：

研究及發展費用	385,000	
製造費用	40,000	
實驗原料（存貨）	15,000	
現金（或應付款等）		440,000

$75,000 + $80,000 + $100,000 + $85,000 + $45,000 = $385,000

釋例二:

設某公司於 1999 年度發生下列各項成本:

1.1999 年 1 月 2 日, 購入一項專用於發展新產品的設備, 其成本為$180,000, 預計可使用 5 年, 惟開發新產品計劃為 3 年; 此項設備無法作為其他用途。

2.研究及發展新產品的人事費用$200,000。

3.試驗工場（房）的設計、建造、及作業成本 $80,000。

4.購買實驗材料成本$60,000。

5.分攤與研究及發展新產品有關的成本$25,000。

6.申請新產品專利權的律師費$120,000, 註冊費 $30,000。

1999 年發生上列各項成本的彙總分錄如下:

研究及發展費用	545,000	
專利權	150,000	
現金（或應付款等）		695,000

$180,000 + $200,000 + $80,000 + $60,000 + $25,000 = $545,000
$120,000 + $30,000 = $150,000

上項專用於發展新產品的設備成本$180,000, 除非尚可作為其他用途, 否則應於發生時, 逐列為費用。

17–6　電腦軟體成本

一、電腦軟體成本會計處理原則

近年來軟體產業迅速成長, 已成為未來明星產業之一; 舉凡各項電腦軟體的開發成本, 例如程式設計、電腦語言、軟體測試、及去除蟲害等各項成本, 與前節所討論的研究及發展成本, 頗為相似。因此, 某些公司將所有的電腦軟體開發成本, 視同研究及發展成本一樣, 列為費用;

若干公司則悉數予以資本化，列為無形資產。財務會計準則委員會為統一電腦軟體成本的會計處理方法，乃於 1985 年頒佈第 86 號財務會計準則聲明書 (FASB Statement No. 86)。

茲將第 86 號財務會計準則聲明書的主要內容，摘要如下：

1.在建立軟體產品技術可行性之前的各項成本，例如規劃、設計、電腦語言、及程式測試成本等，視同研究及發展成本一樣，應於發行時，即予列為費用。

2.一旦建立軟體產品技術可行性之後，應予資本化列為電腦軟體的成本，包括電腦語言、程式測試、去除蟲害、操作手冊、產品簡介、及培訓器材等各項成本。

3.軟體產品技術可行性之建立，係指已完成程式設計的細節及產品的作業模式 (working model)；完成程式設計的細節包括：(1)製成產品所必備之技能、硬體設備、及軟體技術的設計；(2)設計的文件記錄已完成，並已確認與原來產品的設計規格相符合；(3)凡任何解決可辨認高風險問題之方法，均已透過電腦語言或符號注入程式內，並完成測試程序。完成產品的作業模式係指產品設計已透過軟體的測試獲得證實。

4.由已完成的主體產品 (master product) 複製為待售之電腦軟體產品時，凡有關的生產成本、印製操作手冊、產品簡介、培訓器材成本、及包裝成本等，均應記入存貨成本，並於出售時，轉列為銷貨成本。

5.當軟體產品可出售時，應停止資本化，不再列為存貨成本；嗣後因維護及支援顧客的各項成本，於相關收入已認定時，或成本已發生時，孰者發生在先，即予列為費用。

茲將上述有關電腦軟體的會計處理原則，以圖 17–2 列示之。

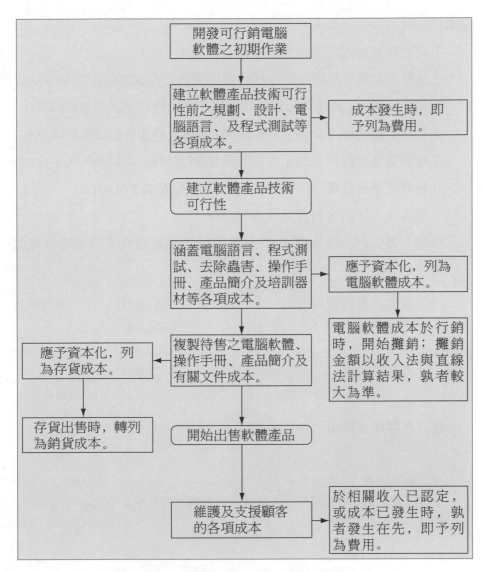

圖 17-2　電腦軟體成本的會計處理原則

二、電腦軟體成本會計處理釋例

設某公司於 1999 年度，為開發一項電腦軟體產品，發生下列各項

成本:

　　1.完成程式詳細內容之設計成本$104,000。

　　2.為建立軟體產品技術可行性的電腦語言及程式測試成本$80,000。

　　3.建立軟體產品技術可行性後的電腦語言及程式測試成本$192,000。

　　4.建立軟體產品技術可行性後的去除蟲害及操作手冊成本$160,000。

　　5.複製電腦軟體待售的生產成本及培訓器材成本 $350,000。

　　6.為複製電腦軟體而印製產品簡介及包裝成本 $70,000。

　　7.維護及支援顧客的各項成本$72,000。

根據上列資料，該公司 1999 年度有關電腦軟體成本的彙總分錄如下：

研究及發展費用	184,000	
電腦軟體	352,000	
存貨	420,000	
營業費用	72,000	
現金（或應付款）		1,028,000

建立軟體產品技術可行性前的成本（屬研究及發展成本）：

完成程式詳細內容之設計成本	$104,000(1)
為建立軟體產品技術可行性之電腦語言及程式測試成本	80,000(2)
合計	$184,000

建立軟體產品技術可行性後的成本（屬電腦軟體成本）：

電腦語言及程式測試成本	$192,000(3)
去除電腦蟲害及印製操作手冊成本	160,000(4)
合計	$352,000

複製待售之電腦軟體成本（存貨成本）：

生產成本及培訓器材成本	$350,000(5)
印製待售產品簡介及包裝成本	70,000(6)
合計	$420,000
維護及支援顧客的各項成本（營業費用）	$ 72,000(7)

三、電腦軟體成本的分攤

當電腦軟體產品打開市場，準備上市時，其成本應即開始分攤。根據第 86 號財務會計準則聲明書的規定，電腦軟體成本每年攤銷的金額，以收入法與直線法計算的結果，孰者較大為準。

1.收入法 (revenue method)：此法係以當期的產品收入，佔當期與預期未來各經濟年限內產品收入總額之百分率，乘以剩餘待攤銷軟體成本；以公式列示如下：

$$攤銷金額 = \frac{當期收入}{當期收入 + 預期未來經濟使用年限內之收入} \times 剩餘待攤銷軟體成本$$

2.直線法 (straight-line method)：此法係將剩餘待攤銷軟體成本，平均分攤於預期未來各經濟年限內；以公式列示如下：

$$攤銷金額 = \frac{剩餘待攤銷軟體成本}{預期未來經濟使用年數}$$

釋例：

設某公司於 1997 年度內，因開發一套電腦軟體，於建立軟體產品技術可行性之前，耗用在規劃、設計、電腦語言、及測試的成本為$1,000,000；1998 年度內，已建立軟體產品技術可行性，另耗用成本$1,200,000 於最

後去除蟲害、軟體測試、印製操作手冊等作業。軟體產品於 1998 年度開始行銷，預期經濟使用年限為 4 年；當年度及續後年度的產品收入如下：

	1998 年度	1999 年度
當年度收入	$1,000,000	$2,400,000
預期未來各經濟使用年限內收入	5,000,000	2,600,000
合計	$6,000,000	$5,000,000

(1) 1997 年度：

研究及發展費用	1,000,000	
現金（或應付款）		1,000,000

(2) 1998 年度：

電腦軟體	1,200,000	
現金（或應付款）		1,200,000
攤銷	300,000	
電腦軟體		300,000

收入法：

$$攤銷金額 = \frac{\$1,000,000}{\$1,000,000 + \$5,000,000} \times \$1,200,000$$
$$= \$200,000$$

直線法：

$$攤銷金額 = \$1,200,000 \div 4 = \$300,000$$

收入法為$200,000，直線法為$300,000，故以兩者孰大為攤銷根據。

(3) 1999 年度：

攤銷 432,000

　　電腦軟體 432,000

收入法:

$$攤銷金額 = \frac{\$2,400,000}{\$2,400,000 + \$2,600,000} \times (\$1,200,000 - \$300,000)$$
$$= \$432,000$$

直線法:

$$攤銷金額 = \frac{\$1,200,000 - \$300,000}{4 - 1}$$
$$= \$300,000$$

　　收入法為$432,000，直線法為$300,000，故以兩者孰大為攤銷根據。

　　上述一般公認會計原則對於電腦軟體成本的處理方法，係以企業開發對外銷售或出租電腦軟體為討論對象；至於為研發企業內部管理上所需用的電腦軟體成本，則均於發生時，逐予列為費用處理。

17-7　遞延借項

　　遞延借項 (deferred charges) 與無形資產具有密切的關係，而且非常相似，故常被混淆不清，實有加以分辨的必要。在本質上，兩者根本不同；蓋無形資產的價值，係基於權利 (rights) 的取得，而遞延借項的價值，係來自長期預付費用，此項費用對未來的收入有所貢獻。

　　遞延借項因無實體，無法單獨出售，故通常均予歸類為其他資產。一般常見之遞延借項，包括長期預付保險費、預付租賃款、長期預付款、及重安裝或重佈置成本等。

　　遞延借項既對未來收入有貢獻，故其成本應於未來效益期間內攤銷之，惟最長不得超過 40 年。

──────●── 本章摘要 ──●──────

　　無形資產係基於法律或契約關係，所賦予的各項權利，或由於經營上之優越獲益能力，所產生的各種無實體惟具有潛在無形價值存在，能使企業的實質淨資產超越有形淨資產的部份。

　　無形資產因無實體存在、不易變現、恆與企業連為一體、其價值與取得成本常無直接關係，且缺乏穩定性，致衡量極為困難。

　　無形資產的分類方法很多，例如按取得方式、可否辨認、可否交換、及預期受益期限等為分類方法；惟會計上通常偏重於採用可否辨認的分類方法。按可否辨認的分類方法，分為可辨認無形資產（例如專利權、版權、特許權、開辦費、商標及商號等）及不可辨認無形資產（例如商譽及繼續經營價值等）。

　　根據一般公認會計原則，凡向外購入的可辨認無形資產，應予資本化，借記個別無形資產帳戶，至於自行發展的可辨認無形資產，則依特定情形而定。凡向外購入的不可辨認無形資產，也如同可辨認無形資產一樣，應予資本化；惟自行發展的不可辨認無形資產，則不予資本化，於發生時逕列為費用。

　　無形資產也如同有形資產一樣，其成本應按有系統及合理的方法，攤銷於未來的各受益期間內，惟對未來受益期間之預計，最長也不得超過 40 年。

　　專利權成本，涵蓋成功地維護其權益而不受侵害的成本，應予資本化，並攤銷於未來預計的受益期間，但不得超過法定的有效期限。

　　版權乃賦予著作人或發行人專銷書籍、美術及學術作品的權利，雖然法律賦予著作人終身享有，並另加 30 年（美國另加 50 年），惟一般

公認會計原則主張其攤銷期間，以預期受益期限與 40 年孰短為攤銷基礎。此外，我國所得稅法則規定著作權以 15 年為計算攤銷標準。

　　特許權乃政府或私人企業，特許其他企業個體經營某項特定營業或連鎖店業務的權利；有些特許權具有特定的期限，有些則無特定期限。凡具有特定期限者，應於限定期間內攤銷其成本；凡無特定期限者，仍應設定合理分攤期限，惟最長也不得超過 40 年。

　　商譽僅於向外購入者，始得資本化；至於自行發展商譽的各項成本，於發生時逐列為費用。商譽係按企業總體價值（購價所支付金額）超過所取得淨資產公平價值之部份列帳；商譽成本應攤銷於未來預期受益期間內，但最長不得超過 40 年。

　　負商譽乃企業合併所支付成本，小於所取得淨資產公平價值的部份；此項數額應按比例抵減所取得各項非流動資產（有價證券之長期投資除外）。

　　研究及發展成本應於發生時，逐列為費用；惟為研究及發展目的所取得的固定資產、無形資產、及原料等，具有未來他項用途者，應予除外，列為資產。

　　為建立電腦軟體產品技術可行性前之各項規劃、設計、電腦語言及程式測試成本，均於發生時，即予列為費用。一旦已建立軟體產品技術可行性後的各項成本，應予資本化，列為電腦軟體成本；複製待售之電腦軟體成本，包括複製（生產）成本、文件成本、及包裝成本等，俟產品開始上市時為止，均予列為存貨成本，等待軟體產品出售後，再予轉入銷貨成本。

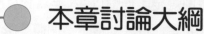

本章討論大綱

無形資產的基本概念 ⎰ 無形資產的意義
⎱ 無形資產的性質
⎱ 無形資產的分類

無形資產的會計處理原則 ⎰ 無形資產取得成本的決定
⎱ 無形資產的攤銷
⎱ 無形資產受創與處分的會計處理

可辨認無形資產個論 ⎰ 專利權
版權（著作權）
特許權
商標權及商號
租賃權改良
⎱ 開辦費

不可辨認無形資產個論 ⎰ 商譽 ⎰ 商譽的意義
商譽的性質
商譽價值的計算
負商譽
商譽價值的預計方法
商譽的攤銷
⎱ 商譽的處分

繼續經營價值

研究及發展成本 ⎰ 研究及發展成本概述
研究及發展成本的會計處理方法
⎱ 研究及發展成本會計處理釋例

電腦軟體成本 ⎰ 電腦軟體成本會計處理原則
電腦軟體成本會計處理釋例
⎱ 電腦軟體成本的分攤

遞延借項

本章摘要

無形資產

●　習　　題　●

一、問答題

1.何謂無形資產？無形資產與有形資產有何區別？

2.無形資產的取得成本應如何決定？

3.決定無形資產攤銷的因素有那些？試述之。

4.何謂可辨認無形資產？包括那些項目？

5.何謂不可辨認無形資產？包括那些項目？

6.可辨認無形資產與不可辨認無形資產的會計處理原則有何不同？

7.試解釋商譽的意義及其攤銷基礎。

8.負商譽如何發生？會計上如何處理負商譽？

9.對於專利權、版權、特許權、及商標權或商號等，應採用何種攤銷方法？

10.那些項目應包括於開辦費項下？開辦費應如何攤銷？

11.試列示預計商譽價值的各種方法。

12.何謂研究？何謂發展？

13.請摘要說明研究及發展成本的會計處理方法。

14.電腦軟體成本的會計處理原則為何？試述之。

15.電腦軟體成本應如何攤銷？

16.何謂遞延借項？遞延借項包括那些項目？

17.解釋下列各名詞：

　　(1)缺口填補物 (gap filler)。

　　(2)負商譽 (negative goodwill)。

⑶繼續經營價值 (going-concern value)。

⑷無形資產受創損失 (impairment loss of intangible assets)。

二、選擇題

17.1 A 公司於 1998 年 1 月 2 日，向 X 公司購入商標權成本$250,000；已知 X 公司帳上未攤銷商標權成本為 $180,000。A 公司重新申請延長 10 年，耗用法律費用$30,000。1998 年 12 月 31 日，A 公司應攤銷商標權成本為若干？

(a)$28,000

(b)$25,000

(c)$18,000

(d)$3,000

17.2 B 公司於 1998 年 1 月 1 日，因購併而取得一項商譽成本$100,000，預計未來受益期限為 10 年；B 公司於取得後，另支付$60,000，藉以加強及促進商譽價值，並預期可延長商譽的未來受益期限達 40 年。1998 年 12 月 31 日，B 公司資產負債表上，應列報商譽價值若干？

(a)$154,000

(b)$144,000

(c)$97,500

(d)$90,000

17.3 C 公司於 1994 年 1 月 1 日，向外購入一項版權成本$240,000，預計受益年限為 8 年；1998 年 1 月初，C 公司支付律師費$60,000，成功地維護該項版權不受侵害。1998 年 12 月 31 日，C 公司應攤銷版權成本為若干？

(a)$–0–

(b)$30,000

(c)$40,000

(d)$45,000

17.4　D 公司於 1995 年 1 月初，購入一項生產健康食品之專利權成本
　　　$360,000，當時法定有效年限為 15 年；然而，由於市場競爭劇烈，
　　　D 公司預計其有效年限僅為 8 年。俟 1998 年 12 月 31 日，政府衛
　　　生部門裁定該項產品有害人體組織功能，遂予禁止生產。1998 年
　　　12 月 31 日，D 公司當年度損益表項下，應列報專利權受創損失若
　　　干？

(a)$45,000

(b)$192,000

(c)$225,000

(d)$240,000

17.5　E 公司於 1995 年 1 月 2 日，取得一項專利權成本$180,000，並按
　　　15 年期限予以攤銷；俟 1998 年間，E 公司另支付律師費$60,000，
　　　成功地維護專利權免受侵害；E 公司遂於 1998 年間，將該項專利
　　　權轉讓，獲得現金$300,000；E 公司對於處分專利權年度之攤銷，
　　　採取不予提列的政策。E 公司 1998 年度損益表項下，應列報專利
　　　權出售利益為若干？

(a)$60,000

(b)$96,000

(c)$108,000

(d)$156,000

17.6　F 公司成立於1999 年1 月初，發生開辦費 $120,000；F 公司根據報
　　　稅之規定攤銷開辦費成本。F 公司 1999 年 12 月 31 日，會計年度
　　　終了日之資產負債表項下，開辦費帳面價值應為若干？

(a)$117,000

(b)$96,000

(c)$24,000

(d)$-0-

17.7 G 公司 1998 年度發生下列成本:

1.工具、模型、及鑄具等涉及新技術成本$100,000。

2.改進產品配方的設計成本$80,000。

3.生產停頓時採取權宜措施之成本$60,000。

4.使現有產品達到功能上及經濟上要求，並適合於製造需要的各項工程活動成本$40,000。

1998 年度，G 公司應列報研究及發展成本為若干？

(a)$280,000

(b)$220,000

(c)$180,000

(d)$100,000

17.8 H 公司 1998 年度發生下列各項成本:

1.委託 Y 公司代為進行之研究及發展成本$450,000。

2.生產原型及模型的設計、建造、與測試成本 $250,000。

3.新產品及改良製造方法的研究、實驗、及評估成本 $180,000。

4.提升或改良現有產品品質之例行性成本$80,000。

H 公司1998 年度，應列報研究及發展成本為若干？

(a)$960,000

(b)$880,000

(c)$700,000

(d)$450,000

17.9 K 公司於 1998 年度，發生下列各項研發成本:

1.根據契約代政府機關耗用的研究及發展成本$500,000, 可按成本加價 40% 收回。

2.不屬於上項契約之研究及發展成本:

折舊費用	$360,000
薪資	600,000
間接成本之分攤	240,000
原料	200,000

原料有30% 係用於未來其他計劃。K 公司 1998 年度應列報於研究及發展成本為若干?

(a)$1,900,000

(b)$1,400,000

(c)$1,340,000

(d)$1,100,000

17.10 L 公司為生產新產品 Z, 於 1998 年度發生下列成本:

1.為專用於發展 Z 產品而購置設備成本$240,000, 預計可使用 4 年, 無殘值。

2.製造模型之原料及人工成本$400,000。

3.模型測試成本$160,000。

4.申請專利權之律師費及規費$60,000。

L 公司1998 年度應列報研究及發展成本為若干?

(a)$220,000

(b)$280,000

(c)$800,000

(d)$860,000

17.11 M 公司於 1998 年度發生下列各項成本:

　　1.研發電腦軟體, 作為內部一般管理資訊用之開發成本 $200,000。

　　2.市場開發成本$150,000。

　　3.例行性的品質管制及產品實驗成本$50,000。

　　M 公司1998 年度, 應列報研究及發展成本為若干?

　　(a)$400,000

　　(b)$350,000

　　(c)$200,000

　　(d)$–0–

17.12 N 公司 1998 年 1 月1 日, 購入一項專為發展新產品用的設備; N 公司採用直線法提列折舊, 預計可使用 10 年, 惟開發新產品計劃預計 5 年完成; 新產品開發完成後, 該項設備不再作為其他用途。

　　N 公司 1998 年度對於設備的研究及發展成本等於:

　　(a)設備成本的全部。

　　(b)設備成本的五分之一。

　　(c)設備成本的十分之一。

　　(d)零。

下列資料用於解答 17.13 及 17.14 之用:

P 公司於 1998 年期間, 發生下列各項有關電腦軟體成本:

1.完成程式詳細內容之設計成本$26,000。

2.為建立軟體產品技術可行性之電腦語言及程式測試成本$20,000。

3.建立軟體產品技術可行性後之電腦語言設計成本 $48,000。

4.建立軟體產品技術可行性後之程式設計成本 $40,000。

5.建立軟體產品技術可行性後之培訓器材成本 $30,000。

6.複製電腦軟體成本$50,000。

7.存貨包裝成本$18,000。

17.13 P 公司 1998 年 12 月 31 日之資產負債表，應列報電腦軟體存貨為
若干？

(a)$50,000

(b)$68,000

(c)$80,000

(d)$98,000

17.14 P 公司 1998 年 12 月 31 日，應列報待攤銷之電腦軟體成本為若
干？

(a)$108,000

(b)$114,000

(c)$118,000

(d)$138,000

三、綜合題

17.1 藍氏公司於 1998 年度，發生下列交易事項：

1.1 月 2 日，支付現金$720,000 購併福本公司，已知福本公司淨資
產公平價值為$420,000；藍氏公司認為此項購併所獲得利益，具有
永續存在價值。

2.2 月 1 日，支付現金$180,000 向政府取得一項礦業經營權，期限
5 年，每年尚須按營業收入支付 4% 之年費；預計 1998 年度之營
業收入為$400,000。

3.2 月 2 日，申請專利權之法律費用$60,000，業已獲准；1998 年 2
月期間，另支付$40,000 律師費，成功地維護專利權不受競爭者之
侵害；藍氏公司預計此項專利權的受益期間為 10 年。

另悉藍氏公司對於各項無形資產之攤銷，於取得年度一律按全年度
計算。

試求：

    (a)列示藍氏公司 1998 年 12 月 31 日有關無形資產的攤銷。

    (b)列示藍氏公司 1998 年 12 月 31 日各項無形資產的餘額。

17.2 藍溪公司於 1999 年 1 月 1 日，以總價$880,000 購併福興公司；未
    重新評估之前，福興公司的資產負債表列示如下：

福興公司
資產負債表
1999 年 1 月 1 日

資產：		負債：	
應收帳款	$ 180,000	流動負債	$ 114,000
存貨	270,000	非流動負債	240,000
財產、廠房、及設備	500,000	負債合計	$ 354,000
土地	190,000	股東權益	786,000
資產總額	$1,140,000	負債及股東權益總額	$1,140,000

1999 年 1 月 1 日，雙方重新評估各項資產之公平價值如下：

	帳面價值	公平價值
應收帳款	$ 180,000	$ 150,000
存貨	270,000	254,000
財產、廠房、及設備	500,000	500,000
土地	190,000	250,000
合計	$1,140,000	$1,154,000

至於負債，則與帳面價值相符。

試求：

    (a)請列示藍溪公司1999 年1 月 1 日，購併福興公司的分錄。

(b)假定藍溪公司係以$770,000 購併福興公司時, 顯示被購併公司
含有負商譽存在; 請列示其購併分錄及分攤負商譽的分錄。

17.3 藍鼎公司擬購併鼎康公司; 為估計各項資產及商譽價值, 鼎康公司
提出下列有關資料:

各項資產評估價值 (未包括商譽)	$1,020,000
各項負債	(384,000)
股東權益	$ 636,000

保留盈餘:

84 年	$108,000
85 年	86,400
86 年	116,400
87 年	114,000
88 年	121,200

試求: 請按照下列各項假定, 計算購買商譽之價值:

(a)平均利潤按 16% 資本化, 以達到鼎康公司應有之淨資產價值。

(b)將評估後淨資產乘以 12% 所求得的數額, 被認為係合理之正
常利潤; 商譽則按超額利潤購買 5 年份。

(c)將評估後淨資產乘以 14% 所求得之數額, 被認為係合理之正
常利潤; 超額利潤按 20% 予以資本化, 作為商譽價值。

(d)商譽按最近 3 年淨利總額超過 3 年份評估後淨資產乘以 10%
的部份 (假定每年淨資產均不變)。

(e)將評估後可辨認淨資產乘以 10% 所求得的數額, 被認為係合
理之正常利潤; 超額利潤預期可延續 10 年。商譽以 10 年份超

額利潤按 20% 之現值計算 $(P\,\overline{10}|0.20 = 4.1925)$。

17.4 藍星軟體公司成立於 1998 年初, 並發生下列各項設計、開發、及相關成本, 預期軟體產品於 1999 年初開始對外上市:

1.規劃及設計成本$250,000。

2.附加的軟體開發成本$450,000。

3.電腦語言開發成本$240,000。

4.軟體測試成本$120,000。

5.主體產品之製作成本$300,000。

6.製作主體產品簡介、操作手冊及培訓器材成本$60,000。

7.複製待售軟體產品之生產成本$420,000。

8.開始上市前之包裝成本$70,000。

已知上列: 1.規劃及設計成本, 3.電腦語言開發成本, 4.軟體測試成本等三項, 係發生於建立產品技術可行性之前。此外, 藍星軟體公司預期電腦軟體之有效受益年限為 4 年, 在有效受益年限內之產品收入總額為$3,600,000, 1999 年度預計產品收入為$1,200,000。

試求:

(a)列示藍星軟體公司 1998 年發生各項成本的彙總分錄。

(b)列示藍星軟體公司 1999 年 12 月31 日, 攤銷電腦軟體成本的分錄, 假定軟體產品收入如所預期。

17.5 藍天公司於 1999 年度, 發生下列各項成本:

1.1999 年 1 月 2 日, 購入一項專用於發展新產品的設備, 其成本為$210,000, 預計可使用 5 年, 惟開發新產品計劃為 3 年; 此項設備無法作為其他用途。

2.研究及發展新產品的人事費用$360,000。

3.試驗工場（房）的設計、建造、及作業成本$100,000。

4.購買實驗材料成本$80,000。

5.分攤與研究及發展新產品有關之成本$40,000。

6.工具、模型、及鑄具等涉及新技術成本$90,000。

7.新產品的實驗及評估成本$60,000。

8.一般產品在生產過程中停頓時之權宜措施成本$25,000。

9.申請專利權的律師費及各項規費$180,000。

試求: 請列示藍天公司 1999 年，發生上列各項成本的彙總分錄。

第十八章　短期負債

前　言

　　廣義而言，負債的範圍極為廣泛，涵蓋法定負債與會計負債；法定負債係由於契約的承諾或暗示而發生，或因不法行為而招致法律的後果；此項法定負債不在本書討論範圍之內；至於會計負債，乃特定營業個體，由於過去業已發生的交易或事件，而承擔目前的經濟義務，可能於未來以資產或提供勞務償還者；因此，會計負債不但明確地劃分負債與業主權益的不同，而且強調其經濟義務，與法定負債迥然有別。

　　在會計上，一般將負債區分為短期負債、長期負債、遞延負債、及或有負債等；其中除長期負債留待第十九章及續後各章討論外，其餘各項負債，則將於本章內逐項闡述之。

18–1　負債的基本概念

一、負債的意義

美國著名會計學者 C. A. Welsch & R. N. Anthony 於 1974 年曾對負債定義如下：「負債係指一企業由於過去之交易或事件，產生法律責任，其數額業已確定，或可經由合理方法加以預計者，並於未來以資產或提供勞務償還的一種經濟負擔。」

美國財務會計準則委員會所頒佈的財務會計觀念聲明書第 6 號，對負債定義如下：「負債乃某特定營業個體，因過去業已發生的交易或事件，所承擔目前的經濟義務，可能於未來以資產或提供勞務償還之。」

吾人於此必須提醒讀者注意者，即經濟義務 (economic obligation) 與法定債務 (legal debt) 不同，蓋處於不確定的經濟社會中，企業經營活動所承擔的若干經濟義務，往往參照現成的證據或以邏輯觀念為基礎，缺乏可證實性，實與法定債務稍有區別；因此，財務會計準則委員會乃將「可能」 (probable) 一辭涵蓋其中，藉以顯示企業在缺乏穩定的經濟環境之下，有若干營運結果具有不確定性。

由上述說明可知，負債係指一營業個體，由於過去的交易或其他事項，致承擔目前的經濟義務或責任，能以貨幣單位衡量，並於未來某特定日、可預定日、或俟特定事項發生時，以資產或提供勞務方式償還。

企業的資金來源，除來自營業之外，約有二途：一為來自債權人（債主），另一為來自投資人（業主）。惟在會計上，二者的性質截然不同；蓋債主對企業的求償權，優先於業主的制衡權，此其一；負債的認定與評價，對企業財務狀況的表達與損益計算，具有直接的影響，此其二。

二、負債的特性

一般言之，負債具有下列三項基本特性：

1.產生負債的交易事項或事件，必須業已發生，或承擔經濟義務與責任的事實，目前已經存在。

2.營業個體所承擔的經濟義務或責任，必須數額已確定，或可經由合理方法加以預計者。

3.已經存在的經濟義務或責任，必須於未來某特定日、可預定日、或俟特定事項發生時，提供資產或勞務償還之，或另產生他項負債，理應無法迴避。

債權人通常以契約方式要求債務人償還現金，然而，此項要求並非為負債的基本特性；蓋缺少此項要求，並不足以影響負債的存在。申言之，負債的償還方式，不只現金一途，除了現金以外，亦可用其他資產或提供勞務方式償還之。

同理，絕大部份的負債，通常係因法律責任之存在而發生，然而，法律責任並非為構成負債的唯一前提條件，其他還有很多原因，會使某一營業個體對外承擔經濟義務或責任。

企業於營運過程中，為了取得資金、商品或獲得某項服務，而對外發生債務；換言之，大多數的負債係由於企業為獲得所需要的經濟資源而發生，透過交易的過程，由書面契約或口頭方式，應允於未來某特定日或可預定日支付現金、其他資產或提供勞務償還之。

此外，有若干債務係由於政府稅法、規定、或企業內部規章而發生；前者如應付所得稅或各項稅捐等，後者如應付股利。有些負債係由企業對大眾福利團體、教育機關或慈善事業承諾捐獻而發生。

18–2　負債的評價

負債的評價，基本上涉及下列二項準則：

一、負債的認定準則

1.符合定義：某一會計事項是否列入負債項下，首先要符合負債的定義。

2.可予衡量：任何負債的會計事項，必須能依其不同屬性，分別採用適當的歷史成本、現時成本、市場價值、現值、或淨變現價值等評價基礎，並以貨幣為單位，加以衡量。

3.攸關性：任何一負債事項所產生的財務資訊，必須具備重要性原則；換言之，如由於該事項的省略或改編，足以影響資訊使用者改變其決策時，即具有重要性。

4.可靠性：負債在財務報表內所列報的資訊，必須忠實表達，具備可證實性及中立性。

二、負債的衡量標準

1.凡涉及正常營業的賒購原料、物料、商品、或勞務等所發生之債務，通常以其歷史成本列帳；申言之，即以債務發生時的現金或約當現金衡量之。

2.若干債務之發生，如因涉及具有市場價值的商品或證券時，應按市場價值 (current market value) 為衡量標準。

3.凡企業對外之承諾，或根據過去已存在的交易事項所產生之未來債務，如其發生日期及金額，均無法預先確定時，通常按其淨協議價格（即清償債務應支付的現金或約當現金）列報；換言之，即按正常營業

狀況下，應支付的價格加可能發生的直接成本總和列帳。

　　4.凡長期負債（即到期日在一年或一個正常營業週期孰長的期間），應按現值列帳；換言之，即按未來正常營業情況下，應支付現金流量的折現價值，予以衡量。

　　由上述說明可知，會計人員通常依負債的屬性，為決定評價的基礎，並按交易方式，為衡量價值的方法；換言之，會計人員係以一項交易的既定金額，作為衡量負債的基礎；如負債的到期日，超過一年或一個正常營業週期孰長的期間，則應改按其折現價值或稱現值，為其評價基礎；惟在若干特殊情況下，負債應以市場價值或淨變現價值評價。

18-3　負債的分類

　　負債應依其屬性，予以適當分類；流動負債與非流動負債，應嚴格加以劃分，但特殊行業不宜按流動性劃分者，則不予劃分。在負債的分類當中，非流動負債的分類比較單純；至於流動負債的分類，比較複雜。會計研究公報第 43 號 (ARB No. 43) 將流動負債分類如下：

　　1.從事營業活動所發生的流動負債，例如購買原料或接受他人服務所發生的應付款項。

　　2.商品未交貨或勞務未提供的預收款項。

　　3.與營業週期有直接關係的債務，例如應付薪資、應付租金、及應付所得稅等。

　　4.預期於一年或一個正常營業週期孰長期間內償還的負債，例如購買資本性資產的短期負債、短期內到期的長期負債、及短期內支付的代收款等。

　　事實上，流動負債發生的原因很多，有的來自契約或法令的規定，有的來自營業的結果，有的因對外承諾而發生；此外，有些流動負債的金額已經確定，有些則依營業結果而決定，有些則由預計而來產生，錯

綜複雜,吾人茲將負債予以彙總歸納如下:

表 18-1　負債分類表

負債
- 短期負債 (流動負債)
  - 已確定流動負債
    - 短期借款
    - 應付短期票券
    - 應付帳款及票據
    - 長期負債一年內到期部份
    - 預收款項
    - 應計負債
    - 代扣稅款
    - 其他應付款

    （因契約或法令規定而發生,其金額及到期日均已確定。）
  - 依營業結果決定的流動負債
    - 應付所得稅
    - 應付員工獎金及紅利
    - 應付權利金

    （根據營業結果決定負債存在與否及其金額者。）
  - 估計流動負債
    - 產品售後估計負債
    - 未兌換贈品券估計負債

    （因對外承諾或過去交易事項所產生未來即將發生之負債。）
- 遞延負債:遞延所得稅負債、遞延投資扣抵等
- 或有負債:必須同時符合二項要件始得列為負債　（短期或長期負債）
- 長期負債:應付債券、長期應付票據、應付租賃款、及應付退休金負債等。

18-4　流動負債

會計研究公報第 43 號 (ARB No. 43, ch. 3, par. 7) 指出:「稱流動負債 (current liabilities) 者,係指可合理預期需要用流動資產予以償還,或另產生其他流動負債者。」

因此,吾人爰就現代會計理論,將流動負債定義如下:「凡在一年或一個正常營業週期孰長之期間內,可合理預期必須用流動資產償還,或另產生其他流動負債者。」

一般言之,流動負債通常發生於企業從事營業循環 (operating cycle)

的各種活動過程中，包括：⑴金額已確定之向外購入原物料或商品的應付款項（例如應付票據及應付帳款等），預收未運送商品或未提供服務的款項（例如預收貨款及預收收入等），已接受服務的應付未付款項（例如應付薪資、應付利息、及應付租金等），及其他在短期內付款的各項購入款、代收款、存入保證金等；此外，凡將於一年內到期的長期負債，也應列入流動負債項下；⑵依每期營業結果而決定其應付款項多寡之應付所得稅、應付員工獎金、及應付董監事酬勞等；⑶可推定必將發生，惟無法確定其受款人及金額之估計款項，例如產品售後保證估計負債及未兌換贈品券估計負債等。

18–5　已確定的流動負債

所謂已確定的流動負債 (determinable current liabilities)，係指企業於從事營業循環的各種活動過程中，由於向外購買商品、勞務、借入款、及其他各項牽涉債務契約或合於法律條件，產生金額已確定的短期應付款項。會計上的基本任務，即在於認定債務確已存在、正確加以衡量、及適當予以記錄，俾忠實表達於財務報表內。茲將各項已確定的流動負債，分別說明如下：

一、銀行透支(bank overdrafts)

係指企業與銀行訂立透支契約，約定於存款不足時，在一定額度之範圍內，仍可繼續簽發支票，向銀行支取款項。因此，銀行透支乃客戶與銀行訂有透支契約之下，銀行存款帳戶發生貸差的情形。

設某公司素與銀行往來情形良好，雙方並曾訂有透支契約之額度$80,000。民國 88 年 12 月 11 日，該公司的銀行存款餘額僅為$20,000，惟因急需支付某客戶之應付帳款，乃於當日再簽發支票乙紙，計$83,000，超過銀行存款餘額，向銀行透支，其分錄如下：

應付帳款	83,000	
銀行存款		20,000
銀行透支		63,000

上項銀行透支金額$63,000，並未超過雙方所協定的透支額度 ($80,000)，故銀行仍然照付不誤。

關於銀行透支在會計處理上，吾人應注意者有下列二點：

1.銀行於結算時，每將透支利息併入透支本金項下；遇此情形，公司方面亦應比照辦理，才不致於低列負債。設如上例之透支利息為 11.5%，該公司 88 年 12 月 31 日應作利息調整分錄如下：

利息支出——透支息	402.50	
銀行透支		402.50

$$\$63,000 \times \frac{11.5}{100} \times \frac{20}{360} = \$402.50$$

2.銀行透支與銀行存款，不得相互抵銷，以避免低列資產與虛減負債之弊。此項不得抵銷的範圍，包括不同銀行，或同一銀行之不同存款帳戶在內；惟同一銀行同一帳戶之存款與透支，則必須予以抵銷；當抵銷後有存款即無透支，有透支即無存款。

3.銀行透支如有擔保品時，應在資產負債表上以附註方式註明。

二、短期借款(short-term loans)

係指企業向金融機關或其他債權人借入的款項，並須於短期內動用流動資產償還者。短期借款以其期間短暫，通常以信用方式為之，無須任何擔保品，惟亦間有以質押方式為之。

短期借款由於利息關係，多具有自行孳生的性能，使借款之實際數額，隨著借款時間之經過而遞增，致企業所負擔的債務將逐漸加重。

短期借款的數額確定不移，對象（債權人）分明，故對於其內容與

評價，很少發生問題。

　　設某公司向銀行借入短期借款$20,000，期限三個月，利率 12%，當
即如數存入銀行存款帳戶，其分錄如下：

銀行存款	20,000	
短期借款		20,000

　　三個月到期時，隨即以現金支付本息，其分錄如下：

短期借款	20,000	
利息支出	600	
現金		20,600

$$\$20,000 \times \frac{12}{100} \times \frac{3}{12} = \$600$$

三、短期應付票據 (short-term notes payable)

　　企業常因向外購入商品，獲得勞務或因其他原因而簽發給債權人的
一種書面憑證，允於未來特定的時日，支付對方一定金額的信用工具，
此項特定期間如在一年以內者，則屬於流動負債的範圍。

　　應付票據有附息票據與不附息票據兩種。凡屬附息票據者，其面值
等於現值，故可按面值列帳；惟對於該票據所發生的應付利息，應於期
末時予以調整。

　　設某公司於民國 88 年 12 月 1 日簽發六個月期利率 8% 應付票據乙
紙，計$30,000 向銀行請求借款，利息於票據到期時連同本金一併付清。

　　⑴ 88 年 12 月 1 日，應作分錄如下：

現金	30,000	
應付票據		30,000

　　⑵ 88 年 12 月 31 日，應作調整分錄如下：

利息支出	200	
應付利息		200

$$\$30,000 \times 8\% \times \frac{1}{12} = \$200$$

(3) 89 年 6 月 1 日,票據到期時,應作分錄如下:

應付票據	30,000	
應付利息	200	
利息支出	1,000	
現金		31,200

$$\$30,000 \times 8\% \times \frac{5}{12} = \$1,000$$

凡屬於未附息票據,或其名義利率與實際利率相差很大時,在理論上,應以實際利率計算其現值。然而在實務上,如係因正常營業過程中所發生的應付票據,其付款期間不超過一年者,則不必按現值評價。

吾人為使讀者易於了解起見,爰就理論上的作法,列舉一例說明如下。設某公司於 88 年 12 月 1 日簽發一年期不附利息票據面值\$100,000,向外購入設備。事實上,該項應付票據包括設備的價款及延後一年付款的利息在內,故應按實際利率(假定為 10%)予以計算其現值如下:

(1) 88 年 12 月 1 日:

設備	90,909.10	
應付票據折價	9,090.90	
應付票據		100,000.00

$$\$100,000 \times (1 + 0.1)^{-1} = \$90,909.10$$

應付票據折價 (discount on notes payable) 應作為應付票據的抵銷帳戶。

(2) 88 年 12 月 31 日:

利息支出　　　　　　　　　　　757.58
　　應付票據折價　　　　　　　　　　　　757.58
$90,909.10 \times 10\% \times \dfrac{1}{12} = \$757.58$

(3) 89 年 12 月 1 日：

利息支出　　　　　　　　　　8,333.32
　　應付票據折價　　　　　　　　　　　8,333.32
$90,909.10 \times 10\% \times \dfrac{11}{12} = \$8,333.32$

應付票據　　　　　　　　100,000
　　現金　　　　　　　　　　　100,000

四、應付帳款 (accounts payable)

　　係指企業在正常營業過程中，因購入商品或獲得服務所發生的債務，並預定於一年或一個營業週期孰長的期間內償還，惟並未另簽發票據憑證者。

　　關於應付帳款的會計處理，應注意者有下列三點：

　　1.每逢會計期間末了時，應審查所收到的貨品是否與所記錄的負債相符。例如期末時，常發生貨品已收到並已包括於期末存貨之內，惟由於賣方仍未將發票寄來，致期末時迄未登帳；遇此情形，應予補記，以符實際。

　　2.向外賒購商品的會計處理方法，有總額法與淨額法之別。當一企業的帳務處理方法如係採用總額法時，則對於期末未到期尚可獲得折扣、折讓或退回之應付帳款，應提列適當的備抵帳戶，以免高估負債。但實務上提列備抵帳戶者並不多，蓋此項會計處理方法如能前後一致時，則其數額可相互抵銷。

　　3.應付帳款如發生借差 (debit balance) 時，應將此項數額列入應收

帳款項下，不可令其留存應付帳款項下，致發生相互抵沖的情形。

在會計處理上，凡由於正常營業所發生的應付帳款，應儘可能與其他應付款如應付員工款項、應付股東款項等分開列報，俾能瞭解企業資金使用的途徑。

五、將於一年內到期之長期負債 (current maturities of long-term debts)

在資產負債表編製之日，如遇有長期債券、擔保借款或其他長期負債，將於次年度到期的部份，除下列三種情形以外，應予轉列入流動負債項下：

1.凡長期負債之償還已設有償債基金，且該項償債基金並未列入流動資產項下者。

2.擬於到期時繼續延長的長期負債，或擬以新長期負債贖回的舊長期負債。

3.擬於到期時轉換為股本的長期負債。

對於上列未轉入流動負債之各項即將到期的長期負債，舉凡與該項負債有關的償還計劃，應以括弧或附註的方式，在財務報表上加以表達。

設某公司 1998 年 12 月 31 日編製資產負債表時，應付公司債 $600,000，其中$100,000 將於 1999 年 4 月 1 日到期；資產負債表內應列示如下：

流動負債：	
一年內到期之長期負債	$100,000
長期負債：	
應付公司債	$500,000

六、應付股利 (dividends payable)

　　公司董事會於正式宣佈發放現金股利 (cash dividends) 時，即對股東負有債務之責任。股利通常於宣佈後一年之內發放，故應付股利應歸入流動負債項下。

　　未宣佈發放之特別股票積欠股利 (preferred dividends in arrears)，並非公司的法定負債，除非公司董事會已對外正式宣佈。然而對於特別股之積欠股利數額，應於財務報表內之特別股本項下，以附註或括弧的方式加以表達。

　　股票股利 (stock dividends) 並非公司之負債，蓋股票股利毋須以公司的財產或提供勞務償還。因此，未分配股票股利 (undistributed stock dividends) 通常均列報於股東權益項下，不應列為負債。

　　設某公司於 1999 年 3 月 1 日，宣佈發放 1998 年度的現金股利 $12,000，並訂於 1999 年 4 月 1 日支付現金。茲列示其分錄如下：

1999 年 3 月 1 日宣佈發放時的分錄：

股利	12,000	
應付股利		12,000

1999 年 4 月 1 日支付現金時的分錄：

應付股利	12,000	
現金		12,000

俟 1999 年 12 月 31 日，應將股利轉入保留盈餘，其分錄如下：

保留盈餘	12,000	
股利		12,000

七、存入保證金 (deposits received against contract bids)

企業常收到外界所繳來的擔保款項，藉以擔保某特定契約或責任之履行。存入保證金的種類，一般常見者有下列各項：重建工程押標金、房屋租賃押金、使用公用事業設備保證金及客存容器押金等。

存入保證金必須於將來對方條件履行後退還，故一般又稱為應退還保證金 (returnable deposits)。在若干情形下，亦附有利息之存在者，則此項利息應予列帳。

一般言之，凡存入保證金已確定或可合理預計將於一年以內退還對方時，應列入流動負債項下；凡退還的期間超過一年以上者，則應列入長期負債項下。在若干情形之下，存入保證金並無一定的退還期限，例如自來水廠、電力公司、瓦斯公司、電信局等公用事業所收存客戶繳來的水錶、電錶、瓦斯錶、電話等押金，並不預期在某一定期間內退還者，可列入其他負債項下。

設某公司因短期重建工程之招標，收到營造商繳來的押標金 $60,000，預期將於短期內退還；收到時的分錄如下：

現金	60,000	
存入押標金		60,000

上項存入押標金於年終編製資產負債表時，因必須於短期內退還，故應予列入流動負債項下。

八、預收款項 (advances from customers or unearned revenues)

係指企業預先收入款項，而尚未給付商品、財產或提供勞務之負擔。

前者即預收貨款 (advances from customers)，後者即預收收入 (unearned revenues)，例如預收利息、預收租金及預收佣金等。

　　預收款項負有履行交付商品或提供勞務的責任；如無法履行交付商品或提供勞務時，應將款項退還對方。預收款項通常含有未實現的利益因素在內，只有於責任履行後才算實現；故此項帳款收入在先，商品或勞務提供在後的預收款項，屬於一種未實現的未來收入，在會計上應予認定為負債。

　　此外，預收款項的約定義務，一經完成後，不論其價款是否已付清，均應隨即轉銷，不得任其懸列帳上。

　　預收款項的期限如在一年以內即須交付商品或提供勞務者，應列入流動負債項下；反之，如預收款項的期限於超過一年以上始須交付商品或提供勞務者，則應將其列為長期負債。

　　設某公司於 1998 年 11 月 1 日，與買方簽訂買賣合約價款 $80,000，言明於三個月後交貨，預收貨款$20,000，餘款於交貨完了時收齊。

　　1998 年 11 月 1 日的分錄：

現金	20,000	
預收貨款		20,000

　　1998 年 12 月 31 日資產負債表項下：

　　　流動負債：
　　　　預收貨款　　　$20,000

　　1999 年 2 月 1 日交貨分錄：

現金	60,000	
預收貨款	20,000	
銷貨收入		80,000

九、應計負債(accrued liabilities)

應計負債一般又稱為應付費用 (accrued expenses)，係指企業因過去契約的承諾，或稅務法規之規定而發生的債務，例如應付薪資、應付租金、應付利息及應付稅捐等。

應計負債通常係於期末調整時，按權責發生基礎（應計基礎）予以認定，並列報於發生的年度，使收入與費用獲得密切之配合。

在會計處理上，應計負債通常均就各項費用的不同性質，分別設置帳戶，以利於辨別；然而在資產負債表上，可就各帳戶的總數以應付費用予以列報，以資簡捷。如某一項目數額鉅大，或其性質特殊者，為提供更詳盡之資料，則應另行單獨列報為宜。

設某公司於 1998 年 12 月 1 日，因購買設備而簽發一年期應付票據乙紙$100,000，利率 12%，本息到期一併支付。1998 年12 月 31 日會計年度終了時，應作成下列調整分錄：

利息支出	1,000	
應付利息		1,000

$$\$100,000 \times 12\% \times \frac{1}{12} = \$1,000$$

上項應付利息，應列報於資產負債表的流動負債項下。

十、代扣稅款(taxes collection for third parties)

企業根據稅法或有關法令的規定，負有代扣稅款的義務。例如我國所得稅法第九十二條規定：「各類所得稅之扣繳義務人，應於每月十日前將上一月內所扣稅款向國庫繳清，並於每年一月底前將上一年內扣繳各納稅義務人之稅款數額，開具扣繳憑單，彙報該管稽徵機關查核，並應於二月十日前將扣繳憑單填發納稅義務人。」又勞工保險條例第十九

條第一項規定:「產業工人及交通、公用事業工人、公司行號員工、機關、學校之技工、司機、工友及有一定雇主之職業工人之保險費,每月繳納一次,由廠礦事業及雇主負責扣繳,並須於次月底前負責繳納」。

　　根據美國法令之規定,企業代扣稅款之範圍更為廣泛,包括代扣所得稅、聯邦政府社會安全稅、聯邦政府失業保險稅、州政府失業保險稅、員工健康及意外保險稅、勞工傷害賠償保險稅、銷貨稅 (selles taxes) 及使用稅(use taxes) 等。

　　代扣稅款的負擔,計有下列三種不同情形:

　　1.由員工單獨負擔,雇主僅負責代扣之義務者,例如薪資所得稅。

　　2.由員工與雇主共同負擔者,例如勞工保險費,由被保險人(員工)負擔百分之二十,雇主負擔百分之八十。又如美國聯邦政府社會安全稅、員工健康及意外保險稅等,各由員工與雇主平均分擔。

　　3.由雇主單獨負擔者,例如美國聯邦政府失業保險稅、州政府失業保險稅及勞工傷害賠償保險稅等。

　　吾人茲舉一例以說明代扣稅款之會計處理方法。設某工人民國 88 年 3 月份在大華紡織公司實支工資$4,800,假定應扣繳 10% 薪資所得稅及 8% 勞工保險費,假定員工負擔 20%,雇主負擔 80%;其有關分錄如下:

　　88 年 3 月底實際支付工資的分錄:

薪資支出	4,800.00	
應付代扣員工薪資所得稅		480.00*
應付代扣勞工保險費		76.80**
現金		4,243.20
勞工保險費(或稅捐費用)	307.20	
應付代扣勞工保險費		307.20***

　　*$4,800 × 10% = $480

　　**$4,800 × 8% × 20% = $76.80

　　***$4,800 × 8% × 80% = $307.20

88 年 4 月 10 日（所得稅）及 4 月底（勞工保險費）前將所扣稅款繳庫時，應借記「應付代扣員工薪資所得稅」及「應付代扣勞工保險費」，貸記現金。

十一、應付財產稅 (property taxes payable)

財產稅係基於不動產或動產的評定價值而課徵。前者如地價稅、房屋稅等，後者如證券交易稅、使用牌照稅等，通常屬於地方政府之主要收入來源。財產稅即係就財產所有權而課徵，故除少數例外情形外，應由財產所有權人負擔。然而財產所有權可以自由買賣或轉讓，必須由法令規定特定的日期，通常稱為留置權日 (lien date)，俾能確定於財產發生移轉時應由誰來負擔財產稅。此外，自留置權日起，財產稅對該項財產產生留置權，換言之，凡納稅義務人已至清償期而仍不繳納者，稅捐機關得就該項財產予以留置或變賣之，藉以抵繳其所積欠的財產稅。

有關財產稅的會計問題有二：(1)應付財產稅應於何時記帳？(2)財產稅費用應歸由何期負擔？

一般言之，財產稅負債始自留置權日，通常以政府機關的會計年度（即每年 7 月 1 日起至次年 6 月 30 日止）之起始日為準。至於財產稅費用，實為企業使用財產權利的一項成本，應以企業的會計年度為分擔基礎，而企業的會計年度一般均採用曆年制（即每年 1 月 1 日起至同年 12 月 31 日止）。

財產稅的計算，應按政府的核定價值 (assessed value) 乘法定稅率而求得之。倘財產稅的數額無法事先加以確定時，可採用估計的方法。

就理論上言之，對於財產稅的會計處理方法，約有下列二途：(1)按留置權日認定應付財產稅，(2)按月認定應付財產稅。採用前法時，應付財產稅於留置權日全部予以認定，借記遞延財產稅，貸記應付財產稅，並將應付財產稅於續後十二個月中逐期攤轉為財產稅費用。採用後法時，

財產稅費用則按政府稅捐機關的會計年度逐月遞增。

　　茲舉一例以說明之。設某公司擁有某項財產，在 87 年 7 月 1 日至 88 年 6 月 30 日的政府會計年度中，應課徵財產稅 $12,000，以 7 月 1 日為留置權日，並規定於 87 年 10 月 1 日及 88 年 4 月 1 日分上下兩期繳納。茲分別就上述兩種會計處理方法列示其有關分錄如下：

日　　期	(1)按留置權日認定應付財產稅		(2)按月認定應付財產稅	
87 年 7 月 1 日	遞延財產稅 　應付財產稅	12,000 12,000		
87 年 7 月至 9 月 每月底（共三次）	財產稅費用 　遞延財產稅	1,000 1,000	財產稅費用 　應付財產稅	1,000 1,000
87 年 10 月 1 日	應付財產稅 　現金	6,000 6,000	應付財產稅 遞延財產稅 　現金	3,000 3,000 6,000
87 年 10 月至 12 月 每月底（共三次）	財產稅費用 　遞延財產稅	1,000 1,000	財產稅費用 　遞延財產稅	1,000 1,000
88 年 1 月至 3 月 每月底（共三次）	財產稅費用 　遞延財產稅	1,000 1,000	財產稅費用 　應付財產稅	1,000 1,000
88 年 4 月 1 日	應付財產稅 　現金	6,000 6,000	應付財產稅 遞延財產稅 　現金	3,000 3,000 6,000
88 年 4 月至 6 月 每月底（共三次）	財產稅費用 　遞延財產稅	1,000 1,000	財產稅費用 　遞延財產稅	1,000 1,000

　　在第 1 種方法之下，87 年 12 月 31 日的資產負債表上，列有遞延財產稅及應付財產稅各 $6,000，此項遞延費用將於 88 年前六個月逐期攤銷之；故採用此法時，可充分表達完整的會計資料。至於第 2 種方法，在 87 年 12 月 31 日時，並無任何遞延財產稅及應付財產稅之存在，而且財產稅費用則按稅捐機關的會計年度，逐月應計而遞增，予以表達於

納稅義務人之帳上，亦頗能符合實際的情形。

美國會計師協會 (AICPA) 會計研究公報第 43 號中指出：「一般言之，有關財產稅最能被接受之會計處理方法，應將財產稅費用，在稅捐機關課徵年度內，按應計基礎予以逐月表達於納稅義務人之帳上。」因此，上述第 2 種方法，能配合會計師公會的要求，成為一般公認的會計處理原則。我國會計實務上，一般均將財產稅於實際支付時，直接逕列為財產稅費用，不採用上述任何一種理論上的方法。

18–6 依營業結果決定的流動負債

所謂依營業結果而定的流動負債 (current liabilities dependent on operating results)，係指此類流動負債的數額，必須根據每年的營業結果而定，非等到會計年度終了時，無法加以確定。例如應付所得稅、應付員工獎金及紅利、應付權利金等。固然此類負債於當年度營業結果確定後始能求得，但為編製期中財務報表起見，常須事先加以預計。

一、應付所得稅 (income taxes payable)

根據我國所得稅法的規定，凡在中華民國境內經營的營利事業，包括公營、私營或公私合營的獨資、合夥、公司等，均應課徵營利事業所得稅。

營利事業應繳納的所得稅數額，須經政府稅捐機關之審核而後始能確定；惟此項審核的日期，必在年度結束之後。因此，僅知此項負債必將發生，但非等到會計年度終了後，便無法核算其數額；即使根據期末時的淨利數字據以預計所得稅數額，然而必須經稅捐機關正式核定後始能正式確定。

根據我國所得稅法規定：「營利事業除下列各種情形外，應於每年 7 月 1 日起一個月內，按其上年度結算申報營利事業所得稅額的二分之

一為繳稅額，自行向公庫繳納，並依規定格式，填具暫繳稅款申報書，檢附暫繳稅款收據，一併申報該管機關。」「納稅義務人未依規定期間辦理暫繳者，稽征機關應於 8 月 31 日前，依上述規定計算其暫繳稅額，並依規定之存款利率，加計一個月之利息，一併填具暫繳稅額核定通知書，通知該管營利事業於 15 日內自行向公庫繳納。」惟具有下列各種情形者，不得適用：(1)在中華民國境內無固定營業場所之營利事業，(2)經核定之小規模營利事業，(3)依有關法律規定免徵營利事業所得稅者。

　　「納稅義務人應於每年 2 月 20 日起至 3 月底止，填具結算申報書，向該管稽徵機關，申報其上一年度內構成營利事業收入總額之項目及稅額，以及有關減免、扣除之事實，並應依其全年應納稅額減除暫繳稅額、尚未抵繳之扣繳稅額及可扣抵稅額，計算其應納之結算稅額，於申報前自行繳納。」

　　又現行的營利事業所得稅率如下：

課稅所得（新臺幣元）	稅　率	累進差額
50,000 以下	免稅	－
50,001〜100,000	15%	應納稅額不得超過營利事業所得額超過5 萬元以上部份之半數*
100,001〜500,000	25%	10,000
500,000 以上	35%	60,000

*所得額在 $71,428.56 以下時：

（所得額 － $50,000）$\times \dfrac{1}{2}$ ＝ 應繳稅款

所得額在 $71,428.56 以上時：

所得額 × 15% ＝ 應繳稅款

　　1.設華友公司民國 87 年度結算申報營利事業所得稅額為 $180,000，依所得稅法規定，應於民國 88 年 8 月 1 日以前，按上年度所得稅額的

二分之一為暫繳稅額，自行向公庫繳納，其分錄如下：

預付所得稅	90,000	
現金		90,000

2.俟民國 88 年會計年度終了時，計算當年度會計所得（財務所得）$790,000，估計所得稅額$200,000，並作分錄如下：

備繳所得稅（或保留盈餘）	197,500	
預付所得稅		90,000
應付所得稅		107,500

根據所得稅法的規定：「營利事業所得稅之計算，以其本年度收入總額減除各項成本費用、損失、及稅捐後之純益額為所得額。」因此，營利事業的所得稅，實為盈餘分配項目之一，應列入盈餘分配項下。

上述華友公司，應於 89 年 3 月底以前，填具結算申報書，於調整暫時性差異與永久性差異後之課稅所得$740,000，計算應納稅額$199,000，於扣除暫繳稅額$90,000、尚未抵繳的扣繳稅額及可扣抵稅額假定為$10,000後，計算其應納結算稅額為 $740,000，並於 3 月底前自行繳納。其計算方法如下：

	88 年度	89 及續後年度
會計所得	$790,000	
暫時性差異*	(50,000)	$50,000
課稅所得	$740,000	$50,000

*假定無永久性差異

上列課稅所得$740,000 為計算應納稅額的根據；遞延以後年度的暫時性差異$50,000，為計算遞延所得稅負債的根據。其計算分別列示如下：

88 年度所得稅額：

課稅所得		$ 740,000
稅率		35%
		$ 259,000
減: 累進差額		(60,000)
全年應納稅額		$ 199,000
減: 暫繳稅額	$90,000	
可扣抵稅額	10,000	(100,000)
應納結算稅額		$　99,000

繳納所得稅及沖轉有關項目的分錄如下:

應付所得稅	107,500	
備繳所得稅（或保留盈餘）	9,000	
遞延所得稅負債*		17,500
現金		99,000

*遞延所得稅負債: $50,000 × 35% = $17,500

就美國的情形而言, 所得稅分為公司所得稅 (corporation income tax) 與個人所得稅 (individual income tax) 兩種; 公司所得稅當為費用項目之一, 故應列入損益表項下, 並且必須根據稅前淨利預估當年度所得稅後, 才能求得當年度的淨利。至於獨資及合夥企業, 則無須課徵營利事業所得稅; 因此, 獨資及合夥企業的資產負債表內, 沒有應付所得稅負債的存在。資本主或合夥人自營獨資或合夥企業分配所得的利益, 加入於其個人所得, 課徵個人所得稅。

公司企業於會計年度終了時, 根據稅前淨利或稱會計所得, 調整永久性及暫時性差異, 計算課稅所得, 估計當年度的應付所得稅, 並就暫時性差異, 作成跨年度所得稅分攤; 至於永久性差異, 則無須作成跨年度分攤。估計所得稅分錄如下:

所得稅費用	×××	
應付所得稅		×××
遞延所得稅負債		×××

上項所得稅費用，係根據會計所得計算而得；至於應付所得稅數額，則係根據課稅所得計算而得；遞延所得稅負債，乃暫時性差異跨年度所得稅分攤的部份。

凡公司企業的應付所得稅負債，可合理預計達$500 或以上者，應事先預計並按季預繳，預繳日期為會計年度之第四、第六、第九、及第十二個月的 15 日；如採用曆年制者，則於每年的 3 月、6 月、9 月、及 12 月 15 日預繳。倘逾期不繳納者，應加計滯納金。俟會計年度終了後的第三個月 15 日，應填製公司所得稅結算申報書 (conporation income tax return, 1120)，連同應補繳稅款，送交內地稅務局審核。

聯邦所得稅的現行稅率表如下：

課稅所得（美金）	稅　率	累進差額
50,000 元以下	15%	
50,000 元以上至75,000 元以下	25%	
75,000 元以上 10,000,000 元以下	34%	超過 100,000 元以上，增課 5%，惟最高以 11,750 元為限。
10,000,000 元以上	39%	超過 15,000,000 元以上，增課 3%，惟最高以 100,000 元為限。

設 ABC 公司的會計年度採用曆年制，1998 年 3 月 15 日，預估當年度的課稅所得為$400,000，預估全年度聯邦所得稅$136,000，分四季預繳；俟會計年度終了日，實際課稅所得為$450,000。

1.所得稅預繳一覽表：

ABC 公司

聯邦所得稅繳納一覽表

1998 年度

分期繳納日期	稅　　額	說　　明
1998. 4.15	$34,000	每季預繳四分之一
1998. 6.15	34,000	每季預繳四分之一
1998. 9.15	34,000	每季預繳四分之一
1998.12.15	34,000	每季預繳四分之一

2.分期預繳所得稅分錄（3 月、6 月、9 月及 12 月 15 日）：

　　預付所得稅　　　　　　　　　　　34,000

　　　　現金　　　　　　　　　　　　　　　　　　34,000

　　3.會計年度終了日，實際課稅所得為$450,000，結算當年度應納稅款$153,000，其計算方法如下：

$ 50,000 × 15% = $　7,500

　25,000 × 25% =　　6,250

375,000 × 34% = 127,500

　－　　　　　　　11,750　（超過 100,000 元以上，加徵 5%，惟最高為$11,750）

$450,000　　　　$153,000

　　所得稅費用　　　　　　　　　　　153,000

　　　　預付所得稅　　　　　　　　　　　　　136,000

　　　　應付所得稅　　　　　　　　　　　　　 17,000

　　4.1999 年 3 月 15 日以前，應填製聯邦所得稅結算申報書，連同應繳稅款送交內地稅務局 (IRS) 審核，其分錄如下：

應付所得稅	17,000	
現金		17,000

二、應付員工獎金及紅利 (bonus & profit-sharing payable)

企業常於正常薪資之外，另訂有員工獎金及紅利的辦法。此項獎金及紅利，在本質上如屬於員工工作的報酬，應視為營業費用處理。根據美國聯邦所得稅法之規定，企業發放給員工的獎金及紅利在計算課稅所得時，可作為其抵減項目。就我國的情形而論，一般企業所發放的員工獎金，項目繁多，包括員工效率獎金、不休假獎金、考績獎金及年終獎金等，通常經由公司章程訂明，或股東會議決定，按一定的標準發放者，此純屬薪資的範圍，視同員工工作的報償，均應併入薪資支出處理。然而獎金的發放，如以企業獲利與否而定奪，純屬於員工分紅的性質，則應認定為盈餘分配。

應付員工獎金及紅利的計算方法，各公司不盡相同，胥視有關法令、規章、公司政策、雇用契約等各項因素而定。一般常用的計算標準有下列三種：(1)總營業收入的百分率，(2)銷貨收入的百分率，(3)淨利的百分率。就實務上而言，通常以採用淨利百分率者居多。惟淨利究竟係指扣除所得稅前及獎金前的淨利？抑或扣除所得稅後及獎金後的淨利？應事先具有明確之規定。一般可分為下列四種情形：

1.按所得稅前及獎金前淨利的百分率計算。

2.按所得稅前及獎金後淨利的百分率計算。

3.按所得稅後及獎金前淨利的百分率計算。

4.按所得稅後及獎金後淨利的百分率計算。

釋例：

設某公司 1998 年度扣除所得稅及獎金前淨利為$100,000，平均稅率為 25%，員工獎金 10%。

1.按所得稅前及獎金前淨利的百分率計算：

設： $B = $ 獎金; $T = $ 所得稅

$$B = 0.1 \times \$100,000$$
$$\quad = \$10,000$$

2.按所得稅前及獎金後淨利的百分率計算：

$$B = 0.1 \times (\$100,000 - B)$$
$$B = \$10,000 - 0.1B$$
$$1.1B = \$10,000$$
$$B = \$9,090.91$$

上列計算可驗證如下：

所得稅及獎金前淨利	$100,000.00
減: 獎金	9,090.91
所得稅前及獎金後淨利	$ 90,909.09
獎金百分率	10%
獎金	$ 9,090.91

3.按所得稅後及獎金前淨利的百分率計算：

$$B = 0.1 \times (\$100,000 - T) \qquad (1)$$
$$T = 0.25 \times (\$100,000 - B) \qquad (2)$$

以(2)式代入(1)式：

$$B = 0.1 \times [\$100,000 - 0.25 \times (\$100,000 - B)]$$

$$B = 0.1 \times [\$75,000 + 0.25B]$$

$$B = \$7,500 + 0.025B$$

$$0.975B = \$7,500$$

$$B = \$7,692.31$$

以 B 代入(2)式:

$$T = 0.25 \times (\$100,000 - \$7,692.31)$$

$$T = \$23,076.92$$

上列計算可驗證如下:

所得稅及獎金前淨利	$100,000.00
減: 所得稅	23,076.92
所得稅後及獎金前淨利	$ 76,923.08
獎金百分率	10%
獎金	$ 7,692.31

4.按所得稅後及獎金後淨利的百分率計算:

$$B = 0.1 \times (\$100,000 - B - T) \tag{3}$$

$$T = 0.25 \times (\$100,000 - B) \tag{4}$$

以(4)式代入(3)式:

$$B = 0.1 \times [\$100,000 - B - 0.25 \times (\$100,000 - B)]$$

$$B = 0.1 \times [\$75,000 - 0.75B]$$

$$1.075B = \$7,500$$

$$B = \$6,976.74$$

以 B 代入(4)式:

$$T = 0.25 \times (\$100,000 - \$6,976.74)$$
$$= \$23,255.81$$

上列計算可驗證如下:

所得稅及獎金前淨利		$100,000.00
減: 所得稅	$23,255.81	
獎金	6,976.74	30,232.55
所得稅後及獎金後淨利		$ 69,767.45
獎金百分率		10%
獎金		$　6,976.74

假定按上述第 1 法為準, 分配員工獎金的分錄如下:

員工獎金	10,000	
應付員工獎金		10,000

三、應付權利金 (royalties payable)

所謂權利金 (royalties) 者, 係指企業使用他人的權利、秘方、專門技術等所支付的報償。如同員工獎金一樣, 權利金的數額常以生產量、銷售量、銷貨收入、淨利或其他適當標準計算之。

設甲公司與乙公司簽訂 5 年技術合作, 由甲公司提供最新技術協助乙公司生產新產品。雙方約定每年定額權利金$600,000, 於每年 3 月1 日預先支付; 此外, 另按銷貨收入之 5% 計算變額權利金, 於次年 1 月底支付之。假定乙公司 88 年 12 月 31 日結算全年度銷貨收入$7,200,000, 設乙公司採用曆年制, 一年結算一次, 則有關權利金的會計處理如下:

1.88 年 3 月 1 日支付定額權利金之分錄:

預付權利金	600,000	
現金		600,000

2.88 年 12 月 31 日有關變額權利金之彙總分錄:

製造費用	960,000	
預付權利金		600,000
應付權利金		360,000

$600,000 + $7,200,000 \times 5\% = $960,000$

3.89 年 1 月 31 日支付變額權利金之分錄:

應付權利金	360,000	
現金		360,000

　　上述權利金支出係因與生產技術有關, 故應借記製造業之製造費用, 再轉攤入產品成本。如使用他公司之商標權以出售商品者, 則應列為買賣業之營業費用。至於應付權利金, 通常須於短期間內支付之, 故應列入流動負債項下。

18-7　估計流動負債

　　估計負債 (estimated liabilities) 係指企業因契約、承諾、或過去已存在的交易事項, 產生未來即將發生的債務, 例如產品售後保證估計負債及贈品券估計負債等; 此種負債的金額及到期日雖無法確定, 在若干情況下, 甚至債權人也無從確定; 然而, 負債的事實已經存在, 遲早必將發生。因此, 就會計的觀點而言, 必須掌握各種事實, 應用客觀的證據或資訊, 事先加以估計, 藉以充分表達此項既存的事實, 並使收入與費用密切配合。

　　根據財務會計準則委員會第 5 號財務會計聲明書(FASB Statement

No. 5) 的說明，也將估計負債涵蓋於或有負債之內，惟或有負債發生與否，尚在未定之數，與估計負債必將發生的本質迥然不同，故吾人予以分開討論。

一、產品售後保證估計負債 (estimated liabilities under warranties)

企業常於出售產品時，附有保證書或口頭承諾，允於售後之某特定期間內，如產品因瑕疵所造成的損害，負責免費修理、更換零件、或提供其他服務。

產品售後保證不論是書面契約抑或口頭承諾，均係一種估計負債；蓋企業一旦向買方表示此項承諾後，必須於將來支付現金、他項資產或提供勞務等。另一方面，產品售後服務保證係基於銷貨而發生，屬於售後成本 (after costs or post sale costs)，係一項營業成本，必須在營業期間內予以認定。產品售後服務保證成本的數額雖無法確定，但可根據過去的經驗或有關資料，合理地加以預計，俾能使此項成本適當地表達於銷貨期間，以達成收入與費用的密切配合。

售後估計負債的會計處理方法有下列三種：

1.應計法 (accrual method)：此法於產品銷售時即予預計售後服務的成本，借記產品售後保證費用，貸記產品售後保證估計負債。

2.遞延法 (deferral method)：此法將部份銷貨收入予以遞延至實際發生產品售後服務成本，或完成產品售後服務義務時，始予認定。

3.改良現金基礎法 (modified cash-basis method)：此法於產品銷售時不予預計任何售後服務成本，僅於實際發生時才加以記錄。

釋例：

設某公司產銷家電用品，對外宣佈保用 2 年；1997 年銷售 1,000 件，每件售價$4,000，預計售後服務成本為售價的 5%；1997 年度及 1998 年

度之實際售後服務成本，分別為$80,000 及$120,000。

　1.應計法：

　(1)1997 年度銷貨時：

產品售後保證費用	200,000	
產品售後保證估計負債		200,000

$$\$4,000 \times 1,000 \times 5\% = \$200,000$$

　(2)1997 年度發生產品售後服務成本時：

產品售後保證估計負債	80,000	
現金、零件、人工成本等		80,000

　(3)1998 年度發生產品售後服務成本時：

產品售後保證估計負債	120,000	
現金、零件、人工成本等		120,000

如估計數與實際數不符時，當年度及續後年度的估計數應予變更，屬於會計估計的變更，無須作成追溯既往的調整。

　2.遞延法：

　(1)1997 年度銷貨時：

現金（或應收帳款）	4,000,000	
銷貨收入		3,800,000
預收產品售後保證收入		200,000

　(2)1997 年度發生產品售後服務成本時：

產品售後保證費用	80,000	
現金、零件、人工成本等		80,000

　(3)1997 年 12 月 31 日年度終了日：

預收產品售後保證收入	80,000	
產品售後保證收入		80,000

上列「預收產品售後保證收入」餘額$120,000，應列報於資產負債表的流動負債項下。

　　(4)1998 年度發生產品售後服務成本時：

產品售後保證費用	120,000	
現金、零件、人工成本等		120,000

　　(5)1998 年 12 月 31 日年度終了日：

預收產品售後保證收入	120,000	
產品售後保證收入		120,000

　　3.改良現金基礎法：在本法之下，銷貨時不作任何產品售後預計成本分錄，僅於實際發生時，作成下列分錄：

產品售後保證費用	80,000	
現金、零件、人工成本等		80,000

俟 1998 年度發生產品售後服務成本$120,000 時，也比照上述作成分錄，不再贅述。

　　上述三種方法之中，以應計法最為合理；遞延法則適用於企業對產品售後服務成本與產品銷貨收入在契約上分開表達時；例如上述某公司出售家電用品，如契約標明每件售價$4,000，其中包括產品部份$3,800，其餘屬於產品售後保證成本$200。惟不論應計法或遞延法，均無法獲得稅法上的認可；通常在稅法上，凡已發生的產品售後成本，始予認定，其未發生者，概不予認定。至於改良現金基礎法，在理論上雖有若干缺點，但如果對於產品售後服務的估計負債無法獲得合理之預計時，不妨採用此法，至少它可以配合稅法上的要求。

二、贈品券估計負債 (estimated liabilities on customer premium offers)

　　企業為促進產品銷售，凡購買其商品者，即予贈送可兌換獎品之贈品券，例如獎品券、點券、拼圖贈券、附獎印花或其他可兌換贈品之標籤、瓶蓋、空盒、包裝物等。贈品的種類很多，包括銀器、器皿、玩具、廚房用具、文具等，在若干情況下，甚至於贈送獎金。

　　此外，若干公司亦發行代用券、禮券、代用銅牌等，允於某一特定日後履行掉換貨品或提供勞務的義務。例如餐廳發行的餐券，汽車行或加油站發行的票券，運輸公司發行的乘車代用券，航空公司發行的飛航哩數點券等，種類繁多，不一而足。

　　贈品券一旦贈與顧客後，即成為發行贈品券公司的未來債務；然而，並非所有客戶均將履行兌換贈品券的權利。因此，在會計年度終了時，對於發行在外而未兌領的贈品券，應根據過去的經驗，評估目前的情形，並預測未來的發展趨勢，予以合理估計其債務。至於贈送顧客的贈品成本，即為公司的促銷成本之一。

　　釋例一:

　　設某公司為促銷新產品，於 1998 年 12 月 1 日，發出贈品券 100,000 份，持有者可憑每份贈品券購買新產品一件，並享有退回$20 的權利；該公司預計於 1999 年 2 月 1 日贈品券有效期間截止日為止，共有 12,000 份贈品券將履行此項權利。1998 年12 月 31 日，該公司已支付贈品券現金$100,000，並有 1,000 份贈品券已收到尚在處理中。

　　本釋例贈品券估計負債共計$240,000 ($20 × 12,000)；截至 1998 年 12 月 31 日已支付$100,000，包括 1,000 份已收到在內的未兌換贈品券為 $140,000 ($240,000 － $100,000)。因此，1998 年 12 月 31 日，應作分錄如下:

贈品券費用	140,000	
贈品券估計負債		140,000

釋例二：

設某茶葉公司訂有兌換茶具的獎勵辦法，凡退回裝茶葉空罐盒十個者，即可兌換精美茶具一套，每套成本$100，並預計 60% 的空罐盒將被退回；該公司於 1998 年初開始實施此項贈品辦法。茲列示有關分錄如下：

1.購入茶具 600 套，現金付訖：

存貨——贈品	60,000	
現金		60,000

2.1998 年度出售茶葉800 箱（12 罐裝），每箱$3,000，全部均屬現金交易：

現金	2,400,000	
銷貨收入		2,400,000

3.截至 1998 年底已兌換者計有 1,800 個空罐盒：

推銷費用	18,000	
存貨——贈品		18,000

$100 \times (1,800 \div 10) = \$18,000$

4.1998 年底預計未兌換贈品（券）估計負債的分錄：

推銷費用	39,600	
贈品（券）估計負債		39,600

$(12 \times 800 \times 60\% - 1,800) \div 10 \times \$100 = \$39,600$

1998 年 12 月 31 日會計年度終止日，資產負債表的流動資產項下，應列存貨（贈品）$42,000，流動負債項下，應列贈品（券）估計負債$39,600，1998 年度的損益表內，應列推銷費用$57,600 ($18,000 + $39,600)。

18-8　遞延負債

傳統會計將遞延負債的範圍擴大到極點，包括各項預收收入、遞延所得稅負債、遞延投資扣抵、應付公司債溢價、及長期存入保證金等；惟近代會計理論則將各項預收收入歸入流動負債項下，應付公司債溢價列為長期負債的加項，長期存入保證金歸入長期負債，至於遞延所得稅、遞延投資扣抵、及其他具有遞延性質的債務，始予歸入遞延負債項下。

一、遞延所得稅負債 (deferred income tax liabilities)

遞延所得稅負債係由於稅前財務所得 (pretax financial income) 或稱會計所得 (accounting income) 與課稅所得 (taxable income) 不同而產生；兩者不同的原因，在於稅前財務所得係根據一般公認會計原則 (the generally accepted accounting principles) 而決定，至於課稅所得係依稅法的規定而計算，稅法的規定往往與一般公認會計原則不同，致產生若干差異。稅前財務所得與課稅所得的差異，可分為暫時性差異 (temporary differences) 與永久性差異 (permanent differences)；遞延所得稅負債係因暫時性差異而發生。

暫時性差異乃由於若干收入或費用項目，就課稅的立場，應認定於某年度，惟就會計的立場，則應認定於其他年度。例如一般公認會計原則對於一項收入，應認定於實現的年度，而非認定於收到的年度；因此，當一項收入於第一年業已實現，惟遞延至第二年才收到，則第一年的會計所得已包括此項收入；然而，就稅法上的觀點，收入通常認定於收到的年度，則第一年的課稅所得不包括此項收入，而遞延至第二年收到時，才包括於第二年的課稅所得項下。故就第一年而言，稅前財務所得大於課稅所得；就第二年而言，課稅所得大於稅前財務所得；就二個年度合

併而言，稅前財務所得等於課稅所得；由此可知，暫時性差異，只是時間上的差異而已，惟會計上必須作成跨年度之所得稅分攤。

釋例一：

設某公司 20A 年度及 20B 年度的稅前財務所得與課稅所得列示如下（假定稅率均為 20%）：

	20A 年度		20B 年度	
	稅前財務所得	課稅所得	稅前財務所得	課稅所得
正常稅前淨利	$100,000	$100,000	$120,000	$120,000
暫時性差異	10,000	–0–	–0–	10,000
合計	$110,000	$100,000	$120,000	$130,000

上列正常稅前淨利，係指會計上與稅法上，均持相同的認定方法；至於暫時性差異，則會計上已認定某項收入或不認定某項費用，惟稅法上則不認定某項收入或已認定某項費用，致使 20A 年度的稅前財務所得大於課稅所得；如有永久性差異存在時，稅前財務所得還要扣除永久性差異後，再計算所得稅費用。

20A 年度：

所得稅費用	22,000	
應付所得稅		20,000
遞延所得稅負債		2,000

$110,000 \times 20\% = \$22,000$（所得稅費用）

$100,000 \times 20\% = \$20,000$（應付所得稅）

就會計的立場而言，為達到收入與費用密切配合的原則，20A 年度既已多認定$10,000 的收入，就要多認定其應承擔的所得稅費用$2,000，而不考慮是否已繳納稅款。

20B 年度：

所得稅費用	24,000	
遞延所得稅負債	2,000	
應付所得稅		26,000

$$\$120,000 \times 20\% = \$24,000（所得稅費用）$$

$$\$130,000 \times 20\% = \$26,000（應付所得稅）$$

釋例二：

設某公司成立於 1998 年初，1998 年度稅前財務所得為 $560,000，其中包括分期付款銷貨毛利 $160,000，依稅法規定採用毛利百分比法申報所得稅，預計於 1999 年度及 2000 年度申報的銷貨毛利，分別為 $120,000 及 $40,000；已知 1998 年度至 2000 年度的適用稅率均為 25%。

本釋例的分期付款銷貨毛利，根據會計原則委員會第 10 號意見書 (APB Opinion No. 10, par. 12) 指出：「會計研究公報 43 號第 1 章 A 節第 1 段所稱『在正常的營業過程中，當一項銷貨已經生效時，其利益應被認為業已實現，應予認定，除非收回售價無法獲得合理的確定時，則另當別論。』本委員會重申此一聲明，並堅持當一項正常的交易業已完成時，應即予列為利益，並提列適當的備抵壞帳。因此，本委員會乃達成下列結論：除非收回貨款無法獲得合理的確定外，否則按分期付款方法認定利益的方法，是不可接受的。」由上述說明可知，一般公認會計原則，對於分期付款銷貨毛利，除非收回貨款無法獲得合理的確定外，否則應於交易生效時，一次認定其利益；惟稅法則允許按毛利百分比法申報所得稅，致發生臨時性差異如下：

		預計回轉年度	
	1998 年度	1999 年度	2000 年度
稅前財務所得	$ 560,000	$500,000*	$500,000*
暫時性差異:			
分期付款銷貨毛利	(160,000)		
回轉年度應申報數		120,000	40,000
課稅所得	$ 400,000	$620,000	$540,000

*假定數字

1998 年度:

所得稅費用	140,000	
應付所得稅		100,000
遞延所得稅負債		40,000

$560,000 \times 25\% = \$140,000$（所得稅費用）

$400,000 \times 25\% = \$100,000$（應付所得稅）

1999 年度:

所得稅費用	125,000	
遞延所得稅負債	30,000	
應付所得稅		155,000

$500,000 \times 25\% = \$125,000$（所得稅費用）

$620,000 \times 25\% = \$155,000$（應付所得稅）

2000 年度:

所得稅費用	125,000	
遞延所得稅負債	10,000	
應付所得稅		135,000

$500,000 \times 25\% = \$125,000$（所得稅費用）

$540,000 \times 25\% = \$135,000$（應付所得稅）

由上述說明可知，1998 年度因分期付款銷貨毛利而引發會計所得與

課稅所得臨時性差異$160,000，可於 1999 年度及 2000 年度內回轉，其分攤如下：

	1998 年度	1999 年度	2000 年度
分期付款銷貨毛利	$(160,000)	$120,000	$40,000
稅率:	25%	25%	25%
差異回轉	$ (40,000)	$ 30,000	$10,000

二、遞延投資扣抵

近年來，各國政府為促進經濟之發展與增加就業機會，乃訂有投資扣抵的辦法；規定凡企業購買折舊性之資本設備（長期性資產）者，可按該項資產原始成本的某一定百分比，扣抵當年度的所得稅，以資獎勵；此項因投資而使所得稅減免的部份，一般稱為投資扣抵或稱促進工作機會貸項 (the job development credit)。例如美國國會於 1962 年立法通過一項投資稅扣抵辦法，凡企業購買折舊性之資本設備而符合規定者，可減免所得稅最高達該項設備資產原始成本之 10%（視資產耐用年數之長短而有所不同）。設某公司於 1998 年購買機器設備一部成本$1,000,000，符合投資減免所得稅的規定，如當年度該公司應繳納所得稅$140,000，則實際應繳所得稅為：

投資扣抵前應繳所得稅數額	$140,000
減: 投資扣抵: $1,000,000 × 10%	100,000
實際應繳所得稅數額	$ 40,000

有關投資扣抵的會計處理方法，約有下列二種：

1.遞延法 (deferred method)：此法係將投資扣抵數額，逐期由折舊性

資產各使用年度的所得稅項下抵減，並往後遞延之，以其扣抵所得稅費用（指美國的情形），故又稱為成本抵減法 (cost deduction method)。主張此法之人士認為，購買資產的本身在於取得未來一連串的利益潛能，經由使用而產生利益；至於投資扣抵的利益，係經由資產的使用而產生，故投資扣抵的利益必須隨資產的使用而逐期實現。況且，一項資產必須使用一定的年數以後，才能享受投資扣抵的利益，如未屆滿期限前即將該項資產加以處置時，所得稅減免的一部份尚須補繳；因此，在未確定能否取得此項全部利益之前，以採用遞延法最為合理。

2.一次抵減法 (flow-through method)：此法係將投資扣抵的數額，於購入當年度悉數由所得稅項下一次抵減，故又稱為所得稅抵減法 (income tax deduction method)。主張此法的人士認為投資扣抵係發生於購買資產年度的一項選擇性之所得稅減免辦法，其實現與否完全決定於購買資產的行動，而與資產的使用無關，故不應遞延。

吾人特舉一例以說明之。設上述某公司於 1998 年初所購入機器設備成本$1,000,000，預計可使用 10 年，無殘值，採用直線法提列折舊。假定 10 年度每年折舊後及所得稅前淨利均為 $350,000，平均稅率為 40%，銷貨收入$800,000，營業成本及費用$350,000。茲列示上述兩種方法之會計處理如下：

	遞延法	一次抵減法
1998 年度:		
⑴購入時	機器設備　　　1,000,000 　　現金　　　　　　1,000,000	機器設備　　　1,000,000 　　現金　　　　　　1,000,000
⑵提列折舊費用時	折舊　　　　　　100,000 　　備抵折舊　　　　100,000	折舊　　　　　　100,000 　　備抵折舊　　　　100,000
⑶抵減所得稅費用時（按美國情形，所得稅當為費用項目，故借記所得稅費用; 如就我國情形，所得稅當為盈餘分配項目，則應借記保留盈餘）	所得稅費用　　　140,000 　　遞延投資扣抵　　100,000 　　應付所得稅　　　40,000 遞延投資扣抵　　10,000 　　所得稅費用　　　10,000 $350,000 \times 40\% = \$140,000$ $\$1,000,000 \times 10\% = \$100,000$ $\$100,000 \div 10 = \$10,000$	所得稅費用　　　40,000 　　應付所得稅　　　40,000
1999 年度: ⑴提列折舊費用時	折舊　　　　　　100,000 　　備抵折舊　　　　100,000	折舊　　　　　　100,000 　　備抵折舊　　　　100,000
⑵抵減所得稅費用時	所得稅費用　　　130,000 遞延投資扣抵　　10,000 　　應付所得稅　　　140,000	所得稅費用　　　140,000 　　應付所得稅　　　140,000

　　上列兩種方法對於 1998 年及10 年度合併財務報表的影響，予以彙總列示如下:

損益表

| | 1998 年度 | | 10 年度合併 | |
	遞延法	一次抵減法	遞延法	一次抵減法
銷貨收入	$800,000	$800,000	$8,000,000	$8,000,000
減：營業成本及費用	350,000	350,000	3,500,000	3,500,000
折舊前淨利	$450,000	$450,000	$4,500,000	$4,500,000
減：折舊費用	100,000	100,000	1,000,000	1,000,000
稅前淨利	$350,000	$350,000	$3,500,000	$3,500,000
減：所得稅費用	130,000	40,000	1,300,000	1,300,000
淨利	$220,000	$310,000	$2,200,000	$2,200,000

資產負債表

| | 1998 年 12 月 31 日 | | 2008 年 12 月 31 日 | |
	遞延法	一次抵減法	遞延法	一次抵減法
機器設備	$1,000,000	$1,000,000	$1,000,000	$1,000,000
減：備抵折舊	100,000	100,000	1,000,000	1,000,000
	$ 900,000	$ 900,000	$ –0–	$ –0–
遞延投資扣抵	$ 90,000	$ –0–	$ –0–	$ –0–

　　以上兩種方法如可自由選用時，大部份的企業必將採用一次抵減法，蓋就列報財務狀況及營業成果之目的而言，採用一次抵減法顯示較多的淨利及較低的負債數額。會計原則委員會於 1962 年在第 2 號意見書內，主張應採用遞延法。惟至1964 年又發表第4 號意見書，修正第 2 號意見書的觀點，認為不論採用遞延法或一次抵減法均可被接受。

　　有關遞延所得稅負債及遞延投資扣抵，吾人將於第二十二章內，再詳加討論。

18–9　或有事項

一、或有事項的意義

　　或有事項 (contingent items) 係指企業由於過去或現在既有的事實，因具有不確定 (uncertainty) 因素存在，是否會發生，尚有待於未來若干事實的演變而後始能確定者。換言之，凡事項之發生與否，尚在未定之數，有待於未來事件 (future events) 的發展情形，才能確定其是否存在。

　　所謂或有事項，根據財務會計準則委員會 (FASB) 第 5 號聲明書之解釋：「或有事項係一項既存的情況或事實，能使企業產生不確定的可能利益（或有利益）與可能損失（或有損失），必須俟未來事件之發生或不發生，始能決定者。當不確定的或有利益一旦解決之後，通常將取得資產或減少負債；同理，當不確定的或有損失一旦解決之後，亦將減少資產或承擔負債」。由此可知，或有事項具有下列三個要件：(1)由於過去或現在的交易事項、法令、契約、承諾或慣例等所產生的一種既存事實，(2)最終結果尚未能確定，(3)發生已否胥視未來事件而定。

　　由上述說明可知，或有事項包括或有損失及或有利益；或有損失一旦發生，即產生或有負債；同理，或有利益一旦發生，即產生或有資產。

二、或有事項的特性

　　或有事項具有下列各項特性：

　　1.或有事項係以既存的事實為基礎，並非漫無根據的猜測：或有事項係以過去或現在既存的事實為基礎，此項基礎係基於法令、契約、承諾或慣例等，隱含發生損失或利益的可能性，並非任意的猜測。

　　2.或有事項並非已確定的事實：或有事項發生與否，尚在未定之數，

並非已成為事實的資產或負債；例如或有負債與估計負債不同，蓋估計負債發生的事實已經確定，僅數額尚未確定而已；至於或有負債之成立與否，甚至於債務金額、債權人或到期日等，尚有待於未來事件的發生與不發生，才能決定，目前無法確定。

3.或有事項並非盈餘的指定：凡盈餘的指定，係指對盈餘的用途予以限定，屬於盈餘分配項目之一，例如意外損失準備、擴充廠房準備等；前者為預防意外事故之發生而指用盈餘，後者為資助企業的擴充而指用盈餘，與或有損失發生時，對於盈餘指用的情形，迥然不同。

三、或有事項的會計處理原則

或有事項係基於或有損失（或有利益）事項而存在的一種潛在債務（債權），此項債務（債權）成立與否，必俟未來事件之發生或不發生，始能確定。因此，對於或有事項的會計處理方法，原則上應根據可能性程度 (the seriousness of a contingency)，以及損失或利益確定性程度 (the degree of certainty of loss or gain) 來決定。測定可能性與確定性的程度，約可分為下列三項標準：

1.甚有可能 (probable)：未來事項甚有可能（或甚不可能）發生。

2.有可能 (reasonably possible)：未來事項發生（或不發生）的可能性遜於 1 。

3.略有可能 (remote)：未來事項發生（或不發生）的可能性微小者。

對於或有事項的會計處理方法，依其發生的可能性與確定性程度之不同，在帳務有下列二種不同的處理方法：(1)或有負債（借記或有損失）與或有資產（貸記或有利益）在帳上正式予以列帳，並列報於財務報表內；(2)或有項目不予正式列帳，僅在財務報表項下的附註欄內說明。

財務會計準則委員會第 5 號財務會計準則聲明書(FASB Statement No. 5, par. 8) 指出：「一項由或有負債項目而來的預計損失，如同時

符合下列二項條件時，必須加以應計，並列報於損益表項下：(a)在財務報表發佈之前，已有足夠的資訊顯示企業的資產甚有可能遭受損害，或企業的負債甚有可能發生；在此一情況下，必須隱含一項或多項未來事件即將發生，以證實此項損失的事實。(b)損失的金額，可合理地予以預計。」

在上述二項條件當中，第一項條件的基本涵義，在於對或有負債發生可能性加以確認 (confirmation)；至於第二項條件，則在於對債務金額的預計，其重要性顯然遜於第一項條件。根據第 14 號財務會計準則說明書 (FASB Interpretation No. 14) 指出：「如有關或有損失的第一項條件已經符合，而且預計損失金額在一定的範圍內 (in a range)，仍然應予預計其損失；如在一定範圍內有更適當的金額，則應採用該項更適當的金額；如在一定範圍內缺乏適當金額時，則應採用最低基本額。」

四、或有損失(loss contingencies)

或有負債一旦發生時，損失必將伴隨而來，導致負債增加，或資產減少；因此，或有負債與或有損失，實為一體的兩面，互為表裡。

根據第 5 號財務會計準則聲明書所提出的實例，或有損失包括下列各項：

1.收回應收帳款的可能性。

2.產品售後保證估計負債。

3.未兌換贈品券估計負債。

4.企業財產遭受火災、爆炸、或其他災害的風險。

5.資產被徵用的風險。

6.未決訟案。

7.實際或可能發生的索賠及課徵。

8.已投保重大或意外災害的可能風險。

9.債務擔保的風險。

10.商業銀行信用狀擔保債務。

11.重新贖回已讓售應收款項或相關財產的契約。

上列第 1 項至第 3 項，為企業在經營過程中，必將發生的事項，只是發生金額多少的問題，故屬於估計負債的性質，吾人在前面業已說明；其餘各項則屬於本節討論的重點。

釋例一：

設 1998 年 12 月 31 日，臺北客運公司於編製財務報表之前，曾因司機發生意外事故被告傷害在案，被害人要求傷害賠償$300,000；此案雖未了結，但已有明顯跡象對方必將獲得勝訴。根據公司法律顧問王律師的意見，認為賠償損失的合理金額為$200,000。

本釋例同時符合應計或有損失的二項條件：(a)已有足夠的資訊顯示企業的資產甚有可能遭受損失，或企業的負債甚有可能發生；(b)損失的金額可合理地加以預計。因此，期末時應予分錄如下：

預計訴訟損失	200,000	
傷害賠償或有負債		200,000

此外，當一項或有損失的範圍，雖可合理加以估計，但無法確定係為某一特定金額時，仍應認定其合乎第 2 項條件（可合理估計）的要求；蓋此時應以該項估計範圍內最小的金額為準，亦不失為合理的估計方法。例如上述臺北客運公司之例，設賠償損失的金額不多於$300,000，不少於$150,000，根據財務會計準則委員會的意見，應以$150,000 作為預計賠償損失，剩餘$150,000 ($300,000 − $150,000) 則於財務報表內，以附註方式表達之。

釋例二：

設某公司於 1998 年度與國稅局涉及一項所得稅爭議；俟 1998 年12

月 31 日，該公司會計師認為最後結果，對公司不利的可能性極大，合理預計將增加稅款$300,000，惟鑒於未來情況之改變，最高可達$380,000。1999 年 5 月 1 日，國稅局正式核定稅款為$350,000，當即付清。

本釋例所得稅的合理預計稅款為$300,000，應作為列帳根據；因此，1998 年 12 月 31 日應作成分錄如下：

預計所得稅費用	300,000	
所得稅或有負債		300,000

雖然國稅局最後核定稅款為$350,000，然而，在 1998 年 12 月 31 日時，因無法知悉，故應以$300,000 為列帳根據；俟 1999 年 5 月1 日，該公司應增加所得稅$50,000，並作成下列分錄：

所得稅費用	50,000	
所得稅或有負債	300,000	
現金		350,000

由於未來情況的改變，使稅款增加為$350,000，此項增加金額，係由於未來事件所引起，故應列為 1998 年度的費用。

五、或有利益(gain contingencies)

當一項既存的事實或情況，由於未來事件之發生或不發生，可能產生的利益，稱為或有利益。或有利益之發生與否，尚在未定之數，有待於未來事件的演變而定；惟一旦發生，必將使企業的資產增加，或減少負債的承擔。

或有利益的實例並不多。當一企業控告他方之損害賠償請求權，即屬或有利益的性質；此外，外國政府可能沒收或徵用資產的補償收入如超過其帳面價值之利益，亦為或有利益的另一實例。

根據第 5 號財務會計準則委員會 (FASB Statement No. 5, par. 17)

指出：「(a)或有事項可能獲得的利益，非等到收入實現時，不予列帳，以免違背於收入未實現之前，即予認定收入的會計原則；(b)或有事項可能獲得的利益，應予適當揭露於財務報表內，惟於作成此項揭露時，應避免發生曲解，勿被誤認為收入已實現。」

　　由上述處理或有利益的一般公認會計原則，明確顯示會計上的收入實現原則 (the revenue principle)，乃基於處理或有利益的主導地位，對於任何可能發生的各項或有利益，非至收入已實現時，不予列帳；通常採用附註的方式，在資產負債表的備註欄項下揭露即可，而且要避免被誤以為收入業已實現。

　　釋例一：

　　設某公司（原告）於 1998 年度，贏得一項訴訟，獲得賠償 $100,000，該項訴訟原告本來要求被告賠償$400,000，作為懲罰性的賠償損失；原告律師也曾於 1997 年度為該公司打贏一場相同情況的官司，當時獲得賠償$450,000；因此，乃決定再上訴。被告財務健全，惟仍認為原告要求過高，曾私底下允許支付 $200,000 了結，但為原告拒絕，只好等待法院再審。

　　本釋例於 1998 年會計年度終了時，因原告已獲得法院裁定賠償$100,000，表示收入已確定，而且業已實現，應在帳上作成下列分錄：

訴訟或有資產	100,000	
訴訟或有收入		100,000

　　至於原告再上訴要求賠償$400,000，及被告應允支付 $200,000 等事實，應於 1998 年度財務報表的備註欄項下，以附註方式說明，惟應避免被曲解為收入業已實現。

　　釋例二：

　　甲公司（原告）於 1998 年間控告乙公司（被告）侵害專利權，並要

求損害賠償；1998 年12 月 31 日，甲公司法律顧問認為案情對甲公司有利，極有可能獲得勝訴，根據其合理預計，被告賠償的範圍在$150,000 至 $300,000 之間。1999 年 3 月1 日，法院終於裁定乙公司應賠償$200,000，惟甲公司的財務報表，已於 1999 年 2 月 1 日對外公開。

本釋例甲公司於 1998 年 12 月 31 日時，雖然案情對該公司非常有利，極有可能獲得賠償利益，但收入並未實現；故根據上述或有利益的會計處理原則，非等到收入實現時，不予列帳，此其一；又法院雖於 1999 年 3 月1 日，裁定乙公司應賠償甲公司$200,000，惟甲公司的財務報表已於 1999 年 2 月 1 日對外公佈，在對外公佈之前，尚無法知悉案情的最後結果，無從確認收入是否可實現，此其二。因此，甲公司不能將此項或有利益，列報於 1998 年度的損益表項下，僅能用附註的方式，在備註欄內註明專利權損害賠償的範圍在$150,000 至 $300,000 之間。

為使讀者易於瞭解起見，茲將或有事項（包括或有損失及或有利益），依其或有性程度及金額可否合理預計等不同情況，予以彙總一表，列示其會計處理原則於表 18–2。

表 18-2　或有事項的會計處理原則

(A)可否合理預計　 (B)或有性程度	金額可合理預計	金額不可合理預計
	1.或有損失	
(a)甚有可能	(1)借記或有損失，貸記或有負債，並列報於財務報表內。	(2)不予列帳，僅以附註方式在財務報表的備註欄內註明即可。
(b)有可能	(3)不予列帳，僅以附註方式在財務報表的備註欄內註明即可。	(4)不予列帳，僅以附註方式在財務報表的備註欄內註明即可。
(c)略有可能	(5)不予列帳，也無須備註；如予備註，亦無不可。	(6)不予列帳，也無須備註；如予備註，亦無不可。
	2.或有利益	
(a)甚有可能	(7)非等到收入已實現，否則不予列帳，僅以附註方式在財務報表的備註欄內註明即可。	(8)僅以附註方式在財務報表的備註欄內註明即可，惟應避免發生誤導之後果。
(b)有可能	(9)僅以附註方式在財務報表的備註欄內註明即可，惟應避免發生誤導之後果。	(10)僅以附註方式在財務報表的備註欄內註明即可，惟應避免發生誤導之後果。
(c)略有可能	(11)不予列帳，也無須備註。	(12)不予列帳，也無須備註。

本章摘要

負債乃一營業個體，由於過去的交易或事項，致承擔目前的經濟義務或責任，能以貨幣單位衡量，並將於未來某特定日、可預定日、或俟特定事項發生時，以資產或提供勞務方式償還。

負債通常具備下列三項特性：(1)產生負債的交易事項或事件，必須業已發生，或承擔經濟義務與責任的事實，目前已經存在；(2)營業個體所承擔的經濟義務或責任，必須數額已確定，或可經由合理方法加以預計者；(3)已經存在的經濟義務或責任，必須於未來某特定日、可預定日，或俟特定事項發生時，提供資產或勞務償還之，或另產生他項負債，無法迴避。

一項會計事項是否應予列為負債，必須符合下列二項準則：1.認定準則：(1)符合定義，(2)可予衡量，(3)攸關性，(4)可靠性；2.衡量標準：(1)凡涉及正常營業的賒購原料、物料、商品、或勞務等所發生的債務，通常按歷史成本列帳；(2)凡涉及市場價值的商品或證券時，應按市場價值為衡量標準；(3)凡企業對外承諾或因過去已存在事實所產生的未來債務，如其發生日期及金額無法預先確定時，應按淨協議價格列帳；(4)長期負債應按現值列帳。

負債的分類方法很多，惟就會計的觀點而言，通常分為流動負債（短期負債）、遞延負債、或有負債、及長期負債等；前三項為本章討論的範圍，最後一項長期負債，吾人將於下一章探討之。

凡應於一年或一個正常營業週期孰長之期間內，可合理預期必須用流動資產償還，或另產生其他流動負債者，稱為流動負債。在企業的經營過程中，流動負債的發生，約有下列三種：(1)已確定的流動負債，此

等負債係因契約或法令規定而發生，其金額及到期日均已確定；(2)依營業結果而決定的流動負債，此等負債係根據營業結果決定負債存在與否及其金額者；(3)估計流動負債，此乃企業因對外承諾或過去交易事項所產生未來即將發生的負債。

在傳統會計上，將各項短期性的預收收入、長期債券溢價及長期存入保證金等具有遞延性質的項目，均包括於遞延負債項下；惟近代會計理論則主張遞延負債僅包括遞延所得稅負債、遞延投資扣抵（抵減）、及其他具有相同性質的負債；遞延所得稅負債乃會計所得與課稅所得之暫時性差異而發生；遞延投資扣抵乃政府為促進產業升級、健全經濟發展、及增加就業機會等各項積極目的，訂有投資扣抵的辦法，使投資扣抵逐期由折舊性資產使用年度的所得稅項下抵減，並往後遞延之。

企業常因過去或現在既有事實之存在，遂產生不確定性，必須等待未來事件的發展情形，始能確定者，稱為或有事項，包括或有損失及或有利益；或有負債伴隨或有損失而來；同理，或有資產則因或有利益而發生。對於或有損失，如甚有可能發生，且其金額可合理預計時，始予列帳，否則僅於財務報表的備註欄內註明即可；至於或有利益，非等到收入已實現，否則不予列帳，僅以備註方式註明即可，惟應避免發生誤導的後果。

本章討論大綱

負債的基本概念 { 負債的意義
　　　　　　　　負債的特性

負債的評價 { 負債的認定準則 { 符合定義
　　　　　　　　　　　　　　　　可予衡量
　　　　　　　　　　　　　　　　攸關性
　　　　　　　　　　　　　　　　可靠性
　　　　　　　負債的衡量標準

負債的分類：請參閱表 18–1（負債分類表）

短期負債

流動負債 {
　　已確定的流動負債 { 銀行透支　　短期借款　　短期應付票據
　　　　　　　　　　　　應付帳款　　將於一年內到期之長期負債
　　　　　　　　　　　　應付股利　　存入保證金　　預收款項
　　　　　　　　　　　　應計負債　　代扣稅款　　應付財產稅

　　依營業結果決定的流動負債 { 應付所得稅
　　　　　　　　　　　　　　　　應付員工獎金及紅利
　　　　　　　　　　　　　　　　應付權利金

　　估計流動負債 { 產品售後保證估計負債
　　　　　　　　　　贈品券估計負債

遞延負債* { 遞延所得稅負債
　　　　　　　遞延投資貸項

或有事項* {
　　或有事項的意義
　　或有事項的特性
　　或有事項的會計處理原則：請參閱表 18–2
　　或有損失
　　或有利益

本章摘要

*如期限超過一年或一個正常營業週期孰長之期間，則不屬於短期負
債範圍。

● 習　題 ●

一、問答題

1.會計觀點與法律觀點對於負債的解釋有何不同？

2.負債具有何種性質？試述之。

3.請列示一表以顯示負債之分類。

4.何謂流動負債？流動負債應如何予以評價？

5.流動負債依其確定性大小加以分類時，可分為那三類？

6.在何種情況下，可將長期負債列為流動負債？是否有例外之情形？

7.未宣佈發放之特別股積欠股利，是否為公司之債務？在資產負債表上
　應如何予以表達？

8.應付財產稅應於何時記帳？財產稅費用應歸由何期負擔？試述之。

9.對於所得稅之會計處理方法，中美兩國各有何不同？試申述之。

10.應付員工獎金及紅利之計算，一般常用之標準有那些？如採用淨利百
　分率為計算標準時，對於淨利之認定，一般又有何種不同之情形？

11.何謂估計負債？請列舉若干一般常見之估計負債實例。

12.長期負債何以又稱為資本負債？請就附息票據與不附息票據，分別說
　明長期應付票據之評價方法。

13.遞延負債何以又稱為遞延收入？近代會計理論對於遞延負債比較完善
　之分類基礎為何？

14.何謂投資扣抵？投資扣抵之會計處理方法為何？試述之。

15.試根據財務會計準則委員會第 5 號聲明書之意見，解釋或有事項之意
　義。

16.或有負債具有何種特徵？試述之。

17.試說明或有負債之會計處理原則。

18.請列舉或有損失及或有利益之若干實例。

19.解釋下列各名詞：

(1)法定負債 (legal liabilities)。

(2)估計負債 (estimated liabilities)。

(3)折現價值 (discount present value)。

(4)存入保證金 (deposits received against contract bids)。

(5)後來成本或售後成本 (after costs or postsale costs)。

(6)未攤銷應付票據折價 (unamortized discount on notes payable)。

(7)遞延收入 (deferred revenues)。

(8)促進工作機會貸項 (the job development credit)。

(9)暫時性差異 (temporary differences)。

(10)永久性差異 (permanent differences)。

(11)或有利益 (gain contingencies)。

(12)或有損失 (loss contingencies)。

二、選擇題

18.1　A 公司員工薪資每二星期支付一次，如有預付員工款項者，則於發
　　　放員工薪資時一併扣除。有關薪資資料如下：

	12/31/1997	12/31/1998
預付員工款項	$120,000	$ 180,000
應付薪資	200,000	?
當年度薪資費用		2,100,000
當年度已支付薪資（毛額）		1,950,000

A 公司 1998 年 12 月 31 日資產負債表內應付薪資要列報若干?

(a) $470,000

(b) $410,000

(c) $350,000

(d) $150,000

18.2 B 公司訂有「員工分股計劃」,由公司捐獻員工獲得股票;此項捐獻款項,係按公司每年度稅前淨利,於扣除捐獻款項後之 10% 為計算標準;1998 年度,B 公司扣除上項捐獻款項及所得稅前之淨利為$600,000,所得稅率 30%。1998 年度,B 公司對於「員工分股計劃」的捐獻款項應為若干?

(a) $60,000

(b) $54,545

(c) $42,000

(d) $38,184

18.3 C 公司訂有員工獎勵辦法,在此項獎勵辦法之下,總經理的獎金,係按所得稅後及獎金後公司淨利之 10% 計算;假定稅率為 40%,扣除獎金及所得稅前之淨利為$600,000;總經理的獎金應為若干?

(a) $33,962

(b) $60,000

(c) $63,962

(d) $90,000

18.4 D 公司於 1998 年度與稅捐機關涉及一項稅務爭議;1998 年12 月 31 日,D 公司的稅務顧問表示該項爭議對公司極為不利,合理預計將增加稅款$200,000,惟最高可達 $300,000。俟 1999 年 3 月初,D 公司於對外發佈 1998 年度的財務報表後,另收到上級稅捐機關裁定應繳稅款$280,000。1998 年12 月 31 日,D 公司資產負債表內

應列報或有負債為若干？

(a)$200,000

(b)$250,000

(c)$280,000

(d)$300,000

18.5 E 公司的運貨卡車於 1998 年 12 月初，與 X 公司的貨櫃車發生對撞之意外事件，並於 1999 年 1 月 10 日，收到法院的訴訟通知，對方要求賠償傷害損失$800,000；E 公司的法律顧問認為，對方獲得勝訴的機率頗大，法院很可能判決 E 公司應賠償對方損失在$300,000 至$450,000 之間，$400,000 為極有可能的最佳預計數。E 公司 1998 年度的會計年度終止日為 1998 年 12 月 31 日，惟當年度財務報表於 1999 年 3 月1 日才對外宣佈。E 公司 1998 年度損益表內，應列報意外損失若干？

(a)$–0–

(b)$300,000

(c)$400,000

(d)$450,000

18.6 1997 年期間，F 公司涉及一項訴訟案件，基於該公司法律顧問的意見，乃於當年度列報或有負債$100,000 於資產負債表內；俟 1998 年 11 月間，法院判決一項對 F 公司有利的結果，裁定對方要賠償 F 公司$60,000；對方不服上項判決，並決定提出上訴。1998 年 12 月 31 日，F 公司應列報上項或有資產及或有負債為若干？

	或有資產	或有負債
(a)	$60,000	$100,000
(b)	$60,000	$ –0–
(c)	$ –0–	$ 40,000
(d)	$ –0–	$ –0–

18.7 G 公司於 1996 年向法院提出訴訟，控告 Y 公司侵害專利權，要求賠償$1,200,000；法院於 1998 年判決 Y 公司應賠償 G 公司$1,000,000 的損失，然而 Y 公司表示不服，當即提出上訴；G 公司的法律顧問認為該公司獲得勝訴的可能性相當大，並預計可獲得賠償款項在$700,000 至$900,000 之間，最大可能性為$800,000；惟最後結果至少要等到1999 年以後。G 公司 1998 年 12 月 31 日，應列報或有利益為若干?

(a)$–0–

(b)$700,000

(c)$800,000

(d)$1,000,000

18.8 H 公司 1998 年度的損益表內，含有下列三項:

罰款支出	$40,000
商譽攤銷費用（商譽係向外購入取得）	80,000
公債利息收入	5,000

H 公司 1998 年度的暫時性差異應為若干?

(a)$–0–

(b)$40,000

(c)$120,000

(d)$125,000

18.9 K 公司 1998 年 12 月31 日，帳列稅前財務所得與課稅所得有下列各項差異:

	稅前財務所得	課稅所得	差　異
設備之折舊費用	$100,000	$120,000	$20,000
產品售後保證費用	20,000	–0–	20,000
各項預付費用		10,000	10,000
公債利息收入	15,000	–0–	15,000

K 公司 1998 年 12 月 31 日，稅前財務所得大於課稅所得應為若干?

(a)$25,000

(b)$20,000

(c)$15,000

(d)$10,000

18.10 L 公司 1998 年度損益表內列報稅前淨利$270,000; 為計算當年度課稅所得，另悉下列各項資料:

預收租金	$48,000
政府公債利息收入	60,000
課稅所得的折舊費用超過會計所得的部份	30,000
依稅法規定可按毛利百分比法計算屬於以後年度的分期付款	
銷貨毛利	20,000

假定適用的所得稅率為 30%，並且不考慮最低稅額的規定，則 L 公司 1998 年度的遞延所得稅應為若干?

(a)$–0–

(b)$600

(c)$6,000

(d)$18,600

三、綜合題

18.1 利信公司 1998 年 12 月 31 日，承擔下列各項負債：

應付帳款	$210,000
應付票據：8%，1999 年 7 月 1 日到期	400,000
應付薪資	70,000
或有負債	250,000
遞延所得稅負債	50,000
將於一年內到期之長期公司債	800,000
公司債折價	4,000

對於或有負債乃由於利信公司涉及一項專利權訴訟，根據利信公司法律顧問的意見，對方獲得勝訴的可能性很大，可合理預計損失賠償金額為$250,000，惟法院必須拖延至 2000 年以後，始能判決。應付票據發票日為 1998 年 1 月 1 日，期間 18 個月，本金及利息於到期日，一併支付。又遞延所得稅$50,000，預期於1999 年度自動回轉（因遞延所得稅跨年度分攤而回轉）。

試求：請列示 1998 年 12 月 31 日，利信公司在資產負債表內流動
　　　負債項下的內容及金額。

18.2 利人公司的產品隨可再使用的容器，出售給配銷商，由配銷商於收到貨品時，即繳付特定的押金，約定配銷商最遲應於 2 年內退回，並取回容器押金；凡逾期不退回容器時，即喪失收回押金的權利。

1998 年 12 月 31 日，有關容器的資料如下：

　1.1997 年 12 月31 日，客戶繳來的容器押金餘額包括：

1996 年度	$300,000	
1997 年度	880,000	$1,180,000

2. 1998 年度送貨繳來容器押金: $1,200,000

3. 1998 年度退回容器押金包括:

1996 年度	$180,000	
1997 年度	500,000	
1998 年度	440,000	$1,120,000

試求:

　　(a)請為利人公司列示 1998 年度收到及退還容器押金的分錄。

　　(b)請計算利人公司1998 年12 月 31 日應付容器押金的數額。

18.3 利眾公司於 1998 年 9 月 1 日，購入某項財產，1998 年 7 月 1 日起至 1999 年 6 月 30 日止的政府會計年度中，應課繳財產稅$48,000；假定每年稅款繳納日期訂於當年度的 10 月 1 日及次年 4 月 1 日，惟遇有財產移轉時，應於移轉日由原所有權人繳納之。已知利眾公司按月認定財產稅費用，不採用一次認定全年度應付財產稅的方法。

　　試求: 請為利眾公司記錄 1998 年 7 月 1 日起至 1999 年 6 月 30 日止，有關財產稅的會計分錄。

18.4 利廣公司成立於 1998 年初，當年度的稅前會計所得為$450,000，其中包括: (1)分期付款銷貨毛利$120,000，根據稅法規定，此項分期付款銷貨，可按毛利百分比法申報納稅，屬於 1999 年度及 2000 年度的分期付款銷貨毛利，分別為$72,000 及$24,000；(2)屬於 1999 年度應付產品售後保證費用$24,000，依稅法規定應於實際發生時，始得申報為扣除費用；(3)企業創立期間之開辦費$50,000，悉數於當年度

認列為費用，惟稅法規定此項費用應分 5 年均攤。

試求：假定利眾公司 1998 年度及續後年度的適用所得稅率，平均
　　　為 25%，請為該公司計算 1998 年度的課稅所得，並列示 1998 年
　　　12 月 31 日跨年度所得稅分攤分錄。

18.5 利仁公司成立於 1998 年初，當年度稅前財務所得為$380,000，其中包
　　含下列各項：(1)按財務會計方法計算 1998 年度的折舊費用為$40,000，
　　惟申報所得稅時，採用加速折舊方法計算折舊費用為$60,000；(2)按
　　財務會計方法認定某項應付費用$12,000，惟申報所得稅時，因未予支
　　付而延至次年度；(3)未實現外幣兌換利益$8,000，惟稅法規定此項兌
　　換利益於實現時，始予申報納稅；(4)取得政府公債利息收入$10,000，
　　稅法上准予免稅；(5)企業違規受懲罰之罰款支出$6,000，稅法上不
　　予認定為可減除的費用。

試求：假定利仁公司 1998 年度及續後年度的所得稅率均為 25%；
　　　請為該公司計算 1998 年度的課稅所得，及 1998 年 12 月 31 日跨
　　　年度所得稅的分攤分錄。

18.6 利民公司於 1998 年 8 月 1 日，購入機器一部，支付現金 $180,000，
　　另簽發 2 年期票據面值$900,000，其到期日為 2000 年 7 月 31 日。
　　此項票據雖未附息，惟市場上同類型票據的通行利率為 8%。
　　利民公司對於機器折舊採用直線法，預計耐用年數 5 年，無殘值；
　　另悉該公司會計年度採曆年制。

試求：

　　(a)請列示購入機器的分錄。

　　(b)1998 年 12 月 31 日提列機器折舊及分攤利息折價的分錄。

　　(c)1998 年 12 月 31 日損益表及資產負債表內，應列示上項機器
　　　及應付票據之有關科目及金額。

　　(d)對於應付票據折價，如採用利息攤銷法時，請編製應付票據攤

　　　　銷表。

　　　　（註：請計算至元為止，元以下四捨五入）

18.7 利臺公司同意支付獎金給銷貨部經理及二個銷貨代理商。1998 年度
　　　該公司所得稅及獎金前淨利為$900,000；平均所得稅率為 30%；獎
　　　金列為所得稅之減項。

　　　試求：請按下列各項假定計算獎金數額：

　　　　(a)銷貨部經理獲得6% 之獎金，另二個銷貨代理商各獲得 5% 之
　　　　　獎金；惟獎金之計算係以所得稅前及獎金前淨利為準。

　　　　(b)二者之獎金均以所得稅後及獎金前淨利之 9% 為準。

　　　　(c)二者之獎金均以所得稅後及獎金後淨利之 10% 為準。

　　　　(d)銷貨部經理之獎金為 12%，二個銷貨代理商之獎金為 10%，而
　　　　　獎金之計算係以所得稅前及獎金後之淨利為準。

　　　（元以下四捨五入）

18.8 利華客運公司於 1998 年度，以預售方式發行下列每張 $2 之車票：

月　份	預售車票
1	10,000
2	11,000
3	11,500
4	12,500
5	15,000
6	18,500
7	19,000
8	19,500
9	13,000
10	12,500
11	10,500
12	9,000

　　　該公司根據過去之經驗，所預售之車票於當月份使用者計 60%，次
　　月份使用者 30%，再次月份使用者5%，其餘 5% 均超過六個月以

上，按照規定逾期無效。

試求：請按下列假定，列示該公司 1998 年度有關預售車票之分錄：

　(a)假定負債帳戶於預售車票時即予認定（記入貸方）。

　(b)假定收入帳戶於預售車票時即予認定（記入貸方）。

第十九章　長期負債

───────●　前　言　●───────

　　長期負債、股本、及營業盈餘等三項，乃提供一企業長期資本的三個重要來源。

　　一般言之，長期負債包括應付債券、應付長期票據、應付租賃款、及應付退休金等。

　　發行債券為企業籌措長期資金最直接、最迅速、及最有制度的方法；債券發行的期間較長，動輒數年或數十年不等。貨幣因具有時間價值，而時間價值之大小，又與債券發行期間長短，具有密切的關係；因此，凡債券發行的時間愈長，貨幣的時間價值也愈大，如不予考慮時間價值時，必將發生債券評價的偏差。

　　本章將探討債券發行價格的決定、債券折價與溢價的攤銷、債券發行成本、債券償還的會計處理、可轉換債券、及附認股權債券的會計處理等；應付長期票據可比照應付債券的會計原則處理；至於應付租賃款及應付退休金等長期負債，容後於第二十章及第二十一章內，再予專章說明。

19-1 債券的意義及特性

一、債券的意義

債券 (bonds) 一詞，就廣義而言，泛指所有各項涉及債權債務關係的證券；惟就狹義而言，僅指一般企業所發行的公司債及政府公債而言。在本質上，債券係一種正式的債權債務契約，由債券發行者（債務人），以書面方式向購買者（債權人）承諾，允於未來按票面所載明的日期，償還本金，並依約定利率支付利息的一種要式流通有價證券。

二、債券的特性

一般言之，債券具有下列各項特性：

1.債券之發行，法律限制綦嚴：

法律為保障多數債權人的利益，對於債券之發行，限制綦嚴。就我國現行法律為例，公司法規定公司債之發行，以股份有限公司為限；按立法之原意不外基於下列各項原因：

(1)股份有限公司係依法組織設立登記而成立，易於監督與考核。

(2)股份有限公司有法定最低資本額的限制，財務比較健全，如准予發行債券時，對債權人比較有保障。

(3)股份有限公司之財務報表，法律規定於股東會承認後，必須對外公告。其公開發行股票或公司債者，於會計師查核簽證後一個月內公告之。

此外，公司法對於公司債的發行，另訂有下列各項限制與禁止：

(1)一般的限制與禁止：公司債之總額，不得逾公司現有全部資產減去全部負債及無形資產後之餘額。此外有下列之情形者，禁止其發行公

司債:

　　(a)對於前已發行之公司債或其他債務, 有違約或遲延支付本息之
　　　事實尚在繼續中者。

　　(b)最近 3 年或開業不及 3 年之開業年度課稅後之平均淨利, 未
　　　達原定發行公司債應負擔年息總額百分之一百者。

　(2)無擔保公司債的限制與禁止: 無擔保公司債之總額, 不得逾公司
現有全部資產, 減去全部負債及無形資產後餘額二分之一。有下列情形
之一者, 禁止其發行無擔保公司債:

　　(a)對於前已發行之公司債或其他債務, 曾有違約或遲延支付本息
　　　之事實已了結者。蓋既曾有違約遲延情形, 若准其再發行無擔
　　　保公司債, 難免再有類似情事發生, 故應予以禁止。

　　(b)最近三年或開業不及三年課稅後之平均淨利, 未達原定之公司
　　　債應負擔年息總額百分之一百五十者。其所以異於前述百分之
　　　一百者, 因無擔保之公司債權人, 應特加保護。

　2.債券為要式證券:

　債務人以發行債券為表彰債權債務關係之要式證券 (formal security),
必須編號載明發行之年月日及下列事項:

　(1)公司之名稱。

　(2)公司債之總額及債券之金額。

　(3)公司債之利率。

　(4)公司債償還方法及期限。

　(5)能轉換股份者, 其轉換辦法。

　(6)有擔保者, 其擔保字樣。

　3.債券可自由轉讓與設質:

　債券無論為記名式或無記名式, 法律規定得就其債券權利自由轉讓。
無記名式債券之轉讓, 以交付方式, 即生讓與之效力; 至於記名式債券

之轉讓，除應以背書方式為之外，並須將受讓人姓名或名稱記載於債券及債券之存根簿內。此外，債券既為有價證券，自得為質權之標的而設定質押權；其以無記名式債券設質者，以債券之交付即生質權設定之效力；其以記名式債券設質者，除交付債券外，並應依背書方式為之。

19–2 債券的種類

債券的分類標準很多，一般常見者約有下列數種：

一、依發行者的業務性質而分

1.**政府債券** (government bonds)：一般又稱為公債。

2.**公用事業債券**(public utilities bonds)：例如煤氣公司、電力公司及其他公用事業機構所發行之債券。

3.**實業債券** (industrial bonds)：一般製造業及貿易公司所發行之債券。

4.**不動產債券** (real bonds)：由公寓、旅館、辦公大廈等建築業所發行之債券。

二、依發行者所負責任的性質而分

1.**抵押債券** (mortgage bonds)：係以提供財產為抵押品的債券。然而公司債的債權人很多，於債券發行之前常無法確定債權人是誰；債券又可自由轉讓，抵押契據 (mortgage deed) 實無法於轉讓時隨同債券而移轉於受讓人；因此，一般公司債之發行，均採用委託發行方式，由發行公司與受託人如銀行或信託公司，訂立信託契約 (trust contract)，將抵押的財產移交受託人。如發行公司有違約情事或無法清償債務時，受託人為保障債權人的權益，得變賣抵押品，以其所得價款優先償還債券持有人。

發行公司所提供抵押的財產價值，如超過應付債券的金額時，得再

提供為發行第二次應付債券的抵押品，依此類推，乃有第一順位抵押、第二順位抵押或第三順位抵押等。倘發生無法清償債務責任之情事時，所變賣抵押品的收入，應優先償還第一順位抵押債券持有人，如有剩餘時再償還第二順位抵押債權人，依此類推。故凡具有優先受償的抵押債券，稱為優先債券 (underlying or senior bonds)，其餘則稱為非優先債券 (junior bonds) 或附屬債券 (subordinated bonds)。

2.**證券擔保債券**(collateral trust bonds)：係指發行公司提供其所投資於他公司之股票、債券，或政府公債作為擔保品所發行的債券。

3.**保證債券** (guaranteed bonds)：係指債券發行公司不提供任何財產或證券作為擔保品，僅由第三者出面保證即予發行的債券。例如母公司保證其子公司所發行的債券。

4.**信用債券** (debenture bonds)：係指無任何特定之擔保品，僅以發行公司的信用為保證所發行之債券，故又稱為無擔保債券 (un-secured bonds)。

5.**淨利債券** (income bonds)：此項債券之特徵在於是否支付利息，悉視發行公司有無淨利而定，故又稱為盈餘債券 (earnings bonds)。淨利債券又可分為累積債券 (cumulative bonds) 與非累積債券 (non-cumulative bonds)；如係累積者，某年度未支付的債券利息，對以後年度的淨利產生留置權，應優先受償。如非累積者，任何年度未支付之債券利息，即告永久喪失。至於債券本金，可為擔保或非擔保債券。

6.**收入債券** (revenue bonds)：此項債券係以特定收入作為支付債券利息的來源。如無該項特定收入時，即不支付債券的利息。此種債券通常為若干政府機構所採用，於發行債券時，即指定某特定公營事業的收入作為支付債券利息之來源。

7.**參加債券** (participating bonds)：此項債券的持有人於取得約定利率之利息外，得按規定比例或限額，參與股東分配盈餘，故又稱為分紅

債券。參加債券幾乎近於股票，我國公司法未予明文承認。

8.**可轉換債券** (convertible bonds)：此項債券賦予持有人，於某一特定日後，有權選擇是否向發行公司按約定比率轉換為其他證券（通常為普通股票）。

三、依債券記名與否而分

1.**記名債券** (registered bonds)：係指於債券上記載債權人的姓名或名稱者。記名債券之轉讓，除按背書方式為之者外，應將受讓人姓名或名稱記載於債券上，並將受讓人姓名、名稱及住所等記載於公司債存根簿內。將來有關債權之履行（包括本金及利息之領取），悉依所登記者為準。記名債券如遺失、被竊或發生意外災害時，可辦理掛失止付，故對債權人比較有保障；然而，記名債券之流通轉讓，手續較繁，是其缺點。記名債券又可分為本金及利息均為記名及僅本金記名兩種；如僅本金記名時，其利息完全憑所付息票 (coupons) 領取。

2.**無記名債券** (no-registered bonds)：係指於債券上不記載債權人的姓名或名稱者。此項債券之移轉，以交付債券即生讓與的效力，毋須辦理過戶手續。領取利息時，僅憑債券所附息票具領即可，故又稱為附息票債券 (coupon bonds)。

我國公司法承認公司債得為無記名發行，惟無記名債券的債權人，得隨時請求改為記名債券。

四、依債券到期的情形而分

1.**定期償還債券**(term bonds)：係指同一批發行的債券，均於單一之特定到期日一次償還，為一般最常見的債券，故又稱為普通債券。

2.**分期償還債券**(serial bonds)：係指同一批發行的債券而分期償還者。

3.**可贖回債券** (redeemable bonds) 或**可收回債券** (callable bonds)：
係指債券於發行時，常另訂有可贖回或可收回條款，賦予債券持有人或發行公司，得於債券到期日前按一定價格贖回或收回的債券。嚴格言之，凡此項要求權屬於債券持有人者，稱為可贖回債券；如此項要求權屬於債券發行公司者，則稱為可收回債券。惟一般均予以混用，統稱為可贖回債券或可收回債券。

五、依債券發行的目的而分

1.**置產債券** (purchase money bonds)：發行債券之目的，以其所獲得之資金用以置產者，稱為置產債券。

2.**換新債券** (refunding bonds)：發行債券之目的，以其所獲得之資金用以償債者，稱為換新債券。

六、依債券募集的所在地而分

1.**本國債券** (domestic bonds)：債券在本國募集者，稱為本國債券。

2.**外國債券** (foreign bonds)：債券在外國募集者，稱為外國債券。

19-3　債券發行價格的決定

債券利率、時間、及付息次數諸項目，為決定債券發行價格的重要因素，而債券利率又有名義利率與實際利率的不同；在討論債券發行價格決定原則之前，爰就不同的債券利率名詞及其與債券發行價格的關係，加以闡述。

一、債券利率不同名詞詮釋

1.**名義利率** (nominal interest rate)：係指債券票面所載明的約定利率，一般又稱為契約利率 (contract interest rate) 或票面利率 (coupon rate)。

　　設大業股份有限公司於民國 88 年 1 月 1 日發行 4 年期約定利率 5% 之公司債 1,000 張，每張面額$1,000，每年1 月 1 日付息一次，則該項債券每張每年按約定利率計算利息為$50；利息適等於票面金額之 5% ($50 ÷ $1,000)，此即名義利率。

　　2.實際利率 (effective interest rate)：對於實際利率通常有二種不同的解釋；其一認為債券的實際利率，乃表示債券的實際價格與實際利息之間的比率關係；根據此一觀點的實際利率，又稱為實質利率或孳生利率 (yield rate)；其二認為債券的實際利率，係指發行債券時，由債券市場上供需雙方所決定的通行利率；根據此一觀點之實際利率，又稱為市場利率 (market interest rate)。換言之，一項實際利率，係指將債券的面值及各期間應支付的利息，予以折現為債券發行時的現值，使其等於債券發行價格之真實複利率 (true compounded rate)。

　　上項文字敘述，如改按計算公式表示如下：

$$P = F \cdot r \cdot P\overline{n|}i + M(1+i)^{-n}$$

　　上列計算債券發行價格（將債券面值及各期間應支付的利息，予以折現的現值）的計算公式中，r 即表示名義利率，i 即表示實際利率或稱市場利率。

二、債券利率與債券發行價格的關係

　　債券的實際利息，應以市場利率為準，不能以名義利率為計算的根據。市場利率係表示債券實際價格與其實際利息的比率關係，而名義利率係表示債券票面價值與其約定利率的比率關係。因此，凡平價發行的債券，因實際價格等於票面價值，則市場利率等於名義利率；凡折價發行的債券，因實際價格小於票面價值，則市場利率必大於名義利率；凡溢價發行的債券，因實際價格大於票面價值，則市場利率必小於名義利

率。從另一方面來說，凡市場利率等於名義利率時，債券應按平價發行；凡市場利率大於名義利率時，債券應按折價發行；凡市場利率小於名義利率時，債券應按溢價發行。為便於瞭解起見，吾人特以數學符號表示如下：

$r =$ 名義利率（又稱為票面利率或約定利率等）

$i =$ 市場利率（又稱為實質利率、實際利率或通行利率等）

$i = r$ 債券按平價發行

$i > r$ 債券按折價發行

$i < r$ 債券按溢價發行

三、債券發行價格的決定原則

就理論上言之，債券的發行價格，應等於債券存續期間所支付利息的年金現值，加上債券到期值（即面值）的折現價值（現值）之和。計算債券各期間應支付利息金額，係以債券的名義利率為準；計算債券各期間所支付利息的年金現值，以及債券到期值（即面值）的折現價值，則以債券的市場利率為依據。

設某項債券期間為 4 年，每年付息一次；茲以圖形列示該項債券的現值（等於發行價格）的計算方法如下：

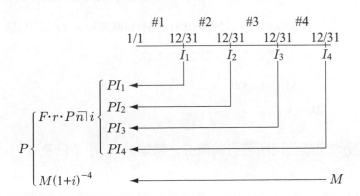

決定債券價格的公式如下:

$$P = F \cdot r \cdot P\,\overline{n}|i + M(1+i)^{-n}$$

$P =$ 債券之現值（貼現價值）

$F =$ 債券面值

$r =$ 每一付息期間之名義利率（票面利率）

$i =$ 每一付息期間之市場利率（實際利率）

$M =$ 到期值

$n =$ 付息次數

$P\,\overline{n}|i =$ 按 n 期及利率 i 計算每元年金現值（查年金現值表）

四、債券發行價格計算釋例

設大業公司於民國 88 年 1 月 1 日，發行 4 年期票面利率 5% 債券 1,000 張，每張面額\$1,000，每年於 1 月 1 日付息一次。

1.債券平價發行(bonds issued at par value)：當債券的市場利率等於名義利率時，債券應按平價發行。設上述大業公司之例，如同類型債券的市場利率為 5%，此時 $i = r$，債券應按平價發行，其計算方法如下:

$$P = F \cdot r \cdot P\,\overline{n}|i + M^*(1+i)^{-n}$$

$$= \$1,000,000 \times 0.05 \times P\,\overline{4}|0.05 + \$1,000,000(1+0.05)^{-4}$$

$$= \$50,000 \times 3.54595050 + \$1,000,000 \times 0.82270247$$

$$= \$177,297.53 + \$822,702.47$$

$$= \$1,000,000$$

$^*M = F$

設如大業公司所發行的債券，每年於 7 月 1 日及 1 月 1 日分兩次付息時，則付息次數為 8 次 $(n = 2 \times 4)$，市場利率與名義利率每半年均

為 2.5% (5% ÷ 2)。其計算所得的結果亦相同。茲列示其計算如下:

$$P = F \cdot r \cdot P\overline{n}|i + M(1+i)^{-n}$$

$$= \$1,000,000 \times 0.025 \times P\overline{8}|0.025 + \$1,000,000(1+0.025)^{-8}$$

$$= \$25,000 \times 7.17013717 + \$1,000,000 \times 0.82074657$$

$$= \$179,253.43 + \$820,746.57$$

$$= \$1,000,000$$

2.債券折價發行(bonds issued at discounted): 當債券的市場利率大於其名義利率時, 債券應按折價發行。設上述大業公司之例, 如市場上同類型債券的市場利率為 6%, 此時 $i > r$, 則債券應按折價發行, 其計算方法如下:

$$P = F \cdot r \cdot P\overline{n}|i + M(1+i)^{-n}$$

$$= \$1,000,000 \times 0.05 \times P\overline{4}|0.06 + \$1,000,000(1+0.06)^{-4}$$

$$= \$50,000 \times 3.46510561 + \$1,000,000 \times 0.79209366$$

$$= \$173,255.28 + \$792,093.66$$

$$= \$965,348.94$$

設如大業公司所發行的債券, 每年於 7 月 1 日及 1 月 1 日分兩次付息時, 則付息次數為 8 次 ($n = 2 \times 4$), 市場利率等於3% (6% ÷ 2), 名義利率等於 2.5% (5% ÷ 2), 則發行日債券的發行價格應計算如下:

$$P = F \cdot r \cdot P\overline{n}|i + M(1+i)^{-n}$$

$$= \$1,000,000 \times 0.025 \times P\overline{8}|0.03 + \$1,000,000(1+0.03)^{-8}$$

$$= \$25,000 \times 7.01969219 + \$1,000,000 \times 0.78940923$$

$$= \$175,492.30 + \$789,409.23$$

$$= \$964,901.53$$

3.債券溢價發行(bonds issued at premium)：當債券的市場利率小於其名義利率時，債券應按溢價發行。設上述大業公司之例，如市場上同類型債券的市場利率為 4%，此時 $i < r$，則債券應按溢價發行，其計算方法如下：

$$P = F \cdot r \cdot P\overline{n}|i + M(1+i)^{-n}$$

$$= \$1,000,000 \times 0.05 \times P\overline{4}|0.04 + \$1,000,000(1+0.04)^{-4}$$

$$= \$50,000 \times 3.629895 + \$1,000,000 \times 0.85480419$$

$$= \$181,494.75 + \$854,804.19$$

$$= \$1,036,298.94$$

設如大業公司所發行的債券，每年於 7 月 1 日及 1 月 1 日各付息一次時，則付息次數為 8 次 $(n = 2 \times 4)$，市場利率等於2% (4% ÷ 2)，名義利率等於 2.5% (5% ÷ 2)，則發行日債券的發行價格應計算如下：

$$P = F \cdot r \cdot P\overline{n}|i + M(1+i)^{-n}$$

$$= \$1,000,000 \times 0.025 \times P\overline{8}|0.02 + \$1,000,000(1+0.02)^{-8}$$

$$= \$25,000 \times 7.325481 + \$1,000,000 \times 0.85349037$$

$$= \$183,137.03 + \$853,490.37$$

$$= \$1,036,627.40$$

上面有關債券平價、折價，或溢價發行價格的計算方法，係將債券未來各期間的利息及到期值，按發行日之市場利率予以折現而得的現在價值。另一種方法，稱為查表法，只要以債券的名義利率及市場利率去查閱債券價格表即可；債券價格表係根據上述相同方法計算而得，彙列於一表，以備應用。茲列示 4 年期每半年付息一次之部份債券價格表於表 19-1。

表 19-1　每百元債券價格表
（4 年期每半年付息一次）

年利率 (%)	名義利率（票面利率）						
	3%	$3\frac{1}{2}$%	4%	$4\frac{1}{2}$%	5%	6%	7%
4.00	96.34	98.17	100.00	101.83	103.66	107.33	110.99
4.10	95.98	97.81	99.63	101.46	103.29	106.94	110.60
4.125	95.89	97.72	99.54	101.37	103.20	106.85	110.50
4.20	95.62	97.45	99.27	101.09	102.92	106.56	110.21
4.25	95.45	97.27	99.09	100.91	102.73	106.38	110.02
4.30	95.27	97.09	98.91	100.73	102.55	106.19	109.83
4.375	95.00	96.82	98.64	100.45	102.27	105.90	109.54
4.40	94.92	96.73	98.55	100.36	102.18	105.81	109.44
4.50	94.56	96.38	98.19	100.00	101.81	105.44	109.06
4.60	94.21	96.02	97.83	99.64	101.45	105.06	108.68
4.625	94.13	95.93	97.74	99.55	101.36	104.97	108.58
4.70	93.87	95.67	97.47	99.28	101.08	104.69	108.30
4.75	93.69	95.49	97.30	99.10	100.90	104.51	108.11
4.80	93.52	95.32	97.12	98.92	100.72	104.32	107.92
4.875	93.26	95.06	96.85	98.65	100.45	104.04	107.64
4.90	93.17	94.97	96.77	98.56	100.36	103.95	107.54
5.00	92.83	94.62	96.41	98.21	100.00	103.59	107.17
5.10	92.49	94.28	96.06	97.85	99.64	103.22	106.80
5.125	92.40	94.19	95.98	97.77	99.55	103.13	106.70
5.20	92.15	93.93	95.72	97.50	99.29	102.86	106.43
5.25	91.98	93.76	95.54	97.33	99.11	102.67	106.24
5.30	91.81	93.59	95.37	97.15	98.93	102.49	106.06
5.375	91.55	93.33	95.11	96.89	98.67	102.22	105.78
5.40	91.47	93.25	95.02	96.80	98.58	102.13	105.69
5.50	91.13	92.91	94.68	96.45	98.23	101.77	105.32
5.625	90.71	92.48	94.25	96.02	97.79	101.33	104.86
5.75	90.30	92.06	93.83	95.59	97.35	100.88	104.41
5.875	89.88	91.64	93.40	95.16	96.92	100.44	103.96
6.00	89.47	91.23	92.98	94.74	96.49	100.00	103.51

市場利率（實際利率）

表 19-1 每百元債券價格表的應用方法，吾人可分二點說明如下：

其一、設如大業公司債券的名義利率為 5%，發行日市場利率如為 6%，4 年期每年付息二次，發行 1,000 張，每張面值$1,000。由於本釋例之債券為 4 年期，每年付息二次，可應用表 19-1 迅速計算債券發行價格如下：

$$\$96.49 \times \frac{\$1,000}{\$100} \times 1,000 = \$964,900$$

其二、設如上述大業公司債券的名義利率為 5%，發行日市場利率如為 4%，則應用表 19-1 計算債券發行價格如下：

$$\$103.66 \times \frac{\$1,000}{\$100} \times 1,000 = \$1,036,600$$

19-4 債券發行的會計處理

債券發行的時間，有的按債券記載日，如期發行，有的則於兩付息日之間發行。

設大業公司於民國 88 年 1 月1 日，發行 4 年期債券 1,000 張，每張面額$1,000，票面利率 5%，每半年付息一次，全部收到現金。

一、債券按票面記載日如期發行

1.平價發行：

設市場利率 5%，此時 $i = r$，債券按平價發行的分錄如下：

現金	1,000,000	
應付債券*		1,000,000

*也可貸記「應付公司債」科目。

2.折價發行：

設市場利率 6%，此時 $i > r$，債券按折價發行的分錄如下：

現金	964,901.53	
債券折價	35,098.47	
應付債券		1,000,000

3.溢價發行:

設市場利率 4%，此時 $i < r$，債券按溢價發行的分錄如下:

現金	1,036,627.40	
應付債券		1,000,000.00
債券溢價		36,627.40

二、債券遲延發行 — 兩付息日間發行

　　債券常於兩付息日之間發行，此時應計算原預定發行日（或上次付息日）至實際發行日之間的應計利息。蓋債券係按約定利率支付全部利息，而不問債券之實際發行日為何。因此，債券遲延發行的應計利息，由投資者預先付給發行者，而加入於債券發行價格之內。設上述大業公司的債券全部遲延至 88 年 5 月 1 日才發行。

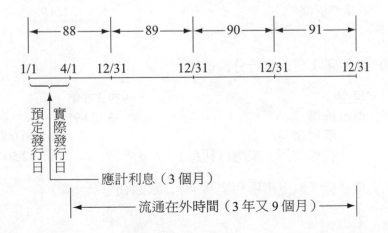

1.平價發行（假定市場利率與票面利率均為 5%）：

應計利息（名義利息）：

$$\$1,000,000 \times 5\% \times \frac{3}{12} = \$12,500$$

88 年 4 月 1 日之發行分錄：

現金	1,012,500	
應付債券		1,000,000
利息費用（或應付利息）		12,500

2.折價發行（假定市場利率為 6%，票面利率為 5%）：

債券票面價值		$1,000,000.00
加：應計利息：$1,000,000 \times 5\% \times \frac{3}{12}$		12,500.00
合計		$1,012,500.00
減：實際現金收入數：		
88 年 1 月 1 日現值 　（計算過程已如前述）	$964,901.53	
加：實際利息：		
$964,901.53 \times 6\% \times \frac{3}{12}$	14,473.52	979,375.05
債券折價		$　33,124.95

88 年 4 月 1 日之發行分錄：

現金	979,375.05	
債券折價	33,124.95	
應付債券		1,000,000.00
利息費用（或應付利息）		12,500.00

3.溢價發行（假定市場利率為 4%，票面利率為 5%）：

實際現金收入數:

88 年 1 月 1 日現值　　　　　　 $1,036,627.40
　（計算過程已如前述）
加: 實際利息:

$1,036,627.40 \times 4\% \times \dfrac{3}{12}$　 10,366.27　$1,046,993.67

減: 債券票面價值及應計利息:
債券票面價值　　　　　　 $1,000,000.00
加: 應計利息　　　　　　 12,500.00　 1,012,500.00
債券溢價　　　　　　　　　　　　 $　 34,493.67

88 年 4 月 1 日之發行分錄:

現金　　　　　　　　　　 1,046,993.67
　應付債券　　　　　　　　　　　　 1,000,000.00
　利息費用（或應付利息）　　　　　 12,500.00
　債券溢價　　　　　　　　　　　　 34,493.67

19–5　債券折價與溢價的攤銷

　　債券的發行人與投資人, 對於債券利息之多寡, 應以市場利率高低為依歸, 雙方才不會吃虧; 當市場利率高於票面利率時, 債券應按折價發行, 發行人以日後少付利息的利益, 來補償發行時折價的損失; 反之, 投資人以購買折價的利益, 來補貼日後少收利息的損失; 因此, 債券折價的攤銷, 乃將債券發行時的折價金額, 按有系統的方法, 合理地分攤於債券存續期間內, 藉以調節各存續期間的利息金額。同理, 當市場利率低於票面利率時, 債券應按溢價發行; 債券溢價應如同債券折價一樣, 按有系統及合理的方法, 分攤於債券存續期間內。

　　債券折價與溢價的攤銷方法, 通常有二: (1)直線法, (2)利息法; 茲分別舉例說明之。

一、直線法 (straight-line method)

在直線法之下，每期應攤銷債券折價或溢價的金額，係以債券折價或溢價總額，除以債券自發行日至到期日之期間，而求得其平均數，故又稱為平均法。

採用直線法時，在實務上通常選擇一項最小的時間單位，俾便於計算工作；例如選擇「月」、「季」、「半年」等；當債券於兩付息期間內發行時，可應用最小時間單位的債券折價或溢價金額，按其倍數關係計算當期應分攤的金額，極為簡便。

　1.債券折價攤銷：

設大業公司於 88 年 1 月 1 日發行 5% 債券 1,000 張，每張面值 $1,000，4 年到期，每半年付息一次，市場利率 6%。

88 年 1 月 1 日：

現金	964,901.53	
債券折價	35,098.47	
應付債券		1,000,000.00

88 年 7 月 1 日：

利息費用	29,387.31	
債券折價		4,387.31
現金		25,000.00

$$\$1,000,000 \times 5\% \times \frac{6}{12} = \$25,000; \quad \$35,098.47 \div (4 \times 2) = \$4,387.31$$

88 年 12 月31 日：

利息費用	29,387.31	
債券折價		25,000.00
應付利息		4,387.31

89 年 1 月 1 日：

應付利息	25,000.00	
現金		25,000.00

茲列示債券折價的攤銷表如表 19-2。

表 19-2　債券折價攤銷表——直線法

債券面額$1,000,000，4 年到期，每半年付息一次
市場利率 6%，名義利率 5%

期　　別	利息費用	支付利息	債券折價攤銷	未 攤 銷 債券折價	債券帳面價值
88.1.1				$35,098.47	$ 964,901.53
88.7.1	$ 29,387.31	$ 25,000	$ 4,387.31	30,711.16	969,288.84
88.12.31	29,387.31	25,000	4,387.31	26,323.85	973,676.15
89.7.1	29,387.31	25,000	4,387.31	21,936.54	978,063.46
89.12.31	29,387.31	25,000	4,387.31	17,549.23	982,450.77
90.7.1	29,387.31	25,000	4,387.31	13,161.92	986,838.08
90.12.31	29,387.31	25,000	4,387.31	8,774.61	991,225.39
91.7.1	29,387.31	25,000	4,387.31	4,387.30	995,612.70
91.12.31	29,387.30	25,000	4,387.30	–0–	1,000,000.00
合　計	$235,098.47	$200,000	$35,098.47		

2.債券溢價攤銷：

　設大業公司於 88 年 1 月 1 日發行 5% 債券 1,000 張，每張$1,000，4 年到期，每半年付息一次，市場利率 4%。

　88 年 1 月 1 日：

現金	1,036,627.40	
應付債券		1,000,000.00
債券溢價		36,627.40

　88 年 7 月 1 日：

利息費用	20,421.57	
債券溢價	4,578.43	
現金		25,000.00

$$\$1,000,000 \times 5\% \times \frac{6}{12} = \$25,000; \quad \$36,627.40 \div (4 \times 2) = \$4,578.43$$

88 年 12 月 31 日:

利息費用	20,421.57	
債券溢價	4,578.43	
應付利息		25,000.00

89 年 1 月 1 日:

| 應付利息 | 25,000.00 | |
| 　現金 | | 25,000.00 |

茲列示債券溢價的攤銷表如表 19-3。

表 19-3 債券溢價攤銷表──直線法

債券面額$1,000,000, 4 年到期, 每半年付息一次
市場利率 4%, 名義利率 5%

日　　期	利息費用	支付利息	債券溢價攤銷	未 攤 銷 債券溢價	債券帳面價值
88.1.1				$36,627.40	$1,036,627.40
88.7.1	$ 20,421.57	$ 25,000	$ 4,578.43	32,048.97	1,032,048.97
88.12.31	20,421.57	25,000	4,578.43	27,470.54	1,027,470.54
89.7.1	20,421.57	25,000	4,578.43	22,892.11	1,022,892.11
89.12.31	20,421.57	25,000	4,578.43	18,313.68	1,018,313.68
90.7.1	20,421.57	25,000	4,578.43	13,735.25	1,013,735.25
90.12.31	20,421.57	25,000	4,578.43	9,156.82	1,009,156.82
91.7.1	20,421.57	25,000	4,578.43	4,578.39	1,004,578.39
91.12.31	20,421.61	25,000	4,578.39	–0–	1,000,000.00
合　　計	$163,372.60	$200,000	$36,627.40		

以上所列示平均法之債券折價與溢價攤銷表，係假定債券按票面記載日如期發行；如債券遲延發行時，則債券折價或溢價金額，應平均分攤於自遲延發行日起，至到期日止之剩餘期間內。

設大業公司於 88 年 4 月 1 日，發行 5% 債券1,000 張，每張$1,000，4 年到期，每半年付息一次，市場利率 6%；採用平均法之攤銷分錄如下：

88 年 4 月 1 日：

現金	979,375.05	
債券折價	33,124.95	
應付債券		1,000,000.00
利息費用		12,500.00

88 年 7 月 1 日：

利息費用	27,208.33	
債券折價		2,208.33
現金		25,000.00

$33,124.95 \div 45(48 - 3) = \$736.11; \quad \$736.11 \times 3 = \$2,208.33$

88 年 12 月31 日：

利息費用	29,416.66	
債券折價		4,416.66
現金		25,000.00

$\$736.11 \times 6 = \$4,416.66$

89 年 1 月 1 日：

應付利息	25,000.00	
現金		25,000.00

茲列示債券遲延發行時之折價攤銷表如表 19–4。

表 19-4　債券折價攤銷表——遲延發行——直線法

債券面額$1,000,000，4 年到期，每半年付息一次
市場利率 6%，名義利率 5%，88 年 4 月 1 日發行

期　　別	利息費用	支付利息	債券折價攤銷	未 攤 銷 債券折價	債券帳面價值
88.4.1				$33,124,95	$　966,875.05
88.7.1	$ 27,208.33	$ 25,000	$ 2,208.33	30,916.62	969,083.38
88.12.31	29,416.66	25,000	4,416.66	26,499.96	973,500.04
89.7.1	29,416.66	25,000	4,416.66	22,083.30	977,916.70
89.12.31	29,416.66	25,000	4,416.66	17,666.64	982,333.36
90.7.1	29,416.66	25,000	4,416.66	13,249.98	986,750.02
90.12.31	29,416.66	25,000	4,416.66	8,833.32	991,166.68
91.7.1	29,416.66	25,000	4,416.66	4,416.66	995,583.34
91.12.31	29,416.66	25,000	4,416.66	–0–	1,000,000.00
合　　計	$233,124.95	$200,000	$33,124.95		

在採用平均法之下，債券遲延發行的溢價攤銷方法，也如同折價攤銷方法一樣，不再贅述。

二、利息法 (interest method)

利息法係以固定的市場利率，乘以付息日的期初帳面價值，求得實際的利息費用，使與所支付的利息費用相互比較後，求得兩者之差額，即為每期應攤銷的債券折價或溢價數額。採用利息法之目的，在於使每期計算所獲得的利息費用，剛好等於每期實際支付的利息加（減）每期攤銷折價（溢價）之和（差）；吾人可用公式表達如下：

債券折價發行：期初債券帳面價值 $\times i =$ 利息費用
　　　　　　　$=$ 利息付現 $+$ 折價攤銷
債券溢價發行：期初債券帳面價值 $\times i =$ 利息費用
　　　　　　　$=$ 利息付現 $-$ 溢價攤銷

1.債券折價攤銷:

設大業公司於 88 年 1 月 1 日發行 5% 債券 1,000 張, 每張$1,000, 4 年到期, 每半年付息一次, 市場利率 6%。

88 年 1 月 1 日:

現金	964,901.53	
債券折價	35,098.47	
應付債券		1,000,000.00

88 年 7 月 1 日:

利息費用	28,947.05	
債券折價		3,947.05
現金		25,000.00

$$\$964,901.47 \times 6\% \times \frac{6}{12} = \$28,947.05$$

$$\$28,947.05 - \$25,000 = \$3,947.05$$

88 年 12 月 31 日:

利息費用	29,065.46	
債券折價		4,065.46
應付利息		25,000.00

$$(\$964,901.53 + \$3,947.05) \times 6\% \times \frac{6}{12} = \$29,065.46$$

89 年 1 月 1 日:

應付利息	25,000.00	
現金		25,000.00

茲列示利息法之債券折價攤銷表如表 19-5。

表 19-5 債券折價攤銷表——利息法

債券面額$1,000,000，4 年到期，每半年付息一次
市場利率6%，名義利率 5%，88 年 1 月 1 日發行

期　　別	利息費用	支付利息	債券折價攤銷	未 攤 銷 債券折價	債券帳面價值
88.1.1				$35,098.47	$　964,901.53
88.7.1	$ 28,947.05	$ 25,000	$ 3,947.05	31,151.42	968,848.58
88.12.31	29,065.46	25,000	4,065.46	27,085.96	972,914.04
89.7.1	29,187.42	25,000	4,187.42	22,898.54	977,101.46
89.12.31	29,313.04	25,000	4,313.04	18,585.50	981,414.50
90.7.1	29,442.44	25,000	4,442.44	14,143.06	985,856.94
90.12.31	29,575.71	25,000	4,575.71	9,567.35	990,432.65
91. 7. 1	29,712.98	25,000	4,712.98	4,854.37	995,145.63
91.12.31	29,854.37	25,000	4,854.37	–0–	1,000,000.00
合　計	$235,098.47	$200,000	$35,098.47		

2.債券溢價攤銷：

設大業公司於 88 年 1 月 1 日發行 5% 債券 1,000 張，每張$1,000，4 年到期，每半年付息一次，市場利率 4%。

88 年 1 月 1 日：

現金	1,036,627.40	
應付債券		1,000,000.00
債券溢價		36,627.40

88 年 7 月 1 日：

利息費用	20,732.55	
債券溢價	4,267.45	
現金		25,000.00

$$\$1,036,627.40 \times 4\% \times \frac{6}{12} = \$20,732.55$$

$$\$25,000 - \$20,732.55 = \$4,267.45$$

88 年 12 月31 日：

利息費用	20,647.20	
債券溢價	4,352.80	
應付利息		25,000.00

$$(\$1,036,627.40 - \$4,267.45) \times 4\% \times \frac{6}{12} = \$20,647.20$$

89 年 1 月 1 日:

應付利息	25,000.00	
現金		25,000.00

茲列示利息法的債券溢價攤銷表如表 19–6。

表 19–6　債券折價攤銷表——利息法

債券面額$1,000,000，4 年到期，每半年付息一次
市場利率4%，名義利率 5%，88 年 1 月 1 日發行

期　　別	利息費用	支付利息	債券溢價攤銷	未 攤 銷 債券溢價	債券帳面價值
88.1.1				$36,627.40	$1,036,627.40
88.7.1	$ 20,732.55	$ 25,000	$ 4,267.45	32,359.95	1,032,359.95
88.12.31	20,647.20	25,000	4,352.80	28,007.15	1,028,007.15
89.7.1	20,560.14	25,000	4,439.86	23,567.29	1,023,567.29
89.12.31	20,471.35	25,000	4,528.65	19,038.64	1,019,038.64
90.7.1	20,380.77	25,000	4,619.23	14,419.41	1,014,419.41
90.12.31	20,288.39	25,000	4,711.61	9,707.80	1,009,707.80
91.7.1	20,194.16	25,000	4,805.84	4,901.96	1,004,901.96
91.12.31	20,098.04	25,000	4,901.96	–0–	1,000,000.00
合　　計	$163,372.60	$200,000	$36,627.40		

以上所列示利息法的債券折價與溢價攤銷表，係假定債券按票面記載日如期發行；如債券遲延發行時，則債券折價或溢價金額，應按利息法分攤於自遲延發行日起，至到期日止的剩餘期間內。

設大業公司於 88 年 4 月 1 日，發行 5% 債券1,000 張，每張$1,000，

4 年到期，每半年付息一次，市場利率 6%；採用利息法之攤銷分錄如下：

88 年 4 月 1 日：

現金	979,375.05	
債券折價	33,124.95	
應付債券		1,000,000.00
利息費用		12,500.00

88 年 7 月 1 日：

利息費用	26,973.52	
債券折價		1,973.52
現金		25,000.00

$$\$964,901.53 \times 6\% \times \frac{3}{12} = \$14,473.52$$

$$\$14,473.52 - \$12,500 = \$1,973.52$$

（蓋利息係每半年計算一次，故此處應以 88 年 1 月 1 日債券帳面價值為計算利息的根據）

88 年 12 月 31 日：

利息費用	29,065.46	
債券折價		4,065.46
應付利息		25,000.00

$$(\$966,875.05 + \$1,973.52) \times 6\% \times \frac{6}{12} = \$29,065.46$$

89 年 1 月 1 日：

應付利息	25,000.00	
現金		25,000.00

茲列示在利息法之下，債券遲延發行的折價攤銷表如表 19–7。

表 19-7　債券折價攤銷表——遲延發行——利息法

債券面額$1,000,000，4 年到期，每半年付息一次
市場利率6%，名義利率 5%，88 年 4 月 1 日發行

日　　　期	利息費用	支付利息	債券折價攤銷	未攤銷債券折價	債券帳面價值
88.4.1				$33,124.95	$ 966,875.05
88.7.1	$ 26,973.52	$ 25,000	$ 1,973.52	31,151.43	968,848.57
88.12.31	29,065.46	25,000	4,065.46	27,085.97	972,914.03
89.7.1	29,187.42	25,000	4,187.42	22,898.55	977,101.45
89.12.31	29,313.04	25,000	4,313.04	18,585.51	981,414.49
90.7.1	29,442.44	25,000	4,442.44	14,143.07	985,856.93
90.12.31	29,575.71	25,000	4,575.71	9,567.36	990,432.64
91.7.1	29,712.98	25,000	4,712.98	4,854.38	995,145.62
91.12.31	29,854.38	25,000	4,854.38	–0–	1,000,000.00
合　　計	$233,124.95	$200,000	$33,124.95		

　　在採用利息法之下，債券遲延發行的溢價攤銷方法，也如同折價攤銷方法一樣，不再贅述。

三、直線法與利息法的比較

　　直線法的特點，在於每期所攤銷的折價或溢價均相同；此法計算簡單，故為一般實務上所廣泛採用。但直線法最大的缺點在於無法反映每期債券的實際利息數額，遂使債券的帳面價值發生偏差。

　　利息法的特點，在於每期所攤銷的折價或溢價數額，隨攤銷期間之經過而遞增。蓋於債券折價時，債券現值與日俱增，據此乘以固定的市場利率時，則按此法所求得的利息費用也逐漸增加；故以此項遞增的實際利息費用，經扣除每期所支付固定利息費用的差額（亦即折價攤銷數額），乃呈現遞增的趨勢。於債券溢價時，債券現值逐日遞減，據此乘以固定的市場利率時，則按此法所求得的實際利息費用也逐漸減少；故

以每期所支付的固定利息費用，經扣除遞減之實際利息費用的差額（亦即溢價攤銷數額），乃呈現遞增的趨勢。

茲根據表 19–5，用圖形顯示在利息法之下對於債券折價攤銷遞增的情形如下：

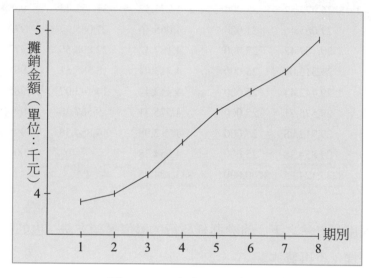

圖 19–1　債券折價遞增

會計原則委員會於 1971 年 8 月頒佈第21 號意見書 (APB Opinion No. 21, par. 15)，對於債券折價與溢價之攤銷，作成下列結論：「凡依本委員會的要求，必須按設定利率予以折現的債券，其面值與現值之差額，應根據折價或溢價方式處理，並將其攤銷於債券存續的各期間內，當為利息費用（或收入）；上項攤銷的方法，係以每期債券的期初帳面價值，乘以固定利率後，求得當期的利息費用（收入），再與當期實際支付（收入）的利息金額比較，其差額即為當期攤銷金額；此種攤銷方法乃本委員會於第 12 號意見書所主張的『利息法』；然而，如採用其他攤銷方法所獲得的結果，與利息法相差不大時，仍可適用。」

由上述說明可知，採用利息法攤銷債券折價或溢價，能符合一般公認的會計原則；但如果採用平均法或其他方法所計算的結果，與利息法的計算結果相差不大時，仍然可被接受。

19–6　債券發行成本

一、債券發行成本概述

債券發行成本 (bond issue costs) 包括律師費、會計師費、公證費、承銷人佣金及保證費用、登記費、印刷費、廣告費及其他與債券發行有關的各項成本，統稱為債券發行成本。

根據會計原則委員會第 21 號意見書 (APB Opinion No. 21, par. 16) 指出：「債券發行成本屬於遞延借項，在資產負債表內，應列報於遞延借項項下。」

因此，過去對於債券發行成本，均認為是一項遞延資產，應按合理的方法，攤銷於債券的存續期間內，逐期攤轉為費用；至於未攤銷的部份，則列為遞延借項（資產）。

然而，自從財務會計準則委員會於 1985 年 12 月，頒佈第 6 號財務會計觀念聲明書 25 段 (SFAC Statement No. 6, par. 25) 指出：「資產乃某特定營業個體所取得或控制之未來可能經濟效益，此等經濟效益乃過去業已發生之交易或事項所產生。」該項聲明書 237 段 (SFAC Statement No. 6, par. 237) 又指出：「債券發行成本因未能提供未來的經濟效益，故不屬於資產的範疇，可作為費用項目或抵減相關的負債；事實上，債券發行成本已減少債券的現金收入，並已提高債券的實際利率，可視同債券折價處理。然而，債券發行成本也可視為債券發行期間的費用項目。」

由此可知，現代的會計理論，已改變過去將債券發行成本當為資產的作法，而當為費用項目或視同債券折價一樣，作為應付債券的抵銷帳戶。

二、債券發行成本會計處理釋例

現代會計對於債券發行成本的處理方法有二：(1)當為費用項目；(2)作為應付債券的抵銷帳戶。

設大業公司於 88 年 1 月 1 日發行 5% 債券 1,000 張，每張$1,000，4 年到期，每半年付息一次，市場利率 6%，發生債券發行成本$24,000。

1.當為費用項目：

88 年 1 月 1 日：

債券發行費用	24,000	
現金（或其他應付款）		24,000

上項「債券發行費用」，於債券發行之年度，一次列為費用，不予逐期攤轉為費用，可節省帳務處理手續；如債券發行成本金額微小時，可採用此法。

2.作為應付債券的抵銷帳戶：

債券發行成本如視同債券折價一樣，應逐期加以攤銷；未攤銷部份，於期末編製資產負債表時，列報為應付債券的抵銷帳戶。債券發行成本的攤銷方法有二：(1)直線法；(2)利息法。

茲沿用上述大業公司之例，將債券發行成本$24,000 按直線法攤銷時，列示其有關分錄如下：

88 年 1 月 1 日：

債券發行成本	24,000	
現金（或其他應付款）		24,000

88 年 6 月 30 日/12 月 31 日：

債券發行費用　　　　　　　　　　　　　　　3,000

　　債券發行成本　　　　　　　　　　　　　　　　　3,000

　　　$24,000 \div (4 \times 2) = \$3,000$

88 年 12 月31 日之資產負債表：

負債：
　長期負債：
　　應付債券　　　　　　　　　　　$1,000,000.00
　　減：債券折價（請參閱表 19–2）　　(26,323.85)
　　　　債券發行成本　　　　　　　　(18,000.00)　$955,676.15

　　續後年度可類推處理；至於採用利息法攤銷債券發行成本時，可比照上述利息法攤銷債券折價的處理方法，此處不再贅述。

19–7　附認股證債券

　　債券發行公司為吸引投資人，常於債券發行時，即附有認股證 (stock warrants)，賦予持有人於特定期間內，得按一定價格認購發行公司普通股的權利；一般言之，發行公司通常賦予認股證持有人，按低於普通股市價認購，故附認股證具有價值存在。

　　附認股證債券的會計處理方法，胥視所附認股證是否可分離而定。關於附可分離認股證債券與附不可分離認股證債券的會計處理方法，財務會計準則有下列明確的規定。

　　會計原則委員會於 1969 年 3 月，頒佈第 14 號意見書 (APB Opinion No. 14, par. 16) 指出：「本委員會的結論認為，凡發行附可分離認股證債券之價格，應分攤一部份至認股證，屬於股東權益的資本公積 (paid-in capital) 性質；此項分攤，應以債券發行時，兩種證券的相對公平價值 (relative fair value) 比例為分攤基礎；對該項債券發行所產生的任何折價

或溢價，以及因行使認股證權利而可能使債券（附可分離認股證）中途解約時，也應比照上項會計處理原則辦理。然而，當所附認股證與債券不可分離，以及因行使認股證權利而必須放棄債券時，此兩種情況撮合在一起的證券，實質上等於發行可轉換債券一樣，均應比照本意見書所規定之可轉換債券的會計原則處理。」

一、附可分離認股證債券 (bonds with detachable stock warrants)

發行附可分離認股證債券時，發行公司應按下列會計原則處理：

1.債券發行的全部價格，應按發行時債券與認股證的相對公平價值比例分攤，分別列入「應付債券」與「認股證」帳戶；認股證屬於股東權益的一部份。

2.債券發行價格分攤於債券的部份，與債券面值的差額，應列為債券折價或溢價，並攤銷於債券發行日至到期日的期間內。

3.附可分離認股證債券發行成本，也要按債券與認股證的相對公平價值比例分攤；其攤入債券的部份，列入「債券發行成本」，應按合理及有系統的方法分攤；其攤入認股證的部份，應借記「認股證」帳戶。

4.行使認股證時，其行使價格與認股證帳面價值，視為股本的發行價格；如發行價格超過股本面值的部份，視為股本發行溢價，應列入「資本公積——股本溢價」科目；如發行價格低於股本面值的部份，應以保留盈餘彌補之。

5.認股證逾期未行使權利而失效的部份，應轉入「資本公積——捐贈盈餘」科目。

釋例一：

羅福公司於 1995 年 1 月 1 日，發行 5 年期，每年付息一次，利率 6% 附可分離認股證債券 1,000 張，每張面值$1,000，依面值十足發行；

每張債券附有認股證10 單位，每單位認股證可按每股$12（普通股每股面值$10，市價$16.10），於債券發行滿 4 年後之半年內，可認購普通股一股；發行日每張債券公平市價$959，每單位認股證公平價值$4.10；此外，該公司耗用債券發行成本$149,850；已知同類型債券之市價利率為 7%。

1995 年 1 月 1 日：

現金	1,000,000	
債券折價	41,000	
應付債券		1,000,000
認股證		41,000

$$\$1,000,000 \times \frac{\$959,000}{\$959,000 + \$41,000} = \$959,000（攤入債券部份）$$

$$\$1,000,000 \times \frac{\$41,000}{\$959,000 + \$41,000} = \$41,000（攤入認股證部份）$$

債券發行成本	115,080	
認股證	4,920	
現金		120,000

$$\$120,000 \times \frac{\$959,000}{\$959,000 + \$41,000} = \$115,080（攤入債券部份）$$

$$\$120,000 \times \frac{\$41,000}{\$959,000 + \$41,000} = \$4,920（攤入認股權部份）$$

1995 年 12 月 31 日：

利息費用	67,130	
應付利息		60,000
債券折價		7,130

$\$959,000 \times 7\% = \$67,130; \ \$1,000,000 \times 6\% = \$60,000$

$\$67,130 - \$60,000 = \$7,130（債券折價攤銷）$

公司債發行費用	23,016	
公司債發行成本		23,016

$\$115,080 \div 5 = \$23,016$

茲列示上項附可分離認股證債券折價攤銷表如表 19-8。

表 19-8　附可分離認股證債券折價攤銷表

（市場利率 7%；名義利率 6%）

日　　　期	利息費用	支付利息	債券折價攤銷	未攤銷債券折價	債券帳面價值
1995.1.1				$41,000	$ 959,000
1995.12.31	$ 67,130	$ 60,000	$ 7,130	33,870	966,130
1996.12.31	67,629	60,000	7,629	26,241	973,759
1997.12.31	68,163	60,000	8,163	18,078	981,922
1998.12.31	68,734	60,000	8,734	9,344	990,656
1999.12.31	69,344*	60,000	9,344	–0–	1,000,000
合　　計	$341,000	$300,000	$41,000		

*調整尾數

釋例二：

設上述羅福公司所發行附可分離認股證債券，計有 9,500 單位的認股證，於 1998 年 6 月30 日行使認購普通股；當時普通股每股市價$20；剩餘 500 單位因逾期未行使認股證權利而失效。

1998 年 6 月 30 日：

現金	114,000	
認股證	34,276	
普通股本		95,000
資本公積——普通股本溢價		53,276

$12 \times 9,500 = \$114,000$；　$10 \times 9,500 = \$95,000$

$(\$41,000 - \$4,920) \div 10,000 \times 9,500 = \$34,276$（行使認股證部份）

認股證	1,804	
資本公積——捐贈盈餘		1,804

$(\$41,000 - \$4,920) \div 10,000 \times 500 = \$1,804$（未行使認股證部份）

二、附不可分離認股證債券 (bonds with not detachable stock warrants)

　　凡發行附不可分離認股證債券時，由於債券與認股證之間，具有不可分割性，因此，發行公司應將發行債券所得款項，全部以負債入帳；如債券發行條款規定，債券持有人於行使認股證權利時，必須全部以債券抵付所認購權益證券之款項者，則與可轉換債券無異，應比照下一節所討論的可轉換債券之會計原則處理；如債券發行條款規定，債券持有人行使認股權得以債券及部份現金抵付時，在行使認股證權利之前，其性質屬於可轉換債券；當債券持有人行使認購權時，以債券部份抵付所認購權益證券者，應比照可轉換債券的會計原則處理；逾期未行使認股證權利而失效之繼續在外流通債券，則屬於一般性的債券，應按一般公認會計原則處理。

19–8　可轉換債券

一、可轉換債券概述

　　可轉換債券 (convertible debt) 係指一項債券於發行時，即附有可轉換選擇權 (convertible option)，允許債券持有人自發行屆滿一定日期後，得於特定期間內按約定的轉換價格 (convertion price) 或轉換比率 (convertion ratio)，將債券轉換為發行公司的普通股。所謂轉換價格，係指債券轉換為普通股的換算金額，此項價格通常高於發行日普通股的公平市價；至於轉換比率，係指每張債券可轉換為普通股數的比率；例如每張債券面額$1,000，可轉換為普通股 10 股，則其轉換比率為 1:10，其轉換價格為 $100 ($1,000 ÷ 10)。

可轉換債券對發行公司與債券持有人，均可各蒙其利，形成雙贏局面。就發行公司的立場而言，可轉換債券的利率較低，可減輕利息費用的負擔，此其一；發行公司的普通股一旦上揚，絕大部份的可轉換債券，將被轉換為普通股，不但債券不必償還，而且可轉換為權益資本，進而穩固公司的財務地位，此其二；在債券未轉換為普通股之前，發行公司尚可提出若干誘導辦法，例如降低轉換價格、提高轉換比率、發給額外新股認股權、現金、或其他資產等方式，以吸引債券持有人行使其轉換權，使發行公司具有極大的彈性調整空間，此其三。就債券持有人的立場而言，債券是否轉換為普通股，享有自主的選擇權利；當發行公司的普通股前景看好或股價上升時，自以轉換較為有利；反之，則不予轉換，等待債券到期時收回本息，比較具有保障性。

可轉換債券的負債與轉換權利 (conversion option) 之間，因具有不可分割性 (inseparability)，故為一項兼具債務與權益證券的混合信用工具 (complex hybrid instrument)；換言之，債券持有人如選擇將債券轉換為普通股，則必須放棄其債權；反之，債券持有人如選擇其債權，必須放棄請求轉換為普通股的權利，才能請求清償債權；一旦必須作成抉擇時，兩者只選其一，魚與熊掌不可同時兼得。

二、可轉換債券的會計處理方法

會計原則委員會第 14 號意見書 (APB Opinion No. 14, par. 12) 指出：「本委員會的結論認為，由於可轉換債券的負債與轉換權利，兩者具有不可分割性，故發行公司不得將發行所獲得款項的一部份，列為轉換權利，應全部列為負債；在達成此項結論之際，本委員會偏重負債的考量，而比較不重視實務上的困難。」

在若干情況下，可轉換債券另附有賣回條款，賦予債券持有人得要求發行公司於特定日按債券面額加計利息補償金及當期應付利息，以現

金贖回可轉換債券的權利；債券持有人如於未來行使賣回權利時，發行公司必須另支付利息補償金，使其成為一項負債；因此，凡附有賣回條款的可轉換債券，應將約定的賣回價格超過債券面額之利息補償金，於發行日至賣回期間屆滿日內，按利息法轉列為負債。屆期，債券持有人如逾期未行使賣回權時，發行公司即無支付利息補償金的義務，則上項已認列的負債，應予轉回。此外，對於附有賣回條款之可轉換債券折價或溢價，其攤銷期間應自發行日起，至行使賣回權期限屆滿日止。

可轉換債券的會計處理方法有二：(1)帳面價值法；(2)市價法。

1.帳面價值法 (book value method)：在此法之下，發行公司於債券持有人行使債券轉換權利時，應將債券於轉換日未攤折價、溢價、發行成本、應付利息、已認列利息補償金、及可轉換債券面值等，一併轉銷，以其帳面價值淨額，列為轉換普通股的入帳基礎；因此，在帳面價值法之下，不認定任何債券轉換損益。

2.市價法 (market value method)：在此法之下，發行公司於債券持有人行使債券轉換權利時，係按可轉換債券與普通股兩者之公平市價，孰者較為明確作為轉換普通股的入帳基礎；因此，在市價法之下，公平市價與可轉換債券淨額之差異，應予認定為損益，但不作為非常損益。

釋例一：

設甲公司於 1997 年 1 月 1 日發行 4 年期可轉換債券$1,000,000，利率 8%，每張債券按面額$1,000 之 106% 溢價發行；每張債券可轉換為甲公司普通股 10 股，每股面值$100，規定自債券發行後屆滿 2 年起之半年內，可行使轉換普通股的權利；假定甲公司對於債券溢價採用直線法攤銷，另悉所有債券均於屆滿 2 年時，全部行使轉換普通股的權利，當時普通股具有比較明確的公平市價每股為$120。

茲列示在二種不同的會計處理方法之下，各項有關分錄如下：

	帳 面 價 值 法	市 價 法
1997 年1 月 1 日:		
現金	1,060,000	1,060,000
應付債券	1,000,000	1,000,000
債券發行溢價	60,000	60,000
1997 年12 月 31 日:		
利息費用	65,000	65,000
債券發行溢價	15,000	15,000
應付利息	80,000	80,000
1998 年1 月 1 日:		
應付利息	80,000	80,000
現金	80,000	80,000

1998 年 12 月 31 日及 1999 年 1 月 1 日有關債券應付利息及溢價攤銷分錄，均與上述相同。

1999 年1 月 1 日:		
應付債券	1,000,000	1,000,000
債券發行溢價	30,000	30,000
債券轉換損失	–	170,000*
普通股本	1,000,000	1,000,000
資本公積——普通股本溢價	30,000	200,000**

*債券轉換損失： $\$120 \times 10,000 - \$1,030,000 = \$170,000$

**普通股發行溢價： $\$120 \times 10,000 - \$1,000,000 = \$200,000$

　　在上面二種方法之中，以帳面價值法的應用比較普遍；蓋原來債券發行與後來轉換為發行公司的普通股，乃視為同一交易事項的延續；因此，對於後來普通股的價值，應以原來發行所收到的價值，經調整未攤銷債券溢價、折價、或發行成本後之帳面價值淨額，作為評價基礎，比較合理。

　　釋例二:

　　嘉信公司於 1995 年 1 月 1 日發行 4 年期 6% 可轉換債券$1,000,000；

按票面金額十足發行，每年付息一次，並賦予債券持有人，得於債券發行屆滿 3 年後，有權要求發行公司按債券面額加計 10% 利息補償金及應計利息，以現金贖回其所持有的可轉換債券；又規定每張債券$1,000可轉換嘉信公司普通股 100 股（面值$10）；另悉該公司發生債券發行成本$20,000。

1995 年 1 月 1 日：

現金	980,000	
債券發行成本	20,000	
應付債券		1,000,000

1995 年 12 月 31 日：

利息費用	82,123	
應付利息		60,000
應付利息補償金		22,123
債券發行費用	5,000	
債券發行成本		5,000

$1,000,000 \times 8.21226\%^* = \$82,123$

$1,000,000 \times 6\% = \$60,000$

*可轉換債券之實質利率 $i = 8.21226\%$，由下列計算獲得：

$1,100,000 \times (1+i)^{-4} + \$60,000 \times P\,\overline{4}|i = \$1,000,000$

$20,000 \div 4 = \$5,000$

1996 年 1 月 1 日：

應付利息	60,000	
現金		60,000

續後年度可比照上列方法處理之。茲將上項可轉換債券之利息補償金攤銷表，彙列如表 19–9。

表 19-9　可轉換債券利息補償金攤銷表

（票面利率 6%；實質利率 8.21226%）

日　　期	借: 利息費用	貸: 應付利息	貸: 應付利息補償金	債券及應付利息補償金
1/1/95				$1,000,000
12/31/95	$ 82,123	$ 60,000	$ 22,123	1,022,123
12/31/96	83,939	60,000	23,939	1,046,062
12/31/97	85,905	60,000	25,905	1,071,967
12/31/98	88,033	60,000	28,033	1,100,000
合　　計	$340,000	$240,000	$100,000	

釋例三:

假如上述嘉信公司之例，可轉換債券持有人於 1997 年 12 月 31 日，在未收到當期債券利息及普通股除息基準日之前，持$200,000 債券請求轉換為該公司的普通股，當時普通股每股公平市價$15；茲分別按帳面價值法與市價法，列示可轉換債券的會計處理方法如下:

	帳 面 價 值 法		市　價　法	
1997 年 12 月31 日（期末時全部債券調整分錄）:				
利息費用	85,905		85,905	
應付利息		60,000		60,000
應付利息補償金		25,905		25,905
$1,046,062 \times 8.21226\% = \$85,905$				
1997 年 12 月31 日（20% 之債券持有人行使轉換權分錄）:				
應付債券	200,000		200,000	
應付利息	12,000		12,000	
應付利息補償金	14,393*		14,393	
債券轉換損失	–		74,607	
債券發行成本		1,000		1,000
普通股本		200,000**		200,000
資本公積——普通股本溢價		25,393		100,000***

$*(\$1,071,967 - \$1,000,000) \times 20\% = \$14,393$

$**(\$200,000 \div \$1,000) \times 100 \times \$10 = \$200,000$

$***\$15 \times 20,000 - \$200,000 = \$100,000$

釋例四：

假如上述嘉信公司之例，可轉換債券持有人於 1999 年 1 月 1 日，在未收到債券利息之前，持有可轉換債券$800,000，請求按債券面值加計利息補償金及當期債券利息，以現金贖回；其相關分錄如下：

1997 年 12 月 31 日：

利息費用	70,426	
應付利息		48,000
應付利息補償金		22,426

$(\$1,071,967 - \$214,393) \times 8.21226\% = \$70,426$

$\$800,000 \times 6\% = \$48,000$

1999 年 1 月 1 日：

應付利息	48,000	
應付債券	800,000	
應付利息補償金	80,000	
現金		928,000

茲將嘉信公司在轉換前之利息補償金攤銷表，列示於表 19–10。

表 19–10　可轉換債券利息補償金攤銷表
（票面利率 6%；實質利率 8.21226%）

日　　期	借: 利息費用	貸: 應付利息	貸: 應付利息補償金	債券及應付利息補償金
1/1/95				$1,000,000
12/31/95	$82,123	$60,000	$22,123	1,022,123
12/31/96	83,939	60,000	23,939	1,046,062
12/31/97	85,905	60,000	25,905	1,071,967
12/31/97	–	–	–	(214,393)
12/31/98	70,426	48,000	22,426	880,000

三、吸引轉換計劃

　　發行公司往往依可轉換債券原發行條款，另提出吸引轉換計劃，例如降低轉換價格（增加轉換股數）、發給額外認股權、發放現金或其他資產等方式，以促使可轉換債券的持有人，鼓勵其提早行使其轉換為普通股的權利。

　　財務會計準則委員會於 1985 年 3 月，頒佈第 84 號財務會計準則聲明書 (FASB Statement No.84, par.3 & 4) 指出：「當發行公司根據吸引轉換計劃，履行其可轉換債券轉換為權益證券時，應將發給的全部證券及其他資產之公平價值合計數，超過依原有轉換條款應給予之公平價值合計數部份，認列為費用；此項費用不得列為非常損益項目。」

　　「證券或其他資產的公平價值，應以該項吸引轉換計劃已被可轉換債券持有人接受之日，作為衡量的基礎；通常此項日期係指債券持有人將可轉換債券轉換為權益證券之日，或已接受某項協議約束之日。」

　　釋例一：

　　設嘉華公司於 1996 年 1 月 1 日，按面值發行 10 年期 10% 可轉換債券$1,000,000，規定每張債券面值$1,000 可轉換為該公司之普通股40股，每股轉換價格$25（每股面值$10），俟 1998 年 1 月 1 日，每張可轉換債券的市價為$1,700；普通股每股市價$40；該公司為鼓勵債券持有人提早行使其轉換權，乃根據原發行條款，提出吸引轉換計劃，規定凡於 1998 年 2 月 28 日前，轉換為普通股者，可按每股$20 之轉換價格行使轉換權利；假定共有 60% 債券持有人，於限期內行使其權利時，其有關分錄如下：

	帳 面 價 值 法	市 價 法
1998 年2 月 28 日:		
應付債券	600,000	600,000
債券發行費用	240,000	240,000
債券轉換損失		360,000
普通股本	300,000	300,000
資本公積——普通股本溢價	540,000	900,000

各項數字計算如下:

新給予債券持有人之證券公平價值: $(\$1,000 \div \$20) \times \$40 \times 600 = \$1,200,000$

原給予債券持有人之證券公平價值: $(\$1,000 \div \$25) \times \$40 \times 600 = \underline{\quad 960,000}$

額外支付金額（債券發行費用） $\underline{\$\quad 240,000}$

普通股本: $\$10 \times 50 \times 600 = \$300,000$

債券轉換損失: $(\$40 \times 50 \times 600) - \$600,000 - \$240,000 = \$360,000$

普通股本溢價: $\$1,200,000 - \$300,000 = \$900,000$

釋例二:

設如上述嘉華公司之例，惟當時普通股每股公平價值為$12，可轉換債券每張公平價值$500；假定共有 60% 債券持有人行使轉換為普通股權利，其有關分錄如下:

	帳 面 價 值 法	市 價 法
1998 年2 月 28 日:		
應付債券	600,000	600,000
債券發行費用	72,000	72,000
債券轉換利益	–	312,000
普通股本	300,000	300,000
資本公積——普通股本溢價	372,000	60,000

各項數字計算如下:

新給予債券持有人之證券公平價值: $(\$1,000 \div \$20) \times \$12 \times 600 = \$360,000$

原給予債券持有人之證券公平價值: $(\$1,000 \div \$25) \times \$12 \times 600 = \underline{\quad 288,000}$

額外支付金額（債券發行費用） $\underline{\$\quad 72,000}$

債券轉換利益（損失）: $(\$12 \times 50 \times 600) - \$600,000 - \$72,000 = (\$312,000)$

普通股本溢價: $\$360,000 - \$300,000 = \$60,000$

19-9 債券償還的會計處理

應付債券原則上應於到期時依約償還之；惟事實上，由於企業必須配合財務上的需要，或因其他緊急事故發生，致不得不提早或遲延償還（債券換新）；債券提早或遲延償還時，不免發生損益的情形；這些問題，吾人將於本節內討論之；至於債券分期償還的問題，則於次節闡述。

一、債券償還損益的認定

公司發行債券之目的，在於取得長期資金，故通常均於到期時償還之；債券到期時，所有的折價或溢價，均已攤銷完了，一般不致於發生債券償還損益的情形；然而，企業由於內部財務問題，致提早或遲延償還債券，難免發生損益的情形；此外，企業由於外界資本市場的變化，也將影響債券的償還損益：(1)當市場利率上升時，原發行債券的市價必然下降；企業如提早償還債券時，其所支付的金額將低於債券的帳面價值，致產生利益的結果。(2)當市場利率下降時，原發行債券的市價必然上升；企業如提早償還債券時，其所支付的金額將高於債券的帳面價值，致發生損失的結果。

由上述說明可知，債券償還損益，乃債券償還時，其帳面價值與市場價值的差異。

財務會計準則委員會於 1975 年 3 月頒佈第 4 號財務會計準則聲明書 (FASB Statement No. 4, par. 8) 指出：「凡由於債券償還所發生的損益，如其金額鉅大者，應歸類為非常損益項目，並列報於當年度的損益表項下，按全數列示後，再扣除或加計所得影響數。」

根據上述說明，茲列示債券償還損益在損益表的列報方法如下：

損益表：

×××	$×××
×××	×××
非常損益及會計原則變更之累積影響數前淨利	$×××

非常損益：

債券贖回損益[扣除所得稅$××或加計所得稅節省	
$××（註××）]	×××
會計原則變更之累積影響數[扣除所得稅　$××　或	
加計所得稅節省$××（註××）]	×××
稅前淨利（淨損）	$×××

二、債券到期一次償還

債券如於到期一次償還時，由於利息已按期支付，而且有關債券折價或溢價，也已攤銷完了，故通常殊少損益發生；倘若平時設有償債基金時，可將償債基金用於購買證券或作為他項轉投資之用，藉以增加償債基金收入。俟債券到期時，應將基金內的各項證券或他項轉投資，予以變現，提供償債之用；如平時未設置償債基金時，則應動用企業的流動資產償還。

設上述大業公司於民國 88 年 1 月 1 日所發行的 4 年期債券$1,000,000，於民國 92 年 1 月 1 日到期一次償還，並如數設置償債基金，屆時應分錄如下：

應付債券	1,000,000	
償債基金現金		1,000,000

如大業公司平時並未設置償債基金時，則上項貸方科目應以現金或其他流動資產代替。

三、期中贖回

　　債券於發行時，常另訂有債券贖回條款，約定可於債券到期前由發行公司按一定價格提早贖回。如債券於期中由發行公司按照約定價格予以贖回時，此項贖回價格 (call price) 通常高於債券票面金額，以示補償債券持有人之意；此項超過的部份，即為可贖回溢價 (call premium)。

　　此外，在債券存續期間，發行公司常因本身資金充裕，可直接由證券市場購回其發行流通在外的債券，並加以註銷或當作庫藏債券 (treasury bonds)。

　　債券於到期前提早收回時，不論依約定條款贖回，抑或向市場上購回註銷或庫藏，其會計處理方法均相類似，必須將其贖回價格與債券面額、未攤銷折價或溢價，以及債券發行成本，按照比例沖銷，以其差額列為贖回債券損益 (gains or losses from extinguishment of bonds)。

　　設上述大業公司於民國 88 年 1 月 1 日，按溢價發行 5% 4 年期債券 $1,000,000，每張面值$1,000，每半年付息一次（請參閱表 19–3），另附有贖回條款，約定於發行屆滿 2 年後，發行公司得按每張$1,060 的贖回價格及應計利息贖回；假定民國 90 年 4 月 1 日，該公司依約贖回 500 張債券時，其有關分錄如下：

90 年 4 月 1 日（調整分錄）：

利息費用	5,105.39	
債券溢價	1,144.61	
應付利息		6,250.00

$$\$4,578.43 \times \frac{500}{1,000} \times \frac{3}{6} = \$1,144.61$$

$$\$1,000 \times 500 \times 2.5\% \times \frac{3}{6} = \$6,250.00$$

90 年 4 月 1 日（債券贖回分錄）：

應付債券	500,000.00	
債券溢價	8,012.23*	
應付利息	6,250.00	
債券贖回損失	21,987.77	
現金		536,250.00**

* 截至89.12.31 未攤銷債券溢價： $\$18,313.68 \times \dfrac{1}{2} =$ $\quad\quad$ \$9,156.84

$\quad$ 減： 90.1.1～90.3.31 補攤銷溢價 $\quad\quad\quad\quad$ 1,144.61

$\quad$ 截至90.3.31 贖回債券未攤銷溢價 $\quad\quad\quad\quad$ $\underline{\$8,012.23}$

**支付現金： $\$1,060 \times 500 + \$6,250 = \$536,250$

四、債券換新

企業常發行新債以收回舊債，此稱為債券換新 (bond refunding)。債券換新可分為下列二種情形：

1.到期債券換新：債券到期時，企業如因資金不足，可徵得債券持有人之同意，另發行新債券以償還舊債券。在此種情況下，由於舊債券利息已如期償還，有關債券溢價、債券折價及債券發行成本等，亦已全部攤銷殆盡，故舊債券之收回與新債券的發行，將無任何損益發生，僅作下列沖轉分錄即可：

應付債券（舊）	×××	
應付債券（新）		×××

2.期中債券換新：若干公司常於下列二種情況下，在債券未到期前另發行新債券以償還舊債券：

⑴新債券可按較低的利率發行時。

⑵債券在市場上可按較低的價格收回時。

發行公司於期中發行新債券以償還舊債券時，影響債權人的權益很大，故必須事先要有契約的規定，或已徵得其同意後始可為之；一般言之，期中債券換新，往往對發行公司有利，故發行公司為補償債權人的

損失，每將收回價格略為提高，以示彌補。

期中發行新債券以償還舊債券的會計處理方法，與前述期中贖回者相同，必須將有關舊債券折價、溢價及發行成本等帳戶，一併沖銷。

設上述大業公司於民國 88 年 1 月 1 日按折價發行並依直線法攤銷之債券（請參閱表 19-2），俟民國 90 年 1 月 1 日另發行新債券 1,000 張，每張發行價格為$1,010，利率 4%，4 年到期，每半年付息一次，用於收回舊債券。該公司上項以發行新債券收回舊債券的差額，可計算如下：

新債券發行價格：$1,010 × 1,000		$1,010,000.00
舊債券帳面價值：		
票面價值	$1,000,000.00	
減：未攤銷債券折價	17,549.23	982,450.77
差額——債券換新損失		$ 27,549.23

90 年 1 月 1 日（債券換新分錄）：

應付債券（舊）	1,000,000.00	
債券換新損失	27,549.23	
債券折價（舊）		17,549.23
應付債券（新）		1,000,000.00
債券溢價（新）		10,000.00

19-10　分期償還債券

一、分期償還債券的意義

凡債券於發行條款中，約定同次發行的債券而分期償還本金者，稱

為分期（批）償還債券 (serial bonds)。

　　分期償還債券的優點，在於本金分期償還，可使發行公司一次獲得大量資金，並分次償還，化整為零，不必集中於一次償還，以免影響財務之調度；況且，債款於定期分次償還時，發行公司可運用營業上所獲得的資金流入，以資因應與配合，無需為籌措大筆償債資金而憊於奔命。此外，由於利率之高低與償還期間的長短，具有密切的關係；因此，債券如係分次償還，其票面的約定利率，自可依較低的平均利率支付之，必能減輕利息的負擔。

二、分期償還債券發行價格的決定

　　分期償還債券與一次償還的普通債券，在本質上並無不同；惟由於分期償還債券的到期日不同，故其發行價格較難決定。就理論上言之，分期償還債券的發行價格，應等於各期償付之本金以及所支付的利息費用，分別按適當的市場利率予以折現的現在價值。換言之，分期償還債券的發行價格，實等於每一不同到期日之分期償還債券，按前述一次償還普通債券計算方式所求得的發行價格之和。

　　一般言之，利率高低與債券的性質、條件及到期日長短等諸因素，具有密切的關係；因此，分期償還債券可按各別不同到期日的實際市場利率予以發行。然而在多數情況之下，分期償還債券各不同到期日的實際市場利率為未知數。故就實務上言之，分期償還債券的發行公司，通常均將其視為一項獨立的債券發行，並按綜合平均市場利率予以計算其發行價格。

　　設華欣公司於 88 年 1 月 1 日發行分期償還債券面額$100,000，利率 8%，每年付息一次，分 5 年平均償還，每年初償還$20,000；發行日平均市場利率為 5%。茲列示其發行價格之計算如下：

表 19-11　分期償還債券發行價格計算表

分 5 年平均償還，每年初償還$20,000，合計$100,000
約定利率 8%，平均市場利率 5%，每年初付息一次

日期	現　值　的　計　算	發 行 價 格	溢　　價
1	本金: $20,000 × 0.952381*	$ 19,047.62	
	利息: $1,600** × 0.952381***	1,523.81	
		$ 20,571.43	$ 571.43
2	本金: $20,000 × 0.907029	$ 18,140.58	
	利息: $1,600 × 1.859410****	2,975.06	
		$ 21,115.64	1,115.64
3	本金: $20,000 × 0.863838	$ 17,276.76	
	利息: $1,600 × 2.723248	4,357.20	
		$ 21,633.96	1,633.96
4	本金: $20,000 × 0.822702	$ 16,454.04	
	利息: $1,600 × 3.545951	5,673.52	
		$ 22,127.56	2,127.56
5	本金: $20,000 × 0.783526	$ 15,670.52	
	利息: $1,600 × 4.329477	6,927.16	
		$ 22,597.68	2,597.68
合　計		$108,046.27	$8,046.27

$*(1 + 0.05)^{-1} = 0.952381$

$**\$20,000 × 8\% = \$1,600$

$***P\overline{1}|0.05 = 0.952381$

$****P\overline{2}|0.05 = 1.859410$

餘類推之。

88 年 1 月 1 日（債券發行分錄）：

現金	108,046.27	
應付債券		100,000.00
債券溢價		8,046.27

三、分期償還債券折價與溢價的攤銷

分期償還債券與普通債券一樣，只是計算的步驟比較複雜而已；其折價或溢價的攤銷方法，約有下列二種：

1.利息法 (interest method)：分期償還債券每期的實際利息費用，實等於以債券期初之帳面餘額乘以市場利率，使與按約定利率支付的利息費用數額相互比較，求得其差額即為應分攤的債券折價或溢價數額。茲以上述華欣公司所發行的分期償還債券為例，列示其計算及有關分錄如下：

(1) 88 年 12 月 31 日溢價攤銷數額之計算：

按約定利率支付利息	$8,000.00
實際利息費用：$108,046.27* × 5%	5,402.31
溢價攤銷數額	$2,597.69

　　　　　*請參閱表 19–12。

(2) 88 年 12 月 31 日之攤銷分錄：

利息費用	5,402.31	
債券溢價	2,597.69	
應付利息		8,000.00

(3) 89 年 1 月 1 日支付第一次本金及利息分錄：

應付債券	20,000.00	
應付利息	8,000.00	
現金		28,000.00

上述係就華欣公司第一年度的帳務處理予以列示，續後各年度的會計處理方法均相同，故不再贅述。茲列示其分攤表如下：

表 19-12　分期償還債券溢價攤銷表──利息法

分 5 年平均償還，每年初償還$20,000，合計$100,000
約定利率 8%，平均市場利率 5%，每年初付息一次

年度	(1) 支付利息 本金 × 8%	(2) 利息費用 (6) × 5%	(3) 溢價攤銷 (1)-(2)	(4) 償還本金	(5) 未攤銷溢價	(6) 帳面餘額
88.1.1					$8,046.27	$108,046.27
89.1.1	$ 8,000	$ 5,402.32	$2,597.68	$ 20,000	5,448.59	85,448.59
90.1.1	6,400	4,272.43	2,127.57	20,000	3,321.02	63,321.02
91.1.1	4,800	3,166.05	1,633.95	20,000	1,687.07	41,687.07
92.1.1	3,200	2,084.36	1,115.64	20,000	571.43	20,571.43
93.1.1	1,600	1,028.57	571.43	20,000	–0–	–0–
合 計	$24,000	$15,953.73	$8,046.27	$100,000		

2.在外流通餘額比率法 (bonds-outstanding method)：此法係以每期
債券在外流通餘額，佔各年度流通總額的比例予以攤銷。

茲以上述華欣公司所發行的分期償還債券為例，列示其溢價攤銷如
表 19–13。

表 19-13　分期償還債券溢價攤銷計算表──在外流通餘額比率法

分 5 年平均償還，每年償還$20,000，合計$100,000

年度	在外流通餘額	分攤比率	溢價總額	每年應攤溢價
88	$100,000	10/30	$8,046.27	$2,682.09*
89	80,000	8/30	8,046.27	2,145.67
90	60,000	6/30	8,046.27	1,609.25
91	40,000	4/30	8,046.27	1,072.84
92	20,000	2/30	8,046.27	536.42
合 計	$300,000	1		$8,046.27

$*\$8,046.27 \times \dfrac{10}{30} = \$2,682.09$

　　根據上述分期償還債券溢價攤銷計算表，列示華欣公司分期償還債券溢價攤銷表如表 19–14。

表 19–14　分期償還債券溢價攤銷表——在外流通餘額比率法

分 5 年平均償還，每年償還$20,000，合計$100,000
約定利率 8%，平均市場利率 5%，每年初付息一次

年度	(1) 支付利息 未還本金 × 8%	(2) 溢價攤銷	(3) 利息費用 (1)–(2)	(4) 償還本金	(5) 未攤銷溢價	(6) 帳面餘款
88.1.1					$8,046.27	$108,046.27
89.1.1	$ 8,000	$2,682.09	$ 5,317.91	$ 20,000	5,364.18	85,364.18
90.1.1	6,400	2,145.67	4,254.33	20,000	3,218.51	63,218.51
91.1.1	4,800	1,609.25	3,190.75	20,000	1,609.26	41,609.26
92.1.1	3,200	1,072.84	2,127.16	20,000	536.42	20,536.42
93.1.1	1,600	536.42	1,063.58	20,000	–0–	–0–
合 計	$24,000	$8,046.27	$15,953.73	$100,000		

四、分期償還債券提早贖回

　　如分期償還債券於到期日前贖回時，應計算其未攤銷的債券折價、溢價及發行成本等，據以決定贖回債券部份的帳面價值，然後使與債券贖回價格相互比較，以計算其贖回損益。

　　設如前例華欣公司於 90 年 1 月 1 日以$22,000 贖回原預定於 93 年 1 月 1 日到期的分期償還債券面額$20,000，假定該公司對於債券溢價的攤銷，係採用流通在外餘額比率法，則債券贖回損益應計算如下：

　　1.未攤銷溢價的計算：

$$第\ 3\ 年應分配的溢價 = \$1,609.25 \times \frac{20,000}{60,000} = \$\ \ 536.42$$

$$第\ 4\ 年應分配的溢價 = \$1,072.84 \times \frac{20,000}{40,000} = \quad 536.42$$

$$第\ 5\ 年應分配的溢價 = \$\ \ 536.42 \times \frac{20,000}{20,000} = \quad \underline{536.42}$$

$$\$1,609.26$$

$$債券溢價未攤銷數 = 債券溢價總額 \times \frac{提前贖回年數 \times 債券贖回面額}{債券流通在外總數}$$

$$= \$8,046.27 \times \frac{3 \times \$20,000}{\$300,000}$$

$$= \$1,609.25$$

2.贖回債券損失之計算：

債券贖回價格		$22,000.00
減：債券帳面價值：		
債券面額	$20,000.00	
加：未攤銷債券溢價	1,609.25	21,609.25
贖回債券損失		$　390.75

3. 90 年 1 月 1 日債券贖回的會計分錄：

應付債券	20,000.00	
債券溢價	1,609.25	
贖回債券損失	390.75	
現金		22,000.00

本章摘要

　　長期負債泛指一項負債的償還期限超過一年或一個正常營業週期孰長之期間；通常包括應付債券、應付長期票據、應付租賃款及應付退休金等；本章先討論應付債券的有關會計問題。

　　應付債券的會計問題涉及債券發行時價格的決定，債券存續期間的利息負擔，應付債券期末時在財務報表的表達方法，附認股證債券，可轉換債券及應付債券償還時的會計處理等。

　　基本上，債券的發行價格，應等於債券存續期間所支付利息的年金現值，加上債券到期值的現值之和。債券存續期間的利息費用，係以票面利率或稱名義利率為計算的根據；惟債券利息的年金現值及債券到期值之現值，則以市場利率或稱實質利率為計算的基礎；市場利率如等於票面利率時，債券應按平價發行；市場利率如大於票面利率時，債券應按折價發行；市場利率如小於票面利率時，債券應按溢價發行。

　　債券的發行人與投資人，係以票面利率為收付利息的準繩；惟為衡量發行人承擔利息之高低及投資人收取利息之厚薄，則係以市場利率為依歸；債券折價與溢價，乃調節兩者趨於平衡的有效工具；因此，債券折價或溢價，應按有系統及合理的方法，分攤於債券各存續期間內，成為調整利息的因素之一；期末編製財務報表時，未攤銷債券折價或溢價，則列為應付債券的減項或加項，作為其評價帳戶。債券折價或溢價的攤銷方法，以採用利息法為原則，惟如採用其他攤銷方法所獲得的結果，與利息法所獲得者相差不大時，仍可適用。

　　債券發行公司為吸引投資人，常於發行債券時，另附有認股證，賦予持有人得於特定期間內，得按一定價格認購發行公司普通股的權利；

發行公司通常給與認股證持有人，得按低於普通股市價認購，故認股權
具有一定的公平價值。

　　債券依所附認股證是否可分離，分為：(1)附可分離認股證債券；(2)
附不可分離認股證債券。根據一般公認會計原則，凡發行附可分離認股
證債券的發行價格，應按發行時債券與認股證的相對公平市價比例，分
攤至二種證券成本之內；債券發行價格攤入債券的部份，與債券面額的
差異，應列為債券折價或溢價，並攤銷於債券發行日至到期日之各個期
間內；凡認股證逾期未行使而失效的部份，應轉入「資本公積──捐贈
盈餘」科目。至於附不可分離認股權債券，因債券與認股權具有不可分
割性，致無法分攤其價值，故債券發行公司應將全部發行價格，當作負
債處理。

　　可轉換債券係指債券發行條款內，賦予債券持有人享有可轉換為發
行公司普通股的選擇權，自發行屆滿一定日期後，得於特定期間內按約
定的轉換價格，將債券轉換為普通股；可轉換債券與轉換權利之間，因
具有不可分割性，故發行公司不得將發行價格的一部份，列為轉換權利，
應全部列為負債處理。

　　債券於到期償還時，所有的折價、溢價、或發行成本等，均已攤銷
完了，通常不會發生損益的情形；然而，由於若干特殊情形致提早償還
時，將使債券的帳面價值與市場價值，發生差額，乃產生債券償還損益；
如其金額鉅大者，應將其歸類為非常損益項目，並列報於當年度的損益
表內，按全數列示後，再扣除或加計其所得稅影響數。

本章討論大綱

債券的意義及特性 ┤債券的意義 ┤債券之發行，法律限制綦嚴
　　　　　　　　債券的特性 ┤債券為要式證券
　　　　　　　　　　　　　　債券可自由轉讓與設質

依發行者的業務性質而分 ┤政府債券（公債）　實業債券
　　　　　　　　　　　　　公用事業債券　　　不動產債券

依發行者所負責任的性質而分 ┤抵押債券　　淨利債券
　　　　　　　　　　　　　　證券擔保債券　收入債券
　　　　　　　　　　　　　　保證債券　　　參加債券
　　　　　　　　　　　　　　信用債券　　　可轉換債券

依債券記名與否而分 ┤記名債券
　　　　　　　　　　無記名債券

依債券到期的情形而分 ┤定期償還債券
　　　　　　　　　　　分期償還債券
　　　　　　　　　　　可贖回債券

依債券發行的目的而分 ┤置產債券
　　　　　　　　　　　換新債券

依債券募集的所在地而分 ┤本國債券
　　　　　　　　　　　　外國債券

債券利率不同名詞詮釋 ┤名義利率：又稱為契約利率或票面利率
　　　　　　　　　　　實際利率：又稱為實質利率或市場利率

債券利率與債券發行價格的關係 ┤$i=r$　債券按平價發行
　　　　　　　　　　　　　　　　$i>r$　債券按折價發行
　　　　　　　　　　　　　　　　$i<r$　債券按溢價發行

債券的種類

長期負債

債券發行價格的決定

債券發行價格的決定原則：債券價格等於未來各期
間利息之年金現值，加
上債券到期值的折價價
值之和。

債券發行價格計算釋例：請參閱課文。

債券發行的會計處理 ｛債券按票面記載日如期發行──── ｛平價發行
折價發行
債券遲延發行──兩付息日間發行 溢價發行

債券折價與溢價的攤銷 ｛直線法 ｛債券折價攤銷
債券溢價攤銷
利息法 ｛債券折價攤銷
債券溢價攤銷
直線法與利息法的比較

債券發行成本 ｛債券發行成本概述
債券發行成本會計處理釋例

附認股證債券 ｛附可分離認股證債券
附不可分離認股證債券

可轉換債券 ｛可轉換債券概述
可轉換債券的會計處理方法 ──→ ｛帳面價值法
吸引轉換計劃 ──────→ 市價法

債券償還的會計處理 ｛債券償還損益的認定
債券到期一次償還
期中贖回
債券換新 ｛到期債券換新
期中債券換新

分期償還債券 ｛分期償還債券的意義
分期償還債券發行價格的決定
分期償還債券折價與溢價的攤銷 ｛利息法
在外流通餘額比率法
分期償還債券提早贖回

本章摘要

習　題

一、問答題

1. 何謂債券？債券具有那些特性？

2. 債券發行價格應如何決定？試述之。

3. 債券利率與發行價格具有何種關係？

4. 分攤債券折價或溢價的方法有那些？一般公認會計原則主張採用何種方法？

5. 傳統會計與現代會計對債券發行成本的處理方法，有何不同？試述之。

6. 何謂附認股證債券？附認股證債券可分為那二種？試述之。

7. 附可分離認股證債券與附不可分離認股證債券，在會計處理上有何重大區別？

8. 附可分離認股證債券應如何分攤債券與認股證成本？

9. 何謂可轉換債券？何以可轉換債券為一項混合信用工具？

10. 一般公認會計原則規定可轉換債券應如何處理？

11. 可轉換債券的會計處理方法有那二種？試示之。

12. 何謂債券吸引轉換計劃？根據債券吸引轉換計劃額外支付的款項，應如何計算與認定？

13. 債券償還損益應如何計算？根據一般公認會計原則，此項損益應如何處理？

14. 解釋下列各名詞：

　　(1)名義利率與實際利率 (nominal interest rate & effective interest rate)。

⑵相對公平價值 (relative fair value)。

⑶轉換價格 (conversion price)。

⑷轉換比率 (conversion ratio)。

⑸贖回價格 (call price)。

二、選擇題

19.1　A 公司於 1999 年 1 月 1 日發行 10 年期 9% 應付債券$2,000,000，按$1,878,000 折價發行，每年於12 月 31 日付息一次；已知市場利率 10%，採用利息法分攤債券折價。1999 年 12 月 31 日，A 公司資產負債表內之應付債券帳面價值應付若干？

(a)$2,000,000

(b)$1,885,800

(c)$1,878,000

(d)$1,800,000

19.2　B 公司於 1998 年 1 月 2 日發行 5 年期 10% 債券 1,000 張，每張面值$1,000，按 102% 發行；此項債券於發行時，曾發生下列各項費用：

承銷人佣金及保證費用	$100,000
廣告費	20,000
印刷費	10,000
律師及法律費用	30,000

已知 B 公司對於債券發行成本之攤銷，係採用直線法；B 公司 1998 年度之損益表內，應列報債券發行費用若干？

(a)$20,000

(b)$24,000

(c)$26,000

(d)$32,000

19.3 C 公司原擬定於 1998 年 4 月 1 日,發行 5 年期債券$1,000,000,惟後來却遲延至同年 8 月31 日才發行,並發生發行成本$99,000;假定 C 公司對於債券發行成本採用直線法攤銷,則 1998 年 12 月 31 日之損益表內,應列報債券發行費用若干?

(a)$6,600

(b)$7,200

(c)$14,850

(d)$99,000

19.4 D 公司於 1998 年 1 月 1 日發行 4 年期 8% 債券$1,000,000,每半年付息一次,市場利率 6%。D 公司 1998 年 1 月 1 日債券發行價格應為若干?(請計算至元為止)

(a)$1,000,000

(b)$1,060,302

(c)$1,069,302

(d)$1,080,000

19.5 E 公司於 1998 年 12 月 31 日,按面值發行 10 年期 8% 附可分離認股證之債券 1,000 張,每張面值$1,000,規定附認股權一單位,可按每股$25 認購該公司普通股一股;發行時債券公平價值$1,080,000,認股證公平價值$120,000。E 公司 1998 年 12 月 31 日的資產負債表內,應付債券應列報若干?

(a)$880,000

(b)$900,000

(c)$975,000

(d)$1,000,000

19.6　F 公司於 1998 年 3 月 1 日，發行 10 年期 10% 不可轉換債券 1,000 張，每張面值$1,000，按面值之103% 發行，每張債券另附 30 單位可分離認股證，每單位可按每股$50 認購該公司面值$25 之普通股；債券發行日，每單位認股證公平市價為$4；此項發行價格應攤入認股證的部份為若干？

(a)$–0–

(b)$30,000

(c)$90,000

(d)$120,000

19.7　G 公司於 1998 年 6 月 30 日之在外流通 9% 債券尚有$1,000,000，將於 2003 年 6 月 30 日到期，每年利息分二次於 6 月 30 日及 12 月 31 日支付；1998 年 6 月 30 日於作成當期應有之攤銷分錄後，債券發行溢價及債券發行成本各剩餘$6,000 及$10,000。G 公司於當日隨即以債券面值之 98%，贖回全部在外流通的債券。G 公司 1998 年 6 月 30 日之損益表內，應認定若干贖回債券利益？

(a)$4,000

(b)$16,000

(c)$24,000

(d)$36,000

19.8　H 公司於 1994 年 1 月 1 日發行 10 年期 10% 債券 1,000 張，每張面值$1,000，按 104% 之價格發行，並約定於 1997 年 12 月 31 日以後，可按每張$1,010 贖回；H 公司於 1999 年 7 月 1 日，將債券全部贖回；已知債券溢價係按直線法攤銷，則 1999 年度損益表內應列報稅前債券贖回損益為若干？

(a)利益$30,000

(b)利益$12,000

(c)利益$8,000

(d)損失$10,000

19.9 J 公司於 1999 年 1 月 1 日,按 102% 贖回其發行在外之 10 年期 8% 債券$1,000,000,該項債券係於 1993 年 1 月 1 日按 98% 發行,並發生債券發行成本$40,000;已知 J 公司對於債券折價及發行成本之攤銷,均採用直線法。J 公司 1999 年度損益表內,應列報債券贖回之非常損益為若干?

(a)$44,000

(b)$40,000

(c)$20,000

(d)$–0–

19.10 K 公司於 1999 年 1 月 1 日,購入一項新機器,惟並無現成之新機器公平價值;K 公司乃徵得賣方同意,開具 4 年期附息 5% 之應付票據$200,000 支付,每年於 12 月 31 日付息一次;假定市場利率為8%,則 K 公司 1999 年 1 月 1 日機器帳面價值應列報若干?

(請計算至元為止)

(a)$200,000

(b)$190,127

(c)$180,127

(d)$170,127

三、綜合題

19.1 昌華公司於 1998 年 7 月 1 日,發行 5 年期 10% 債券1,000 張,每張$1,000,每年分二次於 6 月30 日及12 月 31 日付息,市場利率為 12%,另悉該公司的會計年度終了日為 6 月 30 日。

試求: 請為昌華公司作成下列各項:

　(a)計算 1998 年 7 月 1 日債券的發行價格（請計算至元為止）。

　(b)列示債券發行分錄。

　(c)分別依直線法與利息法，列示 1998 年 12 月 31 日及 1999 年 6 月 30 日的債券折價攤銷分錄。

　(d)列示 1999 年 6 月 30 日在直線法與利息法之下，資產負債表內應付債券的列報金額。

19.2 昌來公司採用曆年制，於 1999 年 10 月 1 日發行 6% 10 年期債券 $2,000,000；此項債券票面已載明起息日為 1999 年 1 月 1 日，每年分別於 6 月 30 日及 12 月 31 日各付息一次，市場利率為 4%；另發生債券發行成本$80,000。

試求: 請為昌來公司完成下列各項:

　(a)計算 1999 年 10 月 1 日債券遲延發行的價格（計算至元為止）。

　(b)列示 1999 年 10 月 1 日債券發行分錄。

　(c)列示 1999 年 12 月 31 日分別在直線法與利息法之下，債券溢價的攤銷分錄。

19.3 昌平公司於 1996 年 1 月 1 日，發行 5 年期 6% 附可分離認股證債券 1,000 張，每張面值$1,000，按面值十足發行，每張債券附 10 單位認股證，約定於 1999 年 1 月 1 日後，每單位認股權可按每股 $20 認購昌平公司普通股一股，其面值每股$10。發行之日債券公平價值$960,000，認股證每單位公平價值$4；此外，債券發行時另發生債券發行成本$80,000。

試求: 請列示昌平公司 1996 年 1 月 1 日發行債券的有關分錄。

19.4 昌文公司獲准發行 8 年期 9% 債券$1,000,000，每年於 1 月 1 日及 7 月 1 日各付息一次，惟該公司使用郵寄方式支付利息，於 12 月 31 日及 6 月 30 日即將付息支票寄出；債券預定發行日為 1998 年

1 月 1 日, 但實際出售情形如下:

出售日期	債券面額	出　售　價　格
1998.4.1	$500,000	96.28% 加應計利息
1999.7.1	500,000	101.56%

試求:

　　(a)請列示1998 年度及 1999 年度有關昌文公司出售、付息、及攤
　　　銷折價或溢價的分錄; 假定攤銷係採用直線法。

　　(b)請列示1998 年12 月 31 日應付債券在資產負債表內的表達方
　　　式。

19.5 昌鑫公司於 1993 年 1 月 1 日發行 10 年期 8% 可轉換債券$1,000,000,
　　每年於 1 月 1 日及 7 月1 日分二次付息; 全部債券均於 1993 年 4
　　月 1 日按 102.34% 加應計利息出售。俟 1998 年 4 月 1 日, 公司方
　　面乃按票面之 102% 加應計利息贖回50% 在外流通債券, 隨即予以
　　註銷。1998 年 6 月 30 日, 公司方面又按 102% 贖回剩餘債券, 另
　　按面值發行新債券$1,000,000。

　　試求:

　　　(a)設昌鑫公司會計年度採用曆年制, 對於債券溢價採用直線法攤
　　　　銷; 請列示 1993 年度及 1998 年度債券發行、付息、贖回、及
　　　　換新的有關分錄。

　　　(b)請列示債券溢價帳戶的詳細內容。

19.6 昌盛公司於 1996 年 1 月 1 日, 按溢價發行 5 年期 6% 債券 10,000
　　張, 每張面值$1,000, 於每年 6 月 30 日及 12 月 31 日給付利息,
　　並規定於發行二年後, 公司方面得以每張$1,040 之價格贖回。1998
　　年7 月 1 日該公司贖回債券時, 共發生債券贖回損失$181,200; 另悉

該公司對債券溢價之攤銷，係採用直線法。

試求：

　(a)請計算昌盛公司6% 債券的發行價格，並列示債券贖回損失的形成。

　(b)請作成債券贖回的分錄。　　　　　　（會計師考試試題）

19.7 昌利公司於 1998 年 1 月 1 日，獲准發行 10 年期 12% 債券 $10,000,000，並發生債券發行成本$100,000，當即按面值出售$2,000,000，另$8,000,000 遲延至 1998 年 3 月 1 日才脫售，包括應計利息在內，得款$8,514,000。此項債券分別於每年 1 月1 日及 7 月 1 日分二期付息；債券溢價採用直線法攤銷。

1999 年6 月 1 日以 108.4% 之價格贖回面值 $900,000 的債券，當即予以註銷；已知該公司會計年度採用曆年制。

試求：

　(a)請作成昌利公司 1998 年度有關債券事項的分錄。

　(b)請列示 1999 年 6 月1 日贖回債券及其註銷分錄。

（會計師考試試題）

第二十章　租賃會計

前　言

　　近代歐美各先進國家，由於工商業高度發展，促使租賃事業突飛猛進，其中尤以美國為最，成為近代租賃事業的先驅。我國近年來工商業也蓬勃發展，遂使經濟成長呈現一日千里之勢！為配合工商業的迅速發展，有關工業方面高品質與精密機器設備的添購與汰舊換新，成為當前經濟發展中最重要的課題之一。

　　在會計領域中，有關租賃會計理論的發展較遲；此外，由於租賃型態日趨複雜，使租賃會計的處理方法，成為目前會計人員最具有挑戰性的問題。本章爰就美國財務會計準則委員會歷年來所頒佈的第 13、23、91、及 98 號聲明書內有關租賃會計處理原則，配合編者個人的研究心得，予以闡述其會計處理方法。

20-1 租賃的基本概念

一、租賃的意義

租賃 (lease) 為人類古老的經濟行為之一，其淵源甚早；溯自我國戰國中葉及歐洲中古封建時期，即已盛行土地租佃制度，由諸侯或地主將土地租與佃農耕種，並收取一定地租以為報償。惟當時的租賃物，均以不動產為主，偏重傳統式的租用 (rent) 方式，俟其發展為現代理財方式的租賃制度，則為 1950 年代以後的事。

何謂租賃？凡賃人以物而收取報酬曰租；凡租用他人之物而使用之曰賃；合言之，稱租賃者，謂當事人相互約定，一方以物租與他方使用收益，他方則支付租費以為回報。由此可知，租賃是一種契約行為，由出租人 (lessor) 與承租人 (lessee) 雙方共同約定，一方授權他方，允其於特定期間內使用或享有租賃物的經濟效益，並以收付租金為報償的契約。

1952 年世界第一家專業租賃公司──美國租賃公司 (United States Leasing Corp.) 創立於舊金山，成為租賃事業的先驅，並將租賃的範圍逐漸擴充到機器、設備、事務器具、汽車、飛機等動產方面；因此，對於租賃的意義，應就廣義上加以探討。在廣義上，租賃乃企業於需用機器設備時，可與銀行租賃部門或專業租賃公司簽訂租賃契約，由該等機構直接購入企業所需要的機器設備，轉而出租給企業，以代替企業向金融機構貸款，並自行購買機器設備；因此，廣義的租賃，係以機器設備代替資金的融通；質言之，今日的租賃，係以「融物」代替「融資」，藉以發揮融資的功能。

二、租賃的種類

　　對於租賃的分類，Peter S. Rose 及 Donald R. Fraster 兩位教授根據租約到期前可否撤銷為準，將租賃分為營業租賃 (operating lease) 與融資租賃 (financial lease)，另以是否提供 100% 之融資而將融資租賃再分為直接融資租賃 (direct financing lease) 與間接融資租賃 (indirect financial lease)。 J. Fred Weston 及 Eugene F. Brigham 兩位教授則將租賃分類為服務性租賃 (service lease)、融資租賃、及售後租回租賃 (sale & lease back)。美國會計師公會財務會計準則委員會於1976 年頒佈第 13 號聲明書，將租賃按承租人與出資人的立場作為區分標準如下：就承租人的立場而言，租賃分為資本租賃 (capital lease) 與營業租賃；就出租人的立場而言，租賃分為直接融資租賃、銷售型租賃 (sale-type lease)、售後租回、及營業租賃等。

　　茲將租賃的分類，以圖形的方式，列示如圖 20–1。

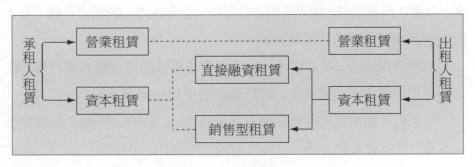

圖 20–1 租賃的分類

三、租賃的功能

　　近半世紀以來，租賃事業迅速發展，實由於租賃對工商企業具有重

大貢獻所致。一般言之，近代租賃制度具有下列各項功能：

1.承租人可保留自有營運資金，使其靈活運用：承租人如向租賃公司租用所需機器設備，而不必自行購置，可保留營運資金，以便運用於更有利的途徑。換言之，承租人可利用租賃制度，獲得營業上所需之機器設備，能節省營運資金的耗用，實具有將固定資產予以現金化的功能。

2.承租人對租賃資產的利用，具有彈性：租約期限如不長，遇有租賃資產使用不滿意或有新式機器推出時，承租人可於租期屆滿後不再續租，免除遭受長期持有舊機器之累。

3.具有逐案融資 (piecemeal financing) 的功能：企業在發展過程中，常分期逐案擴充生產設備；如每次購置設備所需資金均仰賴對外分次發行債券取得，則其資金成本必定很高；如改採用租賃方式取得時，既經濟又方便。

4.租賃資產可十足融資：企業如採用租賃方式租用資產，不須支付定金，即可取得租賃資產的使用權，實等於十足獲得租賃資產的融資。

5.租賃以融物代替融資：租賃事業乃工商業發達後所衍生的新興行業，以融物代替融資，由專業租賃公司提供企業所需的設備，直截了當，成為最新穎與最簡捷的理財方式。

6.租期屆滿時，租約賦予承租人享有優惠承購權或優惠續租權，依低於公平市價承購租賃資產，或以低於公平租金繼續承租。

7.承租人與出租人可分享投資抵減的利益：政府為獎勵企業購買新式資產，以促進產業升級，乃訂有投資抵減辦法，此項辦法賦予出租人（購置資產者）得按購買資產的百分率，用以抵減其應納所得稅，使出租人能有餘力降低租金，與承租人分享投資抵減的優惠。

8.可增加承租人的現金流量：蓋租賃資產租金可列為費用，當為課稅所得的減項，使承租人獲得現金流量增加的利益。

9.可避免通貨膨脹的不利影響：在通貨膨脹時期，企業如採用租賃

方式獲得所需機器設備，可避免自購機器所承受通貨膨脹的影響。

　　10.承租人採用租賃方式獲得需要之機器設備，不必自購機器，免除支付利息的好處，而且使自用資產充足，具有積極穩定財務結構的作用。

20-2　租賃會計的演進與理論基礎

一、租賃會計的演進

　　對於租賃會計的研究，首先發軔於 1949 年美國會計師公會所頒佈的會計研究公報第 38 號 (ARB No. 38)，隨後經過會計原則委員會第 5、7、27、及 31 號意見書 (APB Opinion No. 5, 7, 27 & 31) 先後加以修正；然而，由於租賃事業之迅速發展，上列各項意見書所揭示的會計方法仍無法處理日漸複雜的租賃交易，財務會計準則委員會乃於 1973 年 10 月，敦聘工商業、政府主管機關、執業會計師、財務團體、及會計學術界人士等，草擬租賃會計草案；經過長期間的研究與對外發表言論，舉行聽證會 (public hearing)，並廣納各方建議，最後於 1976 年 11 月正式頒佈第 13 號聲明書 (FASB No. 13)，成為承租人與出租人處理租賃交易的一般公認會計原則；財務會計準則委員會隨後又於 1978 年、1986 年、及 1988 年分別頒佈第 23、91、及 98 號聲明書，陸續加以補充，使租賃會計的理論更臻於完整境地。

二、租賃資本化的理論基礎

　　早期對於租賃交易的會計處理，均未將承租人每期所支付的租金，予以資本化，而逕列為費用處理；惟自會計原則委員會於 1964 年頒佈第 5 號意見書「承租人財務報表之表達」後，遂為承租人對租賃交易資本化，奠定理論基礎。財務會計準則委員會 1976 年所頒佈的第 13 號聲明書，更廣泛規定應予資本化的租賃交易，已為租賃交易的會計處理，

開拓了新的境界; 茲就租賃資本化的理論基礎, 予以闡述如下:

1.就租賃契約的性質而言: 租賃契約乃簽約當事人相互約定, 於未來某特定期間內, 由出租人將租賃資產的使用權移轉給承租人, 並由承租人支付租金以為報償; 此項長期性契約通常不可撤銷, 故本質上與分期付款方式購買資產相似; 第 5 號意見書指出, 凡租賃契約符合下列二種情況之一者, 實質上等於資產的買賣方式:

(1)根據租約規定, 在租賃期間屆滿時, 承租人即享有低於公平租金的優惠續租權。

(2)當租賃契約屆滿時, 承租人即享有低於公平市價認購租賃資產的優惠承購權。

基於會計上繼續經營的假定, 企業終將履行其租約承諾; 因此, 一項不可撤銷的長期性租賃契約, 實具有分期付款購買資產的特性, 理論上應予資本化, 按未來支付租金的折現價值, 一方面列報為資產, 另一方面又將其承擔的相對責任, 列報為負債, 並分別表達於資產負債表內。

2.就資產的性質而言: 根據財務會計準則委員會於 1985 年頒佈第 6 號財務會計觀念聲明書 (SFAC No.6) 指出: 「資產乃某特定營業個體所取得或控制的未來可能經濟效益; 此項經濟效益乃過去業已發生的交易或事項所產生」。因此, 一項不可撤銷的長期租賃契約, 於當事人雙方協議簽訂後, 簽約人雙方均不得任意撤銷; 故出租人對租賃資產雖具有法律上的所有權, 然而已不具控制權; 承租人對租賃資產則已取得使用權及收益權, 具有相當的控制權, 此項權利可產生未來的經濟效益。就此而言, 承租人對於一項不可撤銷的長期性租賃契約, 自應予以資本化, 認定為資產及其相對應的負債, 並依一般資產的方式, 按有系統的合理方法, 提列必要的折舊費用。

20-3 租賃專有名詞詮釋

租賃如同其他專業一樣，具有若干專有名詞；吾人必須將這些名詞先加以詮釋，才能進一步探討租賃會計的處理方法。

1.租賃開始日 (inception of lease)：指租賃契約或承諾開始生效之日；在若干情況之下，承租人與出租人亦可約定以租賃資產完成日或取得日，作為租賃開始日。

2.優惠承購權 (bargain purchase option)：指租賃開始日，雙方即約定於租期屆滿日或某特定日，承租人得以低於當時公平市價的價格，此項優惠價格相當低，甚至在租賃開始日幾乎可確定承租人一定會照價承購。

3.優惠續租權 (bargain renewal option)：指租賃開始日，雙方即約定於租期屆滿日或某特定日，承租人得以低於當時公平租金續約，此項優厚租金相當低，甚至在租賃開始日幾乎可確定承租人一定會照價續租。

4.租賃資產公平價值 (fair value of lease assets)：指租賃資產可出售的正常價格；在銷貨型租賃中，租賃資產公平價值通常指已調整特殊市場情況後的正常售價；在直接融資租賃中，除非出租人取得租賃資產的期間相當長之外，否則租賃開始日的租賃資產成本或帳面價值，應與租賃資產公平價值相同。

5.租賃資產耐用年數 (estimated economic life of leased property)：在租賃開始日，一項租賃資產按正常修理與維護，並且不受租約任何特定限制之下，預期可使用的年限。

6.租賃資產估計殘值 (estimated residual value of leased property)：指租賃資產於租期屆滿時的公平價值。

7.未保證殘值 (unguaranteed residual value)：指租賃資產於租期屆

滿時的估計殘值中，未經承租人或第三者保證的部份。

8.承租人最低租賃支付款 (minimum lease payments–lessee)： 指承租人租用資產應支付的租金及依租約應負擔的履約成本（包括保險費、維護費、及稅捐等）；如租約包括優惠條款時，只有於承購價格及續租租金超過租約條款的部份，才包括於最低租賃支付數之內；如租約未包括優惠條款時，最低租賃支付數包括：(1)租賃期間內應付給出租人的最低租金支付數，(2)租期屆滿時由承租人保證的租賃資產殘值，(3)租期屆滿時承租人因未續約應負擔的金額。

9.出租人最低租賃收入款 (minimum lease payments–lessor)： 此項金額除與上述 8.所述承租人最低租賃支付款外，尚包括第三者（承租人與出租人以外）保證之租賃資產殘值。

10.租賃隱含利率 (interest rate implicit in the lease)：指將每期最低租金支付數及租期屆滿時的租賃資產估計殘值，予以折現後的現值總和，適等於租賃開始日之租賃資產公平價值時，所採用的折現率。

11.承租人增支借款利率 (lessee's incremental borrowing rate)： 指承租人於租賃開始日，如向外借款購入租賃資產時應支付的利率。

12.履約成本 (executory costs)： 指履行租約應支付的保險費、維護費、及稅捐等；這些擁有或使用租賃資產的成本，不論出租人或承租人支付，均不得予以資本化。

13.原始直接成本 (initial direct costs)：指出租人在協議及完成租賃交易過程中所發生的法律費用、佣金、信用調查費用、文件處理費用、及人工等與租約直接收關成本。

20–4　承租人的會計處理

一、承租人對於租賃的分類

就承租人的立場而言，租賃可分類為：⑴資本租賃，⑵營業租賃。

凡於租賃開始日，某項租賃即符合下列四項認定標準的任何一項者，即屬於承租人的資本租賃 (capital lease) 之範疇，應按資本租賃的會計方法處理：

1.租賃期間屆滿時，租賃資產的所有權即移轉為承租人所有。

2.租約內約定承租人享有優惠承購權。

3.租賃期間達在租賃開始日資產剩餘耐用年數之 75% 或以上者。

4.在租賃開始日，最低租賃支付款之現值，等於當時租賃資產公平價值之 90% 或以上者。

在租賃開始日，如租賃資產的使用期間已超過其估計耐用年數 75% 以上者，則上列第 3 項及第 4 項認定標準不適用。又出租人如享有投資抵減之優惠時，應從第 4 項租賃資產公平價值項下扣除。

凡承租人的租賃交易，不能符合任何上列四項認定標準之一者，則應予歸類為營業租賃 (operating lease)，其每期所支付的租金，不得資本化，應逐列為費用處理。

二、承租人對於租賃交易的會計處理方法

1.營業租賃：在營業租賃之下，承租人因使用租賃資產所發生的租金支出及其他各項補償支出，均列入租金費用帳戶。承租人應就使用租賃資產的各受益期間，作為負擔租金費用的根據；在會計處理上，不必考慮租約對未來租金支付數額之約定。惟會計期間終了日如介於兩期租

金支付日之間，則必須以應計方法予以列報為應付租金。

設某承租人於 1998 年 10 月 1 日，向出租人租用機器一部，租賃期間為 5 年，每年租金$60,000，雙方約定每年租金於簽約時即一次付清；假定此項租賃不能符合承租人資本租賃的任何四項標準者，應視為營業租賃。承租人之會計處理如下：

1998 年 10 月 1 日：

租金費用	60,000	
現金		60,000

1998 年 12 月 31 日：

預付租金	45,000	
租金費用		45,000

$$\$60,000 \times \frac{9}{12} = \$45,000$$

1999 年 9 月 30 日：

租金費用	45,000	
預付租金		45,000

以後年度類推適用之。

2.資本租賃：在資本租賃之下，承租人將租賃交易視同購買交易一樣；換言之，當承租人與出租人簽訂一項不可撤銷的租約，並符合上述四項標準之一時，資本租賃的型態於焉形成（就出租人而言，則為融資租賃），承租人取得租賃資產並承擔租賃負債。此時，承租人對於資本租賃契約，應將其記錄為資產與負債，其所列記的金額應等於租約期間最低租賃支付款的現值。有關資本租賃會計處理上的若干特殊問題，吾人再分別討論如下：

(1)履約成本 (executory costs)：如同大多數的資產一樣，租賃資產在租賃期間內所發生的稅捐、保險費、及維護費等，均統稱為履約成本。

如租約規定，每期所支付的各項履約成本均歸由出租人負擔時，則履約成本不應包含在計算租賃期間內最低租賃支付款的現值之內；蓋此項履約成本已確定並非承租人應承擔的責任。倘若租約的各項條款，並未明確規定履約成本應由那一方負擔時，承租人應合理予以預計此項可能負擔履約成本的金額。然而，在若干情況之下，租約雖未明確規定履約成本究應由那一方負擔，但根據一般的習慣均認為應由承租人負擔時，則應將此項履約成本予以資本化，包括於計算租賃期間最低租賃支付款的現值之內。

(2)折現率 (discount rate)：就理論上言之，承租人應以其借款增支利率作為計算最低租賃支付款現值的折現率；吾人於前面已提出，所謂承租人借款增支利率，係假定承租人於租賃開始日，如借入必要的資金自行購買租賃資產時所發生的利率。然而根據財務會計準則委員會的意見，在下列二種情況下，承租人應放棄按借款增支利率折現的方法，而改採用出租人的隱含利率（出租人對於租賃資產的預期投資報酬率），作為計算租賃期間內最低租金支淨額之折現率：(a)當承租人已知悉出租人所採用作為計算現值之隱含利率的高低時，或(b)當承租人之借款增支利率高於出租人的隱含利率時。一般言之，承租人通常無從知悉出租人隱含利率之高低。

(3)租賃資產的折舊或攤銷：如承租人的租賃交易符合下列二項要件時，應將其租賃資產視同其他自有財產一樣，按一致的方法予以提列折舊：

　　(a)租賃期間屆滿時，租賃資產的所有權即移轉為承租人所有。

　　(b)租約規定承租人於租賃期間屆滿時，即享有優惠承購權。計算
　　　　租賃資產的折舊時，應預計租賃資產的耐用年數，並估計其殘
　　　　值。

凡符合資本租賃的其他各項認定標準，惟於租期屆滿時，並無租賃

資產所有權之移轉，或租約並未賦予承租人優惠承購權時，此項租賃純係一項無形資產，應於租賃期間內予以攤銷之。

(4)租賃負債的減少：在全部的租賃期間內，採用實際利息法 (the effective interest method) 分攤每期所支付的租金費用為下列二項因素：(a)租賃負債減少額，(b)利息費用。此種分攤方法使租賃負債未攤還的餘額，按固定的利率計算每期承租人所發生的利息費用，從每期所支付的租金費用，減去承租人每期所發生的利息費用之差額，即屬於承租人每期所負擔租賃負債的減少金額。

(5)資本租賃認定釋例

釋例一：

設某項租賃資產的預計耐用年數為 10 年，如今承租人將此項租賃資產出租，雙方同意租賃契約訂為 8 年，承租人將無限制使用該項租賃資產耐用年數的 80% (8÷10)，符合承租人認定資本租賃第 3 項認定標準：「在租賃開始日，即確定租賃期間達租賃資產耐用年數之 75% 以上者。」故屬於承租人的資本租賃。

釋例二：

設某承租人租用一項資產，租賃期間 5 年，每年租金\$60,000，於每年初時即預付一年份租金；假定此項租賃之適當利率為 10%，租賃開始日資產公平價值為\$260,000。

本釋例中，租賃開始日最低租賃支付款\$60,000，利率 10%， 5 年期之年金現值計算如下：

$$\$60,000 \times (P\overline{5-1}|0.1+1) = \$60,000 \times (3.169865+1) = \$250,192$$

在租賃開始日最低租賃支付款之現值為\$250,192，已達當時租賃資產公平價值\$260,000 之 90% 以上 $(96.23\% = \$250,192 \div \$260,000)$；故此項租賃符合承租人資本租賃第 4 項認定標準，屬於承租人的資本租賃。

三、承租人處理資本租賃會計釋例

釋例一：

設某承租人於 1998 年 1 月 1 日與另一出租人訂立租賃契約，自即日起租用一項設備；有關條款如下：

1.租賃期間 5 年，租約不可撤銷，每年底由承租人支付租金$26,379.73。

2.設備公平價值$100,000，預計可使用 6 年，殘值價值不大，不予考慮。

3.雙方約定履約成本由承租人負擔。

4.租賃契約屆滿時，租賃資產之所有權即無條件移轉為承租人所有。

5.承租人增支借款利率 11%。

6.承租人採用直線法提列折舊。

7.出租人對該項租賃資產所設定之投資報酬率為 10%，此一事實已被承租人知悉。

8.租約的協議與終止，假定不發生任何原始直接成本。

本釋例租約於屆滿時，租賃資產所有權即無條件移轉為承租人所有，此其一；最低租賃支付數現值$100,000，大於當時租賃資產公平價值之 90% ($100,000 ÷ $100,000 = 100%)，此其二；租賃期間大於租賃資產耐用年數之 75%以上 (5 年 ÷ 6 年 = 83.33%)，此其三；故此項租賃屬於承租人之資本租賃。茲列示承租人對於資本租賃的會計處理方法如下：

(1)最低租賃支付款的現值可計算如下：

$$資本化金額 = \$26,379.73 \times P\overline{5}|0.10$$

$$= \$26,379.73 \times 3.790787$$

$$= \$100,000$$

上列計算係以出租人的隱含利率 10%為準，以代替承租人的借款增
支利率 11%。其理由有二：(1)出租人的隱含利率較低，(2)承租人已知悉
出租人所設定的此項投資報酬率。

　　(2) 1998 年 1 月 1 日簽約時，承租人應分錄如下：

| 租賃資產——資本租賃 | 100,000 | |
| 應付租賃款 | | 100,000 |

　　(3) 1998 年 12 月 31 日支付第1 年度租金$26,379.73，其中包括下列
二項因素：(1)應付租賃款減少，(2)利息費用；其計算如下：

$$利息費用: \$100,000 \times 10\% = \$10,000$$

$$應付租賃款減少 = \$26,379.73 - \$10,000$$

$$= \$16,379.73$$

續後年度依此類推計算之。

1998 年 12 月 31 日支付租金分錄如下：

利息費用	10,000.00	
應付租賃款	16,379.73	
現金		26,379.73

　　(4) 1998 年 12 月 31 日提列折舊分錄如下：

| 折舊費用 | 16,666.67 | |
| 備抵折舊——租賃資產 | | 16,666.67 |

$$\$100,000 \div 6 = \$16,666.67$$

上項提列折舊的年限，係以租賃資產的預計年數為準，其理由在於
此項租賃屆滿時，租賃資產的所有權即無條件移轉為承租人所有；根據
財務會計準則委員會第 13 號意見書的主張，如承租人於租期屆滿時，
即可取得租賃資產的所有權，或租約賦予承租人享有優惠承購權時，對
於租賃資產應視同自有資產一樣，按相同方法提列折舊；否則應改按租

賃期間為準。

　　茲將上項承租人資本租賃之應付租賃款攤銷表，彙總列示如表 20-1。

表 20-1　承租人資本租賃應付租賃款攤銷表

5年期；利率 10%

日　期	每年租金支付款 (A)	利息費用 (B) = (D) × 10%	應付租賃款減少額 (C) = (A) − (B)	應付租賃款淨額 (D)
98.1.1				$100,000.00
98.12.31	$ 26,379.73	$10,000.00	$ 16,379.73	83,620.27
99.12.31	26,379.73	8,362.03	18,017.70	65,602.57
00.12.31	26,379.73	6,560.26	19,819.47	45,783.10
01.12.31	26,379.73	4,578.31	21,801.42	23,981.68
02.12.31	26,379.73	2,398.05	23,981.68	–0–
合　計	$131,898.65	$31,898.65	$100,000.00	

　　承租人應將資本租賃經資本化後之租賃資產，及其相對應之應付租賃款，在資產負債表內按一致性方法列報之。茲列示 1998 年 12 月 31 日有關租賃資產及應付租賃款在資產負債表內的表達方法如下：

某公司（承租人）
資產負債表
1998 年 12 月 31 日

資產
　　⋮

租賃資產：
　資本租賃（減累積折舊$16,666.67）　　$83,333.33
負債
　流動負債：
　　應付租賃款*　　　　　　　　　　　$18,017.70
　長期負債：
　　應付租賃款　　　　　　　　　　　　$65,602.57

*一年內到期部份

釋例二：

設如上述釋例一，除承租人改按每年初支付租金$23,981.59外，其餘條件均相同。

1.最低租賃支付款的計算：

本釋例仍屬承租人的資本租賃，惟最低租賃支付款$23,981.59係於每年初支付，故其現值應改變計算如下：

$$資本化金額 = \$23,981.59 \times (P\overline{5-1}|0.10 + 1)$$
$$= \$23,981.59 \times (3.169865 + 1)$$
$$= \$100,000$$

2.1998 年 1 月 1 日簽約時的分錄：

租賃資產——資本租賃	100,000	
應付租賃款		100,000

1998 年 1 月 1 日支付第 1 年度租金的分錄：

應付租賃款	23,981.59	
現金		23,981.59

3.1998 年 12 月 31 日認定利息費用的分錄：

利息費用	7,601.84	
應付租賃款		7,601.84

$\$76,018.41 \times 10\% = \$7,601.84$

4.1998 年 12 月 31 日提列折舊分錄如下：

折舊費用	16,666.67	
備抵折舊——租賃資產		16,666.67

續後年度依此類推適用之。茲將上項承租人資本租賃之應付租賃款攤銷表，彙總列示如表 20–2。

表 20-2　承租人資本租賃應付租賃款攤銷表

5年期；利率 10%

日　期	每年租金支付款 (A)	利息費用 (B) = (D) × 10%	應付租賃款減少額 (C) = (A) − (B)	應付租賃款淨額 (D)
98.1.1				$100,000.00
98.1.1	$ 23,981.59	$　　　−	$ 23,981.59	76,018.41
98.12.31	−	7,601.84	(7,601.84)	83,620.25
99.1.1	23,981.59	−	23,981.59	59,638.66
99.12.31	−	5,963.87	(5,963.87)	65,602.53
00.1.1	23,981.59	−	23,981.59	41,620.94
00.12.31	−	4,162.09	(4,162.09)	45,783.03
01.1.1	23.981.59	−	23,981.59	21,801.44
01.12.31	−	2,180.15	(2,180.15)	23,981.59
02.1.1	23,981.59	−	23,981.59	−0−
合　計	$119,907.95	$19,907.95	$100,000.00	

20–5　出租人的會計處理

一、出租人對於租賃的分類

　　就出租人而言，租賃可分為下列三種：(1)營業租賃，(2)資本租賃：(a)直接融資租賃，(b)銷售型租賃。

　　凡於租賃開始日，出租人的租賃即具備承租人認定資本租賃四項標準之一，並同時符合下列二項標準者，則屬於出租人的資本租賃：

　　1.收取租金的可能性可合理預計。

　　2.出租人應負擔的未來成本，並無重大之不確定性。

　　直接融資租賃與銷售型租賃的主要分別，在於出租人於租賃開始日是否即可產生利益（或損失）而定。利益或損失係由出租人於租賃開始

日，以租賃資產的公平價值與帳面價值的差額決定。故凡製造商或經銷商之出租人，以租賃作為銷售產品的方法，並於租賃開始日，即可產生利益或損失者，則屬於銷售型租賃 (sales-type lease)。凡製造商或經銷商之出租人，對於某項租賃雖能完全符合銷售型租賃的認定標準，但於租賃開始日並未產生租賃利益或損失，而且出租人所收取者，只是投資於租賃資產所提供資金的利息收入而已；此項租賃乃屬於直接融資租賃 (direct financing lease) 的範疇。直接融資租賃通常係由從事於融資業務的租賃公司、銀行、保險公司或信託公司等，與出租人事先妥為安排，以直接融資的方式協助承租人取得租賃資產。

凡出租人之租賃交易，不能符合如同上述銷售型租賃或直接融資租賃的認定標準時，則應歸類為營業租賃 (operating lease)。

惟就承租人的立場而言，凡一項租賃能符合資本租賃的認定標準，不論其為出租人的直接融資租賃，抑或為銷售型租賃，均屬於承租人的資本租賃。

二、出租人對於租賃交易的會計處理方法

出租人對於營業租賃、直接融資租賃及銷售型租賃等，各有其不同的會計處理方法，茲分別說明如下：

1.營業租賃：出租人在營業租賃之下，對於每期所收入的租金，逕以租金收入帳戶列帳，租賃資產應如同其他財產一樣，依一致性的方法按期提存折舊。其所收到的租金如每期均極不均勻時，除非有其他更適當的基礎，否則應按直線法予以認定；例如租賃財產的耗損與使用時數有密切的關係時，則採用工作時數法認定收入，將比直線法更能達成收入與費用密切配合的目標。

凡與租賃有關連的任何原始直接成本，例如與承租人協議或終止租約過程中所發生的佣金、法律規費及文件處理成本等，原則上應予資本

化，列為遞延借項，並分攤於各租賃期間內。

設某出租人將剩餘機器一部出租他人使用，租約五年，每年初收取租金$65,000；又該項機器成本$480,000，預計耐用年數為 12 年，無殘值。如此項租賃認定為出租人之營業租賃時，則每年初收取租金收入時，應作分錄如下：

現金	65,000	
租金收入		65,000

該公司如採用直線法以計算折舊時，則每年底應作調整分錄如下：

折舊費用	40,000	
備抵折舊——房屋		40,000

$$\$480,000 \div 12 = \$40,000$$

如租約規定所有租賃期間內發生的履約成本，包括財產稅、保險費及維護成本共$8,000，概由出租人負擔時，此項成本應於發生時即列記為費用帳戶。

在資產負債表內，出租人對於租賃財產可列入財產、廠房或設備項下，並加以註明已出租的字樣；惟一般均主張以分開列示為宜。

在損益表內，租賃收入及有關的費用帳戶，應與正常的營業收入（銷貨收入）及銷貨成本分開，以資配合。

　2.直接融資租賃：直接融資租賃在近年以來，已成為最常見的一種租賃方式；出租人有足夠的資金，將資金投資於租賃財產，透過租金以獲得投資報酬，使租賃業務成為其主要營業活動。故在本質上，直接融資租賃實係以貸款方式提供承租人資金，由承租人按期支付租金以償還之；租金的因素包括本金及利息，並可作為課稅所得的減項。

出租人於租賃開始日應將租賃資產的投資成本，加上原始直接成本之和，按預期投資報酬率（或稱租賃隱含性利率）予以計算其每期相等

數額之最低租賃收入款，最低租賃收入款與租賃期間的相乘積，即為應收租賃款，應收租賃款與租賃資產公平價值（成本或帳面價值）之差額，即為未實現利息收入；將未實現利息收入按出租人預計投資報酬率逐期予以攤銷為利息收入。每期出租人所收到之應收租賃款與利息收入的差額，即為投資收回淨額。

釋例：

設如前述承租人資本租賃之例（釋例一），出租人於 1998 年 1 月 1 日與承租人訂立一項租賃契約，雙方約定條款如下：

⑴租賃契約訂為 5 年，約定不可撤銷，每年租金$26,379.73，於每年底支付之。

⑵出租人之出租設備公平價值$100,000，其預期投資報酬率 10%。

⑶租約規定所有履約成本，包括稅捐、保險費、及維護成本等，均由承租人負擔。

⑷租期屆滿時，租賃資產所有權即無條件移轉為承租人所有。

⑸出租人收取租金的可能性可合理預計，而且對應負擔的未來成本，並無重大不確定性。

本釋例符合出租人的資本租賃的認定標準，而且應收租賃款現值等於資產帳面價值，無製造商與經銷商之出租人利益存在，故屬於出租人的直接融資租賃。

(a)出租人對於每年租金的計算，係以投資於租賃設備的成本$100,000加上原始直接成本（本例假定無任何該項成本）作為年金現值，並按預期投資報酬率 10% 予以計算如下：

每年租金 ＝（租賃設備成本 ＋ 原始直接成本）÷ 每元年金現值（查年金現值表）

$$= (\$100,000 + 0) \div P\overline{5}|0.1$$

$$= \$100,000 \div 3.790787$$
$$= \$26,379.73$$

(b)出租人應收租賃款可計算如下：

$$應收租賃款 = (最低租金支付數 \times 期數) - 出租人應負擔履約成本$$
$$= (\$26,379.73 \times 5) - 0$$
$$= \$131,898.65$$

(c)未實現利息收入（預收利息），係以應收租賃款與租賃資產的
公平價值之差額予以決定如下：

$$未實現利息收入 = 應收租賃款 - 租賃資產公平價值$$
$$= \$131,898.65 - \$100,000$$
$$= \$31,898.65$$

(d)1998 年1 月 1 日租賃開始日出租人應分錄如下：

應收租賃款	131,898.65	
設備		100,000.00
未實現利息收入		31,898.65

(e)1998 年12 月 31 日收到第 1 年度租金的分錄：

現金	26,379.73	
應收租賃款		26,379.73
未實現利息收入	10,000.00	
利息收入		10,000.00

(f)1998 年12 月 31 日在資產負債表內的列報方法：

未實現利息收入 (unearned interest revenue) 在資產負債表內，
應列為應收租賃款的抵銷帳戶；1 年內可收回的應收租賃款，

應列為流動資產，其餘各年度的應收租賃款，則列入非流動資產項下。

1998 年 12 月 31 日

資產負債表:
　流動資產:
　　應收租金　　　　　　　　$26,379.73
　　減: 未實現利息收入　　　　8,362.03　　$18,017.70
　其他資產:
　　應收租金　　　　　　　　$79,139.19
　　減: 未實現利息收入　　　13,536.62　　65,602.57

　　續後年度可比照辦理。茲將上述出租人直接融資租賃應收租賃款及未實現利息收入攤銷表，彙總列示如表 20–3。

表 20–3　出租人直接融資租賃應收租賃款及未實現利息收入攤銷表

5年期; 利率 10%

日　　期	每期應收租賃款	利息收入	收回成本	未實現利息收入	應收租賃款
98.1.1				$31,898.65	$131,898.65
98.12.31	$ 26,379.73	$10,000.00	$ 16,379.73	21,898.65	105,518.92
99.12.31	26,379.73	8,362.03	18,017.70	13,536.62	79,139.19
00.12.31	26,379.73	6,560.26	19,819.47	6,976.36	52,759.46
01.12.31	26,379.73	4,578.31	21,801.42	2,398.05	26,379.73
02.12.31	26,379.73	2,398.05	23,981.68	–0–	–0–
合　　計	$131,898.65	$31,898.65	$100,000.00		

　　3.銷售型租賃: 銷售型租賃與直接融資租賃的主要區別，在於製造商或經銷商之出租人，於租賃開始日即可根據租賃資產的市場價值（公

平價值）與其成本（或帳面價值）之差額，認定利益或損失。

　　銷售型租賃為製造商或經銷商促銷產品的方法之一；出租人除獲取銷售產品的正常利益（指銷貨毛利）外，復又基於應收租賃款之上，實現其具有貸款性質的利息收入；因此，透過銷售型租賃的方式，實現其兩種不同性質的利益。其中，銷貨毛利乃租賃資產的市場價值（公平價值）與其成本（或帳面價值）的差額，通常於租賃開始日即予認定；至於未實現利息收入，乃應收租賃款總額（即每期應收租賃款乘以租賃期數之相乘積）與租賃資產市場價值（公平價值）之差額，亦即附著於應收租賃款之未實現利息收入，於整個租賃期間內，逐期分攤而認定為利息收入。

　　茲將出租人銷售型租賃所涵蓋的兩種利益（損失），以公式列示如下：

(1)租賃期間內應認定利息收入總額（未實現利息收入）

$$= \begin{bmatrix} 應收租賃款總額（每期 \\ 應收租賃款 \times 期數） \end{bmatrix} - \begin{bmatrix} 租賃資產正常售價 \\ （公平市價） \end{bmatrix}$$

(2)銷貨毛利 $= \begin{bmatrix} 租賃資產正常售價 \\ （公平市價） \end{bmatrix} - \begin{bmatrix} 租賃資產成本 \\ （或帳面價值） \end{bmatrix}$

釋例：

　　設某出租人於 1998 年 12 月 31 日，將一部機器成本$460,000 出租，其公平價值為$572,336，租賃期間 4 年；其他有關條款如下：

　　(1)租賃期間開始日為 1998 年 12 月 31 日，每年 12 月 31 日由承租人支付與出租人租金$160,000；機器之估計耐用年數為 6 年，無殘值，按直線法提存折舊。

　　(2)租約規定所有租賃開始日所發生的原始直接成本計$3,000，概由出租人負擔。

　　(3)租約賦予承租人於租期屆滿時，即取得租賃資產之所有權。

(4)此項租賃交易隱含利率為 8%。

(5)已知出租人收取資金可獲得合理預計，且對負擔未來成本，並無重大不確性存在。

根據上列資料，茲列示出租人與承租人對於此項租賃的會計處理方法如下：

(1)出租人應收租金現值之計算：

4 年期，利率 8%，每年租金$160,000 之年金現值：

$$\$160,000 \times (2.577097 + 1)^* \qquad \$572,336$$
$$*(P\overline{4-1}|0.08 + 1)$$

(2)有關出租人應收租賃款及未實現利息收入的攤銷表彙總列示如表 20–4。

表 20-4　出租人銷售型租賃應收租賃款及未實現利息收入攤銷表

4 年期；利率 8%

日　期	最低租賃收入款 （每期應收租賃款）	利息收入	收回成本	未實現利 息收入	應收租賃款
98.12.31					$640,000
98.12.31	$160,000	$　–0–	$160,000	$67,664	480,000
99.12.31	160,000	32,987*	127,013	34,677	320,000
00.12.31	160,000	22,826	137,174	11,851	160,000
01.12.31	160,000	11,851	148,149	–0–	–0–
合　　計	$640,000	$67,664	$572,336		

*($480,000 - $67,664) \times 8\% = $32,987

(3)出租人銷售型租賃的會計分錄如下：

1998 年 12 月 31 日（租賃開始日／第一次應收租賃款）：

應收租賃款	640,000	
銷貨收入		572,336
未實現利息收入		67,664*
銷貨成本	460,000	
存貨（出租資產）		460,000

*未實現利息收入 $= \$640,000 - \$572,336 = \$67,664$
　銷貨毛利 $= \$572,336 - \$460,000 = \$112,336$

現金	160,000	
應收租賃款		160,000
營業費用	3,000	
現金		3,000

1999 年 12 月 31 日（第二次應收租賃款）：

現金	160,000	
應收租賃款		160,000
未實現利息收入	32,987	
利息收入		32,987

$(\$480,000 - \$67,664) \times 8\% = \$32,987$

續後年度可比照上述方法處理之。至於銷售型租賃在資產負債表內的表達方法，列示如下：

某公司（出租人）
資產負債表
1998 年 12 月 31 日

資產
　流動資產：
　　應收租賃款──銷售型租賃 ($160,000 減未實現利息收入$32,987) $127,013
　非流動資產：
　　應收租賃款──銷售型租賃 ($320,000 減未實現利息收入$34,677)　285,323

三、出租人與承租人對於租賃分類原則彙總說明

綜上所述，吾人為使讀者瞭解租賃會計中最複雜的分類問題，茲將出租人與承租人對於租賃分類原則彙總圖列示於圖 20-2。

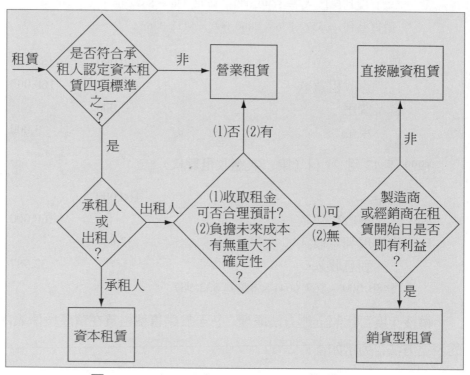

圖 20-2　出租人與承租人區分租賃彙總圖

20-6　售後租回交易

一、售後租回交易的概念

所謂售後租回 (sale and leaseback) 交易，係指原資產所有權人（出

售者－承租人），將一項資產於售出後隨即向買方租回該項資產。1953年，有名的紐約揚基體育場 (Yankee stadium) 主人，將該體育場出售後再予租回的交易行為，乃成為租賃交易中一項著名的實例。

售後租回的租賃交易方式，具有多方面的優點。蓋資金不甚寬裕的資產所有權人，經出售其資產後再予租回使用，能獲得所需要的資金，故毋庸投資鉅額的營運資金於財產、廠房及設備上面，乃能繼續使用業務上所不可缺少的營業資產 (operating assets)。例如從事於營建業務的某建築公司，於購入土地後，隨即在土地上興建合乎其營業上所必要的辦公大廈；然而該建築公司為避免呆滯大量的營運資金於辦公大廈，導致對資金週轉的不利影響，乃於建造工程甫完成後，將其出售給另一專營租賃業務的投資公司，隨即再予租回。此種安排，不但可提供投資公司（出租人）有利的投資機會，而且更重要者，乃承租人可獲得所得稅減免的利益；蓋承租人係由原資產所有權人的地位轉換而來，其每期所支付的鉅額租金，通常包括出租人購買租賃資產的利息及成本之分攤，實超過自行擁有租賃資產所提列的有限度折舊費用甚多，從而獲得減少課稅所得 (income tax deductable) 的利益；尤其是土地資產，因不提列折舊，則透過售後租回交易所獲得的所得稅減免利益更為可觀。

此外，美國自 1962 年起，實施投資稅扣抵法案 (The Act of Investment Tax Credit) 以後，更促進售後租回交易的發展；蓋根據該項法案的規定，凡企業購買折舊性的資本設備，可減免購買資產年度的所得稅最高達該項資產原始成本之 10%（視資產耐用年數之長短而不同），對於獲利性較高的企業，可充分發揮鼓勵投資的效果。

茲將售後租回交易過程，列示於圖 20-3。

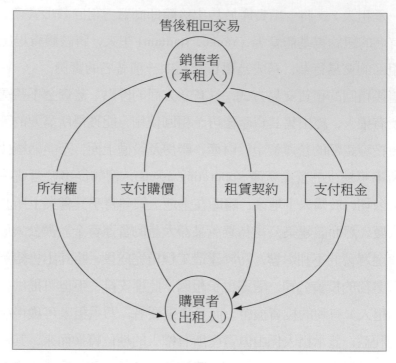

圖 20–3

二、售後租回交易的會計處理方法

就承租人而言，售後租回交易實涉及資產的銷售與租賃兩種行為在內。如售後再租回的租約，符合承租人資本性租賃的認定標準時，則承租人（財產銷售者）應按資本性租賃的會計方法處理；如售後租回的租約，不能符合資本性租賃的認定標準時，則承租人應按營業租賃的會計方法處理。在資本性租賃之下，承租人在售後租回交易過程中，其所發生的任何利益或損失，應予遞延，並按租賃資產攤銷的同一比例攤銷之。在營業租賃之下，則此項遞延利益或損失，應改按所支付租金的比例攤銷之；如租賃資產僅涉及土地一項，則對於售後租回交易過程中所發生

的利益或損失之攤銷，應按直線法於租賃期間內予以認定。然而，在租賃交易發生時，如租賃資產的公平價值低於其未折舊成本時，則此兩者之差額，應立即認定為一項損失。

　　關於承租人對於售後租回交易的會計處理，亦有一部份人士認為資產銷售與資產租賃係屬二項各自獨立的交易行為，因此對於資產銷售交易過程中所發生的任何利益或損失，應予全部認定於資產銷售交易完成時，不必遞延。關於此一問題，美國財務會計準則委員會指出，絕大部份售後租回交易之發生，均由於融資之目的，或為獲得所得稅減免之利益，或者兩者兼而有之；因此，售後租回交易，實質上匯合資產銷售與資產租賃於一體，兩者相互依存，不能單獨存在。故財務會計準則委員會主張對於資產銷售過程中所發生的任何利益或損失，應予遞延，比較合理。

　　就出租人（財產購買者）而言，如承租人之售後租回的租賃交易，符合出租人的直接融資租賃之認定標準時，則應按購買與直接融資租賃處理；否則，應按購買與營業租賃處理。售後租回交易，就出租人的立場而言，因無銷售型租賃之情況發生，故不必按銷售型租賃的會計方法加以處理。

三、售後租回交易會計釋例

釋例一：

　　1.某銷售者（承租人）於 1999 年 1 月 1 日，將廠房一棟之帳面價值$400,000 售與另一購買者（出租人）$475,000，其剩餘耐用年數為 10 年，無殘值，公平價值$550,000；出租人（購買者）之隱含利率為 12%，此與承租人的增支借款利率相同。

　　2.銷售者（承租人）與購買者（出租人）隨即簽訂一項售後租回的租賃契約，租期 5 年，不附優惠承購權或續租權；租期屆滿時，所有權

也不移轉給承租人。

3.銷售者出售廠房利益$75,000 ($475,000 – $400,000)，此項利益應予遞延至租賃期間內，分 5 年攤銷。

4.每年租賃款$117,651 [$475,000 ÷ $(P\overline{5-1}|0.12 + 1)$ = $475,000 ÷ 4.03735]，於每年 1 月 1 日支付。

5.折舊費用按 10 年期直線法計算，並已知無殘值。

本釋例因未符合出租人與承租人之資本租賃，故當為營業租賃的方法，列示其會計處理如下：

日期及摘要	銷售者（承租人）		購買者（出租人）	
1999.1.1 出售廠房	現金	475,000	建築物——廠房	475,000
	建築物——廠房	400,000	現金	475,000
	售後租回遞延利益	75,000		
1999.1.1 收到租金	租金費用	117,651	現金	117,651
	現金	117,651	租金收入	117,651
1999.12.31 攤銷遞延收益	售後租回遞延利益	15,000	折舊費用	47,500
	租金費用	15,000	備抵折舊	47,500
	$75,000 ÷ 5 = $15,000		$475,000 ÷ 10 = $47,500	

釋例二：

設如上述釋例一，除廠房的剩餘耐用年數改為 5 年，出租人收取租金可能性可合理預計，且對未支付成本並無重大不確性存在者外，其餘條件均相同。

本釋例廠房耐用年數改為 5 年，使租賃期間達租賃資產剩餘耐用年數之 75% 以上（事實上為 5 ÷ 5 = 100%），故除符合承租人認定資本租賃之第 3 項標準外，也符合出租人認定資本租賃的認定標準；茲列示出售租回資本租賃交易的會計處理方法如下：

日期及摘要	銷售者（承租人）		購買者（出租人）	
1999.1.1 出售廠房	現金	475,000	建築物——廠房	475,000
	建築物——廠房	400,000	現金	475,000
	售後租回遞延利益	75,000		
1999.1.1 記錄資本租賃	租賃資產	475,000	應收租賃款	588,255
	應付租賃款	475,000	建築物——廠房	475,000
			未實現利息收入	113,255
1999.1.1 收到租金	應付租賃款	117,651	現金	117,651
	現金	117,651	應收租賃款	117,651
1999.12.31 攤銷遞延收益	售後租回遞延利益	15,000	－	
	折舊費用	15,000		
1999.12.31 提列折舊費用	折舊費用	95,000		
	備抵折舊	95,000		
	$475,000 \div 5 = \$95,000$			
1999.12.31 記錄應計利息	利息費用	42,882	未實現利息收入	42,882
	應付租賃款	42,882	利息收入	42,882
	$(\$475,000 - \$117,651) \times 12\% = \$42,882$			

20-7　租賃解約的會計處理

一、出租人租賃解約的會計處理

　　租賃解約時，出租人應按收回租賃資產的原始成本、公平價值、或帳面價值三者孰低為記帳根據，借記資產；未實現利息收入的餘額，也應一併沖銷，記入借方；未收回的應收租賃款，記入貸方；其差額則記入租賃解約損益；茲以公式列示租賃解約損益的計算方法如下：

　　出租人租賃解約損益
$$= \left[\begin{array}{l}\text{應收租賃款淨額（每期應收租賃}\\\text{款} \times \text{期數）} - \text{未實現利息收入}\end{array}\right] - (\text{收回租賃資產價值*})$$

*以租賃資產原始成本、公平價值、及帳面價值孰低為準。

二、承租人租賃解約的會計處理

　　租賃解約時，承租人應將租賃資產的帳面價值（包括已資本化的租賃資產扣除其備抵折舊帳戶後之淨額），與其相對應的應付租賃款負債沖轉，其差額則記入租賃解約損益帳戶；茲以公式列示其計算如下：

$$承租人租賃解約損益$$
$$= （租賃資產-備抵折舊）- \begin{bmatrix} 應付租賃款淨額（每期應付租賃 \\ 款 \times 期數）-未分攤利息費用 \end{bmatrix}$$

三、租賃解約會計處理釋例

　　設前例承租人於 2001 年 1 月 1 日解約，其應付租賃款淨額為 $45,783.10（請參閱表 20-1），資本化後的租賃資產 $100,000，按耐用年數 6 年計算折舊費用，已提列 3 年。出租人的應收租賃款淨額為 $45,783.10 ($52,759.46 - $6,976.36)（請參閱表 20-3），收回租賃資產的公平價值為 $32,000；假定原始取得成本為 $75,000。

　　本釋例中，出租人與承租人的租賃解約損益，可分別計算如下：

　　出租人租賃解約損失 $= [$45,783.10($26,379.73 \times 2 - $6,976.36)]$

$$-$32,000^* = $13,783.10$$

　　*以租賃資產原始成本 $75,000、公平價值 $32,000、及帳面價值 $50,000** 三者孰低為準。

　　**$100,000 - ($100,000 \div 6 \times 3) = $50,000$

　　承租人租賃解約損失 $= ($100,000 - $50,000) - [$45,783.10$

$$($26,379.73 \times 2 - $6,976.36)] = $4,216.90$$

出租人租賃解約的分錄:

2001 年 1 月 1 日:

資產（收回租賃資產）	32,000.00	
租賃解約損失	13,783.10	
未實現利息收入	6,976.36	
應收租賃款		52,759.46

承租人租賃解約的分錄:

應付租賃款	45,783.10	
備抵折舊——租賃資產	50,000.00	
租賃解約損失	4,216.90	
租賃資產		100,000.00

　　茲將售後租回的資本租賃出租人與承租人租賃款及利息攤銷表，列示如表 20-5。

表 20-5　售後租回資本租賃出租人與承租人租賃款及利息攤銷表

租期 5 年; 報酬率 12%

日　期	每年應收（付） 租　賃　款	利息費用 （收入）	租賃款減少 （增加）	租賃款餘額
99.1.1				$475,000
99.1.1	$117,651		$117,651	357,349
99.12.31		$ 42,882	(42,882)	400,231
00.1.1	117,651		117,651	282,580
00.12.31		33,910	(33,910)	316,490
01.1.1	117,651		117,651	198,839
01.12.31		23,861	(23,861)	222,700
02.1.1	117,651		117,651	105,049
02.12.31		12,602	(12,602)	117,651
03.1.1	117,651		117,651	-0-
合　計	$588,255	$113,255	$475,000	

本章摘要

　　近代租賃事業，乃工商業發展過程中所衍生的一種新興行業，以「融物」代替「融資」，可避免向銀行或其他金融事業貸款時的困擾，藉以更新生產設備，並提高其生產能力。

　　不論是承租人或者是出租人，租賃均可分類為營業租賃與資本租賃；惟就出租人而言，於租賃開始日，以是否立即產生損益為準，復將資本租賃區分為直接融資租賃與銷售型租賃。一般而言，承租人偏好採用營業租賃的方法，不將租賃負債列報於資產負債表內，使財務報表顯得比較好看；反之，出租人則喜歡採用資本租賃的方法。就會計的觀點而言，應根據租賃會計的一般公認會計原則，公正表達營業個體的真實財務狀況。

　　承租人認定資本租賃時，必須符合下列四項條件之一：(1)租賃資產所有權於租期屆滿即移轉為承租人所有；(2)承租人享有優惠承購權；(3)租賃期間達在租賃開始日租賃資產剩餘耐用年數 75% 或以上者；(4)最低租賃支付款等於租賃資產公平價值 90% 或以上者。出租人認定資本租賃時，除符合上述承租人四項條件之一外，尚須同時具備下列二項條件：(1)出租人收取租金的可能性可合理預計；(2)出租人負擔未來成本無重大不確定性。

　　在資本租賃之下，於租賃開始日，出租人租賃資產的市場價值（亦即公平價值或正常售價），如超過（低於）租賃資產成本時，表示即有利益（損失）存在，出租人應將此項租賃歸類為銷售型租賃；否則出租人的其他資本租賃，均歸類為直接融資租賃；在直接融資租賃之下，僅認定其利息收入而已。

　　對承租人而言，資本租賃為取得所需資產的方法之一，故在帳上應記錄此項租賃資產，並認定其相對應的應付租賃款負債；租賃資產也如同其他資產一樣，按有系統的方法提列折舊費用；每期支付租金應分攤為本金及利息費用。

　　對出租人而言，直接融資租賃的應收租賃款與租賃資產公平價值之差額，應記錄為未實現利息收入；每期應收租賃款應分攤為收回成本及認定利息收入；惟已出租資產應從帳上轉銷。銷售型租賃的應收租賃款總額與租賃資產市場價值（公平價值）之差額，應記錄為未實現利息收入，於租賃期間內逐期認定之；至於租賃資產市場價值（公平價值）與其成本（或帳面價值）的差額，則認定為銷貨毛利，於租賃開始日認定。

　　售後租回交易乃銷售者（承租人）於售後再予租回，藉以獲得所需資金與資產；購買者（出租人）可收回租賃款，提列折舊費用、負擔購買資產的利息費用、及享有投資抵減的優惠，可達到多方面省稅之目的。

　　租賃解約時，出租人應就應收租賃款淨額與收回租賃資產價值（以租賃資產原始成本、公平價值、及帳面價值孰低為準）的差額，認定為租賃解約損益；承租人應就租賃資產帳面價值與應付租賃款淨額（應付租賃款總額減未分攤利息費用）的差額，認定其租賃解約損益。

本章討論大綱

租賃會計

- 租賃的基本概念
  - 租賃的意義
  - 租賃的種類
  - 租賃的功能

- 租賃會計的演進與理論基礎
  - 租賃會計的演進
  - 租賃資本化的理論基礎

- 租賃專有名詞詮釋：請參閱課文內容

- 承租人的會計處理
  - 承租人對於租賃的分類：分為營業租賃與資本租賃
  - 承租人對於租賃交易的會計處理方法
    - 營業租賃
    - 資本租賃
  - 承租人處理資本租賃會計釋例

- 出租人的會計處理
  - 出租人對於租賃的分類：分為營業租賃與資本租賃（又分為直接融資租賃與銷售型租賃）
  - 出租人對於租賃交易的會計處理方法
    - 營業租賃
    - 直接融資租賃
    - 銷售型租賃
  - 出租人與承租人對於租賃分類原則彙總說明

- 售後租回交易
  - 售後租回交易的概念
  - 售後租回交易的會計處理方法
  - 售後租回交易會計釋例

- 租賃解約的會計處理
  - 出租人租賃解約的會計處理
  - 承租人租賃解約的會計處理
  - 租賃解約會計處理釋例

- 本章摘要

●—— 習 題 ——●

一、問答題

1. 試述租賃的意義為何。

2. 美國會計師協會財務會計準則委員會第 13 號意見書將租賃如何予以分類？

3. 租賃具有何種功能？試述之。

4. 租賃會計的理論發軔於何時？其演變如何？

5. 反對租賃資本化人士所持的理由為何？

6. 未將租賃資本化的結果，在會計上引起何種問題？

7. 租賃資本化具有何種理論根據？

8. 承租人的資本租賃，應符合那四項認定標準之一？

9. 試分別就營業租賃與資本租賃，說明承租人對於租賃交易的會計處理方法。

10. 出租人的直接融資租賃與銷售型租賃，應符合那些認定標準之一？

11. 應如何區分出租人的直接融資租賃與銷售型租賃？

12. 售後租回交易具有何種優點？試述之。

13. 售後租回交易的會計處理方法為何？

14. 出租人與承租人租賃解約損益應如何計算？請分別以公式列示之。

15. 解釋下列各名詞：

　(1)優惠承購權 (bargain purchase option)。

　(2)承租人最低租賃支付款 (minimum lease payments-lessee)。

　(3)出租人最低租賃收入款 (minimum lease payments-lessor)。

⑷履約成本 (executory costs)。

⑸租賃隱含利率 (interest rate implicit in the lease)。

⑹承租人增支借款利率 (lessee's incremental borrowing rate)。

⑺直接融資租賃 (direct financing lease)。

⑻銷售型租賃 (sales-type lease)。

⑼售後租回交易 (sale and leaseback)。

二、選擇題

20.1　A 公司於 1999 年 1 月 1 日將一部機器出租，租期 10 年，每年租金\$50,000，於每年底支付，A 公司之增支借款利率為 10%，並已知悉出租人對於此項租賃的投資報酬率為 12%；租賃資產預計使用年限 10 年，預計殘值\$25,000。此外，收取租金可合理預計，且負擔未來成本無重大不確定性；租賃開始日，A 公司應記錄應收租賃款為若干？

(a)\$316,870

(b)\$307,228

(c)\$290,560

(d)\$282,510

20.2　B 公司於 1999 年 1 月 1 日，承租一部機器，此項租賃符合資本租賃的認定標準，每年初支付租金\$20,000，租期 10 年，預計殘值\$40,000，租約賦予 B 公司享有優惠承購權，可按\$20,000 購入；出租人的租賃隱含利率為 12% 並已為承租人知悉；惟承租人之增支借款利率為 14%。租賃開始日，B 公司應記錄之應付租賃款為若干？

(a)\$109,717

(b)\$129,640

(c)$133,004

(d)$139,443

20.3 C 公司於 1998 年 1 月 1 日，承租倉庫一座，租期 9 年，每年租金$104,000（其中$4,000 為地價稅），於每年底支付；C 公司的增支借款利率 10%，惟無法知悉出租人的租賃隱含利率。租賃開始日，C 公司應記錄應付租賃款為若干？

(a)$575,900

(b)$598,936

(c)$633,490

(d)$900,000

20.4 D 公司於 1998 年 5 月 1 日承租一部新機器，有關資料如下：

租賃期間	10 年
每年 5 月 1 日支付租金	$80,000
機器耐用年數	12 年
租賃隱含利率	14%

D 公司可於 2008 年 5 月 1 日租期屆滿日，按相當於當時公平價值$100,000 承購；租賃開始日，D 公司應記錄租賃資產為若干？

(a)$503,000

(b)$475,710

(c)$449,710

(d)$396,710

20.5 E 公司於 1998 年 12 月 31 日，承租一項設備，每年租賃款$100,000，於租賃開始日即按年支付，租期 10 年，適等於租賃資產的耐用年數；租賃隱含利率為 10%。已知此項租賃符合承租人的資本租賃，

故於租賃開始日，E 公司即按$675,000 記入應付租賃款，第一次租賃款已付訖。1998 年12 月 31 日之資產負債表內，應列報於流動負債項下之應付租賃款為若干？

(a)$32,500

(b)$42,500

(c)$57,500

(d)$100,000

20.6　F 公司於 1998 年 12 月 31 日租入一項設備資產，租賃期間 9 年，適等於租賃資產的耐用年數，每年租賃款$100,000，於簽約後即按每年一次支付，第一次已於 1998 年 12 月 31 日付訖。租賃開始日，按隱含利率 10% 計算應付租賃款之現值為$633,000，如按 F 公司的增支借款利率 12% 計算其應付租賃款現值為$597,000；已知 F 公司第二次租賃款準時支付。1999 年12 月 31 日，F 公司應於資產負債表內列報應付租賃款若干？

(a)$700,000

(b)$486,300

(c)$456,640

(d)$433,000

20.7　G 公司於 1998 年 12 月 31 日承租一部機器，租期 5 年，每年支付$210,000，其中包括履約成本$10,000，於每年 12 月31 日支付，第一次及第二次款已分別於 1998 年 12 月 31 日及 1999 年 12 月 31 日付訖；應付租賃款現值係按 10% 計算，其計算結果為$834,000，並已知悉此項租賃符合承租人的資本租賃。1999 年 12 月 31 日，G 公司應列報應付租賃款為若干？

(a)$634,000

(b)$630,000

(c)$570,600

(d)$497,400

20.8　H 公司於 1998 年 1 月 1 日，簽訂一項 8 年期不可撤銷租約，承
　　　租一部新機器，每年初應支付租賃款$60,000；機器預計可使用 12
　　　年，無殘值；租期屆滿時，所有權即移轉為 H 公司所有；根據適
　　　當的折現率計算應付租賃款之現值為$432,000；假定 H 公司採用直
　　　線法提列折舊，則 1998 年度 H 公司應提列折舊費用若干？

　　　(a)$–0–

　　　(b)$36,000

　　　(c)$54,000

　　　(d)$60,000

20.9　K 公司於 1999 年 1 月 1 日承租一項設備，簽訂 5 年期不可撤
　　　銷租約，每年於 12 月 31 日支付租賃款$100,000，符合資本租賃
　　　的條件，乃於租賃開始日，按 10% 予以計算應付租賃款的現值為
　　　$379,000。K 公司於 1999 年 12 月 31 日，應列報利息費用為若干？

　　　(a)$37,900

　　　(b)$27,900

　　　(c)$24,200

　　　(d)$–0–

20.10 L 公司於 1998 年 1 月 1 日，將一項設備出租，租期 8 年，每年於
　　　年初時支付$150,000，第一年份已於租賃開始日付訖；已知設備的
　　　售價為$880,000，帳列成本$700,000。此項租賃符合 L 公司的銷售
　　　型租賃；應收租賃款現值為$825,000。1999 年 12 月31 日，L 公司
　　　應列報銷貨毛利為若干？

　　　(a)$180,000

　　　(b)$125,000

(c)$22,500

(d)$–0–

20.11 M 公司於 1998 年 12 月 31 日,出售一項設備給 X 公司,並隨即予以租回,租賃期間 12 年;租賃開始日,有關資料如下:

銷貨價格	$720,000
帳面價值	540,000
預計剩餘耐用年數	15年
租期屆滿租賃資產所有權移轉給承租人	

1998 年 12 月 31 日,M 公司應列報售後租回遞延利益為若干?

(a)$–0–

(b)$165,000

(c)$168,000

(d)$180,000

20.12 N 公司於 1998 年 1 月 1 日將一項設備出售給 Y 公司,隨即予以租回;已知設備之帳面價值$200,000,剩餘耐用年限 10 年,售價$300,000。雙方簽訂售後租回之期間為 10 年,符合資本租賃之條件,並按直線法提列折舊。銷售者(承租人)第一次租賃款$48,824 已於 1998 年 12 月 31 日支付。N 公司 1998 年 12 月 31 日應列報售後租回遞延利益為若干?

(a)$100,000

(b)$90,000

(c)$51,176

(d)$–0–

三、綜合題

20.1 中華租賃公司與立群公司於 1998 年 1 月 1 日簽訂一項租約，有關資料如下：

　1.自 1998 年 1 月 1 日起，租期 3 年；當時租賃資產成本與公平價值均等於$527,422，預計耐用年數 5 年。

　2.每年租賃款於 12 月 31 日支付；租期屆滿時，由承租人支付保證殘值後，所有權即移轉承租人。

　3.租期屆滿時，租賃資產的保證殘值$40,000。

　4.出租人隱含利率為 10%，此亦為承租人所知悉。

　5.出租人收取租金可獲得合理預計，且對負擔未來成本並無重大不確定性。

　試求：請就承租人立群公司的立場，作成下列各項：

　(a)辨別此項租賃分類的方法。

　(b)計算每年應付租賃款金額。

　(c)作成租賃成立時及支付第一年租賃款的分錄。

　(d)作成應付租賃款的攤銷表。

20.2 沿用20.1，另按出租人——中華租賃公司的立場，並假定一切條件均無任何改變。

　試求：請為出租人作成下列各項：

　(a)租賃開始日的分錄。

　(b)第一年收到應收租賃款的分錄。

　(c)第三年租期屆滿時，如數收回租賃資產保證殘值$40,000 之分錄。

　(d)請編製應收租賃款攤銷表。

20.3 中興租賃公司與華強公司於 1999 年 1 月 1 日，經雙方同意訂定 3 年期不可撤銷租約條款如下：

1. 每年租賃款$109,668，於每年 1 月 1 日支付。

2. 在租賃開始日，租賃資產公平價值$300,000，此亦等於出租人之帳面價值。

3. 租約未附有優惠承購權，租期屆滿時，所有權歸出租人所有。

4. 承租人增支借款利率為 10%。

5. 出租人與承租人均採用直線法提列折舊，已知其預計殘值為零。

6. 出租人的租賃隱含利率為10%。

假定出租人對於收取租金可合理預計，而且對負擔未來成本無重大不確定性；雙方會計年度均採曆年制。

試求：請就承租人華強公司的立場，作成下列各項：

(a)說明何以此項租賃符合承租人的資本租賃？

(b)列示租賃開始日的分錄。

(c)列示第一年支付租賃款的分錄。

(d)1999 年 12 月 31 日會計年度終了之攤銷應付租賃款及提列折舊分錄。

(e)請編製承租人應付租賃款攤銷表。

20.4 沿用20.3，另按出租人中興租賃公司的立場，並假定一切條件均無任何改變。

試求：請為出租人作成下列各項：

(a)租賃開始日的分錄。

(b)第一年收到應收租賃款的分錄。

(c)第一年底攤銷應收租賃款的分錄。

(d)請編製應收租賃款及未實現利息收入攤銷表。

20.5 大華公司於 1999 年 12 月 31 日，將一項設備資產出租給天一公司，

其各項有關資料如下:

1. 租賃開始日,租賃資產的公平價值為$400,000,惟其帳面價值為$320,000。

2. 租賃期間 4 年,每年 12 月 31 日支付租賃款$114,717。

3. 出租人之租賃隱含利率為10%,此亦為承租人所知悉;惟承租人的增支借款利率為 12%。

4. 租期屆滿時,所有權無條件移轉為承租人所有。

5. 租賃資產預計耐用年數為5 年,無殘值,採用直線法提列折舊。

6. 出租人收取租金可獲得合理預計,且對負擔未來成本並無重大不確定性。

試求: 請就出租人大華公司的立場,列示其處理銷售型租賃的有關會計方法,並編製應收租賃款及未實現利息收入攤銷表。

20.6 沿用20.5,另按承租人天一公司的立場,並假定一切條件均無任何改變。

試求: 請為承租人天一公司作成下列各項:

(a)區分承租人的租賃類別。

(b)作成承租人租賃開始日的有關分錄。

(c)第一年度終了攤銷應付租賃款的分錄。

(d)承租人支付第二次應付租賃款的分錄。

(e)編製承租人應付租賃款及未實現利息費用攤銷表。

第二十一章　退休金會計

────────●　前　　言　●────────

　　由於社會意識的抬頭，勞工團體的爭取，雇主的覺醒，以及政府的立法，促使雇主為員工設立各種不同型式的退休金計劃，已成為二十世紀初葉以來，勞資雙方權衡利益均衡的焦點；時勢所趨，退休金會計乃越顯其重要性。退休金計劃依其提存退休基金之不同，可分為確定提存退休金計劃與確定給付退休金計劃二種；後者牽涉的因素比較複雜，故成為退休金會計討論的重點。退休金會計在於應用合理的會計處理程序，俾提供易於瞭解及公正表達的有用退休金成本資訊；為達成上項目標，會計人員對於退休金成本、退休金負債、及退休金資產的認定與衡量，遂成為退休金會計最重要的課題。本章針對上項課題，先引用最新會計理論，再配合會計釋例加以闡述。

21-1 退休金會計的緣由與發展

自二十世紀初期開始，世界各先進國家的政府機關或私營企業，都逐漸地對其員工提供各種不同型式的退休金計劃或制度，期使員工於退休時，獲得一筆退休金，以安定其退休後的生活。

早期的退休金制度，絕大部份的公司，於平時均未按有系統的方法提存基金，僅於員工離職時一次給付退休金若干；在此種離職給付法 (pay-as-you-go-method) 之下，當員工退休時，如遇公司財務狀況良好，付款自然沒有問題，如遇公司財務狀況欠佳時，則將無法支付可觀的退休金，使退休金制度缺乏保障。美國會計師公會會計程序委員會 (Committee on Accounting Procedures) 乃於 1956 年提出會計研究公報第 47 號，定名「退休金計劃成本之會計處理」；惟此一公報乃欠周全，遂於 1966 年由會計原則委員會 (APB) 另提出第 8 號意見書 (Opinion No. 8)，採用相同的名稱，對於退休金成本的衡量、精算成本法、基金提存制度、及財務報表的揭露方法，均提供若干原則；尤其是由於此一意見書的強制要求，認為一般企業對於退休金計劃的成本，應按合理而有系統精算成本法，一致性採用，俾使各年度的退休金成本，獲得公正的衡量效果，並明確規定過去的終點基金法（僅於員工服務期間終了時，始認定退休金成本並提列基金）與離職給付法為不可接受的會計方法。

在 1974 年之前，美國法律對於私營企業的退休金計劃及退休基金的設立與管理，缺乏政府法令的有效規範，致造成管理上的缺陷與濫用，美國國會遂於 1974 年制定「員工退休金所得安全法案」(Employee Retirement Income Security Act，簡稱 ERISA)，以勞工部為執行的主管機關，明確規定員工參加退休金計劃的權利、給付退休金利益的範圍、退休基金的最小限額、及退休金計劃的執行等；此外，另成立退休金利益

保證公司 (Pension Benefit Guaranty Corp.，簡稱 PBGC)，負責輔導、管理、與監督各私營企業員工退休金計劃的實施，藉以保障退休人員的權益；退休金計劃的有關資訊及退休基金管理人管理基金的情形，每年均應呈送勞工部。財務會計準則委員會為配合上項法案的規定，乃於 1980 年頒佈第 35 號及第 36 號財務會計準則聲明書 (FASB Statement No. 35 & No. 36) 定名「確定利益退休金計劃之會計處理與報導」(Accounting & Reporting by Defined Benefit Pension Plans) 及「退休金資訊之揭露」(Disclosure of Pension Information)，對於比較複雜的確定利益退休金計劃的會計處理及財務報表之揭露，均提供若干處理原則。

　　俟 1987 年，財務會計準則委員會另頒佈第 87 號財務會計準則聲明書 (FASB Statement No. 87)，定名「雇主之退休金會計」(Employers' Accounting for Pensions)，對於雇主處理退休金成本的會計方法，有重大的改變；本章所討論的退休金會計處理，即以該聲明書為根據。

21-2　退休金計劃的基本概念

一、退休金計劃的意義

　　退休金 (pension) 乃雇主於員工退休時，一次或分次給付的款項，以保障其退休後的生活，故成為員工服務酬勞的一部份；蓋退休金的給付金額、給付時間、員工服務年資、精算方法、基金提存辦法、及其他各種因素，必須要制定一套完整而有系統的辦法，作為長期實施的根據，此即退休金計劃；由此可知，退休金計劃 (pension plan) 乃雇主與員工之間所認定的一項契約，成為雙方雇傭契約的一部份，根據此項契約，雇主同意於員工退休時，給予一定的利益。退休金計劃通常均有明文規定，以避免爭議；此外，退休金計劃一般具有普遍的適用性，凡身為企業的員工，只要具備一般性的條件，均可自動加入，並未刻意設定挑選

的特殊條件，否則即不得稱為退休金計劃。

二、退休金計劃的目的

雇主提供退休金計劃，可達成下列各項目的：

1.可配合政府法令規定或工會的要求。
2.可提高員工的工作效率，並減少其流動率。
3.可抵減公司的課稅所得，達到省稅的目標。
4.可延緩員工納稅的時間直至其退休之際。
5.可達成企業對社會的責任。

三、退休金計劃的不同型式

退休金計劃依其提存退休基金之不同，可分為下列二種不同型式：

1.確定提存退休金計劃 (defined contribution pension plan)：雇主按退休金計劃，每期提存一定數額的退休基金，交給退休基金信託人管理與運用，孳生利息或投資獲利，使基金數額日益增多，俾於員工退休時，一次或分次付給員工。在此種退休金計劃之下，員工退休時所能領取的退休金數額，決定於雇主每期提存基金的累積數，加上退休基金孳息之和；雇主每期提存基金數額，即認定為當期的退休金成本。

2.確定給付退休金計劃 (defined benefit pension plan)：在此種退休金計劃之下，雇主同意員工退休金給付金額，係按退休金給付公式計算而求得，是確定的；惟雇主每期所提存的退休基金，則以預期未來給付金額為準，是不確定的；因此，雇主有責任補足其差額。茲將一項退休金計劃關係人及其職責，列示如圖 21-1。

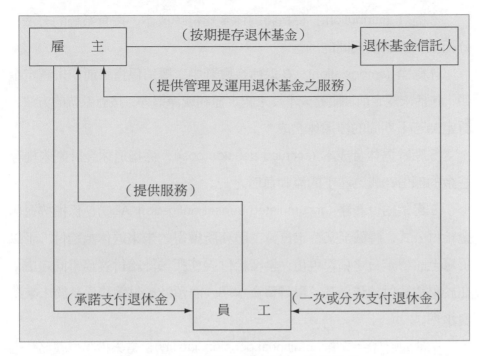

圖 21-1　退休金計劃關係人及其職責

21-3　退休金會計名詞詮釋

茲將退休金會計所涉及的各項名詞，予以詮釋如下：

1.精算現值 (actuarial present value)：係指於考慮(1)貨幣的時間價值（按折現率予以折現），及(2)支付的可能性（例如死亡、殘廢、離職、或退休等事項）後，將未來應支付的金額，予以折算至特定期間的一項或一系列價值。

2.精算假設 (actuarial assumption)：係指預期以未來事件發生的頻率，例如死亡率、離職率、殘廢率、退休率、薪資水準增加率、退休基金資產投資報酬率、及影響貨幣的時間價值之折現率等諸因素為假設條件，用於計算退休金成本。

　　3.攤計 (attribution)：係指將退休金給付或成本，按有系統的方法，分配至員工服務期間的過程。

　　4.攤銷 (amortization)：在退休金會計中，攤銷係指將前期未認定金額，包括未認定前期服務成本及未認定淨利或淨損等，按有系統的方法，認定為若干期間的淨退休金成本。

　　5.應計退休金成本 (accrued pension cost)：係指退休金計劃未提存基金的部份，成為雇主的流動負債之一。

　　6.累積給付義務 (accumulated benefit obligation, ABO)：係指按退休金給付公式，將截至某特定日員工服務所獲得的未來退休金給付，予以折算至該特定日之精算現值；累積給付義務與預計給付義務不同之處，在於累積給付義務係基於現時薪資水準，而預計給付義務係基於未來薪資水準。

　　7.補列退休金負債 (additional pension liability)：當累積給付義務超過退休基金資產的公平價值，且具有下列情形之一者，認定「補列退休金負債」是必要的：(a)帳上列有預付退休金成本（資產）帳戶；(b)帳列應計退休金成本（負債）金額小於累計給付義務未提存退休基金的部份。在前項情形下，補列退休金負債為最低退休金負債與預付退休金成本之和；在後項情形下，補列退休金負債為最低退休金負債與應計退休金成本之差額。

　　8.遞延退休金成本 (deferred pension cost)：企業於認定補列退休金負債時，應就「未認列前期服務成本」與「未認列過渡性損益淨額」之和為最高限額，認列為遞延退休金成本，屬於無形資產的性質；超過部份，則列為未實現退休金成本 (unrealized pension cost)，屬於業主權益的抵銷帳戶。

　　9.確定給付退休金計劃 (defined benefit pension plan)：係指一項退休金計劃的未來給付金額是確定的，此項確定的金額，係按員工年齡、

服務年資、薪資水準、及其他有關精算假設因素，根據退休金給付公式計算而得。

10.確定提存退休金計劃 (defined contribution pension plan)：　係指隨退休金給付金額提存相對的退休基金資產，另設獨立部門或委託基金信託人管理與運用；在確定提存退休金計劃之下，退休金給付隨提存退休基金數額及基金投資報酬多寡而改變。

11.折現率 (discount rate)：係指用於計算貨幣的時間價值之利率。

12.退休基金資產預期利益 (expected return on pension assets)：　係指退休基金資產按預期長期投資報酬率計算所獲得之利益，為每期淨退休金成本的因素之一（減項）。

13.退休基金資產預期長期投資報酬率 (expected long-term rate of return on plan assets)：　係指一項推測的長期投資報酬率，用於反映退休基金資產平均利潤之高低。

14.公平價值 (fair value)：係指退休基金資產在市場上預期可被接受的合理價格。

15.退休金損益 (gain & loss)：係指由於經驗或精算假設變動所產生退休基金損益或精算假設損益；未認列退休金淨利或淨損之攤銷，屬於淨退休金成本因素之一。

16.退休基金資產損益 (gain & loss on pension assets)：係指退休基金資產當期實際與預計利益之差額。

17.預計給付義務損益 (gain & loss on projected benefit obligation)：係指經驗或精算假設變動而產生預計給付義務之變動數。

18.利息成本 (interest cost)：係指預計給付義務隨時間經過而增加的部份，為淨退休金成本因素之一。

19.退休基金資產市價相關價值 (market-related value of plan asset)：係指退休基金資產的公平價值，或另按合理及有系統的方法，將退休基

金資產損益不於當期全部認列，而逐期分配於若干年度（通常不超過 5 年）所求得的價值；不同類別的資產，得採用不同的方法計算其市價相關價值，惟一經採用，必須前後一致。

20.最低退休金負債 (minimum liability)：係指累積給付義務超過退休基金資產公平價值的部份。

21.淨退休金成本 (net periodic pension cost)：雇主於財務報表內認定某特定期間之退休金成本金額，包括服務成本、利息成本、退休基金資產預期利益、未認列前期服務成本之攤銷、未認列退休金損益之攤銷、及未認列過渡性淨資產或淨給付義務之攤銷；淨退休金成本已認定為當期費用者，則列為退休金費用。

22.退休基金資產 (pension assets)：係指提存退休基金及基金投資利益之合計數，包括股票、債券、及其他投資。

23.預付退休金成本 (prepaid pension cost)：係指雇主提存退休基金超過淨退休金成本的累積數，屬於資產性質。

24.前期服務成本 (prior service cost)：係指一項退休金計劃生效日或修正日前，由於員工過去服務年資而增加未來預計給付義務之追溯既往成本；未認列前期服務成本之攤銷，屬於淨退休金成本因素之一。

25.預計給付義務 (projected benefit obligation, PBO)：係指將截至特定日之未來退休金給付，按退休金給付公式折算至該特定日的精算現值。

26.退休基金資產實際利益 (return on pension assets)：係指退休基金資產期初與期末公平價值之差額，經調整當期提存數額與退休金支付數額後所求得的餘額。

27.服務成本 (service cost)：係指根據退休金給付公式，將員工在某特定期間提供服務所能獲得的未來退休金給付，折算至該特定期間的精算現值；服務成本為淨退休金成本因素之一。

28.過渡性淨資產或淨給付義務 (transition net asset or net benefit obligation)：　係指企業原採用某項退休金會計處理原則，於改採用其他會計原則後，使當時退休基金資產公平價值加應計退休金成本或減預付退休金成本的金額，與預計給付義務比較後的差額，如為正數，稱為過渡性淨資產，屬於利益性質；如為負數，稱為過渡性淨給付義務，屬於損失性質；未認列過渡性淨資產或淨給付義務之攤銷，屬於淨退休金成本因素之一。

29.既得給付 (vested benefit)：係指員工可獲得現在或未來退休金的權利，此項權利不因員工是否繼續服務而受影響。

30.既得給付義務 (vested benefit obligation, VBO)：係指既得給付之精算現值；既得給付義務與累積給付義務可用於衡量一旦退休金計劃中斷時，雇主所負擔的潛在義務。

21–4　退休金會計：確定提存退休金計劃

退休金計劃分為確定提存退休金計劃與確定給付退休金計劃；確定給付退休金計劃所涉及的因素廣泛而又複雜，乃成為退休金會計討論的主題。

一般言之，會計人員對於退休金會計，不論是確定提存退休金計劃或確定給付退休金計劃，均將面臨下列三大問題：

1.退休金成本（費用）的衡量與認定。

2.退休金資產與負債的衡量與認定。

3.退休金計劃各項重要資訊在財務報表內的表達方法。

本節先說明比較簡單的確定提存退休金計劃的會計處理，至於確定給付退休金計劃的會計處理，因涉及的因素繁多，則留待續後各節詳述。

在確定提存退休金計劃 (defined contribution pension plan) 之下，退休金給付金額，通常按員工薪資水準、公司盈餘、基金孳息、及其他相關因素，加以考慮後確定之；因此，此種退休金計劃的會計處理方法，比

較簡單。雇主每年按確定提存退休基金數額，一方面借記退休金費用，另一方面貸記應計退休金成本；提存退休基金給信託人時，表示雇主提存的責任已經完了，應借記應計退休金成本，貸記現金。

會計釋例:

臺北公司實施確定提存退休金計劃，自 1998 年 12 月 31 日起，至 2009 年 12 月 31 日止，共計 12 年，每年確定提存退休基金 $300,000，委託信託管理人管理與運用，預計基金投資可獲得 10% 的投資報酬率。

1998 年 12 月 31 日記錄退休金費用及應計退休金成本的分錄:

退休金費用	300,000	
應計退休金成本		300,000

1998 年 12 月 31 日提存退休基金的分錄:

應計退休金成本	300,000	
現金		300,000

自 1999 年以後各年度的分錄，可比照上列記錄處理；茲將該公司確定提存退休金計劃之每年退休基金提存數、退休基金孳息、及退休金給付累積數，彙總列表如表 21–1:

表21-1

臺北公司
確定提存退休金計劃彙總表

年度	(1) （借）退休金費用 （貸）應計退休金成本	(2) 應計退休金 成本累積數	(3) 退休基金孳息 (10%)	(4) 退休金給付 累　積　數
1998	$　300,000	$　300,000	$　　　-0-	$　300,000
1999	300,000	600,000	30,000	630,000
2000	300,000	900,000	63,000	993,000
2001	300,000	1,200,000	99,300	1,392,300
2002	300,000	1,500,000	139,230	1,831,530
2003	300,000	1,800,000	183,153	2,314,683
2004	300,000	2,100,000	231,468	2,846,151
2005	300,000	2,400,000	284,615	3,430,766
2006	300,000	2,700,000	343,077	4,073,843
2007	300,000	3,000,000	407,384	4,781,227
2008	300,000	3,300,000	478,123	5,559,350
2009	300,000	3,600,000	555,935	6,415,285
合計	$3,600,000		$2,815,285	

上項退休金給付累積數，也可按一般年金現值的公式，計算如下：

設　　$M = $ 退休基金給付累積數

　　　$F = $ 每年確定提存退休基金

$$M = F \times \frac{(1+i)^n - 1}{i}$$

$$= \$300,000 \times \frac{(1+0.10)^{12} - 1}{0.10}$$

$$= \$300,000 \times 21.384284$$

$$= \$6,415,285$$

一旦支付員工退休金時，雇主不必作分錄，概由基金信託人直接付

款給退休員工即可；惟基金信託人應將每年管理與運用基金的情形，提供報表給委託人。

21–5 退休金會計：確定給付退休金計劃

在確定給付退休金計劃 (defined benefit pension plan) 之下，退休金給付 (pension benefit) 係根據退休金給付公式(pension benefit formula) 計算而得；蓋其計算涉及複利觀念、員工壽命、退休年齡、離職率、未來利率水準、退休基金投資報酬率、及薪資水準等眾多複雜的因素，遂使所求得的結果，不易準確。

茲將淨退休金成本的構成因素及其會計處理原則說明如下：

一、淨退休金成本的構成因素

企業每年應承擔退休金費用，已成為企業管理者與會計人員關心的焦點；退休金費用乃一項退休金計劃之下，每年應承擔的淨退休金成本；因此，這二項名詞一般均被交替應用。

根據第 87 號財務會計準則聲明書 (FASB No.87, par.20) 規定：「雇主應將下列各項因素，用於認定每期淨退休金成本：(1)服務成本；(2)利息成本；(3)退休基金資產實際損益；(4)未認列前期服務成本之攤銷；(5)未認列退休金損益之攤銷（包括精算假設之變化）；(6)未認列過渡性淨資產（或淨給付義務）之攤銷。」

二、淨退休金成本構成因素的會計處理原則

1.服務成本：服務成本乃精算師根據精算假設（包括員工生產力、服務年資、陞遷、離職率、壽年、殘障、及其他變動因素），將員工在某特定期間提供服務所能獲得的未來退休金給付，按精算公式計算的現值，使其攤計於平均剩餘服務年限內負擔之；一般公認會計原則要求雇

主對於服務成本的計算，應以員工未來的薪資水準為考量要素。

2.利息成本：利息成本係以預計給付義務為基礎，按折現率計算的利息；蓋預計給付義務係按退休金給付公式計算其精算現值，故每期期末所求得的利息成本，一方面累積為預計給付義務，另一方面也增加雇主對淨退休金成本的負擔。

3.未認列退休基金資產損益的攤銷：退休基金資產實際利益乃期初與期末退休基金資產公平價值之差額，經調整當期提存及支付退休金後的餘額；以公式表示如下：

$$實際利益 = 期末退休基金資產公平價值 - 期初退休基金資產$$
$$公平價值 + 支付退休金 - 退休基金提存金額$$

理論上雖以實際利益為淨退休金成本的因素之一，惟實務上均按預期利益先計入淨退休金成本之內；俟事後求得實際利益後，再將實際與預期利益差額，列為未認列退休金損益（屬退休基金損益），並按有系統的方法，逐期攤銷轉列為淨退休金成本。

4.未認列前期服務成本的攤銷：

(1)前期服務成本必須於生效日或修正日，按直線法或服務年限法攤銷於未來期間。

(2)此項追溯既往的成本，在決定攤銷方法時，必須考慮員工未來剩餘服務年限之長短。

(3)當修正退休金計劃的經濟效益顯著增加時，應加速對前期服務成本的攤銷。

(4)前期服務成本之攤銷，同時會增加淨退休金成本及預計給付義務。

(5)前期服務成本的攤銷方法必須一致性採用。

5.未認列退休金損益的攤銷：

(1)退休金損益係由於預計給付義務精算假設的變動或退休基金資產

預期與實際利益差異而引起，包括已實現與未實現部份；前者屬於精算損益；後者屬於退休基金資產損益。

(2)退休基金資產損益包括：(a)已反應於退休基金資產市價相關價值的變動；(b)未反應於退休基金資產市價相關價值的變動；未反應於退休基金資產市價相關價值的損益，無須攤銷。

(3)攤銷未認列退休金損益的最小金額，係以期初預計給付義務與退休基金資產公平價值兩者孰多之 10% 為準；退休金損益僅就大於最小金額的部份，加以攤銷；如小於最小金額時，不必攤銷。

(4)攤銷方法係按在職員工平均剩餘服務年限計算。

(5)退休基金淨損之攤銷，將增加當期淨退休金成本；退休基金淨利的攤銷，將減少當期淨退休金成本。

6.未認列過渡性淨資產或淨給付義務的攤銷：

(1)過渡性淨資產或淨給付義務，係指原採用一項舊的會計原則（指會計準則第 8 號意見書），事後由於改採用新的會計原則（指自1986 年 12 月 15 日起新頒第 87 號財務準則聲明書）使當時退休基金資產公平價值加應計退休金成本或減預付退休金成本的金額，與預計給付義務比較後的差額；如上項差額為正數，稱為過渡性淨資產；如上項差額為負數，稱為過渡性淨給付義務；茲以公式列示如下：

$$\left(退休基金資產公平價值 {+ 應計退休金成本 \atop - 預付退休金成本}\right) - 預計給付義務$$
$$= 過渡性淨資產或過渡性淨給付義務$$

(2)過渡性淨資產或淨給付義務，按平均剩餘服務年限攤銷；如平均剩餘服務年限少於 15 年者，可選用 15 年攤銷。

21–6 確定給付退休金計劃簡單會計釋例

釋例一：淨退休金成本（退休金費用）的計算

臺北公司實施確定給付退休金計劃多年；相關資料如下：

　1.1999 年 1 月 1 日各項餘額：

(1)預計給付義務$1,080,000。

(2)退休基金資產公平價值$1,200,000。

(3)未提存基金之應計退休金成本$-0-。

(4)未認列前期服務成本$120,000。

(5)未認列退休金淨損$144,000。

(6)未認列過渡性淨資產利益$60,000。

　2.1999 年 12 月 31 日各項餘額（提存退休基金後）：

(1)預計給付義務$1,392,000。

(2)退休基金資產公平價值$1,440,000。

(3)未提存基金之應計退休金成本$16,200。

　3.1999 年度發生事項：

(1)服務成本$120,000。

(2)精算假設變動數（損失）$84,000。

(3)提存當年度退休基金之一部份$108,000。

　另悉退休金計劃的折現率為 10%；退休基金資產的實際投資報酬率為 11%；退休基金資產的預期投資報酬率為 9%；平均剩餘服務年限 20 年。

　根據上列資料，1999 年度的會計處理如下：

　1.1998 年度淨退休金成本的計算：

(1)服務成本 $ 120,000
(2)利息成本: $1,080,000 × 10% 108,000
(3)退休基金資產預期利益: $1,200,000 × 9% (108,000)
(4)未認列前期服務成本之攤銷: $120,000 ÷ 20 6,000
(5)未認列退休金淨損之攤銷* 1,200
(6)未認列過渡性淨資產利益之攤銷: $60,000 ÷ 20 (3,000)
淨退休金成本 $ 124,200

*未認列退休金淨損之攤銷:

未認列退休金淨損 $144,000
期初預計給付義務 $1,080,000
期初退休基金資產公平價值 1,200,000
取其大者: $1,200,000 × 10% 120,000
可攤銷退休金淨損 $ 24,000
除: 平均剩餘服務年限 ÷ 20
未認列退休金淨損攤銷數 $ 1,200

2.1999 年 12 月 31 日預計給付義務之驗算:

期初預計給付義務 $1,080,000
加: 服務成本 120,000
利息成本: $1,080,000 × 10% 108,000
精算假設變動增加預計給付義務 84,000
期末預計給付義務 $1,392,000

3.1999 年 12 月 31 日退休基金資產公平價值的驗算:

期初退休基金資產公平價值 $1,200,000
加: 提存 1999 年度退休基金 108,000
退休基金資產實際利益: $1,200,000 × 11% 132,000
期末退休基金資產公平價值 $1,440,000

4.1999 年 12 月 31 日應計退休金成本的驗算：

期初應計退休金成本	$ –0–
加：1999 年度未提存基金：$124,200 – $108,000	16,200
期末應計退休金成本	$16,200

5.1999 年 12 月 31 日記錄退休金費用及提存基金的分錄：

退休金費用	124,200	
現金		108,000
應計退休金成本		16,200

釋例二：服務成本的計算

中央電腦公司於 1999 年 1 月 1 日起，實施確定給付退休金計劃；王君年紀 40，大學主修電腦程式設計，應聘為軟體設計師，年薪$443,000，預期退休日期為 2023 年 12 月 31 日（預期服務年限 25 年），每年薪資水準增加率為 5%；折現率及退休基金資產的預期長期投資報酬率均為 10%；預期退休期間 10 年，自 2024 年起，每年底支付退休金，至 2033 年 12 月 31 日止。

根據上列資料，有關王君個人退休金服務成本的計算及其相關分錄，闡述於後：

1.最後薪資水準的計算：

最後薪資水準

$$= 最初薪資水準 \times (1 + 每年薪資水準增加率)^{預期服務年限}$$

$$= \$443,000 \times (1 + 0.05)^{25}$$

$$= \$443,000 \times 3.38635494$$

$$= \$1,500,155.24 \ （為計算方便，予以簡化為\$1,500,000）$$

2.1999 年度服務成本的計算:

1999 年度提供服務可獲得未來每年退休金給付

= 2% × (服務年限: 1) × 最後薪資水準

= 2% × 1 × $1,500,000

= $30,000

1999 年度服務成本

= 1999 年度提供服務可獲得未來每年退休金給付予以折算

至 1999 年 12 月 31 日的精算現值

$$= \$30,000 \times \frac{(1+0.1)^{10}-1}{0.1} \times (1+0.1)^{-24}$$

= $30,000 × 6.144567 × 0.101526

= $18,715

3.認定 1999 年度退休金費用及提存退休基金的分錄:

王君於 1999 年度為公司提供服務, 可獲得未來每年退休金給付的利益, 構成雇主負擔的一部份, 應予認定為費用; 另一方面雇主也有提存退休基金的義務; 假定 1999 年度提存退休基金$15,000 給基金信託人, 委託其管理與運用, 則其提存分錄如下:

退休金費用	18,715	
現金		15,000
應計退休金成本		3,715

如 1999 年度提存$20,000, 則溢提部份$1,285, 應借記預付退休金費用; 已認定退休金費用的累積數與提存退休基金累積數的差額, 應等於應計退休金成本或預付退休金成本帳戶的餘額。服務成本僅為退休金費用的

六項因素之一；因此，服務成本應併入其他因素作成如同上述的分錄；如有其他因素存在時，則僅作成上述分錄即可。

4.截至 1999 年 12 月 31 日預計給付義務的計算：

預計給付義務 (projected benefit obligation，簡稱 PBO) 乃將截至特定日止的未來退休金給付，按退休金給付公式折算至該特定日的精算現值；服務成本及利息成本，均將增加預計給付義務；反之，支付退休金將減少預計給付義務；至於精算假設變動數，視其變動數為利益或損失而定；茲列示其計算方式如下：

預計給付義務期初餘額 (POB–1/1)		$×× ×
加: 服務成本	$×× ×	
利息成本	×× ×	
精算假設變動數（損失）	×× ×	×× ×
減: 支付退休金	$×× ×	
精算假設變動數（利益）	×× ×	(×× ×)
預計給付義務期末餘額 (POB–12/31)		$×× ×

本釋例中央電腦公司截至 1999 年 12 月 31 日，除服務成本外，因無其他因素；故服務成本即等於預計給付義務，可列示如下：

服務成本$18,715 = 預計給付義務$18,715

釋例三: 利息成本的計算

沿用釋例二，中央電腦公司 1999 年 12 月 31 日的預計給付義務為$18,715，折現率 10%；試計算 2000 年度的利息成本。

利息成本 (interest cost) 係指預計給付義務由於時間因素而增加的利息；蓋退休金計劃給付義務係以期初的現值列示，必須計算利息，以顯示其時間價值；利息成本通常按折現率 (discount rate) 或稱確定率

(settlement rate)，表示該項利率能使退休金計劃的給付義務，截至某特
定日止，能有效予以確定。

利息成本係以期初預計給付義務乘以折現率而得；茲列示其計算如
下：

$$利息成本 = 預計給付義務期初餘額 \times 折現率$$
$$= \$18,715 \times 10\%$$
$$= \$1,872$$

由上述計算結果顯示，中央電腦公司 2000 年度的利息成本為$1,872；
此項利息成本使 2000 年 12 月 31 日的預計給付義務增加。

為使讀者瞭解退休金成本及預計給付義務數字的連續計算過程，特
將 2000 年度的服務成本及截至 2000 年 12 月31 日止的預計給付義務，
列示其計算如下：

1.2000 年度的薪資水準：

$$2000 \text{ 年度薪資水準} = \$443,000 \times (1 + 0.05)$$
$$= \$465,150$$

2.2000 年度服務成本的計算：

$$2000 \text{ 年度服務成本} = \$30,000 \times \frac{(1 + 0.1)^{10} - 1}{0.1} \times (1 + 0.1)^{-23}$$
$$= \$30,000 \times 6.144567 \times 0.111678$$
$$= \$20,586$$

3.截至 2000 年 12 月 31 日止預計給付義務餘額的計算：

$$\text{POB, } 12/31/2000 = 2\%(2 \times \$1,500,000) \times \frac{(1+0.1)^{10}-1}{0.1} \times (1+0.1)^{-23}$$

$$= \$60,000 \times 6.144567 \times 0.111678$$

$$= \$41,173$$

上項數字也可由下列驗算獲得證實:

預計給付義務期初餘額 (1/1/2000)	$18,715
加: 2000 年度服務成本	20,586
2000 年度利息成本	1,872
預計給付義務期末餘額 (12/31/2000)	$41,173

釋例四: 退休基金資產預期利益(損失)的計算:

沿用釋例三,中央電腦公司 1999 年 12 月 31 日提存退休基金$15,000,委託基金管理人代為管理與運用,預期長期投資報酬率為 10%,試計算 2000 年度退休基金資產預期利益(損失)。

退休基金資產預期利益(損失)係以期初退休基金資產的公平價值,乘預期長期投資報酬率而求得; 退休基金資產預期利益(損失)將增加(減少)退休基金資產。

1.2000 年度退休基金資產預期利益的計算:

退休基金資產預期利益

= 退休基金資產(公平價值)× 預期長期投資報酬率

= $15,000 × 10%

= $1,500

2.2000 年度退休金費用(淨退休金成本)的計算:

服務成本（參閱釋例三）	$20,586
利息成本（參閱釋例三）	1,872
退休基金資產預期利益	(1,500)
2000 年度退休金費用	$20,958

3.認定 2000 年度退休金費用及提存退休基金的分錄：

中央電腦公司 2000 年 12 月 31 日應認定退休金費用$20,958，並假定提存退休基金$20,000，其分錄如下：

退休金費用	20,958	
現金		20,000
應計退休金成本		958

4.2000 年 12 月 31 日退休基金資產期末餘額的計算：

退休基金資產期初餘額 (1/1/2000)	$15,000
退休基金資產預期利益（2000 年度）	1,500
提存數（2000 年12 月 31 日提存）	20,000
支付退休金	–0–
退休基金資產期末餘額 (12/31/2000)	$36,500

5.2000 年 12 月 31 日應計退休金成本期末餘額的計算：

應計退休金成本期初餘額 (1/1/2000)	$3,715
2000 年12 月 31 日增加數	958
應計退休金成本期末餘額 (12/31/2000)	$4,673

上項應計退休金成本期末餘額$4,673，乃 1999 年度及 2000 年度已認定退休金成本累積數與提存退休基金累積數的差額，其計算如下：

退休金費用累積數:
　　1999 年度　　　　　　　　　$18,715
　　2000 年度　　　　　　　　　_20,958_　$39,673
提存退休基金累積數:
　　1999 年度　　　　　　　　　$15,000
　　2000 年度　　　　　　　　　_20,000_　(35,000)
應計退休基金成本期末餘額*(12/31/2000)　　$ 4,673

*退休金成本（大）小於基金提存累積數

　　茲將上述中央電腦公司 1999 年度及 2000 年度有關王君退休金計劃的各項資料，予以列入退休金計劃彙總表如表 21–2。

表21–2
中央電腦公司
退休金計劃彙總表
1999 年 1 月 1 日起至 2000 年 12 月 31 日止　　　　　單位: 新臺幣元

退休金費用的因素	1999 年度	2000 年度	(1) 預計給付義務	(2) 退休基金資產	(3) 退休金成本(大)小於基金提存累積數
(1)服務成本	18,715	20,586	(39,301)		
(2)利息成本	–	1,872	(1,872)		
(3)退休基金資產預期利益		(1,500)		1,500	
(4)未認列前期服務成本之攤銷					
(5)未認列退休金損益之攤銷					
(6)未認列過渡性淨資產或淨給付義務之攤銷					
退休金費用:					
1999 年度	18,715			15,000	(3,715)
2000 年度		20,958		20,000	(958)
本年度變動借（貸）金額			(41,173)	36,500	(4,673)
期初餘額 (1/1/2000)			–0–	–0–	–0–
期末餘額 (12/31/2000)			(41,173)	36,500	(4,673)

21-7 確定給付退休金計劃複雜會計釋例

釋例一: 前期服務成本的計算

假定前節所舉中央電腦公司的實例, 如該公司鑒於王君在 1999 年度對程式設計的重大貢獻, 於 2000 年 1 月 1 日, 決定增加其 1999 年度提供服務所獲得的未來每年退休金給付$10,000; 蓋王君截至1999 年 12 月 31 日止的剩餘服務年限為 24 年, 並預期自 2024 年 12 月 31 日起, 至 2033 年 12 月 31 日止, 共計 10 年期間領取退休金; 試計算其追溯既往的前期服務成本。

$$
\begin{aligned}
前期服務成本 &= 退休金計劃修正增加給付之現值\\
&= \$10,000 \times \frac{(1+0.1)^{10}-1}{0.1} \times (1+0.1)^{-24}\\
&= \$10,000 \times 6.144567 \times 0.101526\\
&= \$6,238
\end{aligned}
$$

上項前期服務成本$6,238, 一般公認會計原則為使各期間對於退休金成本的負擔趨於均勻, 並減少財務報表的不穩定性, 主張按循序漸進的方式, 攤銷於預期可獲得退休金給付員工未來服務期間內; 一般攤銷的方法有二: (1)直線攤銷法, (2)服務年限攤銷法; 有關直線攤銷法及服務年限攤銷法, 將於續後釋例中分別說明之。

釋例二: 未認列前期服務成本的攤銷

臺南公司實施確定給付退休金計劃多年, 於 1998 年 1 月1 日, 經雇主與員工雙方同意, 修正原訂之退休金計劃, 認定員工在退休金計劃實施前的服務年資, 可予追溯加計; 根據精算師計算結果, 將增加預計給付義務現值$128,000; 當時員工七人預期退休年限如下:

員工	預期服務年限							合計
	1998	1999	2000	2001	2002	2003	2004	
丁一	1							
林二	1	1						
張三	1	1	1					
李四	1	1	1	1				
王五	1	1	1	1	1			
劉六	1	1	1	1	1	1		
趙七	1	1	1	1	1	1	1	
合計	7	6	5	4	3	2	1	28

平均剩餘服務年限: $28 \div 7 = 4$（年）

試分別按:(1)直線攤銷法,(2)服務年限攤銷法,計算前期服務成本的攤銷數。

1.直線攤銷法 (straight-line amortization method): 直線攤銷法係按員工平均剩餘年資計算,故又稱為平均剩餘服務年限攤銷法;茲列示其計算方法如下:

年度	攤銷數	年終未攤銷數
1998	$128,000 \div 4 = \$32,000$	$\$128,000 - \$32,000 = \$96,000$
1999	同上	$\$96,000 - \$32,000 = \$64,000$
2000	同上	$\$64,000 - \$32,000 = \$32,000$
2001	同上	$\$32,000 - \$32,000 = \$-0-$

直線攤銷法計算簡單迅速,為其最大優點;惟此法使早期年度負擔鉅額的攤銷費用,導致若干員工於退休之前,其應負擔的前期服務成本,業已攤銷完了,造成分擔不均勻的後果。

2.服務年限攤銷法 (service years amortization method): 服務年限攤銷法係按員工服務年限的比例攤銷;茲列示其計算方法如下:

年度	攤銷數	年終未攤銷數
1998	$128,000 \times 7/28 = \$32,000$	$\$128,000 - \$32,000 = \$96,000$
1999	$128,000 \times 6/28 = \$27,429$	$\$96,000 - \$27,429 = \$68,571$
2000	$128,000 \times 5/28 = \$22,857$	$\$68,571 - \$22,857 = \$45,714$
2001	$128,000 \times 4/28 = \$18,286$	$\$45,714 - \$18,286 = \$27,428$
2002	$128,000 \times 3/28 = \$13,714$	$\$27,428 - \$13,714 = \$13,714$
2003	$128,000 \times 2/28 = \$9,143$	$\$13,714 - \$9,143 = \$4,571$
2004	$128,000 \times 1/28 = \$4,571$	$\$4,571 - \$4,571 = \$-0-$

服務年限攤銷法所計算的結果，能配合員工服務的年限，使前期服務成本的攤銷數，非常均勻，也比較合理。然而，此法計算比較複雜，是其缺點。

釋例三: 退休金損益的計算: 精算損益

沿用上節中央電腦公司之釋例，該公司於 2000 年 12 月 31 日計算預計給付義務時，係依精算假設折現率為 10%; 由於事後情況改變，精算師認為折現率應降低為 8%, 致發生預計給付義務的增加。

退休金損益 (net gain or loss) 包括: (1)精算損益（精算假設變更而引起預計給付義務之增減，故又稱預計給付義務損益）; (2)退休金資產損益（退休金資產實際與預計投資報酬之差異）。本釋例因精算假設由 10% 降低為 8%, 導致預計給付義務增加，屬精算損益; 茲列示其計算方法如下:

精算假設: 折現率 10%:

預計給付義務 (PBO, 12/31/2000)

$$= \$60,000 \times \frac{(1+0.1)^{10} - 1}{0.1} \times (1+0.1)^{-23}$$

$$= \$60,000 \times 6.144567 \times 0.111678$$

$$= \$41,173$$

精算假設: 折現率 8%:

預計給付義務 (PBO, 12/31/2000)

$$= \$60,000 \times \frac{(1+0.08)^{10}-1}{0.08} \times (1+0.08)^{-23}$$

$$= \$60,000 \times 6.710081 \times 0.170315$$

$$= \$68,570$$

精算損失 $= \$68,570 - \$41,173$

$$= \$27,397$$

　　本釋例因精算假設變更而提高預計給付義務時, 將增加雇主的負擔, 屬於未認列退休金損失; 反之, 如因精算假設變更而降低預計給付義務時, 將減少雇主的負擔, 屬於未認列退休金利益。

　　釋例四: 退休金損益的計算: 退休基金資產損益

　　沿用上節中央電腦公司之釋例, 該公司對於 2000 年度退休基金資產 \$15,000 的預期長期投資報酬率為10%, 惟實際投資報酬率僅為 8%, 致發生退休基金資產損失\$300; 其計算方法如下:

退休基金資產預期利益 $= \$15,000 \times 10\% = \$1,500$

退休基金資產實際利益 $= \$15,000 \times 8\% = \$1,200$

退休基金資產損失 $= \$1,500 - \$1,200 = \$300$

　　由上述釋例三與釋例四的計算結果, 中央電腦公司 2000 年度的退休金淨損失可計算如下:

退休金淨損 ＝ 精算損失 ＋ 退休基金資產損失

$$= \$27,397 + \$300$$

$$= \$27,697$$

釋例五: 未認列退休金損益的攤銷

臺南公司實施確定給付退休金計劃, 其 1998 年度有關退休金計劃的各項資料如下:

折現率	8%
預期投資報酬率	10%
平均剩餘服務年資	12 年
1998 年1 月 1 日:	
預計給付義務	$320,000
退休基金資產公平價值	384,000
未認列前期服務成本	128,000*
未認列退休金淨利	51,200
應計退休金成本	140,800
1998 年12 月 31 日:	
預計給付義務	393,600
退休基金資產公平價值	482,400
1998 年度:	
服務成本	48,000
提存退休基金	66,133

*已於本節釋例二說明其攤銷方法

已知臺南公司對於未認列退休金利益的攤銷, 係採用直線攤銷法。

根據退休金會計的一般公認會計原則, 對於未認列退休金損益是否需要攤銷, 胥視未認列退休金損益的累積數是否超過臨界金額 (corridor amount) 或稱最小金額 (minimum amount) 而定, 一般僅就超過部份攤銷之; 茲列示其計算方法如下:

未認列退休金淨利之攤銷——直線法：

未認列退休金淨利		$51,200
期初預計給付義務	$320,000	
退休基金資產公平價值	384,000	
取其大者乘以 10%：$384,000 × 10%		38,400*
可攤銷退休金淨利		$12,800
除：平均剩餘服務年限		÷　12
未認列退休金淨利攤銷數		$ 1,067

*臨界金額

上列未認列退休金淨利攤銷數$1,067，一方面可減少當年度退休金費用，另一方面也將減少年終時的應計退休金成本。茲將臺南公司 1998 年 12 月 31 日的退休金計劃彙總表，列示於表 21-3。

表21-3
臺南公司
退休金計劃彙總表
1998 年 12 月 31 日　　　　　單位：新臺幣元

退休金費用的構成因素	1998年度	(1)預計給付義務	(2)退休基金資產	(3)未認列前期服務成本	(4)未認列退休金淨利	(5)退休金成本(大)小於基金提存累積數
(1)服務成本	48,000	(48,000)				
(2)利息成本	25,600	(25,600)				
(3)退休基金資產預期利益	(38,400)		38,400			
(4)未認列前期服務成本之攤銷	32,000			(32,000)		
(5)未認列退休金淨利之攤銷	(1,067)				1,067	
(6)未認列過渡性淨資產或淨給付義務之攤銷	-0-					
退休金費用：1998 年度	66,133		66,133			-0-
本年度變動借(貸)金額		(73,600)	104,533	(32,000)	1,067	-0-
期初餘額 (1/1/98)		(320,000)	384,000	128,000	(51,200)	(140,800)
期末餘額 (12/31/98)		(393,600)	488,533	96,000	(50,133)	(140,800)

釋例六: 未認列過渡性淨資產或淨給付義務的攤銷

沿用前節 21–6 釋例一臺北公司的實例; 該公司1986 年12 月 15 日以前, 根據會計原則委員會第 8 號意見書 (APB Opinion No. 8) 的會計原則處理退休金計劃; 自 1986 年 12 月 15 日以後之會計年度, 改按第 87 號會計準則聲明書 (FASB No. 87) 的會計原則處理; 年終時有關資料如下:

	1986 年 12 月 31 日
預計給付義務	$(600,000)
退休基金資產 (公平價值)	800,000
退休基金資產現況 (修正後)	$ 200,000
原有退休基金資產 (修正前)	140,000
未認列過渡性淨資產利益	$ 60,000

另悉員工的平均剩餘服務年限為 20 年。

對於未認列過渡性淨資產或淨給付義務的攤銷, 根據一般公認會計原則, 可應用直線法, 於開始採用新會計原則之年度起, 按平均剩餘服務年限攤銷; 如平均剩餘服務年限少於 15 年, 仍可選用 15 年的攤銷期限, 以避免雇主負擔過多的缺陷。本釋例臺北公司於 1987 年 12 月 31 日按平均剩餘服務年限攤銷如下:

$$\$60,000 \div 20 = \$3,000$$

未認列過渡性淨資產利益之攤銷, 一方面可減少退休金費用, 另一方面減少退休基金的提存金額。

21–8　退休金負債與資產的認定

企業如每期所認定的退休金費用大於所提存的退休基金時，即產生退休金負債（即應計退休金成本）；反之，如每期所認定的退休金費用小於所提存的退休基金時，即產生退休金資產（預付退休金成本）。尤有甚者，大多數企業都偏好遲延提存退休基金，往往累積鉅額的應計退休金負債，無法貫徹退休金計劃的目標；因此，一般公認會計原則要求企業於應計退休金成本小於最低退休金負債時，應補列退休金負債。

一、退休金負債與資產的認定原則

1.應計退休金成本或預付退休金成本的認定：

根據第 87 號財務會計準則聲明書 (FASB Statement No. 87, par. 35) 指出：「如雇主每期所認定的淨退休金成本超過其提存的退休基金時，其超出部份，應予認定為負債（應計退休金成本）；如所認定的淨退休金成本少於其提存的退休基金時，其差額部份，應予認定為資產（預付退休金成本）。」上項說明，可用公式表示如下：

⑴應計退休金成本（負債）＝淨退休金成本（應提存退休基金）－退休基金資產

⑵預付退休金成本（資產）＝退休基金資產－淨退休金成本（應提存退休基金）

吾人應予說明者，即上項退休基金資產，僅指每期由雇主提存的部份；如退休基金資產係因投資利益而增加的部份，應予除外，不包括在上列公式內。

2.最低退休金負債與補列退休金負債：

第 87 號財務會計準則聲明書 (FASB Statement No. 87, par. 36) 指出: 「如累積給付義務超過退休基金資產的公平價值時, 雇主必須就至少等於累積給付義務未提存退休基金的部份, 認定為負債, 並在資產負債表內, 包括於應計退休金成本項下; 當累積給付義務超過退休基金資產的公平價值, 且具有下列情形之一者, 認定『補列退休金負債』是必要的: (a)帳上列有預付退休金成本（資產）; (b)帳列應計退休金成本金額小於累積給付義務未提存退休基金的部份。」

吾人改用公式列示如下:

(3)**最低退休金負債 ＝ 累積給付義務 － 退休基金資產（公平價值）**

(a)當: 最低退休金負債 ＞ 應計退休金成本: 應認定補列退休金負債如下:

補列退休金負債 ＝ 最低退休金負債 － 應計退休金成本

(b)當: 最低退休金負債 ≤ 應計退休金成本: 不認定補列退休金負債

(c)當: 帳上列有預付退休金成本（資產）: 應認定補列退休金負債如下:

補列退休金負債 ＝ 最低退休金負債 ＋ 預付退休金成本

3.無形資產的認定:

第 87 號財務會計準則聲明書 (FASB Statement No. 87, par. 37) 指出: 「根據前段要求須予認定補列退休金負債時, 其中等於前期服務成本（作者加註: 包括未認列前期服務成本及過渡性淨資產或淨給付義務）的部份, 應認定為無形資產; 如補列退休金負債超過上項金額時, 其超過部份（視為未實現退休金成本）, 應按扣除所得稅影響數後之淨

額,列為業主權益的抵銷帳戶。」

4.調整分錄:

每一會計年度計算補列退休金負債時,其相關的無形資產及業主權益抵銷帳戶,必須加以調整。

二、認定退休金負債與資產的會計釋例

釋例一: 認定補列退休金負債

甲公司 1998 年 12 月 31 日退休金部份資料如下:

累積給付義務	$200,000
退休基金資產(公平價值)	160,000
應計退休金成本	30,000

試求:

(a)計算甲公司的最低退休金負債。

(b)甲公司應認定若干補列退休金負債?

解答:

(a)最低退休金負債 = 累積給付義務 − 退休基金資產(公平價值)

$$= \$200,000 - \$160,000$$

$$= \$40,000$$

(b)∵最低退休金負債$40,000 > 應計退休金成本$30,000

∴應就超出部份,認定為補列退休金負債;其計算如下:

$$補列退休金負債 = \$40,000 - \$30,000$$

$$= \$10,000$$

釋例二: 不認定補列退休金負債

沿用本節 (21-8) 釋例一之甲公司資料，惟當時應計退休金成本為 $50,000。

試求：

甲公司應認定若干補列退休金負債？

解答：

本釋例最低退休金負債$40,000 ≤ 應計退休金成本$50,000，故不認定任何補列退休金負債。

釋例三：

沿用本節 (21-8) 釋例一之甲公司資料，惟當時並無任何應計退休金成本，卻列有預付退休金成本$10,000。

試求：

甲公司應認定若干補列退休金負債？

解答：

本釋例甲公司帳列預付退休金成本$10,000，惟並無應計退休金成本存在，而其預計給付義務卻超過退休基金資產公平價值達$40,000；因此，應認定補列退休金負債$50,000，其計算方法如下：

$$補列退休金負債 = 最低退休金負債 + 預付退休金成本$$
$$= \$40,000 + \$10,000$$
$$= \$50,000$$

在資產負債表內，甲公司於資產項下列報預付退休金成本 $10,000，於負債項下列報補列退休金負債（包括於應計退休金成本帳戶）$50,000；兩相抵減，顯示最低退休金負債$40,000。

三、最低退休金負債的記帳方法

如必須認定一項補列退休金負債，俾達到最低退休金負債之要求時，

必須貸記「補列退休金負債」帳戶，並借記「遞延退休金成本」；遞延退休金成本屬於無形資產性質，最高限額不得超過「未認列前期服務成本」與「未認列過渡性淨給付義務」之和；如遇有超過上列二者之和情形，應將超過部份借記「未實現退休金成本」(unrealized pension cost) 帳戶；此一帳戶屬於業主權益的抵銷帳戶。

釋例四：

沿用本節 (21–8) 釋例一之甲公司資料，並列示其 1998 年 12 月31 日退休基金提存現況表及各項退休金負債的資料，列示如下：

甲公司
退休基金提存狀況表
1998 年 12 月 31 日

預計給付義務 (PBO)	$(210,000)
退休基金資產公平價值	160,000
預計給付義務未提存基金	$ (50,000)
未認列前期服務成本	2,000
未認列退休金淨損	14,000
未認列過渡性淨給付義務	4,000
應計退休金成本	$ (30,000)
累積給付義務 (ABO)	$ 200,000
退休基金資產公平價值	(160,000)
最低退休金負債（累積給付義務未提存基金）	$ 40,000
減: 應計退休金成本	30,000
補列退休金負債	$ 10,000

根據上列資料，甲公司補列退休金負債$10,000，其中$6,000（未認列前期服務成本$2,000 ＋ 未認列過渡性淨給付義務$4,000）借記遞延退休金成本，剩餘$4,000 借記未實現退休金成本；其分錄如下：

1998 年 12 月 31 日：

遞延退休金成本	6,000	
未實現退休金成本	4,000	
補列退休金負債		10,000

　　上項遞延退休金成本屬於無形資產的性質；至於未實現退休金成本則為業主權益的抵銷帳戶；甲公司 1998 年 12 月 31 日預計給付義務未提存基金$50,000，經貸記「補列退休金負債」$10,000，有關負債的流轉情形如下：

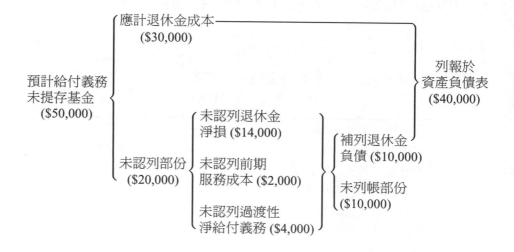

釋例五：

　　沿用上述釋例四之甲公司資料，並列示其 1998 年及 1999 年 12 月 31 日退休基金提存狀況表及兩年度補列退休金負債比較資料如下：

甲公司
退休基金提存狀況比較表
1998 年及 1999 年 12 月 31 日

	1998 年度	1999 年度
預計給付義務 (PBO)	$(210,000)	$(260,000)
退休基金資產公平價值	160,000	206,000
預計給付義務未提存基金	$ (50,000)	$ (54,000)
未認列前期服務成本	2,000 ⟶	–0–
未認列退休金淨損	14,000 ⟶	12,000
未認列過渡性淨給付義務	4,000 ⟶	3,000
應計退休金成本	$ (30,000)	$ (39,000)
累積給付義務 (ABO)	$ 200,000	$ 250,000
退休基金資產公平價值	160,000	206,000
最低退休金負債（累積給付義務未提存基金）	$ 40,000	$ 44,000
減: 應計退休金成本	30,000	39,000
補列退休金負債	$ 10,000 ⟶	$ 5,000

　　根據上列資料，甲公司 1999 年 12 月 31 日補列退休金負債為 $5,000，惟帳列之補列退休金負債為 $10,000，故應予減少 $5,000；未認列前期服務成本減少 $2,000 ($2,000 – $0)，未認列退休金淨損減少 $2,000 ($14,000 – $12,000)，未認列過渡性淨給付義務減少 $1,000 ($4,000 – $3,000)；其有關分錄如下:

補列退休金負債	5,000	
未認列前期服務成本		2,000
未認列退休金淨損		2,000
未認列過渡性給付義務		1,000

21–9　退休金資訊在財務報表內的表達

　　根據財務會計準則第 87 號聲明書的規定，確定給付退休金計劃應在財務報表內或其備註欄項下，揭露下列各重要項目:

1.退休金計劃的說明：(1)涵蓋的員工；(2)退休金給付計算公式；(3)退休基金提存決策；(4)其他影響財務報表的重大事項。

2.每期淨退休金成本的數額：(1)服務成本；(2)利息成本；(3)退休基金資產實際利益；(4)其他各項構成淨退休金成本因素的淨額。

3.退休基金提存現況與資產負債表列報數額之調節表（退休基金提存現況調節表）；包括：(1)退休基金資產公平價值；(2)預計給付義務；(3)未認列前期服務成本；(4)未認列退休金損益；(5)未認列過渡性淨資產或淨給付義務；(6)資產負債表所列的預付或應計退休金成本。

4.衡量預計給付義務的折現率、薪資水準增加率、及計算退休基金利益的預期長期投資報酬率。

5.退休基金資產中雇主及其他關係人所發行證券的種類及金額。

6.其他重要項目。

本章摘要

自二十世紀初期以來，不論政府機關或私人企業，雇主為員工提供各種不同型式的退休金計劃，俾於員工退休時，獲得一筆退休金，以保障退休後的生活。

退休金乃雇主於員工退休時，一次或分次給付的款項，成為雇主負擔的一部份。理論上，退休金應按有系統的方法，攤計於員工提供服務的年度內負擔；精算師必須根據各項精算假設，包括員工生產力、服務年資、陞遷、離職率、壽年、殘障率、及其他變動因素等，按現值觀念計算，俾能合理地衡量退休金給付義務及退休金成本之多寡。

為實現退休金制度的目的，必須由雇主按有規律的方法，提存退休基金，交由基金信託人管理與運用；因此，退休金計劃，依其提存基金之不同，可分為二種：(1)確定提存退休金計劃；(2)確定給付退休金計劃。在確定提存退休金計劃之下，員工退休時所能領取的退休金數額，決定於雇主每期提存基金的累積數，加上退休基金孳息之和，雇主每期提存基金數額，即認定為當期的退休金成本；在確定給付退休金計劃之下，退休金給付金額係按退休金給付公式計算而確定，惟雇主每期提存退休基金的數額，則以預期未來給付金額為準，是不確定的，雇主有責任補足其差額；本章所討論的重點，係以確定給付退休金計劃為主。

確定給付退休金計劃的退休金成本，係基於員工在服務期間所獲得的預計未來給付，按退休金給付公式計算而得的精算現值，並配合其他因素所構成的淨額，一般以淨退休金成本稱之，也就是雇主每期所負擔的退休金費用。淨退休金成本通常包括下列六項因素：(1)服務成本，(2)利息成本，(3)退休基金資產實際損益，(4)未認列前期服務成本之攤銷，

⑸未認列退休金損益之攤銷，⑹未認列過渡性淨資產或淨給付義務之攤銷。綜合言之，淨退休金成本係以當期的服務成本及利息成本為主體，如有退休基金資產利益時，應從退休金成本內減除，如有退休基金資產損失時，應予計入退休金成本內；此外，也要包括未認列退休金損益（含退休基金預期與實際利益之差額及精算假設變動損益）之攤銷，及不屬於當期的未認列前期服務成本及過渡性淨資產或淨給付義務之攤銷。

　　一般公認會計原則要求揭露三種衡量給付義務的負債：⑴預計給付義務，⑵累積給付義務，及⑶既得給付義務；預計給付義務乃將截至某特定日的未來退休金給付，以未來薪資水準，按退休金給付公式計算所得的精算現值；預計給付義務與退休基金資產公平價值的差額，即可確定退休金計算提存基金的狀況。累積給付義務，乃將截至某特定日員工服務所獲得的未來給付，以現在薪資水準，按退休金給付公式計算所得的精算現值；至於既得給付義務係指既得給付的精算現值，為滿足既得給付需要的基金投資。

　　每期淨退休金成本大於提存退休基金數額時，即產生應計退休金成本，屬於負債性質；反之，如淨退休金成本小於提存退休基金數額時，即產生預付退休金成本，屬資產性質；如遇有退休基金資產預期損益時，也應列入計算。

　　退休基金提存現況表不但可顯示資產負債表所列示的帳戶為何不等於所提存的退休基金，而且可揭露剩餘的未認列退休金成本數額，故在退休金會計中，具有其重要性地位。

　　當累積給付義務超過退休基金資產的公平價值時，雇主必須將此項差異，認定為補列退休金負債，與應計退休金成本合併列報於資產負債表內；當補列退休金負債被認定並貸記後，借方應記入遞延退休金成本。

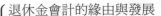

本章討論大綱

退休金會計的緣由與發展

退休金計劃的基本概念 { 退休金計劃的意義
退休金計劃的目的
退休金計劃的不同型式

退休金會計名詞詮釋

退休金會計：確定提存退休金計劃

退休金會計：確定給付退休金計劃 { 淨退休金成本的構成因素
淨退休金成本構成因素的會計處理
原則

確定給付退休金計劃簡單會計釋例 { 釋例一：淨退休金成本（退休金
費用）的計算
釋例二：服務成本的計算
釋例三：利息成本的計算
釋例四：退休基金資產預期利益
（損失）的計算

確定給付退休金計劃複雜會計
釋例 { 釋例一：前期服務成本的計算
釋例二：未認列前期服務成本的攤銷
釋例三：退休金損益的計算：精算損益
釋例四：退休金損益的計算：退休基金
資產損益
釋例五：未認列退休金損益的攤銷
釋例六：未認列過渡性淨資產或淨給付
義務的攤銷

退休金負債與資產的認定 { 退休金負債與資產的認定原則
認定退休金負債與資產的會計釋例
最低退休金負債的記帳方法

退休金資訊在財務報表內的表達

本章摘要

退休金會計

習 題

一、問答題

1.退休金計劃的型式可分為那二種？試說明二者的差異。

2.退休金計劃的精算假設，包括那些重要因素？

3.會計人員對於退休金計劃，將面臨那些會計問題？

4.淨退休金成本的構成因素有那些？如何計算淨退休金成本？

5.何謂服務成本？何謂利息成本？

6.退休基金資產損益如何計算？

7.何謂前期服務成本？

8.未認列前期服務成本有那二種攤銷方法？

9.退休金損益包括那二種損益？

10.未認列退休金損益應如何攤銷？

11.過渡性淨資產或淨給付義務如何求得？

12.最低退休金負債如何計算？

13.補列退休金負債如何認定？

14.何謂遞延退休金成本？

15.解釋下列名詞：

　　⑴臨界金額 (corridor amount)。

　　⑵未實現退休金成本 (unrealized pension cost)。

　　⑶精算損益 (actuarial gain or loss)。

　　⑷最低退休金負債 (minimum pension liability)。

　　⑸補列退休金負債 (additional pension liability)。

二、選擇題

21.1 A 公司採用確定給付退休金計劃，1998 年度有關資料如下：

服務成本	$352,000
退休基金資產實際及預計利益	77,000
處分附屬公司廠產設備之未預計損失	88,000
未認列前期服務成本之攤銷	11,000
預計給付義務的全年度利息	110,000

A 公司 1998 年度應列報淨退休金成本為若干？

(a)$550,000

(b)$484,000

(c)$462,000

(d)$396,000

21.2 B 公司 1998 年 1 月 1 日退休金計劃有關資料如下：

預計給付義務	$306,000
退休基金資產市價相關價值	330,000
未認列退休金淨損	47,000
平均剩餘服務年限	7 年

B 公司 1998 年度淨退休金成本應包括若干未認列退休金淨損之攤銷？

(a)$14,000

(b)$8,400

(c)$3,000

(d)$2,000

21.3 C 公司於 1998 年 1 月 1 日修正其退休金計劃，當時有關資料如下：

	修正前	修正後
累積給付義務	$1,140,000	$1,710,000
預計給付義務	1,560,000	2,280,000

C 公司未認列前期服務成本而應於未來攤銷的總額為若干？

(a)$1,140,000

(b)$720,000

(c)$570,000

(d)$150,000

21.4 D 公司 1998 年 1 月 1 日設立確定給付退休金計劃，並即提存退休基金資產$400,000；當年度之服務及利息成本為$248,000，退休基金資產預期與實際報酬率為 10%；無其他項目之退休金費用。

D 公司 1998 年 12 月 31 日應列報預付退休金成本為若干？

(a)$112,000

(b)$152,000

(c)$192,000

(d)$248,000

21.5 E 公司於 1997 年 1 月 1 日實施確定給付退休金計劃；已知 1997 年度及 1998 年度均十足提存退休基金；1999 年度及 2000 年度有關資料如下：

	1999 年度（實際）	2000 年度（預計）
預計給付義務 (12 月 31 日)	$420,000	$450,000
累積給付義務 (12 月 31 日)	300,000	312,000
退休基金資產公平價值 (12 月 31 日)	360,000	405,000
預計給付義務超過退休基金資產	60,000	45,000
淨退休金成本	45,000	54,000
雇主提存退休基金	30,000	?

E 公司應提存退休基金若干，才能使2000 年12 月 31 日在資產負債表內的應計退休金成本為$9,000？

(a)$30,000

(b)$36,000

(c)$45,000

(d)$60,000

21.6　F 公司 1999 年度退休金計劃的有關資料如下：

預計給付義務 (1/1/1999)	$576,000
服務成本	144,000
支付退休金	120,000
折現率	10%

假定 1999 年度精算假設均無任何變更，也未提存退休基金。

F 公司 1999 年 12 月 31 日預計給付義務應為若干？

(a)$513,600

(b)$600,000

(c)$633,600

(d)$657,600

21.7　G 公司 1999 年 12 月31 日收到退休基金管理人之資料如下：

退休基金資產公平價值	$1,380,000
累積給付義務	1,720,000
預計給付義務	2,280,000

G 公司 1999 年 12 月 31 日資產負債表應列報退休金負債為若干？

(a) $2,280,000

(b) $900,000

(c) $560,000

(d) $340,000

21.8 H 公司 1999 年 12 月31 日有關退休金計劃之資料如下：

累積給付義務	$760,000
退休基金資產公平價值	580,000
預付退休金成本	40,000

H 公司 1999 年 12 月 31 日資產負債表內，應列示補報退休金負債若干？

(a) $220,000

(b) $200,000

(c) $240,000

(d) $760,000

21.9 I 公司於 1999 年 1 月 1 日設立確定給付退休金計劃；1999 年 12 月 31 日有關退休金計劃的資料如下：

累積給付義務	$412,000
退休基金資產公平價值	312,000
淨退休金成本	360,000
雇主提存退休基金	280,000

I 公司 1999 年 12 月 31 日，應認定補列退休金負債為若干？

(a)$–0–

(b)$20,000

(c)$80,000

(d)$180,000

21.10 J 公司實施確定給付退休金計劃；1999 年 12 月 31 日有關資料如下：

未提存累積給付義務	$200,000
未認列前期服務成本	96,000
淨退休金成本	64,000

另悉 J 公司 1999 年度未提存退休基金。

J 公司 1999 年 12 月 31 日之資產負債表內，應列報若干未實現退休金成本作為股東權益的抵減項目？

(a)$40,000

(b)$104,000

(c)$136,000

(d)$200,000

三、綜合題

21.1 建文公司實施確定給付退休金計劃；1999 年度有關資料如下：

1.1999 年 1 月 1 日:

預計給付義務	$640,000
退休基金資產公平價值	480,000
應計退休金成本	160,000

2.1999 年度各項資料:

服務成本	$64,000
支付退休金	56,000
退休基金資產實際利益（與預期利益相同）	48,000
雇主提存退休基金	80,000
折現率	8%

試求:

(a)記錄 1999 年度淨退休金成本（退休金費用）的分錄。

(b)編製 1999 年 12 月 31 日退休金計劃彙總表。

21.2 建國公司實施確定給付退休金計劃，採用曆年制；1999 年有關資料如下:

預計給付義務 (12/31/1998)	$1,400,000
退休基金資產公平價值 (12/31/1998)	1,000,000
預期長期投資報酬率	10%
折現率	8%
未認列前期服務成本於 1997 年 1 月 1 日核定現值	240,000
平均剩餘服務年限	10 年
服務成本（1999 年度）	120,000
未認列退休金利益 (12/31/1998)	320,000
精算損失 (12/31/1999)	80,000
退休基金資產實際利益（1999 年度）	110,000
退休基金提存金額（1999 年年度終了）	176,000

另悉建國公司對於未認列前期服務成本及未認列退休金損失，均採
用直線法攤銷。

試求：

　(a)編製 1998 年 12 月 31 日退休基金提存現況調節表。

　(b)記錄 1999 年度退休金費用。

　(c)編製 1999 年 12 月 31 日之退休金計劃彙總表。

21.3 建華公司實施確定給付退休金計劃；張君受聘為該公司助理工程師，
　　加入退休金計劃；有關資料如下：

　1.退休金計劃生效日：1/1/1999

　2.張君參加退休金計劃日期：1/1/1999

　3.張君預計服務年限：20 年

　4.張君預期 20 年後年薪為$2,000,000

　5.退休期間（支領退休金年數）預計為 10 年

　6.張君 1999 年及 2000 年每年薪資$600,000

　7.折現率、預期投資報酬率、及實際投資報酬率均為 10%

　8.退休金給付公式：退休期間每年退休金給付＝（服務年限）（最後
　　薪資水準）÷ 25

　試求：請為建華公司計算張君的下列各項資料：

　(a) 1999 年度服務成本。

　(b) 2000 年 12 月 31 日之累積給付義務。

　(c) 2000 年 12 月 31 日之預計給付義務。

21.4 建安公司採用確定給付退休金計劃，其有關資料如下：

　1.預計給付義務（1/1/1999，未包括下列各項目）　　$240,000

　2.前期服務成本（1999 年 1 月 1 日修正；按 10 年
　　攤銷）　　　　　　　　　　　　　　　　　　　120,000

3.未認列過渡性淨給付義務（1990 年 1 月 1 日原來
　價值$102,000）　　　　　　　　　　　　　　　48,000

4.精算假設變動之利益（1999 年 1 月 1 日計算，分
　15 年直線攤銷）　　　　　　　　　　　　　　　36,000

5.退休基金資產實際利益（1999 年度）　　　　　　24,000

6.退休基金資產公平價值（1999 年 1 月 1 日）　　 192,000

7.1999 年度提存退休基金資產　　　　　　　　　　48,000

8.1999 年度支付退休金　　　　　　　　　　　　　60,000

9.1999 年度服務成本　　　　　　　　　　　　　 108,000

10.折現率　　　　　　　　　　　　　　　　　　　　8%

11.退休基金資產預期長期投資報酬率　　　　　　　　10%

試求：

　(a)計算 1999 年度淨退休金成本。

　(b)記錄 1999 年度淨退休金成本的分錄。

　(c)計算 2000 年 12 月 31 日之預計給付義務。

　(d)編製 1999 年 12 月 31 日之退休金計劃彙總表。

21.5 建臺公司 1999 年 12 月 31 日，於記錄退休金費用後，未確定補列
　　退休金負債之前，有下列各項分類帳餘額：

遞延退休金成本	借餘	$ 72,000
未認定退休金成本	借餘	96,000
應計退休金成本	貸餘	216,000
補列退休金負債	貸餘	168,000

1999 年 12 月 31 日，於認定 1999 年度退休金成本後，未認列前期

服務成本之餘額為$48,000；此外，1999 年 12 月 31 日之其他各項餘
額如下：

預計給付義務	$1,176,000
累積給付義務	864,000
退休基金資產公平價值	576,000

試求：

　(a)計算補列退休金負債。

　(b)記錄補列退休金負債的分錄。

21.6 建新公司採用確定給付退休金計劃，有關資料如下：

　1.1999 年 1 月 1 日各項餘額：

預計給付義務	$840,000
退休基金資產公平價值	966,000
未認列退休金損失	147,000
未認列過渡性淨資產（利益）	29,400
未認列前期服務成本	100,800

　2.1999 年度發生事項：

服務成本	$ 63,000
折現率	10%
退休基金資產預期投資報酬率	8%
退休基金資產實際投資報酬率	10%
提存退休基金	105,000
支付退休金	54,600
平均剩餘服務年限	20 年

試求:

(a)計算 1999 年 12 月 31 日的預計給付義務。

(b)計算 1999 年 12 月 31 日的退休基金資產。

(c)計算 1999 年度的淨退休金成本，並作成分錄。

(d)編製 1999 年 12 月 31 日的退休金計劃彙總表。

第二十二章　所得稅會計

　　財務報告係以一般公認會計原則為編製標準，而稅務報告則必須遵照稅法的規定；由於兩者的標準不同，遂使每期的稅前財務所得與課稅所得，發生若干差異，其中包括二種差異：(1)永久性差異；(2)暫時性差異。

　　本章首先闡述永久性差異與暫時性差異的概念及其會計處理方法，其次再進一步說明虧損扣抵的會計處理方法、遞延所得稅資產的評價、及同期間所得稅分攤，最後則敘述投資抵減的會計處理方法。

22–1　兩種不同所得的概念

公司有所得，應向政府稅捐機關繳稅，乃是天經地義之事。我國所得稅法將所得稅分為個人綜合所得稅與營利事業所得稅二種；美國所得稅法則將公司組織的營利事業所得稅逕稱為公司所得稅 (corporation income tax)，至於獨資或合夥組織的營利事業所得稅，則併入個人所得稅 (individual income tax) 內。

企業的所得稅，係根據課稅所得 (taxable income) 課徵；課稅所得就理論上而言，其終極亦必等於稅前財務所得 (pretax financial income)；然而，就事實上而言，由於課稅所得係以稅法為依據，至於稅前財務所得則應遵照一般公認的會計原則（the generally accepted accounting principles，簡稱 GAAP）為準；兩者基於不同的考量因素，對於收入與費用的認定與衡量，乃各異其趣。因此，根據稅前財務所得計算出來的所得稅費用，並不等於按課稅所得計算出來的應付所得稅，兩者之差額，即為遞延所得稅 (deferred income tax)。

一、稅前財務所得

稅前財務所得乃根據一般公認會計原則計算而得之稅前淨利，故通常又稱為會計所得 (accounting income) 或帳面所得 (book income)；由於財務會計之目的，在於提供公正可靠的財務資訊給使用者，以協助其作成合理的決策；因此，稅前財務所得的確定，必須秉持會計上「收入費用配合原則」，據以計算正確的稅前損益數字，俾於扣除所得稅費用後，最後求得正確的「本期淨利」之資訊。

二、課稅所得

課稅所得係根據稅法的規定，據以計算當期應繳稅額；政府立法機關基於租稅制度、經濟政策、社會正義、或其他考量因素，往往在不同的期間，選擇不同的標準，以計算「可課稅收入及利得」，或「可減除額」，或甚至於改變稅率，藉以決定一般企業應繳稅額的義務。

茲將稅前財務所得與課稅所得的不同根據，以及產生差異的原因，以圖 22–1 列示之。

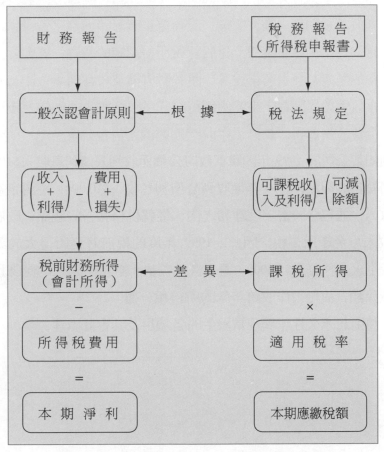

圖 22–1　稅前財務所得與課稅所得的區別

22–2 永久性差異與暫時性差異

稅前財務所得與課稅所得，由於根據不同，致產生若干差異；此等差異依其性質不同，又可區分為二種：(1)永久性差異；(2)暫時性差異。

一、永久性差異

當一項所得因素（包括收入、利得、費用、或損失等），由於稅法的規定，僅包含於稅前財務所得或課稅所得的一方，而非同時包含於雙方者，即產生永久性差異 (permanent difference)。換言之，永久性差異通常係基於租稅制度、經濟政策、或社會正義等諸因素之考量，在稅法上採取應變的措施，使稅法上對於課稅所得認定的基礎，與會計上認定財務所得的基礎，發生若干差異，而其影響僅及於當期者，即為永久性差異；永久性差異因對未來的應課稅金額（包括收入及利得）或可減除金額，不會產生影響，故無須作成跨期間的所得稅分攤。

例如某公司於 1999 年因購買政府公債而收到公債利息收入$10,000；就財務報告的觀點，1999 年度收到公債利息收入$10,000，應認定為當年度的收入，並包含於當年度淨利之內；惟就稅務報告的觀點，政府公債利息收入可免繳所得稅；因此，1999 年度的稅前財務所得大於課稅所得，產生永久性差異$10,000。蓋永久性差異不會產生未來的應課稅金額或可減除額，故無須作成跨年度的所得稅分攤。

茲將引起永久性差異經常發生的各項目及其會計處理，彙列一表如表 22–1。

表 22-1　永久性差異項目一覽表

項　　　　　目	稅前財務所得	課 稅 所 得
1. 免稅公債利息收入: 不列入課稅所得。	（ˇ）	應予扣除 (−)
2. 公司重要幹部之人壽保險（公司為受益人）: ⑴人壽保險費: 不得抵減課稅所得。	（△）	應予加回 (+)
⑵人壽保險理賠利益: 不列入課稅所得。	（ˇ）	應予扣除 (−)
3. 聯邦所得稅費用: 不得抵減課稅所得。	（△）	應予加回 (+)
4. 違規罰款支出: 不得抵減課稅所得。	（△）	應予加回 (+)
5. 因併購所得商譽之攤銷: ⑴1993 年 8 月 11 日以前取得者, 不得抵減課稅所得, 應予加回。	（△）	應予加回(+)
⑵1993 年 8 月 11 日以後取得者, 可抵減課稅所得。	（×）	應予扣除 (−)
6. 投資於國內其他公司之投資收益, 最高可達 80% 免稅。	（ˇ）	應予扣除 (−)
7. 交際費、捐贈等超過稅法規定限額者, 不得抵減課稅所得, 應予加回。	（△）	應予加回 (+)
8. 停徵證券交易所得: ⑴證券交易所得: 不列入課稅所得。	（ˇ）	應予扣除 (−)
⑵證券交易損失: 不得抵減課稅所得。	（△）	應予加回 (+)

（ˇ）已加入；　（×）未加入；　（△）已扣抵。

二、暫時性差異

　　財務會計準則委員會於 1992 年 2 月, 頒佈第 109 號財務會計準則聲明書 (FASB Statement No. 109, Appendix E), 對於暫時性差異 (temporary difference) 定義如下:「係指一項資產或負債的課稅基礎與財務報表上所列報的金額不同, 致使未來於該項資產回收、或負債清償時, 產生應課稅金額或可減除金額者。」此項定義係就資產負債表與課稅基礎的觀點而言, 並預期將繼續存在於資產或負債的存續期間內, 隨續後期間逐

期認定其應課稅金額或可減除額，一直到消除為止。

　　吾人如就廣義的觀點而言，暫時性差異乃由於財務報告與稅務報告兩者對於各項收入、利益、費用、損失、資產、或負債的認定時間 (recognition timing) 不同而引起，使稅前財務所得與課稅所得不一致；然而，此項差異僅是暫時性質，它發生於某一會計期間，可於未來期間回轉而銷除之。

　　例如某公司於 1998 年 12 月 31 日預付 1 年期火災保險費 $10,000；根據一般公認會計原則，此項預付保險費純屬預付性質，應認定為 1998 年度的資產，至 1999 年度才能認定為費用；惟就稅法立場，費用可認定於支付年度，故 1998 年度可認定費用$10,000，至於 1999 年度，則不再認定任何保險費；故就 1998 年度而言，稅前財務所得大於課稅所得，產生暫時性差異 $10,000；反之，1999 年度的稅前財務所得小於課稅所得$10,000；因此，對於暫時性差異，必須作成跨年度的所得稅分攤。

　　茲將經常引起暫時性差異的各項目及其會計處理，彙列一表如表 22-2。

表 22-2　暫時性差異項目一覽表

項　　　　目	稅前財務所得	課稅所得
1. 產品售後服務之保證費用。	(△)	應予加回 (+)
2. 預收租金或特許權等收入。	(×)	應予加回 (+)
3. 財務報表上採用一般折舊法，惟報稅時採用加速折舊法，增列折舊費用。	(▽)	應予扣抵 (−)
4. 稅法規定商譽攤銷期限（我國最低 5 年，美國為 15 年）與一般公認會計原則要求最長 40 年不同。	(▽)	應予扣抵 (−)
5. 財務報表上僅將創業期間因設立之必要支出列為開辦費；稅法則允正常營業前之費用認列為開辦費。	(△)	應予加回 (+)

6.	捐贈資產: (1)一般公認會計原則主張捐贈資產按公平市價列帳, 並認定等值之收入; (2)稅法規定捐贈資產以捐贈人之帳面價值為準, 不得逾提折舊費用; (3)出售時之全部收入列為可課稅利得。	(1) (ˇ) (2) (△) (3) (ˇ)	應予扣除 (−) 應予加回 (+) 應予加回 (+)
7.	非自願資產轉移: 一般公認會計原則認定非貨資產被迫轉移為貨幣資產的利益, 而不論企業以其收入重置非貨幣資產; 惟根據稅法規定, 如重置非貨幣資產之數額, 等於或超過轉移得來之資金時, 不予認定利益。	(ˇ)	應予扣除 (−)
8.	未實現外幣兌換利益: 外幣現金之未實現兌換利益, 依稅法規定於實現時, 始須申報納稅。	(ˇ)	應予扣除 (−)
9.	分期付款銷貨毛利: 一般公認會計原則認定收入於銷貨點上, 稅法規定企業可採用毛利百分比法申報所得稅。	(ˇ)	應予扣除 (−)

（ˇ）已加入; （×）未加入; （△）已扣抵; （▽）少扣抵。

22–3 永久性差異的會計處理

由上述說明可知, 永久性差異係由於一般公認會計原則與稅法對於收入、利益、費用、或損失的認定不同, 致產生稅前財務所得與課稅所得之差異; 換言之, 由於上列各項損益項目, 只列報於稅前財務所得或課稅所得的一方, 而永遠也不列報於他方者, 乃產生永久性差異; 蓋永久性差異的影響, 僅及於當期的所得稅而已, 不會產生未來的應課稅金額或可減除金額, 故不必作成跨年度的所得稅分攤。

企業每年度報稅時, 必須按下列方式, 將稅前財務所得加減永久性差異及暫時性差異, 調節為課稅所得; 如無暫時性差異時, 稅前財務所得加減永久性差異, 即等於課稅所得; 同理, 如無永久性差異時, 稅前財務所得加減暫時性差異時, 即等於課稅所得。

根據課稅所得乘以當期的適用稅率，即可計算當期的應付所得稅；其公式如下：

$$應付所得稅（當期）= 課稅所得 \times 利率 \qquad （公式22-1）$$

所得稅費用包括應付所得稅（根據課稅所得計算而得），加（減）遞延所得稅資產或負債之淨增減數。其計算公式如下：

$$所得稅費用 = 所得稅費用（當期）$$
$$+ 所得稅費用（遞延） \qquad （公式22-2）$$
$$= 應付所得稅（當期）+ 遞延所得稅負債增加數$$
$$- 遞延所得稅資產增加數 \qquad （公式22-3）$$

釋例一：

東華公司 1999 年度稅前財務所得為$380,000，其中包括下列各項損益項目：

1.政府公債利息收入$10,000。

2.違規罰款支出$5,000。

3.為公司重要幹部投保人壽保險費$15,000，並以公司為受益人。

4.證券交易所得$30,000，依稅法規定停徵證券所得稅。

另悉該公司 1999 年度之所得稅率為 35%。

本釋例上列各損益項目均屬永久性差異，應分別調節稅前財務所得為課稅所得如下：

稅前財務所得	$380,000
永久性差異:	
免稅公債利息收入(1)	(10,000)
違規罰款支出(2)	5,000
人壽保險費（以公司為受益人）(3)	15,000
停徵證券交易所得(4)	(30,000)
課稅所得	$360,000
適用稅率	35%
所得稅費用（亦等於應付所得稅[*]）	$126,000

*本釋例因無暫時性差異，不必作成跨年度之所得稅分攤，
故所得稅費用亦等於應付所得稅。

1999 年度應提列所得稅的分錄:

所得稅費用（當期）	126,000	
應付所得稅		126,000

說明: (1)免稅公債利息收入，不必列為課稅所得，應予扣除。

　　　(2)違規罰款支出，不得作為課稅所得的抵減項目，應予加回。

　　　(3)以公司為受益人的人壽保險費，不得作為課稅所得的抵減
　　　　　項目，應予加回。

　　　(4)依稅法停徵的證券交易所得，免稅，應予扣除。

　　　(5)所得稅費用應分成二部份，其一為當期應付的部份，另一
　　　　　為暫時性遞延後期部份。本釋例無遞延的部份。

釋例二:

南華公司 1999 年度收入總額為$820,000，費用總額為 $430,000；另
悉收入與費用當中，包括下列各項:

　1.交際費及捐贈超過稅法規定限額者，計$18,000。

　2.對國內其他公司的長期股權投資，免稅投資收益$30,000。

　3. 1993 年 7 月 1 日因合併甲公司所得商譽的攤銷$8,000。

4.美鈔現金未實現兌換利益$20,000，預計於 2000 年度實現。

另悉該公司 1999 年度及 2000 年度之適用所得稅率均為 35%。

本釋例上列四項調節項目當中，前三項屬於永久性差異，最後一項屬於暫時性差異；四項差異均應分別調節稅前財務所得為課稅所得，惟暫時性差異尚須作成跨年度之所得稅分攤。

首先計算其 1999 年度稅前財務所得如下：

1999 年度稅前財務所得：

收入總額	$ 820,000
費用總額	(430,000)
稅前財務所得	$ 390,000

其次將稅前財務所得調節為課稅所得如下：

	1999 年度	預期回轉年度 2000 年度
稅前財務所得	$390,000	$350,000*
永久性差異：		
交際費及捐贈超過稅法規定限額(1)	18,000	
免稅投資利益(2)	(30,000)	
商譽攤銷(3)	8,000	
暫時性差異：		
未實現外幣兌換利益(4)	(20,000)**	20,000***
課稅所得	$366,000	$370,000

　*假定數字。

　**引起 1999 年度遞延所得稅負債淨增加數。

　***引起 2000 年度遞延所得稅負債淨減少數。

1999 年度所得稅跨年度分攤分錄：

所得稅費用（當期）	128,100	
所得稅費用（遞延）	7,000	
應付所得稅		128,100
遞延所得稅負債——流動		7,000

$$應付所得稅（當期）= 課稅所得 \times 稅率$$
$$= \$366,000 \times 35\%$$
$$= \$128,100$$

$$所得稅費用 = 所得稅費用（當期）+ 所得稅費用（遞延）$$
$$= 應付所得稅（當期）+遞延所得稅負債淨增加數$$
$$- 遞延所得稅資產淨增加數$$
$$= \$128,100 + \$20,000 \times 35\% - 0$$
$$= \$135,100$$

2000 年度所得稅跨年度分攤分錄：

所得稅費用（當期）	122,500	
遞延所得稅負債——流動	7,000	
應付所得稅		129,500

$$應付所得稅（當期）= 課稅所得 \times 利率$$
$$= \$370,000 \times 35\%$$
$$= \$129,500$$

$$所得稅費用 = 應付所得稅（當期）-遞延所得稅負債淨減少數$$
$$+ 遞延所得稅資產淨減少數$$
$$= \$129,500 - \$20,000 \times 35\% + 0$$
$$= \$122,500$$

22-4 暫時性差異的會計處理

一、暫時性差異作成跨年度所得稅分攤的理由

財務會計準則委員會 (FASB) 於 1985 年 12 月發佈第 6 號財務會計觀念聲明書 (SFAC No. 6) 指出：「資產乃某特定營業個體所取得或控制的未來可能經濟效益；此項經濟效益乃過去業已發生的事項所產生。」「負債乃某特定營業個體因過去業已發生的交易或事件，而承擔目前的經濟義務，可能於未來以資產或提供勞務償還之。」

暫時性差異係由於財務報告與稅務報告的認定時間不一致，使稅前財務所得與課稅所得發生時間上的差異，導致未來年度的可減除金額或應課稅金額；申言之，此項由於過去交易或其他事項所發生的臨時性可減除金額或應課稅金額，將於未來減少所得稅負擔或增加所得稅負債；前者符合資產的定義，屬於遞延所得稅資產；後者符合負債的定義，屬於遞延所得稅負債。因此，對於暫時性差異，應作成跨年度的所得稅分攤，俾將此項所得稅影響數，遞延至以後期間，分別列為所得稅利益（可減除金額）或所得稅費用（應課稅金額）。

二、暫時性差異會計處理 — 資產／負債法

根據一般公認會計原則，資產／負債法 (asset/liability method)，是將暫時性差異作成跨年度所得稅分攤之唯一可被接受的方法；在資產／負債法之下，凡由於會計期間終了日存在之暫時性差異所引起的未來所得稅影響數，應予記錄為遞延所得稅資產或遞延所得稅負債。

稱遞延所得稅資產 (deferred tax assets) 者，乃由於會計期間終了日存在的可減除暫時性差異，預期於未來會計期間內，回轉為可減除金額，

而減少所得稅負擔，具有未來經濟效益存在，故應予列為資產項目。

稱遞延所得稅負債 (deferred tax liabilities) 者，乃由於會計期間終了日存在的可課稅暫時性差異，預期於未來會計期間內，回轉為可課稅金額，而增加所得稅負擔，具有未來經濟義務存在，故應予列為負債項目。

由於會計期間終了日之暫時性差異所產生的遞延所得稅資產或遞延所得稅負債，為衡量未來期間所得稅現金流量之一；如未來年度的適用稅率 (enacted rate) 與當年度的適用稅率不一致時，應採用未來年度的適用稅率，以計算遞延所得稅資產或負債金額，蓋未來年度的適用稅率高低，為決定未來遞延所得稅帳戶可被實現或應予承擔的根據。

此外，每一會計期間的所得稅費用，乃當期應付所得稅及遞延所得稅資產或遞延所得稅負債增減數的淨額。

三、暫時性差異會計處理釋例

釋例一：

華北公司成立於 1997 年 1 月初，當年度稅前財務所得為 $560,000，其中包括下列各項：

　1.免稅公債利息收入$12,000。

　2.違規罰款支出$4,000。

　3.分期付款銷貨毛利$200,000，預計於 1998 年度及 1999 年度申報的銷貨毛利各為$100,000。

　4.外幣現金未實現兌換利益$50,000，預計於 1998 年度全部實現。

　5. 1998年度及 1999年度的稅前財務所得分別為$520,000及$600,000。

假定該公司 1997 年度、1998 年度、及 1999 年度的適用稅率均為 25%。

首先計算各年度的課稅所得如下：

		預計回轉年度	
	1997 年度	1998 年度	1999 年度
稅前財務所得	$ 560,000	$520,000	$600,000
永久性差異：			
免稅公債利息收入(1)	(12,000)		
違規罰款支出(2)	4,000		
扣除永久性差異後之稅前財務所得	$ 552,000	$520,000	$600,000
暫時性差異：			
分期付款銷貨毛利(3)	(200,000)	100,000	100,000
未實現外幣兌換利益(4)	(50,000)	50,000	
課稅所得	$ 302,000	$670,000	$700,000

其次再列示各年度會計期間終了日，所得稅跨年度的分攤分錄如下：

1997 年度：

所得稅費用（當期）	75,500	
所得稅費用（遞延）	62,500	
應付所得稅		75,500*
遞延所得稅負債——流動		62,500

　*應付所得稅（當期）= $302,000 × 25% = $75,500

　遞延所得稅負債——流動：
　1999 年度： $150,000 × 25% = $37,500
　2000 年度： 100,000 × 25% = 25,000
　合計 $62,500（遞延部份）

1998 年度:

所得稅費用（當期）	130,000	
遞延所得稅負債——流動	37,500	
應付所得稅		167,500*

　*應付所得稅（當期）　= \$670,000 × 25% = \$167,500

所得稅費用 = 應付所得稅（當期）－遞延所得稅負債淨減少數

　　　　　= \$167,500 − (\$62,500 − \$25,000) = \$130,000

1999 年度:

所得稅費用（當期）	150,000	
遞延所得稅負債——流動	25,000	
應付所得稅		175,000*

　*應付所得稅（當期）= \$700,000 × 25% = \$175,000

所得稅費用 = 應付所得稅（當期）－遞延所得稅負債淨減少數

　　　　　= \$175,000 − \$25,000 = \$150,000

　　釋例一的會計處理方法，應加以說明者，計有下列二點:

　　(1)歸類遞延所得稅負債為流動或非流動的標準，主要係以其帳列相關資產的屬性為依據，凡其帳列相關資產係屬流動性者，則所產生未來應課稅金額的遞延所得稅負債，也應予歸類為流動性；如其帳列相關資產係屬非流動性，則所產生未來應課稅金額的遞延所得稅負債，也應予歸類為非流動性。本釋例內，因分期付款銷貨毛利認定時間差異所產生未來應課稅金額的遞延所得稅負債，其帳列相關資產為「應收帳款——分期付款銷貨」，係屬流動性，故應悉數歸類為「遞延所得稅負債——流動」；此外，因未實現外幣兌換利益認定時間差異所產生未來應課稅金額的遞延所得稅負債，其帳列相關資產為「現金——外幣」，係屬流動性，也應悉數歸類為「遞延所得稅負債——流動」。

⑵免稅公債利息收入及違規罰款支出之永久性差異，以其不會產生未來的應課稅金額或可減除金額，故僅調整當年度稅前財務所得即可，無須作成跨年度所得稅分攤；至於分期付款銷貨毛利及未實現外幣兌換利益之暫時性差異，以其會增加未來的應課稅金額，故除調整當年度稅前財務所得之外，尚須作成跨年度的所得稅分攤；況且，此項暫時性差異，將於未來年度回轉而沖銷為零。

釋例二：

華南公司成立於 1998 年 6 月初，當年度稅前淨利為 $600,000，其中包括下列各項：

1.產品售後保證費用$90,000，預計 1999 年度以後應支付部份為$60,000。

2.分期付款銷貨毛利$270,000，預計於 1999 年度及 2000 年度各實現$150,000 及 $120,000。

3. 1999 年度之稅前財務所得為$720,000；產品售後保證費用實際支付$45,000，惟另增加$120,000。

4.此外，1999 年度的分期付款銷貨毛利另增加 $360,000，而且屬於 1998 年度$150,000 部份，全部於 1999 年度實現。

5. 1998 年度適用稅率為 30%，惟預計 1999 年度以後的適用稅率，將增加為 40%。

首先作成 1998 年度跨年度的所得稅分攤（包括應付所得稅、遞延所得稅資產、遞延所得稅負債、及分攤分錄）如下：

	1998 年度	遞延以後年度總額	預計可轉回年度:1999年度以後可減除金額	應課稅金額
稅前財務所得	$ 600,000	–	–	–
暫時性差異:				
產品售後保證費用(1)	60,000	$(60,000)	$60,000	–
分期付款銷貨毛利(2)	(270,000)	270,000	–	$270,000
課稅所得	$ 390,000	–	–	–
暫時性差異合計		$210,000	$60,000	$270,000
適用稅率	30%		40%	40%
應付所得稅	$ 117,000			
遞延所得稅資產 (12/31/98)			$24,000	
遞延所得稅負債 (12/31/98)				$108,000
所得稅費用（遞延）			$84,000	

1998 年度的所得稅費用，為當期應付所得稅 $117,000 及遞延所得稅資產或負債淨增減數淨額$84,000 之合計數$201,000。

1998 年度跨年度所得稅分攤之分錄:

所得稅費用（當期）	117,000	
所得稅費用（遞延）	84,000	
遞延所得稅資產——流動	24,000	
遞延所得稅負債——流動		108,000
應付所得稅		117,000

其次再作成 1999 年度跨年度的所得稅分攤如下:

	1999 年度	遞延以後年度總額	預計可轉回年度:2000年度以後	
			可減除金額	應課稅金額
稅前財務所得	$ 720,000	–	–	–
暫時性差異:				
產品售後保證費用(3)	75,000	$(135,000)	$135,000	
分期付款銷貨毛利(4)	(210,000)	480,000		$480,000
課稅所得	$ 585,000	–	–	–
暫時性差異合計		$ 345,000	$135,000	$480,000
適用稅率	40%		40%	40%
應付所得稅	$ 234,000			
遞延所得稅資產 (12/31/99)			$ 54,000	
遞延所得稅負債 (12/31/99)				$192,000
所得稅費用（遞延）			$138,000	

附 表 一

暫時性差異期末餘額及增減變化計算表

	期初餘額	期末餘額*	增（減）	差異類別
產品售後保證費用	$ (60,000)	$(135,000)	$ 75,000	可減除金額
分期付款銷貨毛利	270,000	480,000	210,000	應課稅金額

*期初餘額 + 本期增加數 − 本期支付數 = 期末餘額

$60,000 + $120,000 − $45,000 = $135,000

$270,000 + $360,000 − $150,000 = $480,000

　　1999 年度所得稅費用，為當期應付所得稅 $234,000 及遞延所得稅資產或負債增減數淨額$138,000 的合計數$372,000。

　　1999 年度跨年度所得稅分攤分錄如下：

所得稅費用（當期）	234,000	
所得稅費用（遞延）	138,000	
遞延所得稅資產——流動	54,000	
遞延所得稅負債——流動		192,000
應付所得稅		234,000

釋例二之會計處理方法，應加以說明者，計有下列三點：

⑴每年度作成跨年度的所得稅分攤時，對於遞延以後年度可減除金額所產生之遞延所得稅資產，應與應課稅金額所產生的遞延所得稅負債，分開計算，不得相互抵銷，以免虛增或虛減其數額。

⑵如預計以後年度的適用稅率可能發生時，必須按以後年度的適用稅率，作為計算遞延所得稅資產或負債的根據，蓋遞延以後年度可減除金額的遞延所得稅資產，或應課稅金額的遞延所得稅負債，均按以後年度的適用稅率為準。

⑶企業除新成立的年度外，每年度應分別計算各項暫時性差異的期末餘額及其增減變化金額；此項計算工作，可用附表列示之，以免發生混亂的現象。

四、財務報表的表達方法

遞延所得稅資產或負債，應依其帳列相關資產或負債的屬性，劃分為流動或非流動項目，列報於資產負債表內；然而，如遇有無法分類的項目（包括虧損扣抵與所得稅抵減等），則應按該項所得稅可減除金額實現期間長短，或應課稅金額發生期間長短，作為劃分流動或非流動項目的標準。

所得稅費用也應分為當期及遞延部份，分別列示於損益表內。

茲將上述釋例二之華南公司 1998 年 12 月 31 日的部份資產負債表及損益表表達方法，列示如下：

華南公司
部份資產負債表
1998 年 12 月 31 日

資產:		負債:	
流動資產:		流動負債:	
遞延所得稅資產	$24,000	應付所得稅	$117,000
		遞延所得稅負債	108,000

華南公司
部份損益表
1998 年度

稅前淨利		$720,000
所得稅費用:		
當期部份	$117,000	
遞延部份	84,000	201,000
本期淨利		$519,000

22-5　虧損扣抵的會計處理

一、虧損扣抵概述

我國稅法規定，凡公司組織的營利事業，符合一定條件者，得將前 5 年內各期虧損（以稽徵機關核定稅表為準），自本年度淨利扣抵後，再核算應納所得稅；換言之，乃某年度的虧損，可遞轉未來年度 5 年，作為抵減課稅所得之用；其他年度之虧損，依此類推之。

根據美國稅法，一般公司對於虧損扣抵有下列二種不同的選擇：

1.遞轉過去年度 (carrying back) 3 年、遞轉未來年度 (carrying forward)

15 年（選擇一）。

　　2.僅遞轉未來年度 15 年（選擇二）。

　　上項選擇權必須於虧損發生的年度，即應確定，一旦確定後，就不能再改變。

　　企業對於各年度虧損的計算，必須遵照下列二項規則：其一，虧損僅用於抵減課稅所得，不得用於抵減稅前財務所得；其二，投資於國內其他公司的投資收益（股利收入），仍可按 80% 之最高極限，從課稅所得項下扣除，不受虧損扣抵之影響。

　　釋例一：

　　設華中公司 1999 年度的銷貨毛利為$1,000,000，營業費用$1,250,000，另有投資於國內其他公司的股利收入$300,000，80% 符合免稅的規定，則當年度的虧損可計算如下：

銷貨毛利	$1,000,000
減：營業費用	1,190,000
營業利益（損失）	$ (190,000)
加：其他收入：	
投資收益	300,000
稅前財務所得	$ 110,000
永久性差異：	
免稅投資所益：$300,000 × 80%	240,000
課稅所得（虧損）	$ (130,000)

　　虧損扣抵 (net operating loss deduction) 也如同暫時性差異一樣，可抵減課稅所得，產生遞延所得稅資產的利益。

二、虧損扣抵會計處理釋例：選擇一

　　吾人為說明虧損扣抵的會計處理方法，特假定下列基本資料：華中公司成立於 1996 年初，截至 1999 年度的實際課稅所得及其續後 3 年度

預計課稅所得與稅率列示如下:

年　　　度	課稅所得	稅　　率	所 得 稅
1996	$ 40,000	20%	$ 8,000
1997	20,000	20%	4,000
1998	10,000	20%	2,000
1999（當年度）	(130,000)	20%	–0–
2000	20,000	20%	4,000
2001	30,000	30%	9,000
2002	100,000	30%	30,000

釋例二:

根據上列基本資料, 華中公司在選擇一（遞轉過去年度 3 年、遞轉未來年度15 年）之下, 各年度虧損扣抵及其退稅或省稅金額, 可分別計算如下:

虧損扣抵／選擇一

年　　　度	遞轉過去年度 3 年			1999	遞轉未來年度 15 年		
	1996	1997	1998		2000	2001	2002
本年度扣抵前	$130,000	$90,000	$70,000		$60,000	$40,000	$10,000
本年度扣抵金額	40,000	20,000	10,000		20,000	30,000	10,000
本年度扣抵後	$ 90,000	$70,000	$60,000		$40,000	$10,000	$ –0–
適用稅率	20%	20%	20%		20%	30%	30%
退稅或省稅金額	$ 8,000*	$ 4,000	$ 2,000		$ 4,000	$ 9,000	$ 3,000

$14,000（退稅）　　　　　$16,000（省稅）

*$40,000 × 20% = $8,000

茲將華中公司各年度虧損扣抵、遞轉後課稅所得、應付所得稅、及遞延所得稅資產餘額等有關資料, 分別列示如下:

虧損扣抵／選擇一

	1996~98 年度（以前年度）	1999 年度（本年度）	預計回轉年度		
			2000 年度	2001 年度	2002 年度
稅前財務所得	–	$110,000	–	–	–
永久性差異：					
免稅投資利益		(240,000)			
課稅所得（虧損）	$ 70,000	$(130,000)	$ 20,000	$ 30,000	$ 100,000
虧損扣抵	(70,000)	130,000	(20,000)	(30,000)	(10,000)
遞轉後課稅所得	$　–0–	$　–0–	$　–0–	$　–0–	$ 90,000
適用稅率	20%	20%	20%	30%	30%
應付所得稅	$　–0–	$　–0–	$　–0–	$　–0–	$ 27,000
遞延所得稅資產餘額*	$　–0–	$ 16,000	$ 12,000	$ 3,000	$　–0–

*$16,000 - $4,000 = $12,000; $12,000 - $9,000 = $3,000; $3,000 - $3,000 = $-0-。

1999 年度記錄虧損扣抵遞轉後產生退稅及省稅的分錄：

應收退稅款	14,000	
遞延所得稅資產——非流動	16,000	
虧損扣抵所得稅利益		30,000

2000 年度：

所得稅費用	4,000	
遞延所得稅資產——非流動		4,000

2001 年度：

所得稅費用	9,000	
遞延所得稅資產——非流動		9,000

2002 年度：

所得稅費用	30,000	
遞延所得稅資產──非流動		3,000
應付所得稅		27,000

　　上項因遞轉過去年度之虧損扣抵所產生的應收退稅款，屬於流動資產。至於因遞轉未來年度之虧損扣抵所產生的遞延所得稅資產，則應按預期其可實現期間長短為準，劃分流動或非流動項目；本釋例遞延所得稅資產預期可實現期間為 3 年，應屬於非流動項目。又虧損扣抵所得稅利益科目，應列為當年度的損益項目之一。

三、虧損扣抵會計處理釋例：選擇二

釋例三：

　　根據上列基本資料，華中公司在選擇二（僅向後遞轉 15 年）之下，各年度虧損扣抵及其省稅金額，可分別計算如下：

虧損扣抵╱選擇二

	僅遞轉未來年度 15 年		
年　　　　度	2000	2001	2002
本年度扣抵前	$130,000	$110,000	$80,000
本年度扣抵金額	20,000	30,000	80,000
本年度扣抵後	$110,000	$ 80,000	$　－0－
適用稅率	20%	30%	30%
退稅或省稅金額	$　4,000*	$　9,000	$24,000

$37,000

*$20,000 × 20% = $4,000

　　茲將華中公司各年度虧損扣抵、遞轉後課稅所得、應付所得稅、及遞延所得稅資產餘額等有關資料，分別列示如下：

虧損扣抵／選擇二

	1999 年度（本年度）	預計回轉年度		
		2000 年度	2001 年度	2002 年度
稅前課稅所得	$ 110,000	–	–	–
永久性差異：				
免稅投資利益	(240,000)			
課稅所得（虧損）	$(130,000)	$ 20,000	$ 30,000	$ 100,000
虧損扣抵	130,000	(20,000)	(30,000)	(80,000)
扣抵後課稅所得	$　–0–	$　–0–	$　–0–	$ 20,000
適用稅率	20%	20%	30%	30%
應付所得稅	$　–0–	$　–0–	$　–0–	$ 6,000
遞延所得稅餘額*	$　37,000	$ 33,000	$ 24,000	$　–0–

*$37,000 − $4,000 = $33,000; $33,000 − $9,000 = $24,000; $24,000 − $24,000 = $–0–。

1999 年度記錄虧損扣抵遞轉後產生所得稅節省的分錄：

遞延所得稅資產——非流動	37,000	
虧損扣抵所得稅利益		37,000

2000 年度：

所得稅費用	4,000	
遞延所得稅資產——非流動		4,000

2001 年度：

所得稅費用	9,000	
遞延所得稅資產——非流動		9,000

2002 年度：

所得稅費用	30,000	
遞延所得稅資產——非流動		6,000
應付所得稅		24,000

假定 2000 年度未抵減虧損前的課稅所得實際數為 $30,000, 至於 2001 年度及 2002 年度並無改變, 則有關數字應重新調整如下:

年 度	虧損扣抵餘額	課稅所得	扣抵金額	稅 率	所得稅節省
1999	$130,000				
2000	100,000	$ 30,000	$ 30,000	20%	$ 6,000
2001	70,000	30,000	30,000	30%	9,000
2002	–0–	100,000	70,000	30%	21,000
合計		$160,000	$130,000		$36,000

1999 年度記錄虧損扣抵遞轉後產生所得稅節省的分錄:

遞延所得稅資產——非流動	37,000	
虧損扣抵所得稅利益		37,000

2000 年度:

(1)當年度虧損扣抵所得稅實際數的沖轉分錄:

所得稅費用	6,000	
遞延所得稅資產——非流動		6,000

(2)調整 1999 年度溢列所得稅節省的分錄:

所得稅費用	1,000	
遞延所得稅資產——非流動		1,000

$37,000 - $36,000 = $1,000

2001 年度: 無變動

2002 年度:

所得稅費用	30,000	
遞延所得稅資產——非流動		21,000
應付所得稅		9,000

22-6　遞延所得稅資產的評價

一、遞延所得稅資產評價的必要性

　　一項遞延所得稅資產是否能實現，必須要有未來的課稅所得，以資抵減其未來所得稅的負擔，或獲得過去業已繳納稅款的退稅利益；此外，如以虧損抵減課稅所得時，其課稅所得發生的期間，不論遞轉過去年度 3 年或遞轉未來年度 15 年，必須要在法定的期間之內，否則必將失其時效，而無法實現；因此，當情況改變，以致影響遞延所得稅資產可實現性之判斷時，一般公認會計原則要求企業必須設立備抵評價帳戶 (valuation allowance account)，以抵減遞延所得稅資產的帳面價值，俾達成公正表達資產價值的目標。

　　一般言之，備抵評價帳戶，乃遞延所得稅資產的抵銷帳戶 (contra account)，其金額必須足以抵銷其預期無法實現的部份。

二、備抵評價帳戶設立的評估證據

　　企業必須審慎評估所有可使用的證據，包括負面證據及正面證據，藉以判斷遞延所得稅資產實現的可能性，作為決定是否有必要設置遞延所得稅資產的備抵評價帳戶。

　　1.**負面證據** (negative evidence)：影響遞延所得稅資產無法實現的負面因素，包括：

　　(1)最近數年營業虧損的歷史記錄。

　　(2)虧損扣抵逾期仍未抵用的歷史記錄。

　　(3)預計未來若干年度將發生損失。

　　(4)不利景氣循環對未來營運具有負面的影響。

⑸公司帳上仍遺留鉅額未抵用的虧損，而往前遞轉或往後遞轉的期限所剩不長。

⑹公司有未認列的或有損失，減少課稅所得的可能性極大。

2.**正面證據** (positive evidence)：影響遞延所得稅資產可能實現的正面因素，包括：

⑴最近數年營業淨利的歷史記錄。

⑵現有的銷貨合約將產生足以實現遞延所得稅資產的課稅所得。

⑶公司租稅策略規劃或新產品開發，將提高未來獲益能力。

⑷預期未來出售之資產，將增加可觀的課稅所得。

上列各項證據必須具備十足的可信度，才能採信；此外，如有負面證據時，必須要有足夠的正面證據，才可免設備抵評價帳戶。

究竟在何種情況下，應設立備抵評價帳戶？財務會計準則委員會於 1992 年 2 月頒佈第 109 號財務會計準則聲明書 (FASB Statement No. 109, par.17) 指出：「備抵評價帳戶之設立，係基於對各項可取得證據（包括正面與負面證據）之評估為準；如評估顯示遞延所得稅資產的一部份或全部，很有可能超過 50% 的機率不會實現時，應就該部份或全部設立備抵評價帳戶；備抵評價帳戶的金額，必須足以抵減遞延所得稅資產似乎不會實現的部份。」

由上述說明可知，如遞延所得稅資產的一部份或全部，很有可能 (more likely) 超過 50% 以上的機率可實現時，該部份或全部，就不必設立備抵評價帳戶；換言之，如其一部份或全部，僅有少於 50% 的機率可以實現時，必須就該部份或全部，設立備抵評價帳戶。

設某公司於 1998 年 12 月 31 日，帳上列有遞延所得稅資產$160,000；該公司鑑於過去數年均發生虧損，加以未來數年景氣循環並未顯著好轉，能否獲利，尚難確定；然而，公司現有若干尚未到期的合約，將可增加未來可觀的課稅所得；基於對各項證據的判斷，該公司評估遞延所得稅

資產之中，計有$40,000，很有可能超過 50% 的機率無法實現。

吾人茲將上述實例，再予詳細說明如下：

1.正面證據：公司現有若干尚未到期銷貨合約，可增加課稅所得。

2.負面證據：

⑴過去數年均發生虧損。

⑵未來數年景氣循環未顯著好轉。

3.評估結果：公司基於正面與負面證據，評估遞延所得稅資產$160,000之中，計有$40,000，很有可能「超過 50% 的機率不會實現」；因此，應予設立備抵評價帳戶如下：

1998 年度：

所得稅費用	40,000	
備抵評價——遞延所得稅資產		40,000

上列「備抵評價——遞延所得稅資產」帳戶，在資產負債表內，應列為遞延所得稅資產帳戶的抵減項目。

每年度終了，備抵評價帳戶必須按當時所有可使用的證據，重新評估，加以調整，以配合實際的情形。

22-7　同期間所得稅分攤

一、同期間所得稅分攤的意義

同期間所得稅分攤 (intraperiod tax allocation) 係指將每一會計期間的所得稅費用或利益，分攤於同一期間內的各項重要損益構成項目或直接借（貸）記股東權益項目。

1.各項重要損益構成項目：

⑴繼續營業部門淨利（損）。

(2)停業部門營業利益（損失）。

(3)非常利益（損失）。

(4)會計原則變更之累積影響數。

 2.直接借（貸）記股東權益項目：

(1)前期損益調整。

(2)未實現持有損益。

(3)累積換算調整數。

(4)員工購股權保證款項。

(5)受領捐贈資產之所得。

如同期間所得稅分攤，僅包含繼續營業部門淨利（損）及其他任何一項損益項目時，則先將所得稅的一部份，先攤入繼續營業部門淨利（損），剩餘部份之所得稅，即歸入該項其他損益項目；如同期間所得稅分攤，包含繼續營業部門淨利（損）及其他多項損益項目時，則於所得稅的一部份先攤入繼續營業部門淨利（損）後，剩餘部份之所得稅，即按其他多項損益項目的比例，逐一攤入各該多項目之內。

二、同期間所得稅分攤會計釋例

設華僑公司 1999 年 12 月 31 日，除所得稅外之調整後損益項目如下：

1.銷貨收入 $1,200,000；利息收入 $40,000；投資收入 $60,000（成本法）。

2.銷貨成本 $650,000；營業費用 $250,000。

3.停業部門營業利益 $120,000；非常損失──提前贖債券損失 $80,000；會計原則變更之累積影響數（貸項）$60,000。

4.所得稅採用累進稅率，課稅所得在 $100,000 以下者，稅率為 15%，超過 $100,000 者，稅率為 25%，其累進差額為 $10,000。

　　為說明其同期間所得稅分攤，茲列示各重要損益項目之所得稅費用（利益）計算如下：

	稅前利益（損失）	所得稅費用（利益）
稅前淨利	$500,000	
$500,000 × 25% − $10,000		$115,000*
繼續營業部門稅前淨利	$400,000**	
$400,000 × 25% − $10,000		$ 90,000
其他損益項目	100,000**	
$115,000 − $90,000		25,000
合計	$500,000	$115,000
其他損益項目個別所得稅分攤：		
繼續營業部門稅前淨利	$400,000	$ 90,000
停業部門營業利益	120,000	30,000
非常損失	(80,000)	(20,000)
會計原則變更之累積影響數	60,000	15,000
合計	$500,000	$115,000

$25,000 ÷ $100,000 = 25%（分攤率）

　停業部門營業利益　　　　　　：　$120,000 × 25% = $30,000
　非常損失　　　　　　　　　　：　(80,000) × 25% = (20,000)
　會計原則變更之累積影響數：　60,000 × 25% = 15,000

* 所得稅 ＝課稅所得× 25% − 累進差額
**繼續營業部門淨利：$1,200,000−$650,000−$250,000+($40,000+$60,000)=$400,000
　其他項目損益：　$120,000 − $80,000 + $60,000 = $100,000

　　經過上項個別損益項目所得稅分攤後，茲列示各重要項目在損益表內的表達方法如下：

華僑公司
簡明損益表
1999 年度

銷貨收入		$1,200,000
銷貨成本		(650,000)
銷貨毛利		$ 550,000
營業費用		(250,000)
營業利益		$ 300,000
營業外收入：		
利息收入	$40,000	
投資收入	60,000	100,000
繼續營業部門稅前淨利		$ 400,000
所得稅費用		(90,000)
繼續營業部門淨利		$ 310,000
停業部門營業利益（減除所得稅$30,000 後之淨額）		90,000
非常損益及會計原則變更之累積影響數前淨利		$ 400,000
非常損失（減除所得稅節省$20,000 後之淨額）		(60,000)
會計原則變更之累積影響數（減所得稅$15,000 後之淨額）		45,000
本期淨利		$ 385,000

22-8　投資抵減的會計處理

一、投資抵減的緣由

各國政府財經部門，為促進產業升級，健全經濟發展，乃透過租稅政策，制定各種投資扣抵的辦法，規定一般企業如購置合於規定的機器、設備、或技術等各項支出，得於支出的某特定百分率限度內，抵減當年度或續後年度的應納所得稅額。

美國聯邦政府早於 1962 年，即將投資扣抵的辦法，規定於所得稅法之內；後來經過多次修訂，乃於 1978 年頒佈 1978 年租稅法案 (The

Revenue Act of 1978)，規定一般企業購置合於法定條件的設備資產，可按取得該項設備資產成本的 10%，直接抵減當年度的應納所得稅額。至 1986 年，雷根政府為提高全民生活水準，促進全面性經濟發展起見，另提出 1986 年租稅改革法案 (Tax Reform Act of 1986)，採取更廣泛性的租稅政策，以取代過去僅偏重於某一特定範圍的投資抵減辦法。

我國現行的「促進產業升級條例」，係於民國 79 年頒佈實施，迄今已經過多次修訂在案；根據該條例規定，凡投資於重要科技事業、重要投資事業、及創業投資事業之創立或擴充，依規定認股或應募記名股票持有時間達 2 年以上者，得以其取得股票價款 20% 之限度內，抵減當年度應納營利事業所得稅額或綜合所得稅額；當年度不足抵繳時，得於以後 4 年度內抵減之。此外，該條例另規定，公司得在下列用途項下支出金額 5% 至 20% 限度內，抵減當年度應納營利事業所得稅額；當年度不足抵減時，得在以後 4 年度內抵減之：

1.投資於自動化設備或技術。

2.投資於資源回收、防治污染設備或技術。

3.投資於研究與發展、人才培訓及建立國際品牌形象之支出。

4.投資於節約能源及工業用水再利用之設備或技術。

二、投資抵減的會計處理方法

一般公認會計原則認可下列二種處理投資扣抵的不同方法:

1.當期抵減法 (current deduction method): 此法係於資產取得的當年度，將投資抵減的金額，直接地從應納所得稅額項下抵減；換言之，在此法之下，一方面借記應付所得稅，另一方面則貸記所得稅費用，使投資抵減的金額，由當期的損益表內，一次沖抵；如當年度的應納所得稅額不足抵減時，通常可於續後若干年度內，繼續抵減。因此，採用此法的結果，將使當年度損益表所列報的淨利，按「一元對一元」的基礎

而增加。總之，當期抵減法係將投資抵減的利益，實現於資產取得的年度，而非其使用的年度。

2.遞延法 (deferral method)：此法係將投資抵減的總額，貸記遞延投資抵減 (deferred investment tax credit)；遞延投資抵減在資產負債表內，通常列報為相關資產的抵銷帳戶，並於相關資產的預計使用年限內，逐年抵減應納所得稅額。因此，採用此法的結果，將使投資抵減的金額，逐年抵減相關資產預計使用年度的所得稅費用。總之，遞延法係將投資抵減的利益，逐年實現於資產使用的年度，而非其取得的年度。

三、投資抵減會計處理釋例

設華友公司於 1998 年購入自動化設備一套，取得成本 $2,000,000，預期可使用8 年，合於投資抵減的規定，得於取得成本 10% 限度內，抵減當年度應納所得稅額，當年度不足抵減時，得於以後 4 年度內抵減之；已知當年度課稅所得為 $1,200,000；所得稅採用累進稅率，課稅所得超過$100,000 者，課徵 25%。

華友公司 1998 年度應付所得稅計算如下：

課稅所得	$1,200,000
所得稅： ($1,200,000 × 25% − $10,000)	290,000
減：投資抵減：$2,000,000 × 10%	(200,000)
應付所得稅（投資抵減後）	$　　90,000

1.當期抵減法：

(1)記錄投資抵減前之所得稅費用：

所得稅費用	290,000	
應付所得稅		290,000

(2)記錄投資抵減的分錄：

應付所得稅	200,000	
所得稅費用		200,000

2.遞延法：

(1)記錄投資抵減前的所得稅費用：

所得稅費用	290,000	
應付所得稅		290,000

(2)記錄投資抵減的分錄：

應付所得稅	200,000	
遞延投資抵減		200,000

(3)記錄 1998 年度分攤遞延投資抵減的分錄：

遞延投資抵減	25,000	
所得稅費用		25,000

$200,000 \div 8 = \$25,000$

　　大多數的會計人員主張採用遞延法比較合理，蓋彼等認為投資抵減的權益來自相關資產的使用年度，並非單方面決定於其取得的年度；倘若該項資產於短期間內即被出售時，則投資抵減的權益，將被取消。

──────────●　本章摘要　●──────────

　　企業的所得有稅前財務所得與課稅所得之別；稅前財務所得係遵照一般公認的會計原則求得；至於課稅所得則係以稅法為依據，二者乃產生若干差異；此項差異，一般可再細分為下列二種因素：(1)永久性差異；(2)暫時性差異。

　　企業由於政府的租稅制度、經濟政策、及社會正義等諸因素之考量，使若干損益的構成因素，包括收入、利益、費用、及損失等，僅包括於稅前財務所得或課稅所得的一方，而不會包括於他方者，遂產生僅影響當期所得的永久性差異，不會產生未來的應課稅金額或可減除金額者；故在會計處理上，僅將稅前財務所得調整永久性差異的部份，俾求得課稅所得，藉以計算當年度的應付所得稅，不必作成跨年度的所得稅分攤。

　　至於暫時性差異，乃若干損益的構成項目，僅包括於當期或過去期間稅前財務所得或課稅所得的一方，而非雙方者，致產生未來的應課稅金額或可減除金額；故在會計處理上，除將稅前財務所得調整暫時性差異，俾求得課稅所得，藉以計算當年度的應付所得稅外，尚須將預期可產生未來可減除金額或應課稅金額的部份，作成跨年度的所得稅分攤。一般公認會計原則要求企業於作成跨年度所得稅分攤時，凡由於暫時性差異所產生的未來可減除金額或應課稅金額，應按資產／負債法，將未來可減除金額，記錄為遞延所得稅資產，未來應課稅金額，記錄為遞延所得稅負債；每期所得稅費用，為當期應付所得稅及遞延所得稅資產或負債增減數淨額的合計數。

　　營業虧損所產生的所得稅利益，可經由遞轉過去年度而收回前已繳納的所得稅，或遞轉未來年度以抵減其應納所得稅額，而實現省稅之優

惠。我國稅法規定企業如符合一定條件者，得將前 5 年各期虧損，自本年度淨利扣抵後，再核算應納所得稅。美國稅法則規定企業對於虧損扣抵，享有下列二種選擇：(1)遞轉過去年度 3 年、遞轉未來年度 15 年（選擇一）；(2)僅遞轉未來年度 15 年（選擇二）；上項選擇權，必須於虧損發生的年度，即應確定，一旦確定後，就不能再度變更。

遞延所得稅資產的利益，在於預期未來可抵減課稅所得，從而實現省稅之優惠；一般公認會計原則要求企業於每年記錄遞延所得稅資產後，必須根據所有各項可用的證據，包括背面及正面證據，評估遞延所得稅資產不能實現的可能性大小；如評估的結果，顯示遞延所得稅資產的一部份或全部，很有可能超過 50% 的機率不會實現時，應就該部份或全部，設立備抵評估帳戶，作為抵減遞延所得稅資產的抵銷帳戶；備抵評價帳戶的金額，必須足以抵減遞延所得稅資產似乎不會實現的部份。

對於暫時性差異及虧損扣抵所產生的未來所得稅影響數，分別列為遞延所得稅資產或負債，並於未來期間抵減所得稅費用或認列為利益，而且二者均屬於跨年度的所得稅分攤；然而，一般公認會計原則也要求企業將每一會計期間的所得稅費用或利益，分攤於同一期間內的各項重要損益構成項目，包括繼續營業部門淨利（損）、停業部門營業利益（損失）、非常利益（損失）、會計原則變更之累積影響數、及直接借（貸）記股東權益項目等，作成同期間所得稅分攤。

投資抵減乃政府為獎勵投資，促進經濟發展，而制定各種投資抵減的辦法，規定一般企業如購置合於規定的機器、設備、或技術等各種支出，得於支出的某特定百分率限度內，抵減當年度或續後年度的應納所得稅額。美國早於 1962 年即已實施此項辦法，其間歷經多次修訂，至1978 年另提出租稅法案，規定企業如購置合於法定條件的設備資產，可獲得設備資產成本 10% 的投資抵減；俟 1986 年，另頒佈租賃改革方案而取代之。我國於民國 49 年所頒佈的獎勵投資條例，及民國 79 年的促

進產業升級條例，均訂有投資抵減的辦法。投資抵減的會計處理方法有二：⑴當期抵減法，⑵遞延法；前者將投資抵減的金額，於資產取得的年度，直接從應納所得稅額項下抵減；後者則將投資抵減的總額，先貸記遞延投資抵減帳戶，並於相關資產的預計使用年限內，逐年抵減應納所得稅額。

本章討論大綱

兩種不同所得的概念 { 稅前財務所得（會計所得或帳面所得）
課稅所得

永久性差異與暫時性差異 { 永久性差異
暫時性差異

永久性差異的會計處理：將稅前財務所得調整永久性差異，俾求得課
稅所得後，藉以核算當年度的應付所得稅。

暫時性差異的會計處理 { 暫時性差異作成跨年度所得稅分攤的理由
暫時性差異會計處理——資產／負債法
暫時性差異會計處理釋例
財務報表的表達方法

虧損扣抵的會計處理 { 虧損扣抵概述
虧損扣抵會計處理釋例：選擇一
虧損扣抵會計處理釋例：選擇二

遞延所得稅資產的評價 { 遞延所得稅資產評價的必要性
備抵評價帳戶設立的評估證據

同期間所得稅分攤 { 同期間所得稅分攤的意義
同期間所得稅分攤會計釋例

投資抵減的會計處理 { 投資抵減的緣由
投資抵減的會計處理方法
投資抵減會計處理釋例

所得稅會計

本章摘要

————● 習　題 ●————

一、問答題

1.企業的稅前財務所得與課稅所得何以經常不同？

2.何謂永久性差異？永久性差異為何不必作成跨年度所得稅分攤？

3.引起永久性差異的項目有那些？

4.何謂暫時性差異？暫時性差異為何必須作成跨年度所得稅分攤？

5.引起暫時性差異的項目有那些？

6.暫時性差異所產生的遞延所得稅，如何區分為資產或負債？

7.何謂資產／負債法？何以資產／負債法符合一般公認會計原則？

8.劃分遞延所得稅資產或負債為流動或非流動項目的標準為何？

9.何謂虧損扣抵？虧損扣抵何以會產生退稅與省稅的不同結果？

10.在何種情況下，應設立遞延所得稅資產的備抵評價帳戶？

11.何謂同期間所得稅分攤？同期間所得稅分攤的重要項目有那些？

12.何謂投資抵減？投資抵減的會計處理方法有那二種？試述之。

二、選擇題

下列資料用於解答 22.1 至 22.4:

A 公司於 1998 年 12 月 31 日，調節稅前財務所得與課稅所得如下：

| | 1998 | 預計回轉年度 | |
		1999	2000
稅前財務所得	$ 640,000		
免稅公債利息收入	(20,000)		
未實現外幣兌換損失	62,000	$ (42,000)	$(20,000)
違約罰款支出	8,000		
分期付款銷貨毛利	(160,000)	120,000	40,000
課稅所得	$ 530,000	$ 78,000	$ 20,000

已知 A 公司 1998 年度至2000 年度的適用利率均為30%。

22.1　A 公司 1998 年度的永久性差異為若干？

(a)$–0–

(b)$8,000

(c)$(12,000)

(d)$(20,000)

22.2　A 公司 1998 年 12 月31 日的遞延所得稅資產為若干？

(a)$–0–

(b)$10,000

(c)$12,000

(d)$18,600

22.3　A 公司 1998 年 12 月31 日的遞延所得稅負債為若干？

(a)$–0–

(b)$48,000

(c)$66,600

(d)$69,000

22.4　A 公司 1998 年度的所得稅費用應為若干？

(a)$188,400

(b)$159,000

(c)$29,400

(d)$-0-

22.5　B公司成立於1998年1月1日，當年度稅前財務所得為$400,000，其中包含$160,000之產品售後保證費用，預計該項費用將發生如下：

1999 年度	$80,000
2000 年度	50,000
2001 年度	30,000

已知 B 公司無任何營業虧損存在；另悉自 1998 年度起至 2001 年度之適用所得稅率均為 25%。

B 公司 1998 年 12 月 31 日，遞延所得稅資產應為若干？

(a)$140,000

(b)$100,000

(c)$40,000

(d)$-0-

22.6　C 公司 1998 年 12 月31 日，稅前財務所得為 $400,000，課稅所得為$440,000；此項差異係由於下列二種因素而造成：

停徵證券交易所得	$(40,000)
預收特許權收入	80,000
合計	$ 40,000

已知 C 公司 1998 年度之所得稅適用稅率為 30%。

C 公司 1998 年 12 月 31 日之遞延所得稅負債應為若干？

(a)$-0-

(b)$24,000

(c)$132,000

(d)$156,000

22.7　D 公司成立於1998 年1 月初，當年度稅前財務所得$220,000，包括壞帳損失$7,000 及分期付款銷貨毛利 $13,000；基於報稅目的，上列二項應認定於 1999 年度；假定 D 公司 1998 年度及 1999 年度之適用稅率分別為 30% 及 25%。

D 公司 1998 年度損益表內，應列報所得稅費用（包括當期及遞延部份）為若干？

(a)$65,700

(b)$66,000

(c)$67,450

(d)$68,100

22.8　E 公司 1998 年度稅前財務所得為$600,000，課稅所得為$400,000；兩者差異的原因，係由於未實現兌換利益 $200,000 所致，預計此項利益將於 1999 年度實現；另悉 E 公司所得稅適用稅率為 30%。

E 公司 1998 年度損益表內應列報所得稅費用為若干？

(a)$24,000

(b)$42,000

(c)$120,000

(d)$180,000

22.9　F 公司 1999 年 12 月31 日，應付所得稅為 $52,000，當期遞延所得稅資產為$80,000；1998 年 12 月 31 日，當期之遞延所得稅資產為$60,000；1999 年期間，未支付任何預計所得稅；1999 年 12 月 31 日，評估遞延所得稅資產的 10%，似乎有超過 50% 的機率不會實現。

F 公司 1999 年度損益表內，應列報所得稅費用若干？

(a)$32,000

(b)$34,000

(c)$40,000

(d)$52,000

22.10 G 公司會計年度採用曆年制，開始營業時，其 4 年度之營業淨利
（虧損）如下：

1996 年度	$ 100,000
1997 年度	200,000
1998 年度	(400,000)
1999 年度	400,000

已知 G 公司 4 年期間，並無其他永久性或暫時性的差異；又於
1998 年度報稅時，對於營業虧損，係選擇遞轉過去年度 3 年，遞
轉未來年度 15 年；G 公司每年度之所得稅率假定均為 35%。

G 公司 1999 年 12 月 31 日，應列報應付所得稅為若干？

(a)$35,000

(b)$70,000

(c)$105,000

(d)$140,000

三、綜合題

22.1 大華公司 1998 年度之稅前財務所得為$584,000，包括下列各項資料：

1.免費公債利息收入$140,000。

2.以公司為受益人之高層人員人壽保險費$16,000。

　3.1998 年初取得一項設備成本$100,000, 預計可使用 4 年; 財務報
　　表採用直線法, 惟報稅時則採用年數合計反比法。

　4.產品售後保證費用$5,000, 預計將於 1999 年度發生。

　另悉大華公司 1998 年度及 1999 年度之適用所得稅率為 30%。

　試求:

　　(a)請為大華公司作成 1998 年度之跨年度所得稅分攤。

　　(b)說明因折舊費用及產品售後保證費用之暫時性差異, 產生遞延
　　　所得稅負債及資產的理由。

22.2 大中公司成立於 1998 年初, 當年度稅前財務所得為$550,000, 其中
　　包括下列各項:

　1.違規罰款支出$10,000。

　2.採權益法投資於國內其他公司之投資收益$50,000, 其中 80% 符
　　合免稅規定, 預計全部利益將於 1999 年度實現。

　3.分期付款銷貨毛利$200,000, 預計將於 1999 年度全部實現。

　4.外幣現金未實現兌換損失$100,000, 預計將於 1999 年度實現。

　已知大中公司 1998 年度及 1999 年度適用所得稅率為 25%。

　試求:

　　(a)大中公司 1998 年度永久性差異為若干?

　　(b)大中公司 1998 年度暫時性差異為若干?

　　(c)請為大中公司作成 1998 年 12 月31 日跨年度的所得稅分攤。

22.3 大南公司成立於 1998 年初, 最初 3 年度的稅前財務所得、課稅所
　　得、及暫時性差異如下:

年度	1998	1999	2000
稅前財務所得	$420,000	$550,000	$480,000
暫時性差異:			
折舊費用	(20,000)	–	20,000
產品售後保證費用	12,000	(3,000)	(9,000)
未實現外幣兌換利益	(80,000)	60,000	20,000
課稅所得	$332,000	–	–
適用稅率	30%	30%	30%

補充說明如下:

1. 1998 年初購入設備資產成本$120,000, 預計可使用 3 年; 財務報告採用直線法, 惟報稅時係採用年數合計反比法。

2. 1998 年度預計產品售後保證費用$12,000, 預期 1999 年度及 2000 年度將分別支出$3,000 及$9,000。

3. 未實現外幣兌換損益$80,000, 1999 年度及 2000 年度分別實現$60,000 及$20,000。

試求: 請為大南公司完成 1998 年度至 2000 年度之跨年度所得稅分攤, 包括各項計算工作及分錄。

22.4 大東公司成立於 1996 年初, 會計年度採用曆年制; 自 1996 年至 1998 年期間, 營業頗佳, 每年均獲利, 3 年期間共獲利$800,000; 惟至 1999 年期間, 由於同業競爭劇烈, 使當年度發生鉅額營運虧損$1,000,000 (虧損扣抵所得稅利益之前); 該公司認為同業競爭只是暫時性質, 各種資訊顯示 2000 年初即將復甦。其他補充資料如下:

1. 1999 年度及 2000 年度無任何永久性及暫時性差異。

2. 1996 年度至 1999 年度之適用所得稅率均為 25%。

3. 虧損扣抵選擇遞轉過去年度 3 年、遞轉未來年度 15 年。

4. 預計 2000 年度獲利$500,000。

試求:

　(a)列示 1999 年度及 2000 年度的虧損扣抵分錄。

　(b)列示 1999 年度財務報表淨損的計算方式。

22.5 大慶公司 1999 年度稅前淨利如下:

繼續營業部門稅前淨利	$ 460,000
停業部門營業利益	160,000
非常損失——地震損失	(180,000)
會計原則變更累積影響數——折舊方法變更	80,000
稅前淨利	$ 520,000

其他補充資料:

1.所得稅採用累進稅率, 凡課稅所得在$100,000 以下者為 15%; 超過$100,000 以上者, 稅率為 25%, 其累進差額為$10,000。

2.除繼續營業部門稅前淨利外, 其他個別損益項目之所得稅分攤, 按平均分攤率計算。

試求:

　(a)列示大慶公司 1999 年度各損益項目同期間所得稅費用分攤的方法。

　(b)作成 1999 年度提列所得稅費用的分錄。

　(c)編製 1999 年度同期間所得稅分攤之部份損益表。

第二十三章　股東權益

　　企業組織型態通常有下列三種：獨資、合夥、及公司。公司組織在現代的經濟社會中，扮演極重要的角色；蓋公司組織具有很多優點，深信未來仍將持續並迅速發展，成為人類經濟活動的主流。

　　公司係依公司法組織設立登記成立的社團法人，具有獨特的性質；況且股份有限公司對外責任有限，為保障公司債權人的權益，促進經濟社會的安定與繁榮，法令對於公司的限制綦嚴，舉凡公司的股本、股東權利及義務等，均應明確訂定於公司章程內；有關公司的帳務處理，也必須以公司法、政府相關規定、公司章程、及股東會或董事會的決議為根據。

　　股東權益的會計處理，通常必須嚴格遵守下列各項原則：(1)資本交易盈餘屬於資本盈餘，非為損益項目，不得列入損益表內；(2)股東權益的內容應明確劃分為資本（包括股本及資本公積）、保留盈餘、及未實現資本三大類；(3)在財務報表內，應充分揭露公司的資本結構及其變化情形。

　　本章將討論公司的成立、認股與股票發行、庫藏股票會計處理、及未實現資本的內容等；至於保留盈餘、認股權、認股證、及股票分割等若干特殊問題，則留待第二十四章內，再予闡述。

23-1　公司之成立

公司之成立，有發起設立、募集設立、及由獨資或合夥企業改組而設立等不同情形。

一、發起設立

稱發起設立者，係由發起人自行認足第一次應發行的股份，毋需對外公開招募，公司即行成立。其程序如下：

1.設立章程：股份有限公司的發起人，應以全體同意訂立公司章程，簽名蓋章。

2.認足第一次應發行股份：股份總數得分次發行，但第一次應發行之股份，不得少於股份總數四分之一。

3.繳足股款：發起人認足第一次應發行之股份時，應即按股繳足股款。

4.選任董事及監察人：當公司的股款已繳足，公司的業務開展有期，自應迅速選任董事及監察人。

二、募集設立

稱募集設立者，係指發起人因未能認足第一次應發行的股份，須另行對外公開招募而後始能成立者。蓋發起人不認足第一次發行的股份時，應對外公開募足之。公開招募股份時，得依公司法的規定發行特別股。募集設立的程序如下：

1.訂立招股章程：發起人公開招募股份時，應先訂立招股章程(prospectus)。

2.申請主管機關核准：公司對外公開招募股份，涉及社會公眾的權

益甚大，故應先經中央主管機關的審核准許。

3.招募之公告：發起人應於中央主管機關通知到達之日起十日內，將經主管機關審核之事項，加記核准文號及年月日公告招募之。

4.認股：發起人應備置認股書 (application for shares)，由認股人填寫所認股數、金額及其住所，簽名蓋章。

5.催繳股款：第一次發行股份總數募足時，發起人應即向各認股人催繳股款；如以超過票面金額發行股票時，其溢額應與股款同時繳納。如認股人延欠上述應繳之股款時，發起人應定一個月以上之期限，催告該認股人照繳，並聲明逾期不繳失其權利。發起人已為上項之催告，認股人不照繳者，即失其權利，所認股份，由發起人另行募集。如因而受有損害，得向該認股人請求賠償。

6.召集創立會：應由發起人召集之，其召集之期限應於第一次發行股份之股款繳足後二個月內為之。如逾期不予召集者，認股人得撤回其認股聲明。

7.選任董事及監察人：由創立會選任董事及監察人。

三、獨資或合夥企業改組為公司

公司係由獨資或合夥企業改組而成立，其設立的法定程序，可依實際情形採用發起設立或募集設立的方式。

23-2　股東權益的範圍

股份有限公司的股本，應全部分為股份，每股金額應一律，一部份得為特別股。股份 (shares) 係指資本的成分，為構成資本的最小單位；股份得分為若干不同種類，分別表示其應有的權益性質；股東為股份的所有人，係公司存在之基礎，故股東權益實基於股東地位所獲得權利的綜合體；股東享有的權利約有下列數項：

1.管理表決權 (the right to vote for directors)：股東以表決權的方式參與公司業務之經營與管理。股東之表決權，以股份之多寡為準，每股有一表決權，但一股東持有已發行股份總數百分之三以上時，應以章程限制其表決權，以防止大股東之操縱。

2.盈餘分配權 (the right to share in dividends declared)：公司之目的在於營利，故於每營業年度終了，公司有盈餘時，於完納一切稅捐並提存法定公積後，即應按各股東持有股份的比例，分派股息及紅利。

3.優先認股權 (the preemptive right to purchase additional share)：公司發行新股時，除保留不低於新股總額百分之十之股份，由公司員工承購，於向外公開發行或認購之十日前，應公告及通知原有股東，按原有股份比例認股，並聲明逾期不認購者，喪失其權利。

4.剩餘財產分配權 (the right to share in the distribution of remaining property)：公司如遇解散時，於清償債務後，每一股東均享有分派剩餘財產之權利，其分派的比例，除公司發行特別股而章程另有訂定者外，應按各股東股份比例分派之。

23-3　股票的種類

股票 (stock) 乃表彰股東權利的要式有價證券。股東權之行使與移轉，與股票具有不可分離的關係。股票的種類，依其各種不同分類標準，通常有下列數種：

一、依股票的性質而分

1.普通股 (common stock)：此為公司所發行的一般性股票；此種股票具有上述一般性之基本權利者，故稱為普通股；換言之，凡股票的還本付息，不具任何特別權利者，即為普通股。普通股與公司的關係至為密切，影響最大，在一般情況下，均承攬公司經營管理之大權，故又稱

為主權股 (equity shares)。

　　2.特別股 (special stock)：發行公司為吸引投資者的投資興趣起見，往往發行具有特別權利的股票，賦予特別股股東於分派股利或分配剩餘財產時，享有優先權利，故又稱為優先股 (preferred stock)。特別股的持有人通常無選舉權，或僅具有限度的選舉權而已。由於各公司所發行的特別股，其所具有的特性及特殊權利，往往相差懸殊，故應將其載明於公司章程或股票發行條款之內，以免引起紛爭。

　　特別股依其發行條款之不同，又可分為下列數種：

　　(1)累積特別股 (cumulative special stock)：凡公司因經營失利或其他原因，致無法發放某一年度的特別股股利時，其積欠股利 (dividends in arrears)可累積至以後年度者，稱為累積特別股。

　　(2)非累積特別股 (non-cumulative special stock)：凡公司所積欠的股利不可累積至以後年度補償者，稱為非累積特別股。

　　(3)參加特別股 (participating special stock)：凡特別股於公司分配股息及紅利時，除取得定率之股息外，尚可參與紅利之分配者，稱為參加特別股。參加特別股依其參加程度之不同，又可分為部份參加 (partial participating)與全部參加 (fully participating) 兩種。凡特別股每年參加盈餘之分配有一定的最高限制者，稱為部份參加；凡特別股每年除獲得一定之盈餘外，於普通股按特別股之同一特定率分配後，尚可與普通股按資本額比例享受相同的權利分配剩餘盈餘者，稱為全部參加。

　　(4)非參加特別股 (non-participating special stock)：凡特別股每年於分配盈餘時，除取得定率之股息外，無權參與紅利之分配者，稱為非參加特別股。

　　茲舉一實例，以說明上述各種特別股之不同性質。設唯仁公司發行普通股$800,000 及 6% 特別股$200,000，19A 年宣佈發放股利$100,000。茲分別列示其盈餘分配如下：

(a)如特別股為非累積又非參加者，並假定特別股之股利已 2 年未予發放時：

	6% 特別股	普通股	合　　計
$200,000 \times \dfrac{6}{100}$	$12,000		$ 12,000
餘額：$100,000 - $12,000		$88,000	88,000
合　　計	$12,000	$88,000	$100,000

(b)如特別股為累積而非參加者，並假定特別股之股利已積欠 2 年未予發放時：

	6% 特別股	普通股	合　　計
積欠二年之股利：			
$200,000 \times \dfrac{6}{100} \times 2$	$24,000		$ 24,000
19A 年度股利：			
$200,000 \times \dfrac{6}{100}$	12,000		12,000
餘額分配給普通股		$64,000	64,000
合　　計	$36,000	$64,000	$100,000

(c)特別股為非累積而係全部參加者，並假定特別股之股利已 2 年未予發放時：

	6% 特別股	普通股	合　　計
19A 年度股利:			
$200,000 \times \dfrac{6}{100}$	$12,000		$ 12,000
$800,000 \times \dfrac{6}{100}$		$48,000	48,000
全部參加:			
$40,000 \times \dfrac{\$200,000}{\$1,000,000}$	8,000		8,000
$40,000 \times \dfrac{\$800,000}{\$1,000,000}$		32,000	32,000
合　　計	$20,000	$80,000	$100,000

(d)特別股為累積而又全部參加者，並假定特別股的股利已 2 年未
予發放時:

	6% 特別股	普通股	合　　計
積欠二年之股利:			
$200,000 \times \dfrac{6}{100} \times 2$	$24,000		$ 24,000
19A 年度股利:			
$200,000 \times \dfrac{6}{100}$	12,000		12,000
$800,000 \times \dfrac{6}{100}$		$48,000	48,000
全部參加:			
$16,000 \times \dfrac{\$200,000}{\$1,000,000}$	3,200		3,200
$16,000 \times \dfrac{\$800,000}{\$1,000,000}$		12,800	12,800
合　　計	$39,200	$60,800	$100,000

(e)特別股為累積且部份參加至 7% 者，並假定特別股的股利已 2
年未予發放時:

	6% 特別股	普通股	合　　　計
積欠二年度股利:			
$\$200,000 \times \dfrac{6}{100} \times 2$	$24,000		$ 24,000
19A 年度股利:			
$\$200,000 \times \dfrac{6}{100}$	12,000		12,000
$\$800,000 \times \dfrac{6}{100}$		$48,000	48,000
部份參加:			
$\$200,000 \times (7\% - 6\%)$	2,000		2,000
餘額分配給普通股		14,000	14,000
合　　　計	$38,000	$62,000	$100,000

二、依股票有無面值而分

1.有面值股 (par value stock)：此項股票係將每股金額載明於公司章程及股票票面上。就通常的情形而言，股票票面不僅記載每股金額，而且也載明股數及該張股票的全部金額；例如某某公司普通股票每股新臺幣壹拾元，壹仟股，合計新臺幣壹萬元。

為計算方便起見，股票每股面值可為$1，$5，$10，$50，$100，$1,000不等；惟公司嗣後因股票分割，將使每股金額降低，甚至於變成不完整之畸零數。

2.無面值股 (no par value stock)：即公司章程及股票票面上不記載每股股票之金額。無面值股票於 1912 年最先創始於美國紐約，此後各州紛紛仿效。我國公司法規定僅限於發行有面值的股票，不得為無面值股票之發行。

股份有限公司為資本結合的團體，一般稱其為資合公司；其主要之特徵，不太重視股東個人信用，而以公司的財產，為最重要的保障。如准其發行無面值股票，不僅資本額缺乏法律觀念 (legal concept)，而且債

權人亦將失去對債權的屏障，故美國各州州法均規定由發行無面值股票公司的董事會設定每股價值，並規定凡支付或分配資產給股東時，不能使股東權益低於設定資本 (stated capital) 或稱法定資本 (legal capital)，俾能保障公司債權人的權益。法定資本必須由公司於設立時向主管機關登記，並載明於營業執照上，非經辦理變更登記，不得任意改變。

三、依股票記名與否而分

1.記名股票 (registered stock)：即將股東的姓名或名稱分別記載於股票及股東名簿上面。記名股票之轉讓，應由原股票持有人以背書方式為之；倘若未將受讓人的本名或名稱及住所記載於股東名簿，並將受讓人本名或名稱記載於股票時，不得以其轉讓對抗公司。

2.無記名股票 (non-registered stock)：凡在股票及股東名簿上均未記載股東姓名或名稱者，稱為無記名股票。無記名股票的轉讓，僅須交付股票即發生轉讓的效力，比較方便，固為其優點，但每易為人收買，以操縱公司；故我國公司法雖承認公司得以章程規定為無記名股票之發行，但其股數不得超過已發行股份總數二分之一為限。又無記名股票的股東，得隨時請求公司將其改為記名股票；但記名股票則不得請求改為無記名股票。

23-4　股東權益的構成因素

財務會計準則委員會頒佈第 6 號財務會計觀念聲明書 (SFAC No.6)指出：「股東權益或稱淨資產 (netassets)，係指一營業個體的資產總額，減去負債總額後的剩餘淨資產，用以表彰股東對該營業個體的權益。」

根據會計基本方程式，股東權益可表達如下：

股東權益＝資產－負債

　　因此，股東權益一般又稱為投資人權益 (investors' equity) 或淨值 (net worth)。

　　茲將股東權益的構成因素，予以列示如下：

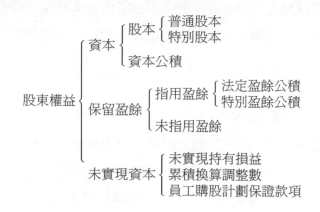

一、資本

　　資本 (capitals) 係指股東的投入資本 (contributed capital) 或因資本交易所產生的權益；公司組織的營業個體，股東投入資本包括下列二項：

　　1.股本 (capital stock)：凡股東投入公司並向公司主管機關申請登記的資本。股本依其權益的不同，又可分為：

　　(1)普通股本。

　　(2)特別股本。

　　2.資本公積：係指股本溢價 (premium on capital) 或由其他資本交易所產生的權益。

二、保留盈餘

　　凡由營業結果所產生的權益，稱為保留盈餘 (retained earnings)；如為借方餘額時，則稱為累積虧損 (deficits)。保留盈餘因指用與否，又可

分為:

　　1.指用盈餘 (appropriated earnings):

　⑴法定盈餘公積: 公司於完納一切稅捐後, 分派盈餘時, 應先提出百分之十為法定盈餘公積。但法定盈餘公積已達資本總額時, 不在此限。

　⑵特別盈餘公積: 公司得以章程訂定或股東會議決, 另提特別盈餘公積。

　　2.未指用盈餘 (unappropriated earnings): 凡未指用盈餘者, 可作為分配股利或其他用途。

三、未實現資本

凡非由於股東投入、資本交易、或保留盈餘之變動所產生的未確定權益部份, 稱為未實現資本 (unrealized capital)。

　　1.未實現持有損益。

　　2.累積換算調整數。

　　3.員工購股計劃保證款項。

23-5　股票發行的會計處理

一、名詞詮釋

鑒於政府主管機關對於公司招募股份, 採取核定主義; 故吾人於說明股票發行的會計處理之前, 先要瞭解下列各項名詞。

　　1.核定股本 (authorized capital stock): 係指於訂立公司章程時即已擬定並經政府主管機關核定可發行的股本, 故又稱為額定股本。通常核定股本均大於已發行之股本, 以便將來公司業務一旦開展後再繼續增加發行。

　　2.未發行股本 (unissued capital stock): 係指已獲得政府主管機關核

准發行，惟尚未發行的部份；此為上列核定股本之借方抵銷帳戶，其差額即為已發行股本 (issued capital stock)。

3.已認股本 (subscribed capital stock)：係指已由認股人認購惟尚未發行的股本，俟股票發行後再與股本帳戶相互對轉。

4.認繳股款 (subscriptions to capital stock)：係指股東於認股後，發行公司於未來某特定時間內得向認購股東收取股款的一項權利，故通常均以應收股款 (subscriptionreceivable) 科目取代之。如認股人為數眾多時，可設置應收股款統制帳戶，並就每一認股人分別設立明細分類帳戶。應收股款如預期可於短期內收現時，則予以列為流動資產；如發行公司無意於短期內收現時，則應列為股東權益的抵銷帳戶。

二、股票發行的會計處理流程

吾人為使讀者易於瞭解起見，茲將股票發行的會計處理流程，特以 T 字形帳戶列示如下：

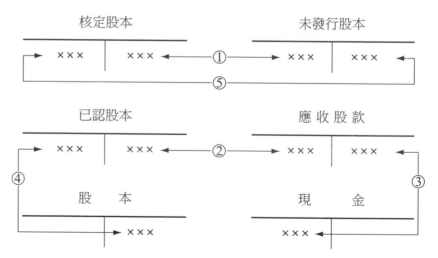

說明：①政府主管機關核准發行的備忘分錄。

②認股人認購股票的分錄。

③認股人繳交股款分錄。

④正式發行股票分錄。

⑤沖轉原有備忘分錄。

三、發行有面值股票的會計處理

會計人員處理股東權益的有關會計問題時，最重要者莫過於將公司各項資本的來源，予以明確劃分，俾能獲悉其各項權益或責任的範圍，此稱為資本來源觀念 (concept of source of capital)。假定某公司發行數種不同種類的股票，則每一種股票應單獨設立個別帳戶，俾能分別歸入不同的股本帳戶之內；例如普通股本、八厘特別股本等等。

吾人茲舉一實例以說明之。設羅福股份有限公司於訂立公司章程時額定股本$1,000,000，分為 10,000 股，每股票面價值$100，按面值$110 發行，全部股份一次認足並如數收到現金；股票於股款悉數收齊後即予發行。有關股票發行的分錄如下：

1.主管機關核准發行的備忘分錄：

未發行股本	1,000,000	
核定股本		1,000,000

上述貸方核定股本亦可用額定股本科目代之。根據我國公司法規定，上項股本得分次發行，但第一次應發行的股份不得少於股份總數四分之一。

2.認股人認購股款的分錄：

應收股款	1,100,000	
已認股本		1,000,000
資本公積——股本溢價		100,000

3.認股人繳交股款的分錄：

現金	1,100,000	
應收股款		1,100,000

　　我國公司法規定股份得分次發行；惟對於認股人應繳股款是否可分期繳納，則無明文規定；美國法律則允許認股人的應繳股款，得分期繳納之。

　　4.正式發行股票的分錄：

已認股本	1,000,000	
股本		1,000,000

　　我國公司法規定，公司非經設立登記後，不得發行股票；蓋在公司未設立登記前，將來是否能合法成立，尚未可知，如准其先予發行股票，必將使不知情的第三者受損，故應予限制。

　　5.沖轉備忘記錄的分錄：

核定股本	1,000,000	
未發行股本		1,000,000

如於獲准發行當時並未作備忘記錄時，則此項分錄應予省略。

四、發行無面值股票的會計處理

　　我國公司法規定不得發行無面值股票，惟無面值股票具有若干優點，故仍為美國若干州法律所許可。無面值股票可分為二種：(1)純粹無面值股票 (true nopar stock)，(2)註價無面值股票 (stated value nopar stock)。發行純粹無面值股票時，如法律並無每股最低金額之限制，則所收到的發行款項，全部列為股本，貸記股本帳戶；如法律規定每股有最低金額之限制時，則所收到發行款項按最低金額貸記股本帳戶，如有剩餘部份，應貸記「資本公積——股本溢價」帳戶。發行註價無面值股票時，則所收到款項就註價部份，貸記股本帳戶，如有剩餘部份，應貸記「資本公

積——股本溢價」帳戶。

　　設羅素公司獲准發行無面值股票 10,000 股，每股按$84 發行，經認股後如數收現；茲分別就註價與純粹無面值股票的不同情形，列示其有關分錄如下：

摘　　要	註價無面值股票	純粹無面值股票
1.獲准發行無面值股票 10,000 股：不作正式分錄	每股註價$80 記入備查簿	每股無最低金額限制記入備查簿
2.按每股$84 認購10,000 股：		
應收股款	840,000	840,000
已認股本	800,000	840,000
資本公積——股本溢價	40,000	
3.認股人繳清股款：		
現金	840,000	840,000
應收股款	840,000	840,000
4.正式對外發行股票：		
已認股本	800,000	840,000
股本	800,000	840,000

23-6　發行股票取得非現金資產

　　公司發行股票以取得非現金資產，通行有下列二種情形：⑴認股人以公司所需要的財產抵繳股款；⑵公司發行股票交換非現金資產。

　　一般言之，公司發行股票所取得的非現金資產，應以所發行股票之公平價值，或所取得非現金資產之公平價值，孰者較為可靠作為評價基礎；如兩者均缺乏可靠的評價基礎時，則由公司董事會合理地加以評估。

　　茲舉若干實例以說明之。設某公司發行每股面值$10 之普通股票 10,000 股，交換一項專利權。吾人特假定下列各種不同情況，列示其會計處理如下：

情況一：假定專利權的公平市價為$150,000，惟無法確定股票的公平價值時，則應以專利權的公平價值為準；其交換分錄如下：

專利權	150,000	
普通股本		100,000
資本公積——普通股股本溢價		50,000

情況二：假定股票每股的公平市價為$14，惟專利權的公平市價如無法確定時，則應以股票的公平價值為準；其交換分錄如下：

專利權	140,000	
普通股本		100,000
資本公積——普通股股本溢價		40,000

情況三：假定專利權及股票的公平市價均無法確定時，公司經聘請外界獨立評估人 (independent appraiser) 評估專利權的價值為$125,000，則其交換分錄如下：

專利權	125,000	
普通股本		100,000
資本公積——普通股股本溢價		25,000

情況四：假定專利權及股票均無公平市價，亦無法聘請獨立評估人評定其價值；公司董事會乃自行評定專利權的價值為$130,000，則其交換分錄如下：

專利權	130,000	
普通股本		100,000
資本公積——普通股股本溢價		30,000

　　美國習慣法 (common law) 賦予公司董事會設定交換資產價值的權利；然而董事會往往濫用此項權利，故意將交換資產的價值高估 (over valuation)，致發生股票攙水的現象，一般稱為攙水股票 (watered stock)。

另一方面，董事會亦可能以低估 (under valuation) 資產的方法，達其隱藏秘密準備 (secret reserves) 之目的，此等作法，使會計資料失去準確性，乃為一般公認的會計原則所強烈反對。

23-7　發行股票的特殊情形

公司常以一筆總價 (a lump sum price) 出售兩種以上的股票；此時將面臨如何才能合理分攤股價的問題。

會計上解決此項問題的方法有二：(1)比例法 (the proportional method)，此法係將收入總價按二種以上股票的公平價值比例，予以分攤；(2)增量法 (the incremental method)，此法係以其中一種或一種以上具有公平價值的股票為準，將收入總價按該項股票的公平價值予以攤入，其剩餘部份則攤入他項股票。

設某公司發行每股面值$100 的普通股票 5,000 股，及每股面值$50 的特別股 1,000 股，收到總股款$573,800。

上項交易應如何處理的問題，胥視實際情形而定。茲分別假設下列三種情況：

情況一：普通股每股公平市價為$110，特別股每股公平市價為$54。

　1.計算——比例法：

	普　通　股	特　別　股	合　　計
市價:	$110 × 5,000 =$550,000	$54 × 1,000 = $54,000	$604,000
	$573,800 × $\dfrac{\$550,000}{\$604,000}$	$573,800 × $\dfrac{\$54,000}{\$604,000}$	
	= $522,500	= $51,300	$573,800

　2.分錄：

現金	573,800
普通股本	500,000
特別股本	50,000
資本公積——普通股股本溢價	22,500
資本公積——特別股股本溢價	1,300

情況二：普通股每股公平市價$104，特別股尚無公平市價。

　　1.計算——增量法：

　　　普通股：　$104 \times 5,000 = \$520,000$

　　　特別股：　$\$573,800 - \$520,000 = \$53,800$

　　2.分錄：

現金	573,800
普通股本	500,000
特別股本	50,000
資本公積——普通股股本溢價	20,000
資本公積——特別股股本溢價	3,800

情況三：設普通股與特別股均無公平市價可資分攤時，則暫以兩種股票的面值比例分攤，俟其中某一種股票有公平市價時，再重新計算並作改正分錄。

　　1.計算——比例法：

　　　普通股：　$\$573,800 \times \dfrac{\$500,000}{\$550,000} = \$521,636$

　　　特別股：　$\$573,800 \times \dfrac{\$50,000}{\$550,000} = \$52,164$

　　2.分錄：

現金	573,800
普通股本	500,000
特別股本	50,000
資本公積——普通股股本溢價	21,636
資本公積——特別股股本溢價	2,164

3.重新計算：假定經過一段時間後，普通股的公平市價每股為\$104.50，則應重新計算如下：

普通股：　$\$104.50 \times 5,000 = \$522,500$

特別股：　$\$573,800 - \$522,500 = \$51,300$

4.改正分錄：

資本公積——特別股股本溢價	864	
資本公積——普通股股本溢價		864

$\$22,500 - \$21,636 = \$864$

23-8　認股人違約的會計處理

認股人於認購股份後，常因個人未可預料事故或改變初衷，致發生違約無法繳足應繳股款的情形；此時，會計上將面臨認股人違約的會計處理問題。

我國公司法規定，認股人延欠應繳之股款時，發起人應定一個月以上之期限催告該認股人照繳，並聲明逾期不繳失其權利。發起人已為上項之催告，認股人不照繳者，即失其權利，所認股份另行募集。上項情形如有損害，公司得向認股人請求賠償。

由上述立法之涵義，認股人如逾期不繳，並經催告後一個月以上的時間仍不照繳者，即失去權利，並應賠償損失；發起人應另行對外募集。因此，在會計處理上，應將原來認股人的認股分錄，予以沖轉如下：

已認股本	×××	
應收股款（未繳部份）		×××
認股人違約股款		×××

新認股人認股之分錄如下：

| 應收股款（新認股人） | ××× | |
| 已認股本 | | ××× |

對於上項原來認股人已繳納的「認股人違約股款」，其會計處理方法，胥依有關法令或認股書的約定而定；惟不論如何，通常不外下列三種方式：(1)已繳股款於扣除違約賠償損失後的剩餘部份，退還原認股人；(2)按已繳股款的剩餘部份，發給應得的股票；(3)沒收已繳股款的剩餘部份。

設某公司的認股人丁君，認購普通股 1,000 股，每股面值$100，按面值認購，於繳納股款$40,000，即發生違約不繳情形；該項股份由發起人改按每股$90 轉售他人，並發生轉售費用$3,000。

一、退還違約剩餘股款的會計處理

1.丁君認購 1,000 股的分錄：

| 應收股款 | 100,000 | |
| 已認股本 | | 100,000 |

2.丁君繳納部份股款的分錄：

| 現金 | 40,000 | |
| 應收股款 | | 40,000 |

3.沖轉違約認股人丁君已認股本的分錄：

已認股本	100,000	
應收股款		60,000
應付認股人違約股款		40,000

4.違約股份改按每股$90 轉售第三者：

現金	90,000	
應付認股人違約股款	10,000	
股本		100,000

5.發生違約股份轉售費用：

應付認股人違約股款	3,000	
現金		3,000

6.退還違約剩餘股款的分錄：

應付認股人違約股款	27,000	
現金		27,000

上列「應付認股人違約股款」(liability to default subscription) 帳戶，屬流動負債性質，惟應與一般營業上發生的應付帳款分開。如認股書訂有違約金的規定時，得要求違約認股人繳交違約金；凡屬於資本交易的收入，應列為資本公積的一部份，不得列為一般收入。

二、按應退還剩餘股款發給股票的會計處理

沿上例，丁君於繳納$40,000 後，即發生違約不繳情形；發起人乃將丁君認購 1,000 股中的 700 股，按每股$90 轉售他人，並發生轉售費用 $3,000；丁君已繳股款的剩餘部份，發給股票。

1.至 3.的分錄與上述相同。

4.違約股份中的 700 股按每股$90 轉售第三者：

現金	63,000	
應付認股人違約股款	7,000	
股本		70,000

5.違約股份轉售費用:

| 應付認股人違約股款 | 3,000 | |
| 現金 | | 3,000 |

6.按應退還剩餘股款發給股票之分錄:

| 應付認股人違約股款 | 30,000 | |
| 股本 | | 30,000 |

上項剩餘股款$30,000 計算如下:

違約股份已繳納股款		$40,000
減: 違約股份轉售少收: ($100 − $90) × 700		(7,000)
轉售費用		(3,000)
剩餘股款發給股票 300 股($30,000 ÷ 100)		$30,000

三、沒收已繳股款的會計處理

沿上例, 丁君按每股$100 認購 1,000 股, 繳交$40,000 後, 即發生違約不繳情形; 該項股份由發起人改按每股$90 轉售他人, 並發生轉售費用$3,000; 違約股份之已繳股款, 依認股書約定予以沒收。

1.至 2.的分錄與上述相同。

3.沖轉違約認股人丁君已認股本的分錄:

已認股本	100,000	
應收股款		60,000
沒收違約股款		40,000

4.違約股份改按每股$90 轉售第三者:

現金	90,000	
沒收違約股款	10,000	
股本		100,000

(1)收回特別股: 公司發行之特別股, 得以盈餘或發行新股款所得之股款收回之, 但不得損害特別股股東按照章程應得的權利。

(2)少數股東請求收買: 公司應經股東會決議事項, 均採多數表決方式, 少數股東意見, 常不受重視; 故公司法為保障其權益, 允許少數股東得請求公司按公平價值收買其所持股票。

(3)公司與他公司合併時, 如有股東在集會前或集會中以書面表示異議或以口頭表示異議經記錄者, 得放棄表決權, 而請求公司以公正價格收買其持有股票。

(4)股東清算或受破產宣告時, 如結欠公司的債務, 公司得按市價收回其股份, 抵償其於清算或破產宣告前結欠公司之債務。

　依上列第一種情形收回者, 其目的在於註銷特別股, 不會構成庫藏股之存在; 其餘三種情形, 在收回後與出售之前, 即構成庫藏股之事實, 除因公司合併收買者外, 應於六個月內按市價出售, 逾期未出售者, 視為未發行之股份, 並為變更登記。

　公司必須審慎處理其資本交易 (包括庫藏股), 以避免影響大多數股東的權益。例如某石油鑽勘公司的管理階層或員工, 不得封鎖發現油礦的有利消息, 趁機於股價低的時候, 買進公司本身的股票以圖利; 又如公司不得隱瞞壞消息, 而於股價高檔時出脫其庫藏股。因此, 美國證券交易法案 (Securities & Exchange Act) 嚴格禁止上市公司從事於非法行為買賣公司自身的股票。

5.發生違約股份轉售費用:

沒收違約股款	3,000	
現金		3,000

6.沒收違約股款轉入資本公積:

沒收違約股款	27,000	
資本公積		27,000

23-9　庫藏股票的會計處理

一、庫藏股票的性質

　　稱庫藏股本 (treasury stock or shares) 者,係指公司自有的股份,曾發行在外,經重新收回而留存於公司庫內,並未按照法定程序註銷其股權。一般又稱為庫藏股票或簡稱為庫藏股。因此,庫藏股本必須具有下列三項條件:

　　1.係公司自有的股份。如持有他公司發行的股份,並非庫藏股本。

　　2.曾經發行在外,而予以收回者。如未曾發行的股份,並非庫藏股本。

　　3.重新收回而未依法定程序註銷者。如已依法定程序註銷的股份,實為公司資本減少,並非庫藏股本性質。

　　就本質上言之,庫藏股本於未再出售之前,應視為在外流通股份的減少,當為股東權益的抵銷帳戶,不能作為公司的資產。

二、發生庫藏股票的原因

　　1.股東捐贈。

　　2.公司向外收買。

　　公司向外收買自己發行在外的股份,通常係基於下列各項原因: (1)

當公司所發行在外之股票市場價格低於其真實價格甚多，且公司又有充裕的資金可資收回時；(2)為減少在外流通股份的數量藉以提高每股盈餘時；(3)為取得股份以交換他種證券時；(4)為提供員工行使認購股份之購股權、分配員工紅利或發放股東之股票股利時；(5)為提高一企業負債與股東權益比率 (the rate of debt to stockholders equity) 時；(6)由於各種法定原因而予以收回者。

　　就實際情形而論，公司如可任意自行收買已發行並流通在外之股份，不但使公司資金因而減少，損害債權人的利益，抑且將進而控制股票價格，擾亂金融市場，對經濟社會產生不良的影響，故為法律所嚴厲禁止。

三、處理庫藏股票的一般公認會計原則

　　一家公司購入已發行並流通在外的股票，影響股東的權益甚大；尤其是購入上市公司的股票，作為庫藏股票，影響股票價格甚至於整個股票市場，至深且鉅；因此，對於庫藏股票的會計處理，除遵守法令規章外，必須配合一般公認的會計原則。

　　美國會計原則委員會於 1965 年提出第 6 號意見書 (APB Opinion No. 6, par. 12) 指出：

　　「a.當一家公司的股票被註銷，或基於法律有意無意被積極購入而用於註銷時：

　　　　i.購入價格超過面值或註價的部份，應分攤入資本盈餘 (capital surplus) 與保留盈餘。攤入資本盈餘的部份，僅限於：(a)同類型股票過去因註銷或庫藏股票交易所產生的資本盈餘；(b)同類型股票股本溢價、自動轉化的保留盈餘、及股票股利資本化等項目按比例計算的部份。如公司經常為此一目的而將保留盈餘帳戶分攤或加以資本化的情況下，另一可行的處理方法，可將上項購入價格超過面值或註價的部份，全部借記保

留盈餘帳戶。

ⅱ.面值或註價超過購入價格的部份，應貸記資本盈餘。

b.當一家公司的股票基於註銷以外之目的而購入，或購入之目的尚未決定，其購入成本得分開列示，當為股本、資本盈餘、及保留盈餘合計數的減項，或比照註銷股票的適當會計處理方法，在若干情況下，列為一項資產。出售庫藏股票的利益，應貸記資本盈餘；如為損失，應就同類型股票過去因註銷或庫藏股票交易所產生的資本盈餘為限，借記資本盈餘，否則借記保留盈餘。」

根據上列說明，茲將處理庫藏股票的會計原則，予以摘要如下：

1.購入用於註銷的庫藏股票，其成本大於面值或註價的部份，依序借記：(a)同類型股票的資本公積；(b)同類型股票的發行溢價；(c)保留盈餘等。

2.購入用於註銷的庫藏股票，其成本小於面值或註價部份，應貸記資本公積。

3.購入用於註銷以外目的，或其目的未決定者，其會計處理方法有二：(a)成本法；(b)面值法。

4.庫藏股票並非資產，故一般均列為股東權益的減項；在成本法之下，購入庫藏股票的成本，應自股本、資本公積、及保留盈餘的合計數項下扣除；在面值法之下，分別就股本、股本溢價、資本公積、及保留盈餘項下扣除。

5.在庫藏股本交易中，不認定任何利益或損失；出售庫藏股票的利益或損失，應列為股東權益的調整項目。

6.庫藏股票之股利，不得列為公司的利益。

7.如購買庫藏股票的成本超過其公平價值甚鉅時，其中可能包含其他因素在內，例如某種權利、優惠、或超過股本的額外利益；遇此情形，

應將超過公平價值的部份，按其構成因素之不同，予以分開列帳。

四、庫藏股票會計處理釋例

1.成本法 (cost method)：成本法係以購入庫藏股票所支付成本，作為其列帳根據；換言之，在成本法之下，於購入庫藏股票時，按成本借記「庫藏股票」帳戶；俟出售時，也按成本貸記「庫藏股票」帳戶；如售價大於成本時，為庫藏股票之盈餘，應貸記「資本公積──庫藏股票資本盈餘」帳戶；反之，如售價小於成本時，其差額首先用以前同類型股票註銷或庫藏股票買賣之「資本公積──庫藏股票資本盈餘」帳戶彌補，如仍有不足時，再以「保留盈餘」帳戶彌補。

採用成本法處理庫藏股票交易，也如同處理存貨的成本法一樣。同類型股票的庫藏股票交易，可設置單一「庫藏股票」帳戶，並以個別識別法辨認其成本；如庫藏股票交易頻繁，致無法按個別識別法辨認成本時，可採用先進先出法計算其成本；年終時，按庫藏股票的取得成本，自股東權益總額項下扣除。

由上述說明可知，成本法將庫藏股票的購入與出售，視為單一交易，購入乃交易的第一步，出售乃交易的完成步驟，兩者合而為一，故稱其為單一交易觀念 (one-transaction concept)。

釋例一：

設華友公司股東權益內容如下：

股東權益：
股本：10,000 股，每股面值$100，全部流通在外　$1,000,000
資本公積：股本溢價：10,000 股 @$4　　　　　　　40,000
保留盈餘　　　　　　　　　　　　　　　　　　　320,000
股東權益總額　　　　　　　　　　　　　　　　$1,360,000

(1)華友公司為註銷以外之目的，按每股\$112 購入已發行在外之股票 2,000 股；在成本法之下，應分錄如下：

庫藏股票	224,000	
現金		224,000

(2)華友公司將其中 500 股，按每股\$120 出售，其分錄如下：

現金	60,000	
資本公積——庫藏股票資本盈餘		4,000
庫藏股票		56,000

($120 - $112) \times 500 = \$4,000$

(3)華友公司另將其中 500 股，按每股\$76 出售，其分錄如下：

現金	38,000	
資本公積——庫藏股票資本盈餘	4,000	
保留盈餘	14,000	
庫藏股票		56,000

(4)期末時，在成本法之下，庫藏股票在資產負債表內的表達方法：

資產負債表：
股東權益：

股本：10,000 股，每股面值\$100	\$1,000,000
資本公積——股本溢價	40,000
保留盈餘：$320,000 - \$14,000$	306,000
股本及保留盈餘合計	\$1,346,000
減：庫藏股票：1,000 股，每股成本\$112	(112,000)
股東權益總額	\$ 1,234,000

釋例二：

沿用釋例一，假定華友公司於購入庫藏股票 2,000 股，每股成本

$112，隨後即予註銷。

庫藏股票註銷，視為法定資本的減少，其原發行股本溢價，也應一併註銷，應分錄如下：

股本	200,000	
資本公積——股本溢價	8,000	
資本公積——庫藏股票資本盈餘	–0–	
保留盈餘	16,000	
庫藏股票		224,000

$\$4 \times 2,000 = \$8,000$

上列「資本公積——庫藏股票資本盈餘」帳戶，為借記購入成本大於面值的第一優先秩序；惟因無此項貸方餘額，故不予記入。

公司非依減少資本的規定，不得註銷股票；減少資本除法律另有規定外，應依股東持有比例減少之。

2.面值法 (par value method)：稱面值法者，係指於購入或出售庫藏股本時，均以其面值作為列入庫藏股票帳戶的根據。

面值法將庫藏股票的購入與出售，視為獨立的交易事項，其間並無任何關連存在，故又稱為雙重交易觀念 (dual transaction concept)。故在面值法之下，當購入庫藏股票時，視同贖回股本 (stock retirement) 處理，並按贖回股本基礎調整股本帳戶。當重新出售庫藏股本時，視同新股本的發行一樣予以處理。

釋例：

設華友公司股東權益的內容如下：

股東權益：	
股本： 10,000 股，每股面值$100，全部發行並流通在外	$1,000,000
超面值投入資本	40,000
保留盈餘	320,000
股東權益總額	$1,360,000

(1)華友公司非以註銷為目的，按每股$112購入該公司在外流通股票 2,000 股; 在面值法之下，其購入分錄如下:

庫藏股票	200,000	
資本公積——股本溢價	8,000	
資本公積——庫藏股票資本盈餘	–0–	
保留盈餘	16,000	
現金		224,000

因無「資本公積——庫藏股票資本盈餘」帳戶餘額，否則此一帳戶優先於保留盈餘抵減成本大於面值的部份。

(2)華友公司將庫藏股票中的 500 股，按每股$120出售，應分錄如下:

現金	60,000	
庫藏股票		50,000
資本公積——股本溢價		10,000

$(\$120 - \$100) \times 500 = \$10,000$

(3)華友公司另將庫藏股票中的 500 股，按每股$76 出售，應分錄如下:

現金	38,000	
資本公積——庫藏股票資本盈餘	–0–	
保留盈餘	12,000	
庫藏股票		50,000

(4)華友公司期末時的資產負債表，可表達如下:

資產負債表：

股東權益：

股本：10,000 股，每股面值$100	$1,000,000
減：庫藏股票 1,000 股，每股面值$100	(100,000)
股本：在外流通 9,000 股，每股面值$100	$ 900,000
資本公積——股本溢價 ($40,000 − $8,000 + $10,000)	42,000
股本及資本公積合計	$ 942,000
保留盈餘 ($320,000 − $16,000 − $12,000)	292,000
股東權益總額	$1,234,000

　　在面值法之下，當購入庫藏股票時，係按面值借記庫藏股票，原來發行溢價及資本盈餘等，也於購入時一併轉銷；因此，庫藏股票於註銷時，僅就股本與庫藏股票對轉即可，此處不再贅述。

　　綜上所述，吾人茲將庫藏股票的會計處理原則，彙列於圖 23–1。

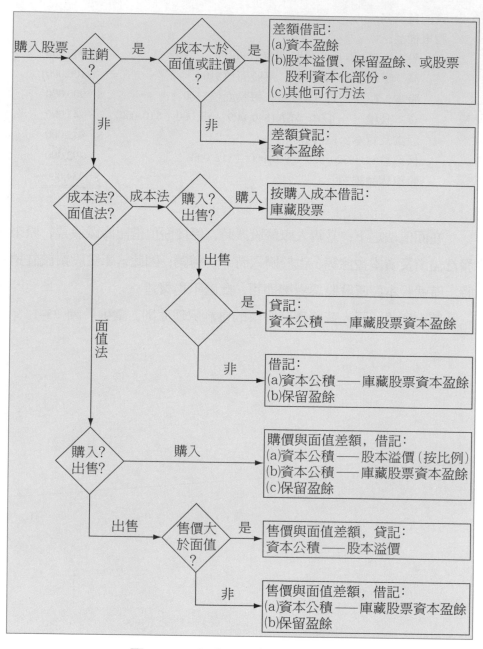

圖 23-1 庫藏股票會計處理原則

23–10 收回特別股的會計處理

一、可召回或可贖回特別股

公司往往於剛成立或特殊情況下，為保障或提升一部份認股人的權益而發行特別股，俟相當時間後，再予收回。公司發行特別股時，如訂有召回條款，約定公司得於未來某特定日，按特定條件召回其發行在外的特別股時，稱為可召回特別股 (callable preferred stock)；另一種情形，如公司於發行條款內，約定特別股股東，得於未來某特定日，有權要求公司按某特定條件，贖回其發行在外的特別股，此稱為可贖回特別股 (redeemable preferred stock)。

我國公司法規定，公司發行之特別股，得以盈餘或發行新股所得之股款收回之，但不得損害特別股股東按照章程應有的權利。

二、收回特別股的會計處理

公司召回或贖回特別股票，其目的在於註銷特別股票，故與庫藏股票性質不同，其會計處理方法，也稍有差別。一般言之，當公司召回或贖回特別股時，應將特別股本及其相關帳戶沖銷，貸記現金或其他帳戶，召回或贖回價格與特別股本及相關帳戶的差額，如為借差時，應借記保留盈餘帳戶；反之，如為貸差時，應貸記資本盈餘帳戶。如屬於累積特別股並積欠股利時，在召回或贖回日之前，應將積欠股利付清，借記保留盈餘，貸記現金或其他帳戶。

釋例:

設某公司發行可召回八厘特別股 10,000 股，每股面值$100；已知當初每股發行價格為$104；公司依約定予以召回。

情況一： 特別股為非累積性質，召回條款約定每股按發行價格$104 召回。

特別股本	1,000,000	
資本公積——股本溢價	40,000	
現金		1,040,000

情況二： 特別股為非累積性質，召回條款約定每股按$110 的價格召回。

特別股本	1,000,000	
資本公積——股本溢價	40,000	
保留盈餘	60,000	
現金		1,100,000

情況三： 特別股為累積性質，積欠股利 2 年，召回條款約定每股按$101 召回。

保留盈餘	160,000	
現金		160,000

$$\$1,000,000 \times 8\% \times 2 = \$160,000$$

特別股本	1,000,000	
資本公積——股本溢價	40,000	
資本公積——特別股召回資本盈餘		30,000
現金		1,010,000

23–11　特別股轉換為普通股

　　特別股因具有優先分派股利、剩餘財產、及其他各項權利，故於公司成立初期，業務尚未開展之際，持有特別股比較有保障；惟等到公司基礎穩固以後，普通股的利益將超過特別股。因此，公司於發行特別股時，常賦予特別股東，於特定的期間內，可按某特定條件，享有轉換為

普通股的選擇權，此種特別股稱為可轉換特別股 (convertible preferred stock)。

　　可轉換特別股與可轉換債券的會計處理，應採用帳面價值法 (book value method) 不認定任何資本交易盈餘；在轉換日，所有與轉換特別股的相關帳戶，均應加以轉銷後，再記錄新股票的發行；兩者的差額如為貸差時，悉數貸記股本溢價；兩者的差額如為借差時，應先沖銷同類型特別股資本盈餘後，如仍有不足時，再沖銷保留盈餘。

　　釋例：

　　設某公司的股東權益內，含有下列各項資料：

特別股本：非累積、可轉換，50,000 股，每股面值$20　　　　　$1,000,000
資本公積：特別股溢價　　　　　　　　　　　　　　　　　　　100,000
普通股本：核准發行 500,000 股，已發行 200,000 股，每股面值$10　2,000,000
資本公積：普通股本溢價　　　　　　　　　　　　　　　　　　200,000

情況一：發行條款約定每一特別股可轉換為普通股一股；計有 80% 特
　　　　別股股東行使轉換權利。

　　　　特別股本　　　　　　　　　　　800,000
　　　　資本公積——特別股本溢價　　　　80,000
　　　　　　普通股本　　　　　　　　　　　　　　400,000
　　　　　　資本公積——普通股本溢價　　　　　　480,000

情況二：發行條款約定每一特別股可轉換為普通股兩股；計有 80% 特
　　　　別股股東行使轉換權利。

　　　　特別股本　　　　　　　　　　　800,000
　　　　資本公積——特別股本溢價　　　　80,000
　　　　　　普通股本　　　　　　　　　　　　　　800,000
　　　　　　資本公積——普通股本溢價　　　　　　80,000

情況三: 發行條款約定每一特別股可轉換為普通股三股; 計有 80% 特
別股股東行使轉換權利。

特別股本	800,000	
資本公積——特別股本溢價	80,000	
保留盈餘	320,000	
普通股本		1,200,000

23–12　未實現資本

　　未實現資本 (unrealized capital) 屬於股東權益的第三大分類; 稱未實
現資本者, 係指非來自股東投入、資本交易、或保留盈餘之變動等來源,
而引起股東權益增減變化的個別分開項目, 這些項目在未確定之前, 列
報於資產負債表的股東權益項下, 作為加項或減項, 等到已實現時, 再
轉列為損益表的項目之一。

　　一般常見的未實現資本項目, 約有下列各項:

一、未實現持有損益 (unrealized holding gains & losses)

　　財務會計準則委員會於 1993 年 12 月頒佈第 115 號聲明書 (FASB
Statement No.115, par.13) 指出:「短線證券的未實現持有損益, 應予認
定, 並包括於當期的損益表內; 備用證券（包括分類為流動資產部份）
的未實現持有損益, 不得認定為當期的損益項目之一, 必須按淨額分開
列報於資產負債表的股東權益項下, 至已實現為止, 才轉入損益表。」

　　由上述說明可知, 凡證券投資而分類為備用證券 (securities available
for sales) 時, 其取得後按公平價值評價所產生的未實現持有損益, 屬於
未實現資本的因素之一, 一直到已實現為止。

　　釋例:

　　設某公司於 1998 年 1 月 4 日，購買證券的總成本$50,000，購買時
未確定持有期間，乃予分類為備用證券；俟 1998 年 12 月 31 日，其公
平市價為$46,000；1999 年 3 月1 日，該項證券公平市價回升為$52,000，
該公司遂予照價出售；其會計處理如下：

　　　1998 年 1 月 4 日：

　　　　　證券投資——備用證券　　　　　　　50,000
　　　　　　現金　　　　　　　　　　　　　　　　　　　50,000

　　　1998 年 12 月 31 日：

　　　　　未實現持有損失　　　　　　　　　　4,000
　　　　　　證券投資——備用證券　　　　　　　　　　4,000

　　　　　　　　資產負債表：
　　　　　　　股東權益：
　　　　　　　　未實現持有損失　$4,000

　　　1999 年 3 月 1 日：

　　　　　現金　　　　　　　　　　　　　　52,000
　　　　　　證券投資——備用證券　　　　　　　　　46,000
　　　　　　未實現持有損失　　　　　　　　　　　　4,000
　　　　　　出售證券利益　　　　　　　　　　　　　2,000

二、累積換算調整數 (accumulated translation adjustments)

　　在國際貿易頻繁的今天，公司業務涉及外滙的換算問題，無法避免；
當會計年度終了編製財務報表時，必須將涉及外滙關係的帳項，換算為

本國貨幣後，才能表達於財務報表內。然而，期末時財務報表所表達的數字，是根據當時的滙率為換算基礎，而外滙到期時的滙率，往往與期末時不同，遂發生換算損益的問題。

財務會計準則委員會 1981 年 12 月頒佈第 52 號聲明書 (FASB Statement No. 52, par. 13) 指出：「如一營業個體的實用貨幣為外幣時，為編製財務報表目的，將外幣換算為本國貨幣所發生的換算調整數，不得包括於當期的損益表內，必須將其累積換算調整數，單獨而分開地列報於業主權益項下。」

由上述說明可知，某一營業個體由於外幣交易，或由於外幣財務報表的換算所產生的換算差額或調整數，均屬於此一範圍。

三、員工購股計劃保證款項 (guarantees of employee stock ownership plan debt)

員工購股計劃乃公司協助合格員工按特定計劃購買公司股票；在若干情況之下，由員工向銀行借款，並由公司出面保證，成為公司的負債；將來員工按預定計劃付款時，公司的負債乃逐漸減少；因此，在會計上通常另設置一項負債抵銷帳戶 (offsetting debt to the liability)，此項抵銷帳戶應列報為股東權益的減項，使股東權益相對減少；惟購股員工將來按預定計劃付款時，一方面使公司的負債逐期減少，相對應的抵銷帳戶也隨而減少，股東權益則逐期相對增加。

除上述三種未實現資本外，其他尚有各種不同型態的未實現資本，吾人已於相關各章內闡述，此處不再重複。

本章摘要

　　公司的業主權益，稱為股東權益；股東權益可分為：⑴資本（包括股本及資本公積）、保留盈餘、及未實現資本等三大類。

　　公司的資本，主要來自股東投資及資本交易所產生的盈餘，前者稱為股本，後者稱為資本盈餘，我國一般稱為資本公積。股票乃表彰股東權利的要式有價證券，基本上可分為二種：⑴普通股本，⑵特別股本。凡股票僅具有一般性基本權利，不具任何特別權利者，稱為普通股；至於特別股，則享有優先分派股利及剩餘財產的權利，惟通常無選舉權。在下列三種情況下所產生的盈餘，應列入資本盈餘：⑴因資本交易（包括庫藏股票交易）所產生的盈餘；⑵因或有損失指撥保留盈餘所發生的費用或損失，不得抵沖指撥之保留盈餘，亦不得列為一般損益項目；⑶在若干情形下，公司因假改組所產生之損失或利益。

　　股票發行成本應列為遞延借項，並於未來期間內攤銷之；若干公司將股票發行成本用於抵減發行收入，並以淨額貸記股東權益帳戶；上述兩種方法均為一般公認會計原則所認可。

　　股東已認購而未繳清的應收股款，於財務報表內，可列為資產項目，或作為股東權益的抵減項目；惟美國證券管理委員會基於提供投資人正確的財務資訊時，僅接受後項方法。

　　處理庫藏股票的方法有二：⑴成本法，⑵面值法。採用成本法時，購入或出售庫藏股票，均按成本記入庫藏股票帳戶，至於成本與售價的差額，則借記或貸記「資本公積——庫藏股票資本盈餘」，如有不足時，再以保留盈餘彌補。採用面值法時，則庫藏股票按面值列帳，購價與面值的差額，首先按比例沖銷原發行的「資本公積——股本溢價」，其次

再沖銷同類型庫藏股票之「資本公積——庫藏股票資本盈餘」；如仍有不足時，再以「保留盈餘」彌補；出售庫藏股票視為股票重新發行一樣，售價與面值的貸差，貸記「資本公積——股本溢價」；如為借差，則先借記「資本公積——庫藏股票資本盈餘」；如仍有不足時，再借記「保留盈餘」。對於庫藏股票的會計處理，不論採用成本法或面值法，其股東權益總額均相同。

公司召回或贖回特別股時，應將特別股本及其相關帳戶沖銷，並貸記現金或其他帳戶，其差額如為借差時，首先應沖銷原發行溢價及資本公積，如仍有不足時，則再借記保留盈餘帳戶；反之，如為貸差時，應貸記資本公積——特別股轉回資本盈餘。

可轉換特別股轉換為普通股時，採用帳面價值法列帳，將特別股本及特別股有關帳戶，例如特別股本溢價帳戶，均一併轉銷，並貸記普通股本，兩者的差額如為貸差時，應貸記普通股本溢價；反之，如兩者的差額為借差時，應先沖銷同類型股票的資本盈餘，如仍有不足時，再沖銷保留盈餘。

未實現資本乃指非來自股東投入、資本交易、或保留盈餘之變動等各項來源，而引起股東權益增減變化的個別分開項目，例如未實現持有損益、累積換算調整數、及員工購股計劃保證款項等，這些項目在未確定之前，應列報於資產負債表的股東權益項下，俟一旦實現後，再轉列入損益表或其他相關報表內。

本章討論大綱

認股權證與保留盈餘

認股權、認股証、及購股權概述 { 認股權、認股證、及購股權的性質
公司發行認股權、認股證、及購股權的原因

發行認股權的會計處理 { 認股權給予現有股東的會計處理
認股權給予普通股預期投資人的會計處理

發行認股證的會計處理 { 認股證給予特別股股本的會計處理
認股證給予債券持有人的會計處理
（請參閱第十九章）

員工購股權計劃 { 制定員工購股權計劃之目的
員工購股權計劃所面臨的會計問題
非補償性員工購股權計劃的會計處理
補償性員工購股權計劃的會計處理
員工購股權計劃的新頒佈會計原則

保留盈餘概述 { 保留盈餘的意義及內容
資本與保留盈餘劃分的重要性

保留盈餘的指用 { 指用盈餘 { 法定盈餘公積
特別盈餘公積
未指用盈餘

公司股利的發放 { 股利的意義
股利發放的原則
股利發放的程序
股利發放的有關日期 { 公告日
登記截止日（除權基準日）
除息日
發放日

股利發放的會計處理 { 現金股利的會計處理　財產股利的會計處理
負債股利的會計處理　清算股利的會計處理
股票股利的會計處理

股票分割的會計處理 { 股票分割的意義
股票分割與股票股利的區別

股票發行的會計處理
- 名詞詮釋
  - 核定股本
  - 未發行股本
  - 已認股本
  - 認繳股款
- 股票發行的會計處理流程
- 發行有面值股票的會計處理
- 發行無面值股票的會計處理

發行股票取得非現金資產：一般以股票與取得非現金資產之公平價值，孰者較為可靠為評價基礎。

發行股票的特殊情形：以一筆總價出售二種以上股票時，通常按比例法或增量法分攤收入。

認股人違約的會計處理
- 退還違約剩餘股款的會計處理
- 按應退還剩餘股款發給股票的會計處理
- 沒收已繳股款的會計處理

庫藏股票的會計處理
- 庫藏股票的性質
- 發生庫藏股票的原因
- 處理庫藏股票的一般公認會計原則
- 庫藏股票會計處理釋例： 1.成本法； 2.面值法。

收回特別股的會計處理
- 可召回或可贖回特別股
- 收回特別股的會計處理

特別股轉換為普通股：按帳面價值法列帳

未實現資本
- 未實現持有損益
- 累積換算調整數
- 員工購股計劃保證款項
- 其他

本章摘要

一、問答題

1.公司之成立有那些方式？

2.依股票的性質而分，股票有那些種類？

3.股東權益的構成因素有那些？

4.一筆總價發行兩種以上股票時，分攤收入的方法有那些？

5.請摘要列示處理庫藏股票的一般公認會計原則。

6.採用成本法與面值法處理庫藏股票的主要不同何在？

7.請簡略說明收回特別股的會計處理方法。

8.何謂未實現資本？通常包括那些項目？

9.解釋下列各名詞：

　(1)核定股本 (authorized capital stock)。

　(2)已認股本 (subscribed capital stock)。

　(3)攙水股票 (watered stock)。

　(4)秘密準備 (secret reserves)。

　(5)未實現持有損益 (unrealized holding gains & losses)。

　(6)累積換算調整數 (accumulated translation adjustments)。

二、選擇題

23.1　A 公司成立於1999 年4 月 1 日，有下列股票發行並流通在外：

　　1.普通股：無面值；每股註價$10；發行 60,000 股，每股發行價格
　　　$15。

2.特別股: 每股面值$100, 發行 6,000 股, 每股發行價格$110。

1999年 4 月 1 日, A 公司股東權益變動表應如何列報?

	普通股本	特別股本	資本公積──股本溢價
(a)	$600,000	$660,000	$300,000
(b)	600,000	600,000	360,000
(c)	900,000	600,000	60,000
(d)	900,000	660,000	–0–

23.2 B 公司於 1999 年 2 月 1 日發行普通股 40,000 股, 每股面值$10, 另發行特別股 20,000 股, 每股面值$20, 收到一筆總價$900,000; 當日, B 公司另出售普通股與特別股每股公平價值分別為$14 與$22。 B 公司分攤為特別股本應為若干?

(a)$440,000

(b)$400,000

(c)$396,000

(d)$380,000

23.3 C 公司於 1998 年度, 發行可轉換特別股 6,000 股, 每股面值$50, 每股發行價格$55; 發行條款規定特別股東享有選擇權, 可按每一特別股轉換為面值$10 的普通股 4 股; 1998 年 12 月 31 日, 普通股每股公平市價$18, 所有特別股均要求轉換為普通股。

C 公司特別股轉換為普通股後, 普通股本與資本公積各增加若干?

	普通股本	資本公積──股本溢價
(a)	$300,000	$30,000
(b)	300,000	90,000
(c)	240,000	30,000
(d)	240,000	90,000

23.4 D 公司於 1998 年度, 按每股 $36 購入庫藏股票 10,000 股, 每股面值 $10; 1999 年 6 月 1 日, 按每股 $45 出售 5,000 股; 已知 D 公

司採用成本法處理庫藏股票交易。

D 公司出售庫藏股票時，應貸記「資本公積——庫藏股票資本盈餘」若干？

(a)$175,000

(b)$100,000

(c)$50,000

(d)$45,000

23.5　E 公司於 1998 年 12 月 31 日，以每股$120 購入10,000 股，每股面值$100 的庫藏股票；俟 1999 年 4 月 1 日，出售 8,000 股，每股售價$98；已知 E 公司採用成本法記錄庫藏股票；另悉帳上之同類型庫藏股票資本盈餘為$10,000。

E 公司 1999 年 4 月 1 日出售庫藏股票時，應記錄保留盈餘為若干？

(a)$166,000

(b)$100,000

(c)$6,000

(d)$-0-

23.6　F 公司 1998 年 12 月 31 日的資產負債表內，包括下列各項：

流動資產：		
現金	$	40,000
短線證券（含有庫藏股票成本$200,000）		300,000
應收帳款		360,000
存貨		240,000
流動資產合計	$	940,000
股東權益：		
普通股本	$1,440,000	
保留盈餘		160,000
股東權益合計	$1,600,000	

F 公司 1998 年 12 月 31 日，編製股東權益變動表時，股東權益總額應為若干？

(a)$1,400,000

(b)$1,440,000

(c)$1,560,000

(d)$1,600,000

23.7 G 公司發行 100,000 股面值$10 普通股，每股發行價格為$14；1998 年 12 月 31 日，保留盈餘為$240,000；1999 年 2 月 1 日，G 公司每股按 $15 購入 20,000 股；1999 年 4 月 1 日，將其中 5,000 股按每股$16 賣給公司員工。已知 1999 年度 G 公司之淨利為$80,000；對於庫藏股票的處理，係採用成本法。

1999 年 12 月 31 日，G 公司帳上保留盈餘應為若干？

(a)$240,000

(b)$300,000

(c)$320,000

(d)$360,000

23.8 H 公司成立於1999 年1 月 2 日，核准發行普通股 100,000 股，每股面值$10；1999 年度發生下列資本交易事項：

1 月 5 日：發行80,000 股，每股發行價格$14。

12 月 26 日：購入庫藏股票 10,000 股，每股購價$11。

已知 H 公司對於庫藏股票交易，採用面值法記帳。

H 公司 1999 年 12 月 31 日，因庫藏股票交易而發生的資本盈餘為若干？

(a)$–0–

(b)$10,000

(c)$20,000

(d)$30,000

23.9　I 公司於 1997 年發行100,000 股普通股，每股面值$10，每股發行價
　　　格$15；1998 年度 I 公司按每股$20 購入 20,000 股，並隨即註銷；
　　　I 公司對於庫藏股票的會計處理，係採用成本法。

　　　I 公司 1998 年度因註銷普通股票而使保留盈餘減少若干？

　　　(a)$–0–

　　　(b)$50,000

　　　(c)$100,000

　　　(d)$200,000

23.10 J 公司 1998 年 12 月 31 日資產負債表列有下列各項：

待到期債券（公平市價$210,000）	$120,000
特別股本：6,000 股，每股面值$100	600,000
資本公積──股本溢價	42,000
保留盈餘	500,000

　　　1999 年 1 月 2 日，J 公司將待到期債券交換 1,500 股之特別股；交
　　　換日待到期債券公平價值為$225,000，特別股本每股市價$150；特
　　　別股票於換回後，隨即加以註銷；此項註銷將減少保留盈餘若干？

　　　(a)$64,500

　　　(b)$60,000

　　　(c)$50,000

　　　(d)$–0–

23.11 K 公司董事會於 1998 年 12 月 31 日，決定將 50,000 股庫藏股票
　　　註銷；已知庫藏股票每股面值$5，每股購入成本$8；K 公司註銷庫
　　　藏股票前之股東權益內容如下：

普通股本	$1,000,000
資本公積——股本溢價	400,000
保留盈餘	600,000
庫藏股票——成本	400,000

K 公司庫藏股票註銷後，應列報於 1999 年 12 月 31 日資產負債表內的普通股本，應為若干？

(a)$1,000,000

(b)$750,000

(c)$600,000

(d)$500,000

三、綜合題

23.1 亞洲公司於 1998 年 1 月 2 日獲准發行普通股 100,000 股，每股面值$10，累積非參加特別股 10,000 股，每股面值$100；1998 年度，發生下列交易事項：

　1 月 5 日：接受認購普通股 40,000 股，每股認購價格$12，先繳納股款$200,000。

　1 月 25 日：發行特別股 4,000 股，交換一部機器之公平價值$40,000，一棟廠房之公平價值$120,000，及一塊土地的重估價值$300,000。

　4 月 20 日：收到普通股剩餘之認股款，股票正式發行。

　6 月 30 日：購入普通股 3,000 股，每股購價$20；採用成本法記錄庫藏股票。

　9 月 20 日：出售庫藏股票3,000 股，每股售價$25。

　12 月 31 日：本期獲利$180,000，轉入保留盈餘。

試求:

　(a)請列示上列各項分錄。

　(b)編製 1998 年 12 月 31 日資產負債表之股東權益部份。

23.2 亞東公司成立於 1999 年 1 月 1 日,獲准發行普通股 100,000 股,
每股面值$100; 1999 年 1 月 10 日王君按每股$110 認購1,000 股,
按面值先繳二分之一,股本溢價於第一次繳款時,一併繳納。1999
年 2 月 10 日,王君違約,逾期不繳股款;亞東公司乃定一個月期
限,催告王君照繳,逾期不繳失其權利,所認股份另售他人,如有
損失,概由王君負擔;俟 1999 年 3 月 10 日,王君仍不繳股款,亞
東公司遂將其股份按每股$106 出售他人,如數收到現金,當即發給
股票,並另發生轉售費用$3,000。

試求: 請分別按下列二種情形,列示王君違約的會計分錄:

　(a)退還違約剩餘股款;假定剩餘違約股款於 1999 年 5 月 1 日退
　　還。

　(b)按應退還剩餘股款發給股票;假定違約股款於扣除少收溢價及
　　違約股份轉售費用後,發給股票 500 股。

23.3 亞信公司於 1998 年 12 月 31 日之股東權益內容如下:

股本: 核准發行 100,000 股,每股面值$10,全部在外流通	$1,000,000
資本公積——股本溢價: 100,000 股 @$2	200,000
保留盈餘	400,000
股東權益總額	$1,600,000

　1.1999 年 2 月 1 日,亞信公司購入 20,000 股,每股購價$14。

　2.1999 年 3 月 1 日,亞信公司將其中 5,000 股按每股$15 出售。

　3.1999 年 4 月 15 日,亞信公司另將其中 500 股按每股$9.80 出售。

試求: 請分別按下列二種方法, 列示亞信公司對於庫藏股票的會計
處理分錄:

(a)成本法

(b)面值法

23.4 亞美公司於 1999 年 1 月 2 日發行普通股 100,000 股在外, 每股面值
$10, 溢價發行$2; 1999 年4 月 30 日, 每股按$11 購回 20,000 股;
1999 年 6 月 30 日, 另按每股$16 購買 5,000 股; 1999 年 8 月 1 日,
出售 5,000 股, 每股售價$13。1999 年 10 月 31 日, 按每股$9 另出
售 10,000 股。

試求: 請按下列二種方法, 列示亞美公司買賣庫藏股票的會計分錄,
並編製 1999 年 12 月 31 日資產負債表之股東權益部份, 假定當
年度該公司獲利$260,000。

(a)成本法。

(b)面值法。

23.5 亞青公司 1998 年 12 月 31 日之第一個營業年度終了日, 有關股東權
益帳戶餘額列示於下; 所有股票均已認股完了, 並已繳足股款後,
發行在外流通; 設法律規定公司可沒收違約認股人之股款。

應收股款	$200,000
普通股本: 1,000 股 @$100	100,000
已認股本——普通股	300,000
資本公積——普通股本溢價	80,000
特別股本: 2,000 股 @$100, 8%	200,000
資本公積——特別股本溢價	100,000
資本公積——沒收認股人違約股款(400 股)	20,000
特別股本: 800 股, 每股面值$50, 10%	40,000
保留盈餘	40,000

另悉 1998 年度淨利為$80,000。

試求：根據上列資料，請重新列示股票發行的彙總分錄及當年度股
利發放的有關分錄。

23.6 亞太公司 1998 年 12 月 31 日資產負債表內股東權益內容如下：

股東權益：
　5% 特別股，面值$100，可按$104 收
　　回，獲准發行25,000 股，已發行
　　並流通在外 10,000 股　　　　　　$1,000,000
　普通股，面值$5，獲准發行 250,000
　　股，已發行並流通在外 150,000股　　750,000
資本公積──特別股本溢價　　　　　　　35,000
資本公積──普通股本溢價　　　　　　　250,000
保留盈餘　　　　　　　　　　　　　　　665,000
股東權益總額　　　　　　　　　　　　$2,700,000

1999 年 1 月 5 日，該公司以每股$98購入特別股 1,500 股，此項股
票係屬一位已過世股東的遺產；1999 年 4 月 1 日，另按每股$104
收回剩餘之 8,500 股，隨即加以註銷。

1999 年度獲利$455,000；當年度每一普通股發放現金股利$1.00。

試求：

　(a)列示特別股的購入與註銷分錄。

　(b)編製 1999 年 12 月 31 日資產負債表內的股東權益之部份。

23.7 亞細亞公司成立於 1998 年 7 月 1 日，期末所編製資產負債表之部
　　份內容如下：

亞　細　亞　公　司

資　產　負　債　表（部份）

1998 年 12 月 31 日

股東權益:

　股本:

　　普通股: 核准發行 10,000 股，面值$100，已發
　　　　　　行並流通在外 5,000 股　　　　　　　　　$　500,000

　　特別股: 六厘累積不參加，核准發行　20,000
　　　　　　股，面值 $50，已發行並流通在外
　　　　　　15,000 股　　　　　　　　　　　　　　　　750,000

　　合計　　　　　　　　　　　　　　　　　　　　$1,250,000

　其他投入資本:

　　普通股溢價　　　　　　　　　　$20,000

　　特別股溢價　　　　　　　　　　 30,000　　　　　 50,000

　保留盈餘　　　　　　　　　　　　　　　　　　　　 45,000

　股東權益總額　　　　　　　　　　　　　　　　　$1,345,000

補充資料:

　1.股款於認股後兩個月內全數收足。

　2.本期淨利$120,000，已經發放約定之股利。

　試求: 根據上列資料，作應有之分錄。　　　　　　（特高試題）

第二十四章　認股權證與保留盈餘

前　　言

　　股東權益的構成因素有三：⑴資本（包括股本及資本公積）；⑵保留盈餘；⑶未實現資本。

　　認股權證乃股票交易過程中所衍生的產物，包括認股權、認股證、及購股權等三種，遂成為股東權益的構成因素之一。

　　保留盈餘分為指用盈餘及未指用盈餘；指用盈餘包括法定盈餘公積及特別盈餘公積二種；至於未指用盈餘，則可作為股東盈餘分配之用。

　　股利之分配，依其分配標的物之不同，可分為現金股利、財產股利、負債股利、清算股利、及股票股利等不同型態。

　　股東權益項下的股本及未實現資本，吾人已於第二十三章內討論，本章將繼續說明股東權益項下其他因素，包括認股權證、保留盈餘、及股票分割的有關會計問題；本章末了，附帶闡述公司準改組的會計處理方法。

24-1 認股權、認股證、及購股權概述

一、認股權、認股證、及購股權的性質

發行公司為吸引投資人之投資興趣起見,每於證券發行時,另賦予投資人一項合法的權利,允於將來某一特定期間內,可按某一特定之優惠價格,認購該公司所發行之股本,此即稱為認股權 (stock rights) 或認股證 (stock warrants)。認股權與認股證兩個名詞,常被一般人所混用,吾人實有加以明確辨別之必要。嚴格言之,認股權係賦予現有普通股股東,可按某一特定價格認購該公司所增加發行之同類股本的權利。至於認股證,係指由於發行普通股本以外之證券而發生,例如公司於發行債券或特別股時,為促進投資人之投資興趣起見,往往賦予債權人或特別股股東,得於某一特定期間內,按一定之價格認購該公司所發行之普通股本。

此外,公司為酬勞其重要主管人員之貢獻,或為使員工長期安於工作,或因其他目的,可制定員工購股權計劃 (stock option plan),賦予員工得按優惠之承購價格 (option price),購買公司新發行普通股本之權利,此稱為購股權 (stock options)。茲將認股權、認股證、及購股權所授予的不同對象,列示如下:

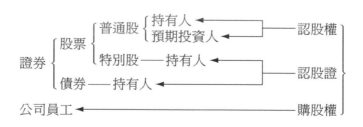

認股權與認股證的主要區別，約可歸納為下列數項：

　1.通常一張認股證可認購普通股一股；然而，往往需要數張認股權才能認購普通股一股。

　2.認股權通常係給予持有同類普通股股東；認股證係單獨或合併給予其他證券持有人，包括特別股股東或債券持有人。

　3.附有認股權可認購普通股之購價，通常低於股票之現時市場價格；惟附有認股證可認購普通股之購價，通常高於認股證發行時股票之市場價格。

　4.認股證所具有認購普通股之權利，其存續期間往往比認股權所具有之時間為長。

不論認股權或認股證，兩者既然均具有某一特定之權利，此項權利可脫離證券而單獨存在，並可在市場上自由轉讓。

二、公司發行認股權、認股證、及購股權的原因

公司發行認股權或認股證，可能基於下列各項原因之一：

　1.公司將來如需要繼續增加資本時，可發行認股權給現有股東，以吸引其繼續對公司增加投資。

　2.公司於發行特別股或長期債券時，可一併發行認股證，以促進投資人對所發行特別股或長期債券的投資興趣。

　3.公司為酬謝其內部管理人員與員工之辛勞、安於工作或其他原因，可賦予員工購股權，以作為額外酬勞 (additional compensation)。

24-2　發行認股權的會計處理

一、認股權給予現有股東的會計處理

公司發行認股權給予現有股東時，無需作任何分錄，僅作備忘記錄

即可；惟在備忘記錄上須載明認股權的張數；蓋如無此項記錄時，發行公司將無法預留足夠的普通股票股數，以應付此項需要。俟一旦認股權持有人的各項條件符合並履行認股權時，應即發給普通股票，並於認股權備忘記錄上記載已履行認股權的張數。履行認股權時的會計分錄，視所收到現金數額之多寡，分別就下列三種情形說明之：

1.當履行認股權所收到的現金，少於股票面值或設定價值時，其差額必須借記保留盈餘；在此一情況下，保留盈餘之資本化已成為永久性質。茲列示其分錄如下：

現金	×××	
保留盈餘	×××	
普通股本		×××

2.當履行認股權所收到之現金，適等於股票面值或設定價值時，應借記現金，貸記普通股本。其分錄如下：

現金	×××	
普通股本		×××

3.當履行認股權所收到之現金，大於股票面值或設定價值時，其差額應貸記「資本公積——股本溢價」帳戶。茲列示其分錄如下：

現金	×××	
普通股本		×××
資本公積——股本溢價		×××

會計年度終了時，對於已發行並流通在外之認股權而尚未履行其認股權利者，必須在財務報表上予以表達之，俾使報表閱讀者知悉其對未來財務狀況的可能影響。

茲舉一實例說明之。設上智公司決定增發股票前股東權益的內容如下：

股東權益:

普通股: 每股面值$10, 核准發行 100,000 股, 已發行 　　　並流通在外 60,000 股	$ 600,000
資本公積——股本溢價	300,000
保留盈餘	140,000
股東權益合計	$1,040,000

　　上智公司決定增加發行普通股票 30,000 股, 並發行認股權 60,000 張; 所增發之股票由原股東按比例認購之（股東每持有認股權 2 張者, 得按$20 認購一股）。

　　其他相關資料如下:

認股權宣告日:　1998 年 1 月 1 日
認股權發行日:　1998 年 3 月 1 日
認股權期滿日:　1998 年 9 月 1 日
公平價值:
　認股權: 宣告日與發行日之間, 每張$1。
　股　票: 宣告日每股$20; 期滿日每股$24。

　　茲列示其會計處理分錄如下:

1. 1998 年 1 月 1 日——認股權宣告日:

不須作成任何分錄。

2. 1998 年 3 月 1 日——認股權發行日:

備忘記錄: 發行認股權 60,000 張給現有股東, 凡持有認股權二張者, 得按$20 認購普通股一股; 認股權持有人未於 1998 年 9 月 1 日以前行使認股權時, 即失效力, 股票由公司按當時市價對外發行。

3. 1998 年 7 月 1 日: 持有人行使 40,000 張認股權的分錄:

現金	400,000	
普通股本		200,000
資本公積——股本溢價		200,000

$$\$20 \times (40,000 \div 2) = \$400,000; \quad \$10 \times (40,000 \div 2) = \$200,000$$

在認股權期滿日以前，如有股東繼續行使認股權時，應比照上列分錄記載之，不再贅述。

二、認股權給予普通股預期投資人的會計處理

公司於初創階段，往往財務比較緊縮，為了節省現金支出，常以發給認股權的方式，給予為公司提供服務的外界人士，例如會計師、律師、或顧問等若干普通股預期投資人。

設某公司於 1999 年 1 月 2 日，發給公司的法律顧問王君 8,000 張認股權，以代替現金支付法律顧問費；規定每二張認股權可按每股$20 認購普通股一股，面值$10。 1999 年 2 月 1 日為發行日，當時普通股每股公平市價為$28，認股權期滿日為 1999 年 8 月 1 日，逾期即失效力；假定王君於 1999 年 5 月 1 日行使其全部認股權；當時每股市價$32。

1999 年 2 月 1 日——認股權發行日：

法律費用	32,000	
認股權		32,000

$$(\$28 - \$20) \times (8,000 \div 2) = \$32,000$$

1999 年 5 月 1 日——認股權行使日：

現金	80,000	
認股權	32,000	
普通股本		40,000
資本公積——普通股本溢價		72,000

$$\$20 \times 4,000 = \$80,000; \quad \$10 \times 4,000 = \$40,000;$$
$$(\$28 - \$10) \times 4,000 = \$72,000$$

　　上述認股權於行使之前，屬於股東權益的貸項帳戶，應列報為股本的附加項目；此外，當認股權持有人於行使認股權時，股票市價高低與認股分錄無關，不予考慮。

24-3　發行認股證的會計處理

　　認股證通常給予特別股股東及債券持有人；公司為增進特別股或長期債券的吸引力，乃於發行特別股或長期債券時，附帶贈送認股證，賦予投資人得按某一特定價格認購發行公司的普通股票。在此種情況下所發行的認股證，往往期間較長，可長達數年或甚至於無限制期限者。

　　一般言之，當特別股或債券與可分離認股證 (detachable warrants) 合併發行時，特別股或債券的股息或利率，通常低於單獨發行特別股或債券的股息或利率，蓋其中附有認股證存在之故也。因此，就理論上言之，發行特別股或債券所獲得的收入，有一部份代表認股證的收入，應適當予以認定為認股證所有。

　　公司發行認股證給其債券持有人的會計處理方法，吾人已於第十九章內闡述，至於公司發行認股證給其特別股股東的會計處理方法，則將於本節內討論之。

　　公司發行附認股證特別股時，其會計處理方法，也應如同發行附認股證債券的會計處理一樣，將發行特別股收入的一部份，分攤至認股證，屬於股東權益的項目之一；此項分攤，應以特別股發行時，特別股與認股證兩者的相對公平價值比例為分攤基礎。

釋例：

　　某公司發行特別股 1,000 股，每股面值$100，發行價格$120，每股另發給認股證一張，可於 2 年後，按每股$65 認購該公司面值$50 的普通股一股；發行時不附認股證的特別股市價，每股為$110；每張認股證的市價為$10；假定所有認股證持有人均行使認股權利。

1.特別股發行分錄:

現金	120,000	
特別股本		100,000
資本公積——特別股本溢價		10,000
認股證		10,000

攤入特別股: $\$120,000 \times \dfrac{\$110}{\$110 + \$10} = \$110,000$

攤入認股證: $\$120,000 \times \dfrac{\$10}{\$110 + \$10} = \$10,000$

特別股本溢價: $\$110,000 - \$100 \times 1,000 = \$10,000$

2.認股證持有人行使認股權利的分錄:

現金	65,000	
認股證	10,000	
普通股本		50,000
資本公積——普通股本溢價		25,000

$\$65 \times 1,000 = \$65,000$; $\$50 \times 1,000 = \$50,000$

假定上項認股證當中, 有一部份甚至全部未行使認股權利, 而且業已失效時, 應就未行使認股權利的部份, 作成分錄如下:

認股證	×××	
資本公積——認股證資本盈餘		×××

24-4　員工購股權計劃

一、制定員工購股權計劃之目的

公司業務之盛衰, 與公司員工努力工作與否, 關係至為密切; 為使員工對公司業務, 發生直接的利害關係, 並激勵其工作情緒與減少勞資糾紛起見, 公司常訂有員工購股權計劃 (employee stock ownership plan);

公司亦可能為酬庸高級職員的重大貢獻，給予額外購股權之酬勞，以資獎勵；此外，公司亦有為擴充資本，或為配合政府法令的規定，而制定員工購股權計劃者。

因此，我國公司法規定：「公司發行新股時，除經目的事業中央主管機關專案核定者外，應保留原發行新股總額百分之十至十五之股份由公司員、工承購。」「公司對員、工承購之股份，得限制在一定期間內不得轉讓。但其期間最長不得超過 3 年。」

二、員工購股權計劃所面臨的會計問題

對於員工購股權計劃的會計處理，一般將面臨下列四項先決問題：(1)員工購股權計劃屬於補償性或非補償性？(2)如屬於補償性購股權計劃時，應於何時衡量此項費用？(3)應認定多少補償費用？(4)補償費用應分攤於何時？

會計原則委員會於 1972 年 10 月，頒佈第 25 號意見書 (APB Opinion No. 25)，規範員工購股權計劃的一般會計處理原則，基本上採用實質價值法 (intrinsic-value method)；俟 1995 年 10 月，財務會計準則委員會另頒佈第 123 號財務會計準則聲明書 (FASB Statement No. 123)，雖然主張採用公平價值法 (fair-value method)，惟却明確地表示一般企業仍可繼續採用第 25 號意見書所規定的會計處理方法。

對於員工購股權計劃所面臨四項先決問題，吾人先就第一項問題，有關員工購股權計劃究竟屬於補償性或非補償性的辨別標準，加以說明。

會計原則委員會第 25 號意見書 (APB Opinion No. 25, par. 7) 提出下列辨別為非補償性員工購股權計劃的全部四項認定標準：(1)基本上，所有專職員工均可參與此項購股權計劃；(2)員工承購公司的股份，均按同一基礎或依員工薪資的某一特定比率計算；(3)員工購股權均訂有合理的行使期限；(4)公司給予員工的購買價格，係按市價打折，小於一般股

東或其他人士的購買價格; 實務上, 折扣率可達 15%。

　　財務會計準則委員會第 123 號聲明書 (FASB Statement No. 123, par. 23) 另提出下列辨別為非補償性員工購股權計劃的全部四項認定標準: (1)允許員工於短期間內, 通常於購價訂定後 31 天內, 參加購股權計劃; (2)購買價格主要係以購買日股票的市價為計算基準, 在購買日之前, 允許員工得撤銷其參加之登記, 並可退回已繳納的款項; (3)從市價所獲得的折扣, 不超過: (a)按正常情形每一股給予股東合理的折扣; (b)向外公開發行股份每一股所承擔的發行成本; 如果不作深入辨別, 不超過市價折扣 5%, 可符合此項認定標準; (4)基本上, 所有專職員工均可平等參加該項購股計劃。

　　由上列二項認定標準得知, 對於辨認為非補償性員工購股權計劃, 財務會計準則委員會 (FASB No. 123) 採取比較嚴格的認定標準; 茲將兩者認定為非補償性計劃的不同標準, 比較如下:

財務會計準則委員會 (FASB 123)	會計原則委員會 (APB 25)
(1)給與員工的折扣, 不超過股票市價的 5%。	(1)給與員工的折扣, 可達股票市價的15%。
(2)限定員工於 31 天內參加購股權計劃。	(2)允許員工於合理的期間內參加。
(3)員工購買股票價格主要係以購買日市價為計算基準。	(3)實務上雖按股票市價為計算基礎, 惟基本上並不限定於市價一項而已。

　　茲將員工購股權計劃的辨別及選用會計方法, 以圖形方式列示如圖 24–1。

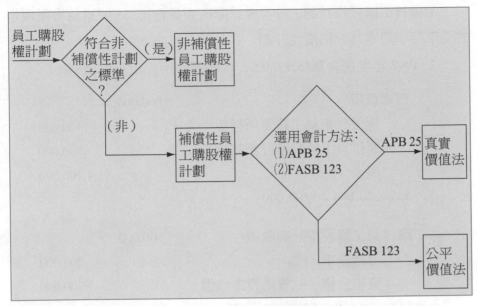

圖 24-1　員工購股計劃之辨別及選用會計方法

三、非補償性員工購股權計劃的會計處理

　　非補償性員工購股權計劃，員工購買股票並非由公司補償，故無特殊的會計問題存在；股東出售給員工的會計處理方法，配合一般的成本原則即可。

　　釋例：

　　設某公司訂有員工購股權計劃，自 1997 年 1 月1 日開始，規定所有專職員工均可參加；在購股權計劃之下，規定員工可按 3 年內每年平均市價的 85% 價格購買該公司每股面值$10 之普通股，並於每個月薪資項下不超過 10% 限度內扣除，3 年之內還清；1997 年度、1998 年度、及 1999 年度各購買 20,000 股、21,000 股、及 15,000 股；3 年度的平均購買價格每股分別為$25、$30、及 $32。

上項員工購股權計劃，符合會計原則委員會第 25 號意見書所規定的全部四項認定為非補償性計劃，其會計處理如下：

1. 1997 年度薪資為$5,000,000，代扣薪資所得稅平均為8%：

薪資費用	5,000,000	
應付代扣員工薪資所得稅		400,000
應付員工購股權計劃款項		500,000
現金		4,100,000

$25 \times 20,000 = \$500,000$

應付員工購股權計劃款項	500,000	
普通股本		200,000
資本公積——普通股本溢價		300,000

$\$10 \times 20,000 = \$200,000;\ (\$25 - \$10) \times 20,000 = \$300,000$

2. 1998 年度薪資為$6,500,000，代扣薪資所得稅與上年度相同：

薪資費用	6,500,000	
應付代扣員工薪資所得稅		520,000
應付員工購股權計劃款項		630,000
現金		5,350,000

$\$30 \times 21,000 = \$630,000$

應付員工購股權計劃款項	630,000	
普通股本		210,000
資本公積——普通股本溢價		420,000

$\$10 \times 21,000 = \$210,000;\ (\$30 - \$10) \times 21,000 = \$420,000$

3. 1999 年度薪資為$6,000,000，代扣薪資所得稅與上年度相同：

薪資費用	6,000,000	
應付代扣員工薪資所得稅		480,000
應付員工購股權計劃款項		480,000

$32 \times 15,000 = \$480,000$

應付員工購股權計劃款項	480,000	
普通股本		150,000
資本公積——普通股本溢價		330,000

$\$10 \times 15,000 = \$150,000$; $(\$32 - \$10) \times 15,000 = \$330,000$

四、補償性員工購股權計劃的會計處理

在補償性員工購股權計劃之下，因涉及公司對員工的補償性成本 (compensation cost) 或稱補償性費用 (compensation expense)，在會計上必須先解決下列諸項問題：(1)應於何時衡量此項補償性費用？(2)補償性費用應如何予以衡量？(3)補償性費用應歸屬於那一會計期間？

關於第一個問題，根據 APB 第25 號意見書的主張，衡量日 (measurement date) 有二：

(a)以購股權授予日 (date of grant of stock option) 為衡量日；蓋授予員工購股權之日對於員工承購股數及其承購價格，均可確定。

(b)以購股權授予日後的某特定日 (at a date subsequent to date of grant) 為衡量日：倘授予員工購股權之日，對於員工購股權股數及承購價格等均無法確定時，應予遞延至一旦確定後的某一特定日為衡量日，始予衡量其補償性費用之大小。

關於第二個問題，根據 APB 第25 號意見書的主張，補償性費用總額，應等於衡量日每股股票市價與承購價格之差額，乘以承購數量而獲

得之; 如市價低於或等於承購價格, 則無補償費用可言; 如衡量日缺乏股票的市場報價, 則可按適當的方法予以估計。

關於第三個問題, 根據 APB 第25 號意見書的規定, 應分攤於員工任職的期限內, 列為各該期間的補償性費用, 俾能使補償性成本與相關的收入互相配合。

1.購股權授予日認定補償性費用的會計處理:

釋例:

設華南公司與其高層主管人員 10 人訂有購股權計劃, 每人可按$15承購該公司每股面值$10 的普通股 10,000 股; 規定於授予日後 5 年承購, 承購後 3 年內不得轉讓。

1994 年 1 月 1 日, 所有高層主管人員均加入購股權計劃, 當時股票市價每股$20; 公司當局決定將該項補償費用分 5 年平均分攤; 1999年 1 月 1 日, 所有主管人員正式行使購股權, 當時每股市價$40。

(1) 1994 年 1 月 1 日──授予購股權的分錄:

遞延購股權補償費用	500,000	
普通股購股權		500,000

$(\$20 - \$15) \times 10,000 \times 10 = \$500,000$

上項「普通股購股權」屬於股東權益的項目之一, 於期末編製財務報表時, 列為普通股本的附加項目; 至於「遞延購股權補償費用」, 在未攤銷完了之前, 期末編製財務報表時, 列為普通股購股權的抵減項目。

(2) 1994年 12月 31日至 1998年 12月 31日──分攤補償費用分錄:

購股權補償費用	100,000	
遞延購股權補償費用		100,000

$\$500,000 \div 5 = \$100,000$

(3) 1999 年 1 月 1 日──購股權行使日的分錄:

現金	1,500,000	
普通股購股權	500,000	
普通股本		1,000,000
資本公積——普通股本溢價		1,000,000

$15 \times 10,000 \times 10 = \$1,500,000;\ \$10 \times 10,000 \times 10 = \$1,000,000$

$(\$20 - \$10) \times 10,000 \times 10 = \$1,000,000$

2.購股權授予日後某特定日認定補償性費用的會計處理：

釋例：

沿用上例，另假定華南公司授予公司高層主管人員 10 人的購股權，其承購股數及承購價格，延至 1996 年 12 月 31 日始予確定；此外，承購價格及市價的預計數與實際數，發生變化如下：

	1994 年12 月 31 日	1996 年 12 月31 日
購股權股數	100,000	100,000
每股承購價格	$15	$15
每股市價	21	27

(1) 1994 年 1 月 1 日——購股權授予日：不作分錄（僅作備忘記錄即可）。

(2) 1994 年 12 月 31 日——記錄購股權補償費用的分錄：

| 購股權補償費用 | 120,000 | |
| 　應計購股權補償費用 | | 120,000 |

$(\$21 - \$15) \times 100,000 = \$600,000;\ \$600,000 \div 5 = \$120,000$

(3) 1995 年 12 月 31 日——記錄購股權補償費用的分錄：

| 購股權補償費用 | 120,000 | |
| 　應計購股權補償費用 | | 120,000 |

(4) 1996 年 12 月 31 日——購股權補償費用確定日的調整分錄：

應計購股權補償費用	240,000	
遞延購股權補償費用	960,000	
普通股購股權		1,200,000

$(\$27 - \$15) \times 100,000 = \$1,200,000;$

$\$1,200,000 - \$120,000 \times 2 = \$960,000$

(5) 1996 年、 1997 年、及 1998 年 12 月 31 日——記錄購股權補償費用的分錄:

購股權補償費用	320,000	
遞延購股權補償費用		320,000

$\$960,000 \div 3 = \$320,000$

(6) 1999 年 1 月 1 日——購股權行使日的分錄:

現金	1,500,000	
普通股購股權	1,200,000	
普通股本		1,000,000
資本公積——普通股本溢價		1,700,000

$\$15 \times 100,000 = \$1,500,000; \ \$10 \times 100,000 = \$1,000,000$

$(\$27 - \$10) \times 100,000 = \$1,700,000$

五、員工購股權計劃的新頒佈會計原則

　　以上所闡述的員工購股權計劃會計方法，係根據會計原則委員會第 25 號意見書 (APB Opinion No. 25) 的會計原則；財務會計準則委員會於 1995 年 10 月另頒佈第 123 號財務會計準則聲明書 (FASB Statement No. 123)，作為處理員工購股權計劃的新會計原則；然而，舊的會計原則，仍可被接受，繼續使用。

　　在新頒佈的會計原則之下，對於員工購股權計劃的補償費用，主張以授予日購股權的公平價值，作為衡量的標準，並將此項費用，按直線

法平均分攤。

　　計算購股權的公平價值時，必須考慮下列各項因素：(1)股票的現時市價；(2)行使購股權的認購價格；(3)行使購股權的預計年數；(4)股票價值預期變動率；(5)股票的預期股利；(6)預計購股期間內，不具風險性利率高低；(7)未行使購股權的百分率。

　　於考慮上列各項因素後，茲列示購股權計劃的補償性費用、每股購股權公平價值、及實際購股權股數的計算公式如下：

1. $TC = FV \times AQ$

2. $FV = M - M(1+i)^{-n} - D \times P\overline{n}|i$

3. $AQ = Q(1-f)$

　　　$TC =$ 購股權補償費用總額

　　　$FV =$ 每股購股權公平價值

　　　$AQ =$ 實際購股權股數

　　　$M\ \ =$ 每股現時市價

　　　$D\ \ =$ 每年預計股利

　　　$Q\ \ =$ 預計購股權股數

　　　$f\ \ \ =$ 未行使購股權百分率

　　茲將補償性員工購股權計劃所面臨的三項會計問題，分別就新頒佈的會計原則與舊的會計原則，列示其區別如下：

購股權計劃所面臨的會計問題	新頒佈會計原則 (FASB #123)	舊的會計原則 (APB #25)
1.何時衡量補償費用?	購股權授予日。	購股權的股數及承購價格已知悉之日,通常為購股權授予日。
2.如何衡量補償費用?	購股權的公平價值。	市價與承購價格之差異,通常稱為實質價值。
3.如何分攤補償費用?	按直線法平均分攤於各會計期間。	按直線法平均分攤於各會計期間。

會計釋例:

某公司於 1998 年 1 月 1 日,訂有員工購股權計劃,允許員工按每股$104 購買面值$100 的普通股 20,000 股,當時每股市價$104,規定購股權於授予日後 5 年期間,才能行使。預計購股期間內,不具風險性利率為 8%;每年預期股利$4。

茲列示新頒佈會計原則對於員工購股權計劃的購股權補償費用總額。

股票現時市價 (M)	$ 104.00
減: 認購價格現值 $[M \times (1+i)^{-n}]$:	
$104 \times (1+0.08)^{-5} = 104×0.680583	(70.78)
每年預計股利年金現值 $(D \times P\overline{n}|i)$:	
$4 \times P\,\overline{5}|0.08 = 4×3.992710	(15.97)
每股購股權公平價值 (FV)	$ 17.25
乘: 購股權股數 $(AQ = Q \times (1-f)) = 20,000 \times (1-0)$	20,000
遞延補償費用 $(TC = FV \times AQ)$	$345,000

1. 1998 年 1 月 1 日──員工購股權授予日:

遞延購股權補償費用	345,000	
普通股購股權		345,000

2. 1998年12月31日至2002年12月31日——每年期末分攤費用：

購股權補償費用	69,000	
遞延購股權補償費用		69,000

$345,000 \div 5 = \$69,000$

3. 2003 年 1 月 1 日——員工購股權行使日：

現金	2,080,000	
普通股購股權	345,000	
普通股本		2,000,000
資本公積——普通股本溢價		425,000

$\$104 \times 20,000 = \$2,080,000;\ \$100 \times 20,000 = \$2,000,000$

24-5　保留盈餘概述

一、保留盈餘的意義及內容

　　保留盈餘 (retained earnings) 係指公司歷年來，由於營業結果所累積的盈餘；換言之，凡公司歷年來的利益，於扣除現金股利、財產股利、股票股利、及其他轉帳後的剩餘部份，故一般又稱為累積盈餘 (earned surplus)。

　　保留盈餘的內容至為廣泛，除營業上的正常損益外，尚包括偶發事項 (nonrecurring transactions)、特殊損益項目 (extraordinary items)、會計變更 (accounting changes) 及前期損益調整 (prior period adjustments) 等。如果累積損失或分配數額大於累積盈餘數額時，保留盈餘帳戶將發生借方餘額，此時稱為累積虧絀 (deficit)。

　　傳統會計上，對於保留盈餘一詞，一般均稱其為盈餘公積〔例如我國公司法內所稱的營業盈餘公積 (earned surplus) 及資本公積 (capital surplus)〕；事實上公司並未將盈餘以公積金儲存之，此一名詞不甚恰當，故美國會計師公會會計名詞公報第 1 號主張不宜繼續再使用盈餘公積的名稱，而應改稱為保留盈餘。

茲將保留盈餘帳戶所涵蓋的內容，以 T 字形帳戶列示如下：

保 留 盈 餘

(1)淨損（包括非常損失項目）	(1)淨利（包括非常利益項目）
(2)前期損失調整（包括會計錯誤借方數字）	(2)前期利益調整（包括會計錯誤貸方數字）
(3)會計原則變更之累積影響數（借方數字）	(3)會計原則變更之累積影響數（貸方數字）
(4)現金股利	
(5)股票股利	

保留盈餘帳戶的內容，雖然包括非常損益及會計原則變更之累積影響數，惟根據會計原則委員會第 9 號意見書 (APB Opinion No. 9) 的主張，在編製損益表時，應將此二項包括在內，不予列入保留盈餘表項下。

此外，下列各項宜特別注意：

1.凡各項資本交易所產生的盈餘，例如庫藏股票交易之盈餘，屬於資本公積，不得列入保留盈餘；惟保留盈餘可能由於各項資本交易而減少。

2.股東或地方人士之捐贈，屬於資本公積，不得列入保留盈餘項下。

3.未實現持有損益、累積換算調整數、員工購股權保證款項等，屬於未實現資本項目，不得列入保留盈餘項下。

二、資本與保留盈餘劃分的重要性

在企業組織的三種型態中，獨資與合夥企業的業主權益 (owners' equity) 帳戶，通常均以單一金額表示之，對於其投入資本與累積盈餘，

並未嚴格加以劃分，其主要原因，在於業主對企業的債權人，負連帶無限清償的責任。然而，對於公司企業的（投入）資本 (contributed capital) 與盈餘資本 (earned capital)，均加以明確劃分，不得絲毫有所混淆。

何以公司企業對於其股東權益，必須將資本與保留盈餘加以明確劃分？其主要原因係基於法律上的要求 (legal requirements)，而會計觀念 (accounting concepts) 係附隨法律上的要求而來。蓋股份有限公司為典型的資合公司，公司的財產為公司債權之唯一擔保，公司的信用完全建立在公司財產上，股東個人的信用對於公司的信用，並無任何補強的作用。因此，在會計處理上，對於公司的資本（包括法定資本與資本公積），應嚴格加以確定，實為其最高原則；此項原則一般又稱為法定資本制度。會計上乃秉持此一原則，而建立法定資本 (legal capital) 的觀念，將各項投入資本，按其來源別予以明確劃分，使與保留盈餘嚴格劃分，涇渭分明，俾能保障公司債權人的權益。

一般而言，公司有盈餘時，始能分配股利；公司如無盈餘而仍照發股利者，實與資本退回無異。股東或債權人有權知悉公司所分配股利的來源；因此，在公司會計領域中，對於股東權益的各項來源，應依其不同性質，分別設立帳戶加以記錄，不得任意混淆。

24–6　保留盈餘的指用

公司常基於公司法、公司章程、或股東會的決議，將保留盈餘加以指用，使保留盈餘分類為：(1)指用盈餘，(2)未指用盈餘二大類；茲分別說明如下：

一、指用盈餘(appropriated earnings)

係指公司根據公司法、公司章程、或股東會的決議，就保留盈餘中，指定一部份作為某特定目的或用途者；依其所根據之不同，指用盈餘又

可分為下列二種:

1.法定盈餘公積(legal reserve): 稱法定盈餘公積者, 係指依公司法之規定, 強制提存的公積, 不容公司章程或股東會之決議而加以變更者, 故又稱為強制公積 (compulsory reserve)。依照公司法之規定, 公司每年所獲得之盈餘, 於完納一切稅捐後, 分派每一營業年度之盈餘時, 應先提出百分之十為法定盈餘公積, 但法定盈餘公積之提存已達資本總額時, 則不在此限。按法定公積之提存, 英美各國, 絕無僅有; 我國過去由於工商業起步較遲, 公司財務普遍不健全, 政府本其扶植與督導之宗旨, 乃有此項法定公積之規定。抑有進者, 股份有限公司之全體股東, 均為有限責任, 對於公司之債權人, 除公司財產以外, 別無其他擔保; 為維護公司之資本, 鞏固公司財務結構, 並維持股票之價格, 法定公積制度實具有其必要性。

就本質上言之, 我國法定盈餘公積之提存, 實由於政府為扶植與督導一般工商業財務之健全而加以硬性規定, 不提存即構成違法之事實; 至於美國若干州法對於購買庫藏股票而對於保留盈餘之限制, 必須有購買庫藏股票之事實, 始受此項限制, 在本質上實有其不同之處。況且, 我國法律對於法定盈餘公積之用途, 其限制至為嚴格。根據我國商業會計法對於公積用途之規定:「公積為彌補虧損轉作資本或法律許可之其他用途」。由此可知, 法定盈餘公積有下列三項用途:

(1)彌補虧損: 公司如發生虧損時, 應先以盈餘公積充之, 非於盈餘公積有不足時, 不得以資本公積補充。按此處所稱盈餘公積者, 宜以法定盈餘公積為限, 蓋特別盈餘公積, 乃屬任意公積, 其提存與否與如何提存, 法律既不加限制, 則其用途如何, 自仍依公司章程及股東會之決議, 應不受此項限制。

(2)轉作資本: 公司於股份總額全部發行後, 得由股東會之決議, 將公積之全部或一部轉作資本, 按股份原有比例發給新股。惟以法定盈餘

公積擴充資本者，以該項盈餘公積已達資本總額，並以擴充其半數為限，以免失去提存法定盈餘公積之原意。

(3)分派股利：公司如有虧損，應儘先以盈餘公積彌補；蓋公司資本之維持，應優先於股利之分派，故法律規定公司非彌補虧損及提存法定盈餘公積後，不得分派股利。惟法定盈餘公積已超過資本總額百分之五十時，或於有盈餘年度所提存之盈餘公積有超過該盈餘百分之二十數額，公司為穩定股票價格，得以其超過部份派充股利。

2.特別盈餘公積 (special or appropriated reserve)：稱特別盈餘公積者，係指公司為特定目的，依公司章程、股東會或董事會之決議，由盈餘中任意提存者，故又稱為任意公積 (arbitrary reserve)。特別盈餘公積之提存，須視事實需要由公司自行決定，公司法不加干涉。特別盈餘公積係為特定用途而提存者，惟於提存時，事實尚未發生，故常以各項準備稱之，例如償債基金準備、擴充廠房準備、意外損失準備、贖回特別股準備、購置長期性資產準備、及充裕營運資金準備等。

公司提存特別盈餘公積，通常係為達成下列各項目的：

(1)契約的約束 (contractual restrictions)：若干盈餘公積的提存係受契約的約束，如償債基金準備。

(2)預防未來可能發生的損失 (in anticipation of possible future losses)：若干公司由於預防未來可能發生的損失，而預為提存準備者，如意外損失準備。

(3)為充裕營運資金 (protection of working capital position)：董事會為充裕公司的營運資金數額，可提存充裕營運資金準備 (reserve for protection of working capital position)。此外，公司為寬裕將來擴充廠房的資金，亦可提存擴充廠房準備。

特別盈餘公積提存時，首先由保留盈餘帳戶項下扣除，另設立一項獨立的分開專戶加以記錄。設某公司經董事會決議並報請股東會核准，

每年由盈餘中提存$100,000 之擴充廠房準備, 連續10 年; 則每年提存的分錄如下:

保留盈餘	100,000	
擴充廠房準備		100,000

俟 10 年屆滿, 公司已積存$1,000,000 的寬裕資金俾供擴充廠房之用, 並於達成擴充廠房之目的後, 應將擴充廠房準備帳戶予以沖回保留盈餘; 其分錄如下:

擴充廠房準備	1,000,000	
保留盈餘		1,000,000

保留盈餘的指用, 一旦達成目的後, 仍應予以沖回; 不論在任何情況下, 均不得用於沖抵損失。故第 5 號財務會計準則聲明書(FASB Statement No. 5, par. 15) 指出: 「若干企業將保留盈餘的一部份, 指用為意外損失準備, 惟於資產負債表內, 則列報於股東權益範圍之外; 本聲明書雖不反對保留盈餘之指用, 然而, 經指用後的準備帳戶, 仍然屬於保留盈餘的性質, 應列報於股東權益項下, 並明確表示此項盈餘已受限制的事實; 任何費用或損失, 均不得沖抵此項已受限制的準備帳戶, 亦不得將此項準備帳戶的任何一部份, 轉列為利益。」

二、未指用盈餘 (unappropriated earnings)

凡盈餘未經指定作為某特定用途, 或未加以任何限制的部份均屬之。未指撥盈餘既係盈餘中之自由部份, 可供股東分配股利之用, 在會計上通常以保留盈餘稱之, 我國法律上稱為未分配盈餘。

24-7　公司股利的發放

一、股利的意義

　　股利 (dividend) 一詞，係指股東依其所持有股份的比例自公司所獲得之各項分派，包括現金、財物、債券、票據或股票等。我國公司法在民國 59 年 9 月 4 日修正之前，稱其為股利；現行公司法則改稱為股息及紅利。稱股息者，係指根據資本額所計算的利息；公司章程內得訂定股息利率的高低，亦可在股票上載明之；按此項利率所分派的盈餘，即稱為股息。例如某公司所約定的利率為 6%，股東某甲所持有的股份為 $50,000，則每年的股息應為 $3,000 ($50,000 × 6%)。公司除依照之約定的利率分派股息外，如尚有盈餘時，得再分派給各股東的部份，則稱為紅利。設如上述某公司之例，除分派 6% 的約定股息外，另分派 4% 的盈餘，則股東某甲尚可獲得 $2,000 ($50,000 × 4%) 的紅利。

　　儘管公司法對於股息及紅利列有上述嚴格的劃分，然而一般商業習慣上均逕以股利稱之；本書為配合商業上的實際情形，亦統稱為股利。

　　公司之目的在於營利；公司每屆營業年度終了辦理結算後，如獲有盈餘時，於完納一切稅捐及提存法定盈餘公積後，應按各股東持有股份的比例，分派股利。又公司如因過去年度發生虧損而尚有未彌補之情形者，非於彌補虧損及提存法定盈餘公積後，不得分派股利。

二、股利發放的原則

　　公司對於股利的發放，自以是否獲得盈餘為其前提條件，如公司未獲有盈餘時，自無股利之分派。然而，亦非指每年所獲得的盈餘，均應全部用於分派股利；蓋公司發放股利時，必須要有一定的股利政策。此

項股利政策的釐訂，務必統籌兼顧公司與股東雙方面的立場，經詳加考慮後再加以決定。

一般言之，股利的發放，應遵守下列各項原則：

1.股利的來源，應以盈餘為限：公司有盈餘，始有股利的分派；故我公司法原則上規定：「公司無盈餘時，不得分派股息及紅利」。蓋股份有限公司純以資本而結合，法定資本為公司債權人的唯一保障，故股利的分派，應以盈餘為原則，不得侵蝕公司的法定資本。

2.股利的發放，應力求穩定性：公司每期所分派的股利，應力求穩定性，保持一定的水準，不可忽高忽低，以免影響投資人的投資意願，俾能穩定股票的市場價格。

3.股利發放的期間，應維持一致性：公司每年發放股利的期間，應維持一致性，不可任意提前或延後，以免影響投資者的心理。

一般投資人，無不希望發行公司將每年所賺得的盈餘，悉數獲得分配；此外，政府為增加稅收之目的，另限制公司之保留盈餘累積數，不得超過已收資本額二分之一；因此，使得發行公司無法兼顧上述之股利發放原則。反觀美國之情形，根據美國會計師公會所出版的《會計趨勢與技術》 (Accounting Trends & Techniques) 一書的記載，調查十二家股東權益總額在美金五億元以上的公開發行公司，其他各項資本公積暫且不談，單就保留盈餘一項的數額，最高竟達資本額之 77.3 倍，最低者亦為資本額之 1.6 倍。為維持公司資金的靈活運用，以健全公司的財務結構，並可應付未來業務的擴展，上述美國各大發行公司保留盈餘累積的情況，實值得吾人深省！

三、股利發放的程序

我國一般公司對於股利的分派，係由董事會擬定議案，經提交股東會承認後才能確定，此與美國的情形不同；蓋美國一般公司對於股利的

分派，係由董事會決議，無須經股東會的承認；此外，除發放現金股利外，另配發股票股利者，乃極為普遍的現象。茲分別說明現金股利及股票股利發放的程序如下：

1.現金股利的分派程序：

(1)公司每營業年度終了時，董事會應編造盈餘分派或虧損彌補之議案，於股東常會開會之 30 日前交監察人查核。經監察人查核後，應造具報告書，提交股東會請求承認。

(2)股東會之召集，應於一個月前通知各股東，對於持有無記名股東者，應於 40 日前公告之。舉凡召集股東會之事由及股利分派議案等，應一併通知或公告各股東。

(3)股利分派或虧損彌補之議案，經股東會承認後即正式確定。公司應另訂定除息基準日，公告各股東，並規定在除息基準日前 5 日內，股票應停止過戶。

(4)根據除息基準日以確定股權之所有者，並於既定之股利發放日正式發放現金。

惟若干公司由於股東眾多，散居各處，股東會的召集，並非易事，如於甫開股東會後，隨即另公告除息基準日並辦理有關事宜，實浪費人力物力不貲；公司為作業上的方便起見，往往將除息基準日配合股東會召開日，逕以股東會召開日為除息基準日；俟股東會結束後數日內，隨即分派現金股利，以資簡捷。

財產股利、負債股利、及清算股利的分派程序，可比照現金股利的分派程序辦理。

2.股票股利的分派程序：

(1)公司以盈餘轉投資，辦理盈餘增資配發新股時，因涉及資本變更的問題，必須於呈請經濟部證券管理委員會核准後一個月內，將增資發行的有關事項予以公告。

(2)公司為上項之公告時，應包括配發股票股利的除息基準日，並規定於除息基準日前 5 日內，停止股票過戶登記。

(3)增資股票應於呈報主管機關核准變更登記後一個月內，予以配發各股東。

四、股利發放的有關日期

1.公告日 (date of declaration)：即董事會所提出的盈餘分派案，經股東會承認確定後，公司對外正式公告之日。股利經對外公告後，公司即應承擔應付股利的債務，無法予以撤銷。對於累積特別股所積欠的股利，在公司未正式公告發放之前，非為公司的負債；惟須於財務報表上，予以充分揭露。

2.登記截止日 (date of record)：即股東向公司辦理股票過戶藉以登記股權的日期，亦即於除息或除權基準日之前，股東向公司辦理股票過戶的最後期限，故一般又稱為除權（息）基準日。蓋上市公司的股票，在股票市場上公開買賣，股權屬誰，殊難確定，故應由公司訂定除息或除權基準日，俾由股東在規定期間內辦理股權登記過戶手續。在股票過戶前附有股利的股票，稱為附息股票 (dividend-on stock)；經過戶後已除去股利的股票，稱為除息股票 (ex-dividend stock)。

3.除息日 (ex-dividend date)：指在股票過戶後已除去分派股利權利之日，一般又稱為除權日 (ex-right date)；除息日為不附股息股票交易的第一天。

4.發放日 (date of payment)：即公司正式支付股利的日期。通常由公司按股東名簿簽發支票，並憑股東辦理過戶時所預留的印鑑領取。公司發放股利後，即為股利債務之消滅，應正式予以列帳。

茲將上述股利發放的有關日期，列示如下：

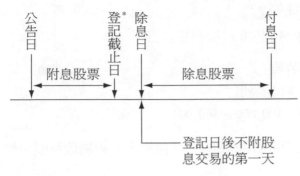

*除息基準日

24-8　股利發放的會計處理

股利有現金股利、財產股利、負債股利、清算股利、及股票股利等不同種類；茲分別說明各種股利發放的會計處理於次。

一、現金股利的會計處理

現金股利是最通常的一種股利發放方式；公司於公告現金股利之前，除應遵守前述之股利發放原則外，並須符合下列三項要件：(1)要有保留盈餘的存在；(2)要有充裕的現金；(3)須經股東會之決議。

公司如發行特別股時，對於現金股利之發放，應以特別股為優先，其次再發放普通股股利。倘特別股具有二種以上者，尤應遵守其優先順序。

茲舉一實例以說明現金股利之發放程序及其會計處理如下：設華昌公司 1998 年度之盈餘分派案經股東會於 1999 年 4 月30 日決議通過，公告每股現金配息$0.60，5 月 20 日為除息基準日（登記截止日），並規定在除息基準日前五日內，股票停止過戶，6 月 6 日正式發放。已知該公司發行並流通在外之普通股票計 100,000 股，每股面值$10。有關現金

股利分派的分錄如下:

  1. 1999 年 4 月 30 日股利公告日:

保留盈餘	60,000	
應付股利		60,000

  $\$0.60 \times 100,000 = \$60,000$

上列借方亦可採用股利帳戶,俟期末時再將股利帳戶轉入保留盈餘帳戶的借方。

  2. 1999 年 5 月 20 日除息基準日:

不必作分錄,惟於 5 月 15 日前辦理股票登記及過戶時,應於股東名簿上登記股東的姓名或名稱、通訊地址或居所,並應留存印鑑,以備發放股利之用。

  3. 1999 年 6 月 6 日股利發放日:

應付股利	60,000	
現金		60,000

二、財產股利的會計處理

當公司缺乏現金可資發放股利時,有時可用現金以外之財產如證券、商品、不動產或其他各項財產代替之,此稱之為財產股利。一般言之,由於各項財產分割 (divisibility) 之不易與運送上頗為困難,故財產股利之最常見者,莫不以公司所擁有的投資證券為大宗。

財產股利係公司與股東之間一項非貨幣性資產的非相對移轉方式 (nonreciprocal transfer)。過去會計上均以帳面價值 (book value) 作為衡量此項交易的根據;自從 1973 年會計原則委員會頒佈第 29 號意見書 (APB opinion No. 29, par. 18) 後,主張應以財產的公平價值 (fair value) 作為列帳的基礎,且於交換時所發生的利益或損失,應加以認定,此項意見,

已成為一般公認的會計處理原則。非貨幣性資產公平價值的決定，根據第 29 號意見書 (APB Opinion No. 29, par. 25) 的解釋：「應參照相同或類似資產在現金交易下的預計可變現價值、市場報價、獨立評估價值、交換時所收受資產或勞務的預計公平價值、及其他可獲得的有關憑證為準。」

茲舉一例說明之，設華泰公司於 1999 年 5 月 1 日，經股東會決議將其所擁有的短線證券投資，計成本\$250,000，作為發放股東財產股利之用；股利公告時，該項證券的公平市價為\$400,000，並訂定 5 月 15 日為除息基準日，5 月 10 日至 5 月 14 日之間，股票停止過戶，並決定於 5 月 31 日正式發放股利。有關財產股利的分錄如下：

1. 1999 年 5 月 1 日財產股利公告日：

短線證券投資	150,000	
短線證券投資處分利益		150,000
保留盈餘	400,000	
應付財產股利		400,000

上列短線證券投資應按股利公告日該項證券的公平市價列帳，並認定其處分利益\$150,000 ($400,000 - $250,000)。

2. 1999 年 5 月 15 日除息基準日：

不必作任何分錄；惟於 5 月 14 日前辦理股票過戶時，應於股東名簿上登錄股東姓名或名稱、通訊地址或居所，並預留印鑑，以備發放股利之用。

3. 1999 年 5 月 31 日股利發放日：

應付財產股利	400,000	
短線證券投資		400,000

三、負債股利的會計處理

稱負債股利者，謂公司發行本票 (promissory notes)、債券或期票 (scrip) 等給予股東，作為股利的分派方式，故又稱為期票股利 (scrip dividend)。

公司發放負債股利的原因，通常係由於公司一方面雖擁有充裕的保留盈餘，然而另一方面卻因暫時缺乏現金可資分派股利，乃簽發短期本票、債券、期票或欠條等作為憑證，約定於某一特定日期以後再憑以兌付現金。

公司公告發放負債股利時，應借記保留盈餘，貸記相當的負債帳戶，例如應付期票股利 (scrip dividend payable) 或應付股東票據 (notes payable to stockholders)；俟正式發放現金給股東時，則借記應付期票股利或應付股東票據，貸記現金。如因遲延支付股利所發生的利息費用，原則上應以利息費用列帳，不應包括於股利項下。

四、清算股利的會計處理

所謂清算股利，係指股利的發放，實即退還各股東所投資於企業資本之全部或一部份而言；清算股利雖名之為股利，實即資本退回 (return of capital) 性質。

清算股利發生的原因有下列三種：(1)企業擬結束營業而分期將股本之全部或一部份退還股東；(2)凡從事於開發遞耗性資產之公司，分批將股本退還各股東；(3)凡由於錯誤或不合理的會計處理方法，例如折舊、折耗或攤銷之漏記或錯誤等，致使淨利及保留盈餘虛增，因未及時更正，已按股利方式分配給各股東，而造成資本退回的現象。

由上述可知，清算股利發生的原因，可能係有意的，如上述前二項是，亦可能出於無意的，如上述第三項是。不論其原因為何，凡股利發

放的來源，非為保留盈餘者，而實質上係將資本退回當為股利分配者，概屬於清算股利無疑。

　　凡公司發放清算股利時，除出於無意者外，應事先通知股東，使股東知悉在股利當中究竟有多少係屬於資本退回的部份，俾能使股東將此項收入列為投資的減少，而不應列為收入處理。凡出於無意的清算股利，亦應於事後發現時，儘速通知各股東，以資更正。

　　為使讀者易於瞭解起見，茲舉一實例以說明清算股利的會計處理。設金山礦業股份有限公司 1998 年 12 月 31 日決算後的簡明資產負債表如下：

金山礦業股份有限公司
資產負債表
1998 年 12 月 31 日

資　　　　產		負債及股東權益	
各項資產	$2,000,000	各項負債	$ 440,000
累積折耗	(200,000)	股本	1,200,000
		保留盈餘	160,000
資產總額	$1,800,000	負債及股東權益總額	$1,800,000

　　該公司於 1999 年 4 月 10 日經股東會決議公告發放現金股利$360,000，其中$200,000，屬於清算股利；蓋公司擬將全部股本$1,200,000 於 6 年內平均退還各股東，並訂定 4 月 20 日為除息基準日，在基準日前五日內，停止股票過戶，5 月 10 日正式發放股利。

　　1. 1999 年 4 月 10 日股利公告日：

保留盈餘	160,000	
資本退回	200,000	
應付股利		360,000

2. 1999 年 4 月 20 日除息基準日：

不作分錄；惟股東於 4 月 15 日前辦理股票過戶時，應於股東名簿上登記股東的姓名或名稱、通訊地址或居所，並預留印鑑。

3. 1999 年 5 月 10 日股利發放日：

應付股利	360,000	
現金		360,000

「資本退回」科目，在資產負債表內，應列為股本的抵減項目。就投資人的立場而言，於收到被投資公司的清算股利時，應貸記投資帳戶，作為投資的減少，不得列為收入。

五、股票股利的會計處理

1.股票股利的意義：稱股票股利 (stock dividend) 者，指依各股東持有股份比例，增發股票給各股東，作為股利分配的方式；此項額外增加的股份，又稱為股利股份 (dividend shares)。我國一般習慣上稱為無償配股，蓋公司分配股票股利時，其各項資產與負債，並無任何變化，僅股數增加而已。

一般言之，股票股利係將公司的保留盈餘予以資本化，移轉為永久性的法定資本。保留盈餘原為股東權益的一部份，移轉為法定資本後，乃屬於股東權益的範圍，股東權益並無變動。茲舉一例說明之，設華友公司 1998 年度決算後的簡明資產負債表如下：

華友股份有限公司
資產負債表
1998 年 12 月 31 日

資　　　　產		負債及股東權益	
各項資產	$1,600,000	各項負債	$ 400,000
		股本：10,000 股@$100	1,000,000
		保留盈餘	200,000
資產總額	$1,600,000	負債及股東權益總額	$1,600,000

　　1998 年度，華友公司公告發放股票股利20%，將使股票股數增加為 12,000 股。設某股東高山水君原持有股票 1,000 股，今因配發股票股利而使其所持有之股票增至 1,200 股，惟股票股利發放前與發放後的股東權益（淨資產）並無任何變更；茲予以列示如下：

	股票股利發放前	股票股利發放後
全部股權：		
資產總額	$1,600,000	$1,600,000
減：負債總額	400,000	400,000
淨資產（股東權益）	$1,200,000	$1,200,000
在外流通股數	10,000	12,000
每股淨資產	$　　120	$　　100
高山水君所持股權：		
股數	1,000	1,200
持有股權總數	$　120,000	$　120,000

　　2.公司發行股票股利的原因：公司發行股票股利，通常係基於下列三項原因：

　　⑴將保留盈餘的一部份或全部資本化，使其永久保留於企業中。蓋股票股利的發放，將保留盈餘改變為永久性資本，使法定資本增加。

⑵在不妨礙擴充企業所需資金的前提下，仍可繼續發放股利以滿足股東的要求。此一事實，對於成長中的企業，特別重要；蓋企業一方面能保存擴充營業所急需的資金，使企業獲得不斷地發展與成長，另一方面又能安撫股東，使股東分沾利潤分配的喜悅，可以說是兩全其美的辦法。

⑶發放股票股利時，可增加流通在外的股數，因而降低股票的市價，往往有助於股票的流通。然而，欲達到減少股票市價之目的，常須發行大量股票才能奏效，通常可採用股票分割的辦法，此與股票股利迥然不同。有關股票分割的會計處理，容於本章後面再詳加討論。

3.股票股利的會計處理原則：股票股利的會計處理，在於將保留盈餘資本化，轉換為股本或資本公積；然而，究竟要認定多少金額的問題，乃成本會計人員所面臨的課題。

關於上項問題，一般公認會計原則採用下列二項方法：⑴小額股票股利的情況——公平價值法；⑵大額股票股利的情況——票面價值法。

⑴小額股票股利的情況：公司因股票股利而增加發行的股票數量，佔原來流通在外股票的 20% 至 25% 以下者，稱為小額股票股利；在此一情況下，所增加發行的股票，應按股票的公平價值 (fair market value) 資本化。

根據美國會計師公會會計程序委員會第 43 號會計研究公報 (ARB No. 43, ch. 7, sec. B, par. 10) 指出：「大多數公司的股東，於收到公司所發放的股票股利時，通常均視為公司盈餘的分配，並按約當於公平市價認定所收到股票的價值。況且，由於小額股票股利所增加發行的股數，僅佔原來流通在外股票的微小部份，一般均認為不足以影響該項股票的市價；因此，在此一情況下，本委員會認為，公司為顧及投資大眾的共同利益，應按股票的公平市價，從保留盈餘項下，予以資本化，移轉為永久性的資本。」

⑵大額股票股利的情況: 公司因股票股利而增加發行的股票數量, 佔原來流通在外股票的 20% 至 25% 以上者, 稱為大額股票股利; 在此一情況下, 所增加發行的股票, 應按法定最低金額 (legal minimum amount), 亦即股票的票面價值 (par value) 資本化。

根據第 43 號會計研究公報 (ARB No. 43, ch. 7, sec. B, par. 11) 指出:「當發行作為股票股利的額外股數甚多, 或可合理預期於分派股票股利後, 由於股數增加過鉅, 將使股票市價鉅幅下降時, 本委員會認為不應按前段所提出的公平價值方法處理; 應改按法定最低金額資本化外, 無須將多餘的保留盈餘轉作資本。」

由上述說明可知, 如為小額股票股利時, 保留盈餘應按股票的公平市價資本化; 如為大額股票股利時, 保留盈餘應按股票的法定最低金額（票面價值）資本化。

設華興公司 1998 年度結算後有關資料如下:

普通股: 核准發行15,000 股, 每股面值$100, 流通在外股票10,000 股	$1,000,000
特別股: 核准發行5,000 股, 每股面值$50, 流通在外股票4,000 股	200,000
資本公積——普通股本溢價	100,000
資本公積——特別股本溢價	40,000
保留盈餘	760,000
股東權益合計	$2,100,000
股票股利公告日之公平市價:	
普通股（每股）	$125
特別股（每股）	65

釋例一: 小額股票股利的情況
華興公司公告發放普通股股票股利 10%。

(a)股票股利公告日：

　　不作分錄。

(b)股票股利發放日：

保留盈餘	125,000	
普通股本		100,000
資本公積——普通股本溢價		25,000

$\$125 \times 10,000 \times 10\% = \$125,000$

　　本釋例屬於小額股票股利的情況，故保留盈餘應按股票的公平市價資本化。

　　釋例二： 大額股票股利的情況

　　華興公司公告發放 40% 的股票股利，股價因而下跌為每股$95。

(a)股票股利公告日：

　　不作分錄。

(b)股票股利發放日：

保留盈餘	400,000	
普通股本		400,000

$\$100 \times 10,000 \times 40\% = \$400,000$

　　本釋例屬於大額股票股利的情況，故保留盈餘應按股票的票面價值加以資本化。

　　釋例三： 特別股票股利的情況

　　華興公司公告發放普通股股票股利，規定普通股每五股發給特別股一股。

(a)股票股利公告日：

　　不作分錄。

(b)股票股利發放日：

保留盈餘	130,000	
特別股本		100,000
資本公積——特別股本溢價		30,000

$$\$65 \times \frac{10,000}{5} = \$130,000$$

公司發放股票股利時，如所發行的股票與股東所擁有的股票同類型時，稱為正常股票股利 (ordinary stock dividend)；如所發行的股票與股東所擁有者不同，例如發行特別股作為普通股的股票股利時，稱為特別股票股利 (special stock dividend)；在特別股票股利之下，理論上均主張按特別股的公平市價，作為保留盈餘資本化的根據。

　4.畸零股的會計處理：公司發行股票股利時，有時無法發給股東整股時，即成為畸零股 (fractional shares)。例如某公司發行股票股利時，規定每十股無償配發股票一股。假設某股東持有股票 125 股，可獲得 $12\frac{1}{2}$ 股，然而除 12 股外，$\frac{1}{2}$ 股自不可能收到完整的一股。在此一情況下，公司常以現金代替畸零股，或另發行畸零股特別憑證，以憑將來另購入相同的畸零股憑證，以便湊成整股，或逕予出售現金。

　茲舉一例以說明畸零股的會計處理。設花旗公司公告發放股票股利，規定每十股無償配發股票一股，當時每股市價\$110；該公司原發行並流通在外股票 10,000 股，每股面值\$100；茲另發行股票股利 1,000 股，其中必須發行畸零股憑證者計有100 股。

(1)發行額外股票及畸零股憑證的分錄：

保留盈餘	110,000	
普通股本		90,000
畸零股憑證		10,000
資本公積——普通股本溢價		10,000

(2)假定畸零股憑證湊成整股並全部發放股票的分錄：

畸零股憑證	10,000	
普通股本		10,000

(3)另假定計有 90% 的畸零股憑證已湊成整股，並換發股票，其餘 10% 逾期失其權利，其分錄如下：

畸零股憑證	10,000	
普通股本		9,000
資本公積——股票股利		1,000

24–9　股票分割的會計處理

一、股票分割的意義

公司為適應投資人之需要，並加速股票之流通起見，往往將流通在外面值或設定價值較大之股票，予以收回，另換發為較小面值或設定價值之股票，而股本總額乃不致改變者，此稱之為股票分割 (stock split)。蓋一公司如經營業務甚為成功，經過相當時間後，保留盈餘的數額，必然逐年累積而日漸增加，在此一情況下，股票的市場價值可能已超過其面值甚多。一般言之，股票市價越高，其流通越不容易；因此，公司管理當局可採取股票分割政策，藉以促進股票的流通，進而使股票交易更為熱絡。

一般言之，股票分割通常均減少每股面值，促使流通在外的股數增加；例如某公司將每股面值$100 分割為新股 10 股，使每股面值降為$10。惟在若干情況之下，亦有將每股$10 之股票，以 10 股湊成 1 股，每股面值增加為$100，使流通在外股數減少，此稱為股票反分割 (reverse stock split)。

茲將目前華爾街若干熱門公司股票分割及其股價比較一覽表列示於

表 24-1，提供讀者參考。

表 24-1　華爾街若干熱門股票分割及股價比較一覽表

公　司　名　稱	起訖期間	股票分割次數	調整後之原始股價*	1999年4月底股票市價	起訖期間內股價成長倍數
1.美國線上公司 (American Online)	5/92〜4/99	6	$0.20	$142.75	714
2.戴爾公司 (Dell Inc.)	8/88〜4/99	7	0.0833	41.19	495
3.微軟公司 (Microsoft Co.)	5/87〜4/99	8	0.8003	81.31	102
4.波音公司 (Boeing Co.)	5/70〜4/99	7	0.60	40.49	68
5.亞馬遜網路書商 (Amazon. Com., Inc.)	5/97〜4/99	2	3.00	172.06	57
6.雅虎網路公司 (Yahoo Inc.)	5/97〜4/99	3	4.67	174.69	37
7.輝瑞製藥公司 (Pfizer Inc.)	5/83〜4/99	4	3.19	114.84	36
8.萬國商業機器公司 (IBM)	5/65〜4/99	6	7.94	208.95	26
9.美光科技公司 (Micron Tech., Inc.)	5/89〜4/99	2	4.81	37.25	8

*由於股票經多次分割，使原始股價屢經調整後，逐漸降低。

二、股票分割與股票股利的區別

股票分割與股票股利的區別，可就下列二方面說明之：

1.就法律觀點而言，股票分割將使流通在外的股數增加或減少，則股票每股面值或設定價值，將依分割比例相對減少或增加。股票股利雖能增加流通在外的股數，但並不減少每股面值。此外，股票分割並未減少保留盈餘或增加法定資本，只是股數的調整而已；但股票股利則使保留盈餘減少，另一方面卻使法定資本增加。

2.就會計觀點而言，股票分割不作會計分錄，僅作備忘記錄即可，

以註明每股面值已被改變及流通在外股數為若干；蓋股東權益的總數與內容，在一般情況下，並無任何改變。至於股票股利之發放，必須作成會計分錄，因股東權益的總數雖無改變，但股東權益的內容則已發生變化，必須以會計分錄列示其改變，將保留盈餘加以資本化，成為永久性之資本。

茲列舉一項實例說明之。設某公司獲准發行普通股 400,000 股，每股面值$10，已按面值發行 100,000 股流通在外，並有保留盈餘$1,100,000；茲分別假定按 100% 發放股票股利，或按股票一股分割為二股的不同情形，比較其前後股東權益的變化如下：

交易及計算	股票股利發放 或股票分割前	股票股利發放後 (100%)	股票分割後 （一股分為二股）
原始發行：			
100,000 股，每股面值$10	$1,000,000	–	–
股票股利：			
200,000 股，每股面值$10	–	$2,000,000	–
股票分割：			
200,000 股，每股面值$5	–	–	$1,000,000
股本總額	$1,000,000	$2,000,000	$1,000,000
保留盈餘	1,100,000	100,000*	1,100,000
股東權益總額	$2,100,000	$2,100,000	$2,100,000

*股票股利發放 100% 後，保留盈餘減少$1,000,000，並轉入股本或資本公積。

上項實例中，股票股利發放 100% 後，使保留盈餘減少$1,000,000，惟股本則相對增加$1,000,000。至於股票分割並未改變股東權益的內容，只有流通在外股數及每股面值改變而已，故無需作正式之會計分錄，僅在股本帳戶內作備忘記錄，以註明流通在外股數及每股面值之改變即可。因此，在上述實例中，該公司原有股票 100,000 股，每股面值$10，將每一

股分割為二股，使每股面值由$10 減少為$5，流通在外股數則由 100,000 股增加為 200,000 股；股票分割前後的股東權益總額，並無任何改變。

24–10　公司準改組

一、準改組的意義

　　稱準改組 (quasi-reorganizations) 者，係指公司因長期遭受重大虧損，使帳上產生相當可觀的累積虧絀 (deficit)，並使公司資產的帳面價值變成不真實的情形；處於此一情況下，公司的管理人員，為適應新的環境，乃不經由法定程序正式辦理改組，僅透過會計的程序，調整資產與資本結構，使帳上獲得重新出發 (fresh start) 的基礎，從而朝向健全的途徑邁進，故一般又稱為假改組或會計重整 (accounting readjustment)。

　　準改組是否需要經過正式的核准？一般實務上尚缺乏此項先例；惟美國會計師公會會計程序委員會 (Committee on Accounting Procedure, AICPA) 於 1953 年即已提出準改組的會計觀念，並認定準改組如果處理得當，實為解除公司不利困境的有效措施；該委員會於第 43 號會計研究公報 (ARB No. 43, ch. 7, sec. A, par. 1) 指出：「公司在辦理準改組之前，必須向股東提出清晰的報告，說明辦理準改組的原因，並獲得其正式之同意。」美國證管會 (SEC) 第 25 號會計解釋令 (Accounting Series No. 25) 也認定準改組必須達成下列情況：「(1)辦理準改組後的保留盈餘必須為零；(2)準改組完成後的公司資本帳戶，沒有虧絀；(3)準改組的事實，必須讓具有投票權的股東與債權人知悉，並獲得其事前同意；(4)準改組日，應提出公正與穩健的資產負債表，而且對於準改組過程中各調整事項的價值標準，應適當地提早完成，俾能明確地加以揭露。」

二、準改組的特徵

　　準改組係於一般公認的會計體制 (the framework of generally accepted accounting) 之下，允許在會計意識上 (accounting sense) 獲得重新的開始，無須因另創立新公司而增加費用及繁瑣的手續。一般言之，準改組具有下列各項特徵：

　　1.現有的公司個體不變。

　　2.配合目前情況，重新調整（減少）資產的帳面價值。

　　3.準改組不會使公司對外的權利義務關係受到影響。

　　4.基本上，準改組係以沖銷累積虧絀為其目的，使其餘額化為零。

　　5.在辦理準改組後之某一段期間內（通常為 5 年至 10 年），必須將保留盈餘帳戶按準改組時的餘額予以列示，並標明其日期。

　　6.準改組對於各有關帳戶的影響，必須予以充分表達。

　　由上述各項準改組的特徵可知，準改組雖非根據正式的法定程序辦理，然而，辦理準改組後的會計效果，實質上已與法定程序的改組，並無不同。

三、準改組的程序

　　典型的準改組，通常包括下列各項程序：

　　1.資產的帳面價值 (carrying value) 超過現時公平價值 (current fair value) 的部份，應予減低，並借記保留盈餘帳戶；惟資產的現時公平價值如超過其帳面價值者，一般均認為不應予以處理。

　　2.資產減低後，在保留盈餘帳戶借方的累積虧絀，應以資本公積帳戶銷除之。辦理準改組後所實現的利益或損失，如可確認係歸屬於準改組以前年度者，應列記為「資本公積──股本溢價」帳戶的增加或減少。

　　3.辦理準改組時，「資本公積——股本溢價」帳戶如不足以抵沖累積虧絀者，則股本的面值或設定價值，應予以降低，以建立投入資本帳戶，俾用來抵沖累積虧絀。

　　4.辦理準改組後所產生的保留盈餘，必須另設立新帳戶，標明啟用日期，以資區別，並於 10 年期間內加以揭露之。

四、準改組的會計處理

會計釋例：

　　文林公司曾以高價盤購某一經營中公司的商譽及長期性資產，數年後，營業欠佳， 1998 年 12 月 31 日的簡明資產負債表如下：

文林公司
資產負債表
1998 年 12 月 31 日　　　　　　　　（準改組前）

資　　　　　　產		負債及股東權益	
流動資產	$1,550,000	流動負債	$ 975,000
長期性資產　$3,125,000		長期負債	125,000
減：備抵折舊　1,425,000	1,700,000	股東權益：	
商譽	250,000	股本	2,500,000*
		資本公積——股本溢價	300,000
		保留盈餘	(400,000)
資產總額	$3,500,000	負債及股東權益總額	$3,500,000

*發行並流通在外之普通股股票 250,000 股，每股面值 $10。

　　文林公司由於累積虧絀 $400,000 之存在，以及長期性資產與商譽之鉅額歷史成本的攤折，使該公司無法獲得保留盈餘或分派股利。為克服此項困難，公司管理當局決定於 1998 年 12 月 31 日，按照下列方案進行準改組：

1.長期性資產帳面價值減低$525,000，包括成本減低$1,000,000及備抵折舊減抵$475,000；此外，商譽價值應全部沖銷使累積虧絀由$400,000增加為$1,175,000。

2.股票每股面值減低為$5，使資本公積——股本溢價由$300,000增加為$1,550,000。

3.以資本公積——股本溢價沖銷累積虧絀$1,175,000，使保留盈餘的餘額為零，惟資本公積——股本溢價尚留有貸方餘額$375,000。

茲列示文林公司有關準改組的會計分錄如下：

1.減低或沖銷資產帳面價值的分錄：

保留盈餘	775,000	
備抵折舊	475,000	
長期性資產		1,000,000
商譽		250,000

上列保留盈餘借記$775,000，實即長期性資產減低$525,000與沖銷商譽$250,000之和。

2.股票每股面值由$10減低為$5的分錄：

股本：面值$10	2,500,000	
股本：面值$5		1,250,000
資本公積——股本溢價		1,250,000

3.以「資本公積——股本溢價」沖銷累積虧絀的分錄：

資本公積——股本溢價	1,175,000	
保留盈餘		1,175,000

經上述準改組後，茲列示文林公司1998年12月31日準改組後的簡明資產負債表如下：

文林公司
資產負債表
1998 年 12 月 31 日　　　　　　（準改組後）

資　　　　　　產		負債及股東權益	
流動資產	$1,550,000	流動負債	$ 975,000
長期性資產　$2,125,000		長期負債	125,000
減：備抵折舊　950,000	1,175,000	股東權益：	
		股本	1,250,000
		資本公積——股本溢價	375,000
資產總額	$2,725,000	負債及股東權益總額	$2,725,000

─────●─── **本章摘要** ───●─────

　　發行公司為吸引投資人，遂給予投資人（包括股票及債券持有人）或公司員工，享有認股權、認股證、或購股權等，允於未來某特定期間內，可按優惠價格承購特定數量的普通股。

　　認股權乃公司賦予現有股東或普通股預期投資人的優惠權利；認股權給予現有股東時，不必作成分錄，僅作備忘錄即可；現有股東行使認股權時，借記現金，貸記普通股本；如所收到現金少於股票面值或設定價值時，其差額應借記保留盈餘；反之，如所收到現金大於股票面值或設定價值時，其超出部份應貸記「資本公積──股本溢價」。認股權給予外界的預期投資人，通常發生於公司初創階段，當公司接受外界人士服務時，為節省現金開支，乃給予認股權，以代替現金；故於發生時，應按認股權公平市價，借記費用帳戶，貸記認股權；俟未來行使認股權利時，再將認股權轉銷。

　　當公司發行認股證給予特別股股票或債券持有人時，應按特別股或債券與認股證之相對公平價值比率，分攤成本，並貸記認股證；俟認股證持有人行使認股權利時，再予轉銷；如有逾期失效的認股證，應予轉入「資本公積──認股證資本盈餘」。

　　公司賦予員工有權參與購股權計劃時，將面臨下列四項先決問題：(1)員工購股權計劃屬於補償性或非補償性？(2)如屬於補償性計劃時，應於何時認定費用？(3)應認定補償費用若干？(4)補償費用應分攤於何時？

　　關於第一個問題，財務會計準則委員會 (FASB No. 123) 與會計原則委員會 (APB No. 25) 分別提出三項認定為非補償性員工購股權計劃的不同標準；凡屬於非補償性的員工購股權計劃，因無特殊問題存在，只

要配合一般公認會計原則處理即可；至於補償性員工購股權計劃，則將面臨上列剩餘的其他三項先決問題。

　　關於第二個問題，凡屬於補償性的員工購股權計劃，應於何時認定費用？會計原則委員會第 25 號意見書主張補償性費用的衡量日有二：(1)購股權授予日，(2)購股權授予日後的某特定日；原則上，應以購股權授予日為補償費用之衡量日；如授予日有關員工購股權股數及承購價格均無法確定時，則予遞延至授予日後的某特定日，再予衡量。

　　關於第三個問題，應認定補償費用若干？根據第 25 號意見書的主張，補償費用總額，應等於衡量日股票每股公平市價與承購價格的差額，乘以承購數量之積；如公平市價低於或等於承購價格時，既無有利條件存在，自無補償費用可言；如衡量日缺乏股票公平市價時，則可按適當方法加以估計。

　　關於第四個問題，補償費用應分攤於何時？第 25 號意見書主張應分攤於員工任職的期間內，俾達到會計上的配合原則。

　　財務會計準則委員會於 1995 年另頒佈第 123 號聲明書，除認定APB#25 原則仍可接受外，另主張員工購股權補償費用應以授予日購股權的公平價值為準，並按直線法分攤；惟於計算購股權的公平價值時，應考慮下列各項因素：(1)股票現時市價；(2)行使購股權的認購價格；(3)行使購股權的預計年數；(4)股票價值預計變動率；(5)股票預期股利；(6)不具風險性利率高低；(7)未行使購股權之百分率。

　　保留盈餘乃公司歷年來營業結果扣除股利後的累積數；其他調整項目包括前期損益調整及會計原則變更之累積影響數等，亦將影響保留盈餘的變動。

　　保留盈餘依其指用與否可分為二種：(1)指用盈餘，包括法定盈餘公積及特別盈餘公積；(2)未指用盈餘。在一般情況下，只有未指用盈餘，可提供為分配股利之用。

　　股利依其發放之標的物，可分為現金股利、財產股利、負債股利、清算股利、及股票股利等不同類別。當企業有足夠的保留盈餘及充裕現金時，可發放現金股利；如企業雖有保留盈餘惟缺乏現金時，可發放財產股利，並以財產的公平價值為列帳根據；負債股利係以債券或期票作為股利發放標的；清算股利發生之原因有三：(1)企業擬結束營業而分期將股本退還股東；(2)從事開發遞耗性資產的企業，分批退還股本給股東；(3)由於錯誤或不合理的會計方法，而造成資本退回的現象；不論發生的原因為何，清算股利應視為資本退回。股票股利一般稱為無償配股；蓋公司並未支付任何資產，而投資人亦無任何收入，只是持有股數增加而已，對公司的權益比率並無改變；對於股票股利的會計處理，係將保留盈餘資本化，轉換為股本或資本公積；惟究竟要轉換多少金額？一般公認會計原則採用下列二項標準：(1)凡股票股利發行的股數，佔在外流量股數之 20～25% 以下者，稱小額股票股利，應按股票公平價值資本化；(2)凡股票股利發行的股數，佔在外流通股數之 20～25% 以上者，稱為大額股票股利，應按股票面值資本化。

　　股票分割在於方便股票流通；由於股票分割僅為股數的變化而已，股東權益總額並無改變；因此，無需作正式會計分錄，僅作成備忘記錄即可。

　　當公司長期遭受重大虧損，使帳上累積鉅額虧損時，為使公司重新出發，乃不經由法定程序正式辦理準改組，僅透過會計程序調整其資本結構，使累積虧損歸零；因此，美國會計師公會會計程序委員會早在 1953 年即肯定準改組的作法，並認為如準改組處理得當時，實為解除公司不利困境的有效措施。

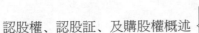

本章討論大綱

認股權、認股証、及購股權概述 { 認股權、認股證、及購股權的性質
公司發行認股權、認股證、及購股權的原因

發行認股權的會計處理 { 認股權給予現有股東的會計處理
認股權給予普通股預期投資人的會計處理

發行認股證的會計處理 { 認股證給予特別股股本的會計處理
認股證給予債券持有人的會計處理
（請參閱第十九章）

員工購股權計劃 { 制定員工購股權計劃之目的
員工購股權計劃所面臨的會計問題
非補償性員工購股權計劃的會計處理
補償性員工購股權計劃的會計處理
員工購股權計劃的新頒佈會計原則

保留盈餘概述 { 保留盈餘的意義及內容
資本與保留盈餘劃分的重要性

保留盈餘的指用 { 指用盈餘 { 法定盈餘公積
特別盈餘公積
未指用盈餘

公司股利的發放 { 股利的意義
股利發放的原則
股利發放的程序
股利發放的有關日期 { 公告日
登記截止日（除權基準日）
除息日
發放日

股利發放的會計處理 { 現金股利的會計處理　財產股利的會計處理
負債股利的會計處理　清算股利的會計處理
股票股利的會計處理

股票分割的會計處理 { 股票分割的意義
股票分割與股票股利的區別

認股權證與保留盈餘

公司準改組 ⎰ 準改組的意義
　　　　　　準改組的特徵
　　　　　　準改組的程序
　　　　　　準改組的會計處理

本章摘要

————————● 習　　題 ●————————

一、問答題

1. 公司何以要發行認股權、認股證及購股權?

2. 認股權、認股證及購股權的主要區別何在?

3. 員工購股權計劃的會計處理, 將面臨那四項先決問題?

4. 如何辨別補償性與非補償性員工購股權計劃? 試就會計原則委員會所
   提出的標準列示之。

5. 會計原則委員會(APB No. 25) 與財務會計準則委員會 (FASB No. 123)
   對於補償性員工購股權計劃所面臨的會計問題, 各有何區別?

6. 保留盈餘的內容包括那些?

7. 資本與保留盈餘何以必須嚴格劃分?

8. 特別盈餘公積何以又稱為各項準備? 一般常見的準備有那些?

9. 何以股票股利我國一般習慣上又稱為無償配股?

10. 股利發放的原則為何?

11. 股票股利與股票分割有何不同?

12. 小額股票股利與大額股票股利在會計處理上有何不同?

13. 何謂公司準改組?

14. 公司準改組具有那些特徵?

15. 解釋下列各名詞:

    (1)購股權授予日 (date of grant of stock option)。

    (2)附息股票 (dividend-on stock) 與除息股票 (ex-dividend stock)。

    (3)股票分割 (stock split) 與股票反分割 (reverse stock split)。

(4)準改組 (quasi-reorganizations)。

二、選擇題

24.1　A 公司於 1998 年 7 月 1 日，發行認股權給予普通股股東，每一普
通股可獲得認股權一張，每 5 張認股權加上現金$28，可認購普通
股一股；當時附認股權之普通股，每股市價$40，認股權每張$2；
認股權截止日為 1998 年 9 月 30 日；　A 公司 1998 年 6 月30 日之
股東權益如下：

普通股本：　40,000 股發行並流通在外，每股面值$25　　$1,000,000
資本公積──普通股本溢價　　　　　　　　　　　　　　　600,000
保留盈餘　　　　　　　　　　　　　　　　　　　　　　800,000

A 公司於1998 年7 月 1 日發行認股權後，保留盈餘減少若干？

(a)$–0–

(b)$50,000

(c)$80,000

(d)$100,000

24.2　B 公司於 1998 年 11 月 1 日，發行特別股 10,000 股，每股面值
$100，按每股$110 發行，每股另附有認股證一張，可按每股$15 認
購面值$10 的普通股一股；發行時不附認股證之特別股，每股市價
$108；認股證有效日期截至 1999 年 3 月1 日為止；　1998 年11 月
1 日、　1998 年 12 月 31 日、及 1999 年 3 月 1 日，普通股每股市
價分別為$17、$18、及$20。

B 公司於 1999 年 3 月 1 日，計有 80% 特別股東所持有之認股證，
行使認購普通股的權利；此項認購可增加資本公積──普通股本

溢價為若干？

(a)$–0–

(b)$10,000

(c)$50,000

(d)$60,000

下列資料用於解答 24.3 及 24.4。

C 公司於 1998 年 1 月 1 日，制定一項員工購股權計劃，其有關內容如下：

1.1998 年 4 月 1 日， C 公司提供現金$60,000 及普通股 6,000 股，每股面值$10，投入該項員工購股權計劃，當時普通股每股市價$18。

2.1998 年 10 月 1 日，員工購股權計劃向銀行借款 $200,000，隨即購入 C 公司股票 10,000 股，每股購價$17；借款時銀行要求開具本票乙紙，期限 1 年，利息 10%，由 C 公司擔保。

3.1998 年 12 月 15 日，根據員工購股權計劃，分配 12,000 股給員工。

24.3 C 公司於 1998 年 12 月 31 日所編製的損益表內，應列報員工購股權補償費用為若干？

(a)$120,000

(b)$168,000

(c)$240,000

(d)$368,000

24.4 C 公司於 1998 年 12 月 31 日所編製的資產負債表內，應列報應付票據之保證負債為若干？

(a)$–0–

(b)$60,000

(c)$100,000

(d)$200,000

24.5 D 公司於 1997 年 1 月 1 日，賦予其高層員工 10 人，各享有參加購股權計劃，每人可按每股$20 購買面值$5 之普通股 3,000 股；員工可於制定計劃後，服務滿 2 年的期間，亦即 1998 年 12 月 31 日後，始可行使；實際行使日為 1999 年 1 月 10 日。每股股票市價如下：

1997 年 1 月 1 日	$30
1998 年 12 月 31 日	50
1999 年 1 月 10 日	45

根據一般公認會計原則 (APB No. 25)，D 公司 1998 年度應認定員工購股權計劃之補償費用為若干？

(a)$–0–

(b)$150,000

(c)$375,000

(d)$450,000

24.6 E 公司於 1998 年 1 月 1 日，賦予其總經理王君購股權，可按每股$20 購買 1,000 股面值$10 之普通股，自授予日後 3 年內行使之；王君於 1998 年 12 月 31 日行使其購股權。1998 年 1 月 1 日，普通股每股市價$26，1998 年 12 月 31 日，每股市價增加為$36。根據第 25 號意見書所揭示的一般公認會計原則， E 公司因購股權計劃，可增加業主權益若干？

(a)$6,000

(b)$10,000

(c)$20,000

(d)$30,000

24.7　F 公司員工購股權計劃規定如下：

　　1.員工每人扣薪$1，公司即相對提供$2。

　　2.員工購股權計劃係由公司庫藏股票購入。

　　下列資料乃 1998 年度有關員工購股權計劃的交易事項：

　　1.全年度扣薪總額$420,000。

　　2.購買公司庫藏股票 150,000 股的公平市價為$1,260,000。

　　3.庫藏股票的帳面價值（成本）為$1,080,000。

　　F 公司如不考慮所得稅因素，1998 年度應認定員工購股權之補償費用為若干？

　　(a)$660,000

　　(b)$840,000

　　(c)$1,080,000

　　(d)$1,260,000

24.8　G 公司為非上市公司，於 1998 年 1 月 1 日，制定一項員工購股權計劃，賦予員工於股票每股市價$75 時，可按$75 購買 50,000 股，每股面值$50 之普通股；購股權必須等到授予日後 5 年，始可行使；不具風險性利率為 6%，並預期每年支付股利$3。根據新頒佈之一般公認會計原則 (FASB No. 123)，G 公司 1998 年度應記錄遞延員工購股權計劃補償費用為若干？

　　(a)$130,000

　　(b)$316,000

　　(c)$948,000

　　(d)$1,584,000

24.9　H 公司於 1999 年 7 月 1 日，發行在外普通股 10,000 股，每股面值$100，每股市價$120；H 公司於當日公告股票分割，一股分為二股；股票分割之前，資本公積——普通股本溢價為 $420,000。H 公

司股票分割後，資本公積——普通股本溢價增加若干？

(a)$–0–

(b)$450,000

(c)$500,000

(d)$950,000

24.10 I 公司於 1998 年 1 月 1 日，在外流通之普通股為 100,000 股，每股面值$10； 1998 年度發生下列事項：

1. 4 月 1 日，公告股票分割，每股分割為二股，當時每股公平市價$50。

2. 5 月 1 日，宣告發放現金股利每股$0.50 及股票股利 4%，並於 5 月 31 日發放，當時每股公平市價$55。

I 公司 1998 年度保留盈餘因發放股利將減少若干？

(a)$100,000

(b)$140,000

(c)$180,000

(d)$540,000

24.11 J 公司發行 200,000 股的普通股流通在外，於 1998 年 10 月 1 日及 1999 年 4 月 1 日，分二次宣告發放 1998 年度的股票股利；股票股利發放日、發放百分率、公平市價及面值的資料如下：

發放日	百分率	發放日每股公平市價	每股面值
1998 年 10 月 15 日	6%	$20	$10
1999 年 4 月 15 日	25%	30	10

J 公司發放 1998 年度二次的股票股利，共減少保留盈餘若干？

(a)$770,000

(b)$740,000

(c)$700,000

(d)$600,000

24.12 K 公司股票公開發行上市，因營業欠佳，致發生財務困難情形，由董事會依法聲請重整，於 1998 年 10 月 31 日經法院裁定准予重整在案；1998 年 12 月 30 日，K 公司根據重整計劃支付現金$500,000 及 100,000 股每股面值$5 之普通股，按比例償還無擔保重整債務$1,400,000；當時 K 公司普通股每股公平市價為$3.60。

根據上項交易，K 公司 1998 年度增加股東權益為若干？

(a)$1,000,000

(b)$900,000

(c)$540,000

(d)$–0–

24.13 L 公司 1998 年 12 月 31 日股東權益項下包括下列各項：

普通股本：100,000 股，每股面值$10	$1,000,000
資本公積──普通股本溢價	500,000
保留盈餘（累積虧絀）	(700,000)

1999 年 1 月 2 日，L 公司獲得股東大會的核准，不經正式法定程序，進行準改組，將普通股每股面值降低至$5，藉以增加資本公積，俾用來抵減累積虧絀。

1999 年 1 月 2 日，經上項會計上的準改組後，L 公司的資本公積餘額應為若干？

(a)$(200,000)

(b)$300,000

(c)$500,000

(d)$700,000

三、綜合題

24.1 中華公司董事會於 1998 年 1 月 1 日，核准公司重要幹部 10 人的購股權計劃，授予每人可按每股$20 購買普通股面值$10 的股票 1,000 股，得於授予日後 3 年內行使購股權，當日，普通股每股公平市價$32；1999 年 1 月 1 日，普通股每股公平市價上升為$50，全部重要幹部均於當日行使購股權。

試求：

(a)中華公司購股權計劃是否屬於補償性費用？

(b)購股權計劃補償費用應於何時認定？

(c)請列示購股權計劃的各項有關分錄。

24.2 中興公司制定員工購股權計劃的內容如下：

1.僅限定資深的專職員工 30 人始可參加購股權計劃。

2.每人可按每股$20 購買普通股 2,000 股，每股面值$10。

3.自授予日後 5 年可行使購股權；自取得日 5 年內不得轉讓。

4.1998 年 1 月 1 日為購股權授予日，當時每股公平市價為$28。

5.員工必須於授予日後繼續服務滿 4 年，才能行使購股權；2002 年 1 月 1 日，計有 54,000 股的持有人行使購股權，當時每股公平市價為$50。

試求：

(a)中興公司的員工購股權計劃是否屬於補償性費用？

(b)購股權計劃補償費用應於何時認定？

(c)應認定補償性費用若干？

(d)補償性費用應如何分攤？

(e)請列示購股權計劃的有關分錄。

(f)1998 年 12 月 31 日的資產負債表內,「普通股購股權」及「遞延購股權補償費用」應如何表達?

24.3 中和公司 1998 年 12 月 31 日,股東權益的內容如下:

股東權益:

特別股本: 8% 累積,面值$100,流通在外 10,000 股	$1,000,000
普通股本:獲准發行 200,000 股,已發行80,000 股,每	
股面值$50	4,000,000
資本公積──普通股本溢價	800,000
保留盈餘	2,400,000
股東權益總額	$8,200,000

已知中和公司之特別股,無任何積欠股利存在; 1999 年度含有下列各項交易:

1.1999 年度獲利$900,000;董事會宣告現金股利$420,000 給特別股及普通股;另外又宣告普通股5% 的股票股利,當時普通股每股公平市價為$68。

2.為使股東了解公司的一項新產品,董事會決定發放財產股利,按在外流通普通股(發放股票股利前),每股發放新產品一單位,每單位成本$2,公平市價$3;上項交易的利益,已包括於 1999 年度的淨利之內。

3.1999 年度終了,公司董事會宣告普通股票分割,每股分割為 2 股,當時每股公平市價$75。

試求:

(a)記錄有關分錄並列示其計算過程。

(b)列示 1999 年 12 月 31 日資產負債表內股東權益的內容。

24.4 中央公司因長期虧損，使帳上產生可觀的累積虧絀；公司董事會擬透過會計的方法，提出準改組計劃，並徵得股東會認可及債權人的同意，不經正式的法定程序辦理。準改組前的有關資料如下：

中央公司
資產負債表
1999 年 1 月 1 日

流動資產	$ 400,000	負債	$ 600,000
長期性資產	2,600,000	股本：300,000 股，每股	
		面值$10	3,000,000
		資本公積——股本溢價	200,000
		累積虧絀	(800,000)
資產總額	$3,000,000	負債及股東權益總額	$3,000,000

準改組計劃包括下列各項：

1. 流動資產（存貨）價值減低$100,000。

2. 長期性資產價值減低$800,000。

3. 股票每股面值由$10 降低為$5。

4. 將資本公積——股本溢價用於抵減累積虧絀，使其餘額為零。

試求：

(a)請列示中央公司準改組的各項分錄。

(b)編製中央公司 1999 年 1 月 1 日準改組後的資產負債表。

24.5 中美公司 1998 年 12 月 31 日，調整後試算表內包括下列各項：

普通股本: 200,000 股，每股面值$5	$1,000,000
特別股本: 50,000 股， 8%累積，每股面值$10	500,000
資本公積——普通股本溢價	200,000
庫藏股票: 6,000 股，成本	36,000
資本公積——庫藏股票資本盈餘	12,000
未實現持有損失——備用證券	20,000
普通股購股權	60,000
遞延員工購股權補償費用	40,000
法定盈餘公積	120,000
擴充廠房準備	100,000
未指用盈餘	420,000

試求: 請編製中美公司 1998 年 12 月 31 日資產負債表之股東權益部份。

24.6 中外公司多年來營業欠佳，年年虧損; 該公司新聘一位總經理，採納某知名會計師之建議，提出準改組計劃，經董事會報請股東會及債權人會議之同意後，實施準改組; 準改組前資產負債表如下:

中外公司
資產負債表
1998 年 12 月 31 日

現金	$ 100,000	流動負債	$ 750,000
應收帳款	470,000	長期負債	1,200,000
備抵壞帳	(20,000)	普通股本: 50,000 股@$50	2,500,000
存貨	750,000	特別股本: 5,000 股 @$100	500,000
長期性資產	4,000,000	資本公積——特別股本	
備抵折舊	(1,500,000)	溢價	150,000
遞延資產	200,000	保留盈餘	(1,100,000)
合計	$ 4,000,000	合計	$ 4,000,000

經股東會同意之準改組計劃如下:

1.備抵壞帳應增加為$50,000。

2.存貨應減低為$500,000。

3.長期性資產的帳面價值應降低為$1,932,500。

4.所有負債均經債權人的同意, 減少 5%。

5.特別股面值降低為$60。

6.普通股面值予以降低, 藉以沖銷累積虧損至零為止。

7.除股本帳戶外, 所有各股東權益帳戶均一律予以結清。

試求:

　(a)列示上述各項準改組計劃應有的分錄。

　(b)編製準改組後的資產負債表。

第二十五章　現金流量表

　　企業的經營活動，包括營業活動、投資活動、及理財活動；在企業的各項主要財務報表中，資產負債表在於表達企業某特定日之財務狀況，並可用於比較前後兩個會計期間之各項資產、負債、及業主權益各項目增減變化的情形，但無法顯示企業的投資活動及理財活動情形；損益表及業主權益變動表，在於表達企業在某特定期間內之營業結果及各項業主權益增減變動的情形，但無法顯示企業的營業活動現金流量的變化過程。由於資產負債表、損益表、及業主權益變動表等，均無法直接而有系統地提供有關營業活動之現金流量的資訊，以及投資活動與理財活動的情形，故應另編製現金流量表，俾達成上述之目標；本章將分別就直接法與間接法，列舉簡單及複雜的會計釋例，說明現金流量表的編製方法。

25-1 現金流量表概述

一、現金流量表的緣由

　　凡提供一企業某特定期間內，有關資金來源、使用途徑、及影響資金增減變動的財務報表，會計原則委員會在 1963 年的第 3 號意見書 (APB Opinion No. 3) 內，將它稱為資金來源去路表 (statement of source & application of funds)；由於資金 (funds) 一詞，具有不同的含義，致應用上極為分歧，會計原則委員會乃於 1971 年頒佈第 19 號意見書 (APB Opinion No. 19)，統一其名稱為財務狀況變動表 (statement of changes in financial position)，除具體提出編製此項財務報表的基本要求與方法外，並確定它與資產負債表、損益表、及業主權益變動表，作為企業對外四項主要的財務報表。

　　第 19 號意見書並未要求一般企業，將現金流量 (cash flows) 的資訊，列報於財務狀況變動表內；然而，企業現金流量的資訊，已逐漸成為報表閱讀者關心的焦點；財務準則委員會乃於 1984 年提出第 5 號財務會計觀念聲明書 (SFAC No. 5)，指出各企業每一會計期間，應提供全套完整的現金流量表；1987 年11 月，財務準則委員會遂正式頒佈第 95 號財務準則聲明書 (FASB Statement No. 95)，正式命名為現金流量表(statement of cash flows)，取代原來「財務狀況變動表」的地位，成為企業主要財務報表之一，企業於對外提出資產負債表、損益表、及業主權益變動表時，必須同時提出現金流量表。

二、現金流量表的意義

　　第 95 號財務準則聲明書 (FASB Statement No. 95, par. 7) 指出：「現

金流量表用於說明企業在某特定期間內，現金及約當現金變動的彙總報告表；現金流量表應採用明確的名詞，例如現金或約當現金，而不採用具有多重含義的基金一詞。現金流量表的期初與期末現金及約當現金總額，應等於相同特定日資產負債表內現金及約當現金科目的餘額。」

第 5 號財務會計觀念聲明書 (FASB Statement of Concepts No. 5, par. 52) 指出：「現金流量表係以直接或間接的方式，用於表達企業在某特定期間內，有關現金收入及現金支出的彙總報告；它可提供下列有用的資訊：(1)有關企業之營業活動所產生的現金流量；(2)有關債務及權益方面的理財活動；(3)有關取得與處分證券及非營業資產的投資活動。有關現金流入與流出的資訊，可協助資訊使用者評估企業的變現能力、財務彈性、獲益潛力、及風險大小等。」

由上述說明可知，現金流量表係以現金流入與流出為基礎，彙總說明企業在特定期間內，有關營業活動、投資活動、及理財活動的報告表，可作為評估企業的變現能力、財務彈性、獲益能力、及風險大小的根據。

三、編製現金流量表之目的

編製現金流量表之主要目的，在於提供一企業某特定期間內，攸關現金流入與流出的有用資訊，藉以協助投資者、債權人、及其他相關人士，達成下列各項目的：

1.預測企業未來產生淨現金流量的潛力。

2.評估企業償還債務與支付股利的能力，及向外融資的需要程度。

3.說明淨利與營業活動所產生現金流量差異的原因。

4.洞悉現金與非現金投資與理財活動對企業財務狀況的影響。

四、現金流量表的基礎 ─ 現金及約當現金

財務會計準則第 95 號聲明書明確指出，現金流量表係以現金及約

當現金之流入與流出，作為編表的基礎，不得使用含有多重含義的基金一詞。

　　現金僅涵蓋那些可及時用於支付的通行貨幣；至於約當現金係指那些短期性（三個月內到期）、具有高度變現力的國庫券、商業本票、及銀行承兌滙票等；一般言之，約當現金必須符合下列二項特性：(1)可及時轉換為定額之現金；(2)即將到期且利率變動對其價值之影響甚小者。現金及約當現金一詞，除特別指明外，以下統稱現金。

25-2　現金流量表應揭露的事項

　　現金流量表不但要明確劃分現金流量的來源之外，而且還要報導非現金投資及理財活動的事項。

一、來自投資活動的現金流量

　　企業的投資活動 (investing activities) 包括承做與收回貸款、取得與處分債權憑證、權益證券、長期性資產、無形資產、及其他各項生產商品或提供服務之資產（惟不含原料存貨在內）或投資。惟對於銀行業、證券業、及其他同性質的行業而言，買賣證券及其他資產的現金流量，屬於這些行業的營業活動，不應列入投資活動項下；同理，承做與收回貸款的現金流量，屬於這些行業的營業活動，不應列入投資活動項下。

　　投資活動的現金流量，通常有下列各項：

　　1.承做或收回貸款的現金流量。

　　2.取得與處分債權憑證的現金流量；惟約當現金及購入後準備再出售的若干債權憑證，應予除外。

　　3.購入與出售權益證券的現金流量；惟若干作為短線交易的權益證券，應予除外。

　　4.取得與處分長期性資產、無形資產、及其他各項生產商品或提供

服務之資產的現金流量，包括利息資本化部份及保險理賠款在內；惟一項資產於購入後所欠賣方的債務及續後償還本金的現金支出，則屬於理財活動的範圍。

二、來自理財活動的現金流量

企業的理財活動 (financing activities) 包括收到與退回業主投資、業主投資利潤的分配、捐贈人限定長期用途的捐贈款項、舉債與償還借入款、及獲得與歸還其他融資性長期債務等。

理財活動的現金流入，通常有下列各項：

1.發行權益證券的現金流入。

2.發行債券、抵押借款、簽發期票、及其他短期或長期借款的現金流入。

3.捐贈人限定長期用途的捐贈款收入及其投資收益。

理財活動的現金流出，通常有下列各項：

1.支付股利、退回業主投資（包括發行權益證券時的支出）。

2.償還借入款、資本租賃本金。

3.償還延期借款的本金（指因取得長期性資產或其他生產性資產所發生的債務）。

三、來自營業活動的現金流量

企業的營業活動 (operating activities) 泛指投資與理財活動以外，任何涉及產銷商品與提供勞務的所有各項交易或其他事項。營業活動的現金流量，一般係指列入損益表內，用於計算當期損益的各項交易或其他事項的現金流量。

營業活動的現金流入，通常有下列各項：

1.現銷商品或提供勞務收入、短期或長期應收帳款及應收票據之

收現。

2.利息收入、股利收入、證券投資收益。

3.其他非因投資或理財活動所產生的所有各項現金收入，例如訴訟賠償款收入、保險理賠款收入、及供應商退還款收入等。

營業活動的現金流出，通常有下列各項：

1.現購商品及原料、償還供應商短期或長期應付帳款及應付票據。

2.現付各項營業成本及費用，包括支付其他供應商及員工提供勞務的代價。

3.現付稅捐機關各項稅款、罰金、及規費等。

4.支付利息費用（資本化利息部份除外）。

5.其他非因投資或理財活動所產生的所有各項現金支出，例如訴訟賠償款支出、慈善捐贈、及退還供應商款項等。

四、非現金投資及理財活動

財務會計準則委員會第 95 號財務會計準則聲明書，要求會計人員應將現金流量表所涵蓋期間之內，各項非現金投資及理財活動的資訊，也一併於現金流量表中，作成補充揭露。

非現金投資及理財活動，通常包括下列各項：

1.發行股票贖回債券。

2.債券轉換為股票。

3.發行債券取得非現金資產。

4.用非現金資產償還債務。

5.按資本租賃方式取得資產。

6.接受捐贈取得投資或長期性資產。

7.宣告發放股票股利或現金股利惟未支付者。

8.以非現金資產交換其他非現金資產。

　　若干投資與理財活動的交易事項當中，有一部份屬於現金事項，有一部份則為非現金事項；遇此情形，只有現金事項列報於現金流量表內，惟現金與非現金事項，應同時作成交易全貌的補充揭露。設北美公司 1998 年度購入一塊土地的成本$500,000，支付現金$200,000，其餘$300,000 簽發 3 年期 8% 應付票據付訖。當年度現金流量表內，有關該項投資活動的現金與非現金事項部份，應列報如下：

現金流量表（部份）：

投資活動的現金流量：

×××	$×××
購買土地	(200,000)
投資活動淨現金流量	$×××

現金流量資訊之補充揭露：

×××	$×××

不影響現金流量的投資及理財活動：

×××	$×××

支付現金及簽發長期應付票據購買土地：

土地	$ 500,000
長期應付票據	(300,000)
支付現金	$ 200,000

　　此外，在間接法之下，對於利息（不含資本化利息）及所得稅支付等現金流量的資訊，應予補充揭露。

25-3 現金流量表的編製方法

一、直接法

現金流量表除報導一企業某特定期間內，來自營業、投資、及理財活動的淨現金流量，於調節期初（加項）與期末（減項）現金之外，並應將各項非現金投資及理財活動的資訊，作成補充揭露。

在營業活動中，營業收入於收現時，即產生現金流入；同理，營業成本及費用於付現時，即產生現金流出；然而，會計上對於損益認列的時間，有現金基礎與應計基礎之別；因此，由損益表的資料計算來自營業活動的現金流量，必須調節不影響現金流量的損益項目；換言之，必須將應計基礎的損益數字，調節為現金基礎的損益數字；調節的方法有二：(1)直接法，(2)間接法。

至於投資與理財活動，僅就直接影響現金流量的項目，列報於現金流量表內。不直接影響現金流量者，則應於現金流量表中補充揭露之；因此，對於投資與理財活動，沒有直接法與間接法之分；換言之，不論採用直接法或間接法，對於投資與理財活動的列報方法，並無不同。

直接法 (direct method) 係指將當期營業活動所產生的各項現金流入與流出，直接列報於現金流量表內；換言之，此法係將損益表內與營業活動有關的各損益項目，直接由應計基礎轉換為現金基礎。

在直接法之下，現金流量表所報導營業活動的現金流入與流出，通常可按下列項目列報：

1.現銷及應收帳款收現。

2.利息及股利收入；惟捐贈人指定長期用途捐贈款的利息收入，則屬於理財活動的範圍。

3.其他營業收入，例如租金收入、特許權收入、及保險理賠收入等。

4.進貨付現。

5.員工薪資付現。

6.利息費用付現。

7.所得稅付現。

8.其他營業項目付現。

在直接法之下，營業活動各項現金流量的計算模式如下：

1.現銷及應收帳款收現 ＝ 銷貨收入 $\begin{cases} (+)\ 應收帳款減少^* \\ (-)\ 應收帳款增加 \end{cases}$

　　　*應收帳款沖銷（備抵壞帳減少）

2.利息收入收現 ＝ 利息收入 $\begin{cases} (+)\ 應收利息減少 \\ (-)\ 應收利息增加 \end{cases}$

3.股利收入及其他營業收入項目的收現計算方法，與上述2.相同。

4.進貨及帳款付現 ＝ 銷貨成本 $\begin{cases} (+)\ 存貨增加 \\ (-)\ 存貨減少 \\ (+)\ 應付帳款減少 \\ (-)\ 應付帳款增加 \end{cases}$

5.利息費用付現 ＝ 利息費用 $\begin{cases} (+)\ 應付利息減少 \\ (-)\ 應付利息增加 \\ (+)\ 預付利息增加 \\ (-)\ 預付利息減少 \end{cases}$

6.所得稅付現及其他營業費用項目的付現計算方法，與上述5.相同。

二、間接法

在間接法之下，對於投資及理財活動之現金流量的列報方法，與直接法並無不同；因此，所謂間接法 (indirect method)，係指對營業活動的現金流量而言。

間接法將損益表的「本期損益」，分別調節下列三類帳戶以計算當期

由營業活動所產生的現金流量：(1)不影響當期現金流量的損益類項目；
(2)與投資及理財活動有關聯的損益類項目；(3)與當期損益有關聯的流動
資產及流動負債項目之變動金額。

　　1.不影響當期現金流量的損益項目，例如壞帳損失、折舊、折耗、
及攤銷等（惟債券發行溢價或折價之攤銷，屬於第 2 項分類）；因為此
等費用雖然會減少「本期淨利」，但並不會減少現金流量，故應予加回。

　　2.與投資及理財活動有關聯的損益類項目：例如投資損益、處分固
定資產損益、清償債務損益、及債券發行溢價或折價之攤銷等；因為伴
隨這些損益項目所產生的現金流量，已隨其相對實帳戶列報於投資或理
財活動範圍內，故此等虛帳戶部份僅增減「本期淨利」而已，應予調節；
換言之，凡屬利益者，應予扣除，凡屬損失者，應予加回。

　　3.與當期損益有關聯的流動資產及流動負債項目之變動金額，惟若
干與投資及理財活動有關的營運資金項目，例如應付股利，則應予除外；
其計算方式如下：

　　(1)加項：應收帳款減少、應收票據減少、存貨減少、預付費用減少、
應付帳款增加、應付票據增加、及應付費用增加等。

　　(2)減項：應收帳款增加、應收票據增加、存貨增加、預付費用增加、
應付帳款減少、應付票據減少、及應付費用減少等。

　　在間接法之下，現金流量表不直接列報營業活動的個別現金流量項
目，僅透過間接的方式，計算來自營業活動的現金流量。

三、直接法與間接法的比較

　　直接法與間接法的主要區別，在於營業活動的列報方法上；在直接
法之下，係直接列報當期營業活動所產生的現金流量，此乃直接將損益
表內與營業活動有關聯的各損益項目，由應計基礎轉換為現金基礎，以
計算其現金流量，並列報於現金流量表內；在間接法之下，係將損益表

內的「本期淨利」，調節：(1)不影響當期現金流量的損益項目；(2)與投資及理財活動有關聯的損益項目；(3)與當期損益有關聯的流動資產或流動負債之變動金額，藉以計算當期由營業活動所產生的現金流量。

　　至於投資活動及理財活動的現金流量或其非現金交易事項（不影響現金流量增減變化之事項），不論直接法或間接法，均應列入，沒有區別。茲將直接法與間接法的比較，列示於表 25–1。

表 25–1　直接法與間接法的比較

現金流量表之內容	直接法	間接法
營業活動之現金流量：　　　　　　　　　(1) 　現銷及應收帳款收現 　股利收現 　利息收現 　其他營業收現 　進貨及帳款 　員工薪資及營業付現 　利息付現（資本化利息部份除外） 　所得稅付現 　其他營業付現	✓	下列(4)列入此處作為營業活動之現金流量 ✕
投資活動之現金流量：　　　　　　　　　(2) 　購買固定資產付現 　購買股票或債券投資付現 　出售固定資產收現（含成本、利益、或損失之現金流量） 　出售股票或債券投資收現（含成本、利益、或損失之現金流量） 　政府徵收補償款收現（含成本、利益、或損失之現金流量） 　資本支出付現 　其他投資項目	✓	✓

理財活動之現金流量：	(3)		
發放現金股利			
借入款項或發行債券收現			
償還借債款或贖回債券付現		✓	✓
購買庫藏股票付現			
發行股票收現			
其他理財項目			
本期淨利及營業活動現金流量之調節：	(4)	補充說明營業活動之淨現金流量	列入上端作為營業活動之現金流量
本期淨利			
調節項目：			
不影響當期現金流量的損益項目（如折舊、攤銷、及壞帳）			
與投資及理財活動有關的損益項目（如出售固定資產或投資之利益）		✓	✓
與當期損益有關的流動資產或負債之變動			
不影響現金流量之投資及理財活動：	(5)		
發行股票贖回債券			
發行債券取得非現金資產			
用非現金產資償還債務		✓	✓
按資本租賃方式取得資產			
接受捐贈取得投資或長期性資產			
非現金資產交換其他非現金資產			
現金流量資訊之補充揭露：			
支付利息（資本化利息部份除外）之資訊		✕	✓
支付所得稅之資訊			

25-4　編製現金流量表簡單釋例

一、基本資料

　　1.損益表：

中美公司
損　益　表
1999 年度　單位: 新臺幣千元

銷貨收入		$2,460
銷貨成本		(1,140)
銷貨毛利		$1,320
營業費用:		
薪資費用	$138	
折舊費用	300	
專利權攤銷	60	(498)
營業利益		$ 822
非營業收益及費用:		
處分廠產設備利益	$ 30	
利息費用	(66)	
非常損益──贖回債券損失		
（扣除所得稅節省$3 元淨額）	(6)	(42)
稅前利益		$ 780
所得稅		(216)
本期淨利		$ 564

2.比較資產負債表:

中美公司
比較資產負債表
1998 及 1999 年 12 月 31 日　單位: 新臺幣千元

	1998	1999	增（減）
現金	$ 600	$ 186	$(414)
應收帳款	180	240	60
存貨	36	60	24
預付薪資	18	30	12
財產、廠房、及設備（淨額）	900	1,500	600
專利權（淨額）	270	210	(60)
資產總額	$2,004	$2,226	$ 222

應付帳款	$ 120	$ 180	$ 60
應付薪資	180	150	(30)
應付利息	18	27	9
應付所得稅	36	60	24
應付抵押借款	360	330	(30)
應付長期債券	600	300	(300)
長期債券溢價	24	9	(15)
普通股本	450	510	60
保留盈餘	216	660	444
負債及股東權益總額	$2,004	$2,226	$ 222

3.其他補充資料:

⑴發放 1999 年度現金股利$120,000。

⑵設備成本$300,000, 已提列備抵折舊$180,000, 毀於一場大火, 收到保險理賠收入$150,000。

⑶長期債券於 1999 年 1 月 1 日按$321,000 贖回, 發生所得稅影響數 (所得稅節省) $3,000。

二、現金流量表的編製方法

1.直接法的現金流量表:

⑴營業活動之現金流量:

    (a)現銷及應收帳款收現 = 銷貨收入 — 應收帳款增加

$$= \$2,460,000 - \$60,000$$

$$= \$2,400,000$$

    (b)進貨及帳款付現 = 銷貨成本 + 存貨增加 — 應付帳款增加

$$= \$1,140,000 + \$24,000 - \$60,000$$

$$= \$1,104,000$$

    (c)薪資付現 = 薪資費用 + 應付薪資減少 + 預付薪資增加

$$= \$138,000 + \$30,000 + \$12,000$$

$$= \$180,000$$

(d)利息費用付現 ＝ 利息費用 － 應付利息增加 ＋ 債券溢價攤銷

$$= \$66,000 - \$9,000 + \$3,000$$

$$= \$60,000$$

(e)所得稅付現 ＝ 所得稅－ 應付所得稅增加 － 贖回債券損失節省

　　　　所得稅

$$= \$216,000 - \$24,000 - \$3,000$$

$$= \$189,000$$

(2)投資活動之現金流量：

(a)處分廠產設備（發生火災）的分錄：

現金	150,000	
備抵折舊	180,000	
財產、廠房、及設備		300,000
處分廠產設備利益		30,000

(b)購買廠產設備付現 ＝ $170,000；可用 T 字形法計算如下：

財產、廠房、及設備（淨額）

期初餘額	900,000	1999 年度折列備抵折舊	300,000
火災部份已提列備抵折舊	180,000	火災損毀（成本）	300,000
購入付現	(x)		
期末餘額	1,500,000		

$$\$900,000 + \$180,000 + x - \$300,000 - \$300,000 = \$1,500,000$$

$$x = \$1,020,000$$

(3)理財活動之現金流量：

(a)贖回長期債券的分錄：

應付長期債券	300,000	
長期債券溢價	12,000	
非常損失（扣除所得稅節省$3後淨額）	9,000	
現金		321,000

(b)支付股利的分錄：

股利	120,000	
現金		120,000

(c)償還抵押借款的分錄：

應付抵押借款	30,000	
現金		30,000

(d)發行普通股票分錄：

現金	60,000	
普通股本		60,000

中美公司
現金流量表

（直接法）	1999 年度	單位：新臺幣千元

營業活動之現金流量：		
現銷及應收帳款收現	$ 2,400	
進貨及帳款付現	(1,104)	
薪資費用付現	(180)	
利息費用付現	(60)	
所得稅付現	(189)	
營業活動之淨現金流入		$ 867
投資活動之現金流量：		
處分廠產設備收現	$　150	
購買廠產設備付現	(1,020)	
投資活動之淨現金流出		(870)
理財活動之現金流量：		

贖回長期債券付現	$ (321)	
發放現金股利	(120)	
償還抵押借款付現	(30)	
發行普通股本收現	60	
理財活動之淨現金流出		(411)
本期現金減少		$(414)
期初現金餘額		600
期末現金餘額		$ 186
本期淨利及營業活動現金流量之調節:		
本期淨利		$ 564
調節項目:		
折舊費用	$ 300	
專利權攤銷	60	
處分廠產設備利益	(30)	
非常損益——贖回債券損失	9	
長期債券溢價攤銷	(3)	
應收帳款增加	(60)	
存貨增加	(24)	
預付薪資增加	(12)	
應付帳款增加	60	
應付薪資減少	(30)	
應付利息增加	9	
應付所得稅增加	24	303
營業活動之淨現金流入		$ 867

2.間接法的現金流量表:

中美公司

現金流量表

（間接法）	1999 年度	單位: 新臺幣千元

營業活動之現金流量:	
本期淨利	$ 564
調節項目:	

折舊費用	$　300	
專利權攤銷	60	
處分廠產設備利益	(30)	
非常損益──贖回債券損失	9	
長期債券溢價攤銷	(3)	
應收帳款增加	(60)	
存貨增加	(24)	
預付薪資增加	(12)	
應付帳款增加	60	
應付薪資減少	(30)	
應付利息增加	9	
應付所得稅增加	24	303
營業活動之淨現金流入		$ 867

投資活動之現金流量:

處分廠產設備收現	$　150	
購買廠產設備付現	(1,020)	
投資活動之淨現金流出		(870)

理財活動之現金流量:

贖回長期債券付現	$ (321)	
股利付現	(120)	
抵押借款償還付現	(30)	
發行普通股票收現	60	
理財活動之淨現金流出		(411)
本期現金減少		$(414)
期初現金餘額		600
期末現金餘額		$ 186

現金流量資訊之補充揭露:

本期支付利息 (資本化利息除外)		$　60
本期支付所得稅		$ 189

24-5　現金流量表工作底稿

一、現金流量表工作底稿概述

編製現金流量表時，也可仿照損益表與資產負債表的方式，先編製工作底稿（表），再正式編製現金流量表。

編製現金流量表工作底稿 (spreadsheet for statement of cash flows) 後，具有下列各項優點：(1)按照有系統的方法，計算現金流量表的各項現金流量資訊；(2)證明現金流量表內各項資訊的準確性；(3)說明二個不同特定日資產負債表的變化情形；(4)為日後審核與分析工作提供完整的資料。

現金流量表工作底稿，係將二個不同特定日資產負債表的增減數字，配合當期損益表的各項損益類帳戶，尋求其相互關係，在有限度的範圍內，重新建立其交易分錄，進而求出其影響現金流入與流出的數字，據以編製現金流量表。

根據現金流量表工作底稿，不但可分別求出來自營業活動、投資活動、及理財活動的現金流量，而且可配合直接法與間接法的不同編製方法，予以列入正式的現金流量表即可，非常方便而又準確。

二、現金流量表工作底稿編製釋例

茲根據上節中美公司的資料，列示現金流量表工作底稿的編製方法於表 25-2。

工作底稿說明：

　(a)本期淨利。

　(b)應收帳款增加。

(c)存貨增加。

(d)應付帳款增加。

(e)預付薪資增加; 應付薪資減少。

(f)處分廠產設備成本$300,000, 已提列備抵折舊$180,000, 收入現金$150,000, 發生處分利益$30,000。

(g)專利權攤銷。

(h)廠產設備折舊。

(i)應付利息增加。

表 25-2　現金流量表工作底稿

中美公司
現金流量表工作底稿　　　　單位: 新臺幣千元

會　計　科　目	1998 年 12 月 31 日	借　　方		貸　　方		1999 年 12 月 31 日
現金	600			(q)	414	186
應收帳款 (淨額)	180	(b)	60			240
存貨	36	(c)	24			60
預付薪資	18	(e)	12			30
財產、廠房、及設備	900	(f)	180	(f)	300	1,500
		(m)	1,020	(h)	300	
專利權 (淨額)	270			(g)	60	210
資產總額	2,004					2,226
應付帳款	120			(d)	60	180
應付薪資	180	(e)	30			150
應付利息	18			(i)	9	27
應付所得稅	36			(k)	24	60
應付抵押借款	360	(n)	30			330
應付長期債券	600	(i)	300			300
長期債券溢價	24	(j)	3			9
		(l)	12			
普通股本	450			(o)	60	510
保留盈餘	216	(p)	120	(a)	564	660
負債及業主權益總額	2,004					2,226
			1,791		1,791	

		\(1\)間 接 法		\(2\)直 接 法	
		借 方	貸 方		
營業活動：					
本期淨利	564	(a) 564		–0–	
銷貨收入	2,460		(b) 60	2,400	（現銷及應收帳款收現）
銷貨成本	1,140	(d) 60	(c) 24	1,104	（進貨及應付帳款付現）
薪資費用	138		(e) 42	180	（薪資費用付現）
折舊費用	300	(h) 300		–0–	
專利權攤銷	60	(g) 60		–0–	
處分廠產設備利益	30		(f) 30	–0–	
利息費用	66	(i) 9	(j) 3	60	（利息費用付現）
非常損益——贖回債券損失	9	(l) 9		–0–	
所得稅節省	(3)				
所得稅	216	(k) 24	}	189	（所得稅付現）
投資活動：					
處分廠產設備收現		(f) 150		150	
購買廠產設備付現			(m) 1,020	1,020	
理財活動：					
贖回長期債券付現			(l) 321	321	
發放股利付現			(p) 120	120	
償還抵押借款付現			(n) 30	30	
發行普通股票收現		(o) 60		60	
		1,236			
本期現金減少		(q) 414			
		1,650	1,650		

（表標題：調整為現金流量表）

(j)長期債券攤銷。

(k)應付所得稅增加。

(l)贖回長期債券$300,000及其發行溢價$12,000，支付現金$321,000，發生損失$9,000，屬非常損益項目，惟可節省所得稅$3,000。

(m)購買廠產設備。

(n)償還抵押借款。

(o)發行普通股本。

(p)發放現金股利。

(q)本期現金減少。

25-6 編製現金流量表複雜釋例

一、基本資料

1.損益表:

北美公司

損　益　表

1999 年度

單位: 新臺幣千元

銷貨收入		$1,642
減: 銷貨成本		(724)
銷貨毛利		$ 918
營業費用:		
銷管費用	$221	
壞帳損失	51	
折舊費用	136	(408)
營業利益		$ 510
非營業收益及費用:		
股利收入	$ 17	
出售廠產設備利益	51	
出售約當現金利益	34	
利息費用	(85)	17
稅前營業利益		$ 527
所得稅		(153)
非常損益及停業前淨利		$ 374
停業部門利益（扣除所得稅$51 後淨額）		119
非常損益——政府徵用土地損失（扣除所得稅節省$102 後淨額）		(238)
本期淨利		$ 255

2.比較資產負債表:

北美公司

比較資產負債表

1998 及 1999 年度　　單位: 新臺幣千元

	1998	1999	增（減）
現金	$ 510	$1,037	$ 527
約當現金	102	–0–	(102)
合計	$ 612	$1,037	$ 425
短線投資——甲公司股票	204	289	85
應收帳款	544	493	(51)
備抵壞帳	(34)	(85)	(51)
存貨	510	629	119
預付保險費	68	34	(34)
土地	1,020	697	(323)
廠產設備	1,360	1,632	272
備抵折舊	(340)	(442)	(102)
其他資產（包括停業部門資產$221）	595	374	(221)
資產總額	$4,539	$4,658	$ 119
應付帳款	$ 442	$ 510	$ 68
應付利息	34	17	(17)
應付所得稅	187	68	(119)
應付抵押借款	–0–	170	(170)
應付債券	1,360	1,020	(340)
債券發行折價	(51)	(34)	17
普通股本	1,700	2,210	510
保留盈餘	867	697	170
負債及股東權益總額	$4,539	$4,658	$ 119

3.其他補充資料:

　(a)出售約當現金得款$136,000，獲利$34,000。

(b)借入長期抵押借款$170,000，以部份廠產為抵押。

(c)發放股票股利$170,000。

(d)發行普通股$340,000。

(e)出售廠產設備成本$238,000，已提列備抵折舊$34,000，得款$255,000。

(f)購買新廠產設備成本$170,000。

(g)按面值贖回債券$340,000。

(h)政府徵用土地成本$1,020,000，補償價款$680,000，發生損失$340,000。

(i)現購土地成本$697,000。

(j)出售停業部門資產之帳面價值$221,000，得款$391,000。

(k)購買甲公司股票$85,000，作為短線投資。

(l)支付現金股利$255,000。

二、現金流量表的編製方法

1.直接法的現金流量表：

　(1)營業活動之現金流量：

　　(a)現銷及應收帳款收現 $= \$1,642,000 + \$51,000 = \$1,693,000$

　　(b)進貨及帳款付現 $= \$724,000 + \$119,000 - \$68,000 = \$775,000$

　　(c)銷管費用付現 $= \$221,000 - \$34,000 = \$187,000$

　　(d)股利（甲公司股票）收現 $= \$17,000$

　　(e)出售約當現金收益 $= \$51,000$

　　(f)利息費用付現 $= \$85,000 + \$17,000 - \$17,000 = \$85,000$

　　(g)所得稅付現 $= \$153,000 - \$102,000 + \$51,000 + \$119,000 = \$221,000$

　　出售廠產設備收益$51,000之現金流入，已包括於投資活動之現金流入內；同理，政府徵用土地損失$340,000之現金流出，已由投資活動之現金流入項下抵減；因此，以上兩項不再列入營業活動範圍內。

　(2)投資活動之現金流量：

(a)出售廠產設備收現$255,000，其分錄如下：

現金	255,000	
備抵折舊	34,000	
廠產設備		238,000
出售廠產設備利益		51,000

(b)出售停業部門資產收現$391,000，其分錄如下：

現金	391,000	
其他資產		221,000
出售停業部門利益		170,000

(c)政府徵用土地補償款$680,000，其分錄如下：

現金	680,000	
非常損益——政府徵用土地損失	340,000	
土地		1,020,000

(d)購買廠產設備的分錄：

廠產設備	170,000	
現金		170,000

(e)購買土地的分錄：

土地	697,000	
現金		697,000

(f)購買甲公司股票的分錄：

短線投資——甲公司股票	85,000	
現金		85,000

(3)理財活動的現金流量：

　(a)借入長期抵押借款收現$170,000：

現金	170,000	
應付抵押借款		170,000

(b)支付現金股利$255,000：

保留盈餘	255,000	
現金		255,000

(c)贖回應付債券$340,000：

應付債券	340,000	
現金		340,000

茲列示直接法的現金流量表如下：

北美公司
現金流量表

（直接法）	1999 年度	單位：新臺幣千元
營業活動之現金流量：		
現銷及應收帳款收現	$1,693	
股利收現	17	
出售約當現金利益收現	34	
進貨及帳款付現	(775)	
銷管費用付現	(187)	
利息費用付現	(85)	
所得稅付現	(221)	
營業活動之淨現金流入		$　476
投資活動之現金流量：		
出售廠產設備收現	$　255	
出售停業部門資產收現	391	
政府徵用土地補償收現	680	
購買廠產設備付現	(170)	
購買土地付現	(697)	
購買甲公司股票付現	(85)	

投資活動之淨現金流入		374
理財活動之現金流量：		
長期抵押借款收現	$ 170	
現金股利	(255)	
贖回應付債券付現	(340)	
理財活動之淨現金流出		(425)
本期現金增加		$ 425
期初現金及約當現金餘額		612
期末現金及約當現金餘額		$1,037
本期淨利及營業活動現金流量之調節：		
本期淨利		$ 255
調節項目：		
應收帳款減少		51
存貨增加		(119)
預付保險費減少		34
應付帳款增加		68
應付利息減少		(17)
應付所得稅減少		(119)
壞帳損失		51
折舊費用		136
出售廠產設備利益		(51)
出售停業部門資產利益（稅前）		(170)
非常損益——政府徵用土地損失（稅前）		340
債券發行折價攤銷		17
營業活動之淨現金流入		$ 476

2.間接法的現金流量表：

北美公司

現金流量表

（間接法）　　　1999 年度　　　單位: 新臺幣千元

營業活動之現金流量:		
本期淨利		$　255
調節項目:		
壞帳損失	$　51	
折舊費用	136	
出售廠產設備利益	(51)	
出售停業部門資產利益（稅前）	(170)	
非常損益——政府徵用土地損失（稅前）	340	
債券發行折價攤銷	17	
應收帳款減少	51	
存貨增加	(119)	
預付保險費減少	34	
應付帳款增加	68	
應付利息減少	(17)	
應付所得稅減少	(119)	221
營業活動之淨現金流入		$　476
投資活動之現金流量:		
出售廠產設備收現	$ 255	
出售停業部門資產收現	391	
政府徵用土地補償收現	680	
購買廠產設備付現	(170)	
購買土地付現	(697)	
購買甲公司股票付現	(85)	
投資活動之淨現金流入		374
理財活動之現金流量:		
長期抵押借款收現	$ 170	
發放現金股利	(255)	
贖回應付債券付現	(340)	
理財活動之淨現金流出		(425)
本期現金增加		$　425
期初現金及約當現金餘額		612
期末現金及約當現金餘額		$1,037
現金流量資訊之補充揭露:		
本期支付利息（資本化利息除外）		$　　85
本期支付所得稅		$　221

　　北美公司的現金流量表，也可於編製現金流量表工作底稿（表 25–3）
後，再據以列入，比較方便。

表 25-3　現金流量表工作底稿

北美公司

現金流量表工作底稿　　　　　　　單位: 新臺幣千元

會　計　科　目	1998 年12 月 31 日	借　方		貸　方		1999 年12 月 31 日
現金	510	(v)	527			1,037
約當現金	102			(v)	102	–0–
短線投資——甲公司股票	204	(t)	85			289
應收帳款	544			(b)	51	493
備抵壞帳	(34)			(e)	51	(85)
存貨	510	(d)	119			629
預付保險費	68			(g)	34	34
土地	1,020	(r)	697	(q)	1,020	697
廠產設備	1,360	(m)	340	(n)	238 }	1,632
		(o)	170			
備抵折舊	(340)	(n)	34	(f)	136	(442)
其他資產	595			(s)	221	374
資產總額	4,539					4,658
應付帳款	442			(c)	68	510
應付利息	34	(h)	17			17
應付所得稅	187	(j)	119			68
應付抵押借款	–0–			(k)	170	170
應付債券	1,360	(p)	340			1,020
債券發行折價	(51)			(i)	17	(34)
普通股本	1,700			(l)	170 }	2,210
				(m)	340 }	
保留盈餘	867	(u)	255	(a)	255 }	697
		(l)	170			
負債及股東權益總額	4,539					4,658
			2,873		2,873	

調整為現金流量表					
		(1)間　接　法		(2)直　接　法	
		借　　方	貸　　方		
營業活動：					
本期淨利	255	(a)　255		–0–	
銷貨收入	1,642	(b)　51		1,693	（現銷及帳款收現）
銷貨成本	724	(c)　68	(d)　119	775	（進貨及帳款付現）
銷管費用	221	(g)　34		187	（銷管費用付現）
股利收入	17			17	（股利收現）
出售廠產設備利益	51		(n)　51	–0–	
出售約當現金利益	34			34	（出售約當現金收益）
壞帳損失	51	(e)　51		–0–	
折舊費用	136	(f)　136		–0–	
利息費用	85	(i)　17	(h)　17	85	（利息費用付現）
出售停業部門利益	170		(s)　170	–0–	
非常損益───政府徵用土地損失	340	(q)　340		–0–	
所得稅	153		(j)　119	–0–	
政府徵用損失所得稅節省	(102)			⎫ 221	（所得稅付現）
停業部門利益所得稅增加	51			⎭	
投資活動：					
出售廠產設備		(n)　255		255	
出售停業部門資產		(s)　391		391	
政府徵用土地補償款		(q)　680		680	
購買廠產設備			(o)　170	(170)	
購買土地			(r)　697	(697)	
購買甲公司股票			(t)　85	(85)	
理財活動：					
借入長期抵押借款		(k)　170		170	
支付現金股利			(u)　255	(255)	
贖回應付債券			(p)　340	(340)	
			2,023		
本期現金及約當現金增加			(v)　425		
		2,448	2,448		

工作底稿說明:

  (a)本期淨利$255,000。

  (b)應收帳款減少$51,000。

  (c)應付帳款增加$68,000。

  (d)存貨增加$119,000。

  (e)提列備抵壞帳$51,000。

  (f)提列備抵折舊$136,000。

  (g)預付保險費減少$34,000。

  (h)應付利息減少$17,000。

  (i)債券發行折價攤銷$17,000。

  (j)應付所得稅減少$119,000。

  (k)借入長期抵押借款$170,000。

  (l)發放股票股利$170,000。

  (m)發行普通股$340,000,交換廠產設備。

  (n)出售廠產設備成本$238,000,已提列備抵折舊$34,000,發生利益$51,000。

  (o)購買新廠產設備$170,000。

  (p)贖回應付債券面值$340,000。

  (q)政府徵用土地成本$1,020,000,收到補償款$680,000,損失$340,000。

  (r)現購土地成本$697,000。

  (s)出售停業部門成本$221,000,發生利益$170,000。

  (t)購買甲公司股票$85,000。

  (u)支付現金股利$255,000。

  (v)本期現金及約當現金增加。

●──── **本章摘要** ────●

　　現金流量表為企業主要的財務報表之一，可提供企業在某特定期間有關現金流入與流出的資訊，能獲悉企業的營業、投資、及理財活動與政策，藉以評估其變現能力、財務彈性、獲利能力、及風險大小等。

　　現金流量表係以現金及約當現金流量，作為編表的基礎；約當現金必須具備二個特性：(1)可及時轉換為定額之現金；(2)即將到期且利率變動對其價值之影響甚小者。因此，約當現金通常包括那些短期性（3個月）且具有高度變現力之國庫券、商業本票、及銀行承兌滙票等。

　　現金流量表應揭露的事項包括營業活動、投資活動、及理財活動現金流量的資訊。營業活動的現金流量，係指那些與營業上獲利過程有關聯的現金流入或流出；投資活動的現金流量，係指那些涉及營業項目以外的資產或投資之現金流入或流出；理財活動的現金流量，係指那些非營業上長短期融資或權益變動的現金流入或流出。此外，凡不影響現金流量之投資及理財活動的事項，例如發行股票贖回債券、發行債券取得非現金資產、以非現金資產償還債務、及按資本租賃取得資產等事項，均應揭露於現金流量表之內。

　　現金流量表的編製方法有二：(1)直接法；(2)間接法。直接法係指將當期營業活動所產生的各項現金流入與流出，直接列報於現金流量表內；換言之，此法係將損益表內與營業活動有關聯的各損益項目，由應計基礎轉換為現金基礎，用以計算其現金流量。間接法係將損益表內的本期淨利，予以調節下列三項：(1)不影響當期現金流量的損益項目；(2)與投資及理財活動有關聯的損益項目；(3)與當期損益有關聯的流動資產或流動負債的變動金額，藉以計算當期由營業活動所產生的現金流量。不論

直接法或間接法，對於投資活動及理財活動的現金流量或其非現金交易事項，均應加以列入，並無不同；惟在間接法之下，對於支付利息（不含資本化利息）及所得稅等現金流量的資訊，應另予補充揭露。

　　編製現金流量表的方法，通常係根據企業某特定期間的損益表、前後期比較資產負債表、及其他補充資料，例如股東權益變動表、債券發行或贖回資料、股票發行記錄、特殊損益項目、及其他有關聯的資料，藉以分析各項交易所涉及的現金流量、調節項目、及不影響現金流量的投資與理財活動項目。

　　此外，為有系統建立一套完整的資訊制度，也可於編製正式的現金流量表之前，先編製現金流量表工作底稿，再據以編製正式的現金流量表，不但可減少錯誤，而且能同時求得直接法與間接法的各項資料，非常方便。

本章討論大綱

現金流量表

現金流量表概述
- 現金流量表的緣由
- 現金流量表的意義
- 編製現金流量表之目的
- 現金流量表的基礎——現金及約當現金

現金流量表應揭露的事項
- 來自投資活動的現金流量
- 來自理財活動的現金流量
- 來自營業活動的現金流量
- 非現金投資及理財活動

現金流量表的編製方法
- 直接法
- 間接法
- 直接法與間接法的比較

編製現金流量表簡單釋例
- 基本資料
  - 損益表
  - 比較資產負債表
  - 其他補充資料
- 現金流量表的編製方法
  - 直接法的現金流量表
  - 間接法的現金流量表

現金流量表工作底稿
- 現金流量表工作底稿概述
- 現金流量表工作底稿編製釋例

編製現金流量表複雜釋例
- 基本資料
  - 損益表
  - 比較資產負債表
  - 其他補充資料
- 現金流量表的編製方法
  - 直接法的現金流量表
  - 間接法的現金流量表

本章摘要

習　題

一、問答題

1. 試述現金流量表的緣由。

2. 現金流量表的意義為何？

3. 編製現金流量表之目的何在？

4. 現金流量表應揭露的事項有那些？

5. 何謂非現金投資及理財活動？通常包括那些項目？

6. 現金流量表的編製方法有那二種？試說明其要義。

7. 現金流量表的基礎為何？何謂約當現金？

8. 試比較兩種不同編製方法之下，現金流量表的內容。

9. 不論是直接法或間接法，在作成本期淨利及營業活動現金流量之調節時，一般有那三種調節項目？

10. 不影響當期現金流量的損益項目有那些？這些項目何以必須加入「本期淨利」以計算來自營業活動的現金流量？

11. 與投資及理財活動有關聯的損益類項目有那些？這些項目何以必須調節「本期淨利」以計算來自營業活動的現金流量？

12. 與當期損益有關聯的營運資金項目有那些？這些項目如何調節「本期淨利」以計算來自營業活動的現金流量？

13. 編製現金流量表工作底稿（表）之作用何在？

二、選擇題

25.1　A 公司 1998 年含有下列各交易事項：

1.購入 X 公司普通股 10,000 股之成本$48,000，擬長期持有。

2.出售 Y 公司普通股 4,000 股之售價$70,000，其帳面價值為$60,000；當初購入時，歸類為備用證券。

3.購買 3 年期定期存單；此外，另收到當年度之利息收入$3,600。

4.收到投資 X 公司普通股之股利收入$2,800。

A 公司編製 1998 年度之現金流量表時，屬於投資活動之淨現金流出應為若干？

(a)$18,000

(b)$14,400

(c)$11,600

(d)$10,000

下列資料用於解答 25.2 及 25.3：

B 公司 1998 年 12 月 31 日編製現金流量表時，有下列各項資料：

出售廠產設備利益	$ (30,000)
出售廠產設備收現	50,000
購入 Z 公司債券（面值$1,000,000）	(900,000)
債券折價攤銷	10,000
宣告現金股利	(225,000)
發放現金股利	(190,000)
出售庫藏股票收現（帳面價值$325,000）	375,000

25.2　B 公司於編製1998 年度現金流量表時，應列報若干投資活動之淨現金流出？

(a)$850,000

(b)$880,000

(c)$940,000

(d)$970,000

25.3 B 公司於編製1998 年度現金流量表時，應列報若干理財活動之淨
現金流入？

(a)$100,000

(b)$135,000

(c)$150,000

(d)$185,000

下列資料用於解答 25.4 至 25.7：

C 公司採用直接法編製現金流量表；1998 年及 1999 年 12 月31 日之試
算表如下：

	12/31/99	12/31/98
現金	$ 70,000	$ 64,000
應收帳款	66,000	60,000
存貨	62,000	94,000
財產、廠房、及設備	200,000	190,000
未攤銷債券折價	9,000	10,000
銷貨成本	500,000	760,000
銷售費用	283,000	344,000
管理費用	274,000	302,600
利息費用	8,600	5,200
所得稅費用	40,800	122,400
借方合計	$1,513,400	$1,952,200
備抵壞帳	$ 2,600	$ 2,200
備抵折舊	33,000	30,000
應付帳款	50,000	35,000
應付所得稅	42,000	54,200
遞延所得稅	10,600	9,200
應付債券：8%，可贖回	90,000	40,000
普通股本	100,000	80,000
資本公積——普通股本溢價	18,200	15,000
保留盈餘	89,400	129,200
銷貨收入	1,077,600	1,557,400
貸方合計	$1,513,400	$1,952,200

其他補充資料:

1. 1999 年度，購入設備$10,000。

2.折舊費用分攤三分之一至銷售費用，其餘分攤至管理費用。

C 公司編製 1999 年度之現金流量表時，請計算下列各項:

25.4 現銷及應收帳款收現金額應為若干?

　　(a)$1,083,600

　　(b)$1,083,200

　　(c)$1,072,000

　　(d)$1,071,600

25.5 進貨及帳款付現金額應為若干?

　　(a)$517,000

　　(b)$515,000

　　(c)$485,000

　　(d)$453,000

25.6 利息費用付現金額應為若干?

　　(a)$9,600

　　(b)$8,600

　　(c)$7,600

　　(d)$3,400

25.7 所得稅費用付現金額應為若干?

　　(a)$51,600

　　(b)$40,800

　　(c)$39,400

　　(d)$30,000

25.8 D 公司 1998 年度淨利為$375,000；當年度有關項目在資產負債表內之增（減）變化如下:

1.投資 X 公司普通股，按權益法列帳　　　$ 3,750

2.備抵折舊，因重大整修沖銷而發生　　　(5,250)

3.未攤銷債券溢價　　　　　　　　　　　(3,500)

4.遞延所得稅負債（長期）　　　　　　　4,500

D 公司編製 1998 年度現金流量表時，營業活動之現金流量應列報若干？

(a)$376,000

(b)$370,750

(c)$362,250

(d)$357,000

25.9　E 公司編製 1998 年度現金流量表時，有下列各項資料：

	1/1/98	12/31/98
應收帳款	$253,000	$319,000
備抵壞帳	8,800	11,000
預付租金	136,400	90,200
應付帳款	213,400	246,400

另悉 E 公司 1998 年度淨利為$320,000。

E 公司 1998 年度現金流量表內，應列報營業活動之現金流量為若干？

(a)$335,400

(b)$331,000

(c)$304,600

(d)$269,400

下列資料用於解答 25.10 至 25.12：

F 公司 1998 年及 1999 年 12 月 31 日，資產負債表各帳戶的差異如下：

	增（減）
資產:	
現金及約當現金	$ 24,000
短線投資	60,000
應收帳款（淨額）	–0–
存貨	16,000
長期投資	(20,000)
廠產設備	140,000
備抵折舊	–0–
	$ 220,000
負債及股東權益:	
應付帳款	$ (1,000)
應付股利	32,000
短期借款	65,000
應付債券	22,000
普通股本，每股面值$10	20,000
資本公積——普通股本溢價	24,000
保留盈餘	58,000
	$ 220,000

其他補充資料:

1.淨利$158,000。

2.宣告發放現金股利$100,000。

3.出售廠產設備成本$120,000，帳面價值$70,000，收到現金$70,000。

4.發行長期債券$22,000以交換廠產設備如數。

5.出售長期投資收現$27,000；其他無任何長期投資之變動。

6.發行普通股票 2,000 股，每股發行價格$22。

25.10 營業活動之現金流量為若干?

　　(a)$232,000

　　(b)$208,000

(c)$184,000

(d)$141,000

25.11 投資活動之現金流量為若干?

(a)$201,000

(b)$238,000

(c)$255,000

(d)$320,000

25.12 理財活動之現金流量為若干?

(a)$4,000

(b)$9,000

(c)$30,000

(d)$41,000

三、綜合題

25.1 臺生公司 1998 年度及 1999 年度比較損益表、1998 年及 1999 年 12 月 31 日比較資產負債表分別列示如下:

臺生公司

比較損益表

1998 及 1999 年度　　　單位: 新臺幣千元

	1998	1999
銷貨收入	$2,000	$3,200
銷貨成本	1,600	2,500
銷貨毛利	$ 400	$ 700
營業費用（含所得稅）	260	500
本期淨利	$ 140	$ 200

臺生公司
比較資產負債表
1998 及 1999 年 12 月 31 日　單位: 新臺幣千元

	1998	1999
資產:		
現金	$100	$ 150
應收帳款（淨額）	290	420
存貨	210	330
預付費用	25	50
長期投資	–0–	40
財產、廠房、及設備	300	565
備抵折舊	(25)	(55)
資產總額	$900	$1,500
負債:		
應付帳款	$220	$ 265
應付所得稅	65	70
應付股利	–0–	35
長期應付票據	–0–	250
負債總額	$285	$ 620
股東權益:		
普通股本	450	600
保留盈餘	165	280
負債及股東權益總額	$900	$1,500

其他補充資料:

1. 全部銷貨均屬賒銷, 應收帳款及應付帳款均由商品買賣而發生; 應付帳款按淨額（扣除進貨折扣）記帳, 而且均獲得折扣。備抵壞帳在二年期間並無增減; 1999 年度也未曾沖銷壞帳。

2. 1999 年度之營業費用, 包含所得稅費用$50,000 及折舊費用$30,000。

3. 長期應付票據係於 1999 年 12 月31 日開出, 附息8%。

試求: 請為臺生公司完成 1999 年度之下列各項工作:

　(a)現金流量表各項數字的計算。

(b)直接法現金流量表。

(c)間接法現金流量表。

(d)為使編表工作系統化，請編製現金流量表工作底稿，以代替上
列(a)項的個別計算工作。

25.2 臺北公司 1998 年及 1999 年 12 月 31 日，除所得稅費用以外之已調
整簡明試算表:

臺北公司

借（貸）	簡明試算表		單位: 新臺幣千元
	12/31/98	12/31/99	借（貸）變化
現金	$ 1,634	$　946	$ (688)
應收帳款（淨額）	1,220	1,340	120
財產、廠房、及設備	1,990	2,140	150
備抵折舊	(560)	(690)	(130)
應付所得稅	(300)	70	370
應付股利	(20)	(50)	(30)
遞延所得稅負債	(84)	(84)	–
應付債券	(2,000)	(1,000)	1,000
未攤銷債券溢價	(300)	(142)	158
普通股本	(300)	(700)	(400)
資本公積——普通股本溢價	(750)	(860)	(110)
保留盈餘	(530)	(370)	160
銷貨收入	–	(4,840)	–
銷貨成本	–	3,726	–
銷管費用	–	440	–
利息收入	–	(28)	–
利息費用	–	92	–
折舊費用	–	176	–
出售廠產設備損失	–	14	–
非常損益——償還債券利益	–	(180)	–
	$　–0–	$　–0–	$　600

其他補充資料:

1.1999 年度出售廠產設備成本$100,000; 購入廠產設備成本$250,000。

2.1999 年 1 月 1 日, 贖回債券面值$1,000,000, 應屬於贖回債券之未攤銷溢價$150,000; 每張債券面額$1,000, 票面利率 10%, 市場利率 8%, 於 1990 年 1 月 1 日發行, 每年 12 月 31 日付息一次。

3.1999 年支付所得稅時, 借記應付所得稅; 遞延所得稅負債$84,000, 係基於 1998 年 12 月 31 日臨時性差異$240,000 乘以適用稅率 35% 所得; 1998 年度以前, 並無任何臨時性差異存在。1999 年度稅前會計所得大於課稅所得$120,000, 此項差異全部屬於臨時性差異; 臺北公司 1999 年 12 月 31 日, 累積臨時性差異淨額為$360,000, 當年度適用稅率為 30%。

4.1998 年 12 月 31 日在外流通股數 60,000 股, 每股面值$5; 1999 年 4 月 1 日, 另發行 80,000 股。

5.除宣告發放股利之外, 保留盈餘無其他任何改變。

試求: 臺北公司採用間接法編製 1999 年度之現金流量表; 請計算下列各項在現金流量表內應列報的金額:

(a)所得稅付現。

(b)利息費用付現。

(c)贖回應付債券付現。

(d)發行普通股收現。

(e)現金股利付現。

(f)出售廠產設備收現。

25.3 臺中公司 1998 年及 1999 年 12 月 31 日之比較資產負債表:

臺中公司
比較資產負債表
1998 年及 1999 年 12 月 31 日 單位: 新臺幣千元

	1998	1999	增（減）
現金	$ 1,400	$ 1,600	$ 200
應收帳款	2,336	2,256	(80)
存貨	3,430	3,700	270
財產、廠房、及設備	5,934	6,614	680
備抵折舊	(2,080)	(2,330)	(250)
投資甲公司普通股	550	610	60
長期應收款項	–0–	540	540
資產總額	$11,570	$12,990	$1,420
應付帳款	$ 1,910	$ 2,030	$ 120
應付所得稅	100	60	(40)
應付股利	180	160	(20)
應付租賃款	–0–	800	800
普通股本	1,000	1,000	–0–
資本公積——普通股本溢價	3,000	3,000	–0–
保留盈餘	5,380	5,940	560
負債及股東權益總額	$11,570	$12,990	$1,420

其他補充資料:

1. 1998 年 12 月 31 日，臺中公司以$550,000 購買甲公司普通股 25% 之股權，當日，甲公司資產扣除負債後，淨資產公平價值為 $2,200,000; 1999 年12 月 31 日，甲公司列報淨利$240,000，惟當 年度未曾發放股利。

2. 臺中公司於 1999 年間，貸款$600,000 給無任何特殊關係之乙公 司，每半年付款一次; 乙公司於 1999 年 10 月 1 日支付第一次款 $60,000 及利息4%。

3. 1999 年 1 月 2 日，臺中公司出售設備成本$120,000，帳面價值 $70,000，收到現金$80,000。

4.1999 年 12 月 31 日，臺中公司與中興租賃公司簽訂一項資本租
賃契約，承租辦公大樓之公平價值$800,000，第一次應付租賃款
$120,000 將於 2000 年 1 月 2 日到期。

5.1999 年度淨利$720,000。

6.1998 年度及 1999 年度有關股利的資料如下：

	1998 年度	1999 年度
宣告日	1998 年 12 月 15 日	1999 年 12 月 15 日
支付日	1999 年 2 月 28 日	2000 年 2 月 29 日
金　額	$180,000	$160,000

試求: 請為臺中公司完成下列工作:

(a)計算 1999 年度現金流量表內各項數字。

(b)編製 1999 年度間接法之現金流量表。

25.4 臺南公司 1999 年度簡明損益表、1998 年及 1999 年 12 月 31 日簡
明比較資產負債表，分別列示如下：

臺南公司
簡明損益表
1999 年度　　　單位: 新臺幣千元

服務收入	$1,332
營業費用	(970)
營業利益	$ 362
投資丙公司利益	88
稅前淨利	$ 450
所得稅	(180)
本期淨利	$ 270

臺南公司
簡明比較資產負債表
1998 年及 1999 年 12 月 31 日　　單位: 新臺幣千元

	1998	1999	增（減）
資產:			
現金	$ 140	$ 286	$146
應收帳款（淨額）	184	223	39
投資丙公司普通股	233	275	42
財產、廠房、及設備	550	635	85
備抵折舊	(65)	(95)	(30)
投資丙公司成本超過帳面價值	78	76	(2)
資產總額	$1,120	$1,400	$280
負債及股東權益:			
應付帳款及應計費用	$ 135	$ 160	$ 25
遞延所得稅	–0–	35	35
應付抵押借款	135	125	(10)
普通股本	800	970	170
保留盈餘	50	110	60
負債及股東權益總額	$1,120	$1,400	$280

其他補充資料:

1. 臺南公司投資丙公司普通股係採用權益之會計處理; 1999 年度,
   一直維持 25% 之持有比率, 而且對丙公司的財務決策具有重大影
   響力; 1999 年度, 丙公司淨利$360,000, 支付現金股利$192,000;
   臺南公司 1999 年度對於丙公司成本超過帳面價值的部份, 予以
   攤銷$2,000。

2. 1999 年 10 月 1 日, 臺南公司現購設備成本$85,000; 除此之外,
   其他無任何廠產設備之變動。

3. 臺南公司由於投資丙公司利益之認定, 致發生會計所得與課稅所
   得不同, 遂引起臨時性差異, 乃予列入遞延所得稅帳戶$35,000,
   將於 2000 年度內自動消除其差異。

4.1999 年 12 月 31 日，臺南公司發放股票股利$170,000 及現金股利 $40,000。

試求: 請為臺南公司完成 1999 年度之下列各項工作:

(a)計算現金流量表內各項數字。

(b)編製直接法現金流量表。

(c)編製間接法現金流量表。

(d)為使編表工作系統化，請編製現金流量表工作底稿，以代替上 列(a)項的個別計算工作。

參考文獻

1. Walter T. Harrison & Charles T. Horngren, *Financial Accounting*, 2nd Edition, 1995.

2. Robert W. Ingram, *Financial Accounting*, 2nd Edition, 1996.

3. Roger H. Hermanson & James Don Edwards, *Financial Accounting*, 6th Edition, 1992.

4. Robert E. Hoskin, *Financial Accounting*, 2nd Edition, 1997.

5. Thomas R. Dyckman, Roland E. Dukes & Charles J. Davis, *Intermediate Accounting*, 4th Edition, Volume I & II, 1998.

6. Harry I. Wolk & Michael G. Tearney, *Accounting Theory*, 4th Edition, 1997.

7. Richard G. Schroeder & Myrtle Clark, *Accounting Theory*, 5th Edition, 1995.

8. John C. Burton, Russell E. Palmer & Robert S. Kay, *Handbook of Accounting & Auditing*, 1981.

9. Jan R. Williams, Keith G. Stanga & William W. Holder, *Intermediate Accounting*, 3rd Edition, 1989.

10. Sidney Davidson & Roman L. Weil, *Handbook of Modern Accounting*, 3rd Edition, 1986.

11. Charles J. Woelfel, *Banking & Finance*, 10th, 1994.

12. Mary Ann Emery, *Intermediate Accounting*, 1st Edition, Volume I & II. 1985.

13. Financial Accounting Standards Board, *Original Pronouncements*, Accounting Standards, 1997/98 Edition, Volume I & II, 1998.

14. Financial Accounting Standards Board, *Current Text, Accounting Standards*, 1997/98 Edition, Volume I & II, 1998.

15.洪國賜：租賃會計，三民書局，民國 68 年5 月。

16.公司法，民國 86 年 6 月 25 日修正。

17.商業會計處理準則，民國 85 年 8 月 28 日修正。

18.會計師查核簽證財務報表規則，民國 85 年 3 月 15 日修正。

19.證券發行人財務報告編製準則，民國 84 年 11 月 7 日修正。

數 值 表

表 一
每元終值表
$$(1+i)^n$$

n \ i	$\frac{1}{2}\%$	1%	$1\frac{1}{4}\%$	$1\frac{1}{2}\%$	2%	$2\frac{1}{2}\%$
1	1.0050 0000	1.0100 0000	1.0125 0000	1.0150 0000	1.0200 0000	1.0250 0000
2	1.0100 2500	1.0201 0000	1.0251 5625	1.0302 2500	1.0404 0000	1.0506 2500
3	1.0150 7513	1.0303 0100	1.0379 7070	1.0456 7838	1.0612 0800	1.0768 9063
4	1.0201 5050	1.0406 0401	1.0509 4534	1.0613 6355	1.0824 3216	1.1038 1289
5	1.0252 5125	1.0510 1005	1.0640 8215	1.0772 8400	1.1040 8080	1.1314 0821
6	1.0303 7751	1.0615 2015	1.0773 8318	1.0934 4326	1.1261 6242	1.1596 9342
7	1.0355 2940	1.0721 3535	1.0908 5047	1.1098 4491	1.1486 8567	1.1886 8575
8	1.0407 0704	1.0828 5671	1.1044 8610	1.1264 9259	1.1716 5938	1.2184 0290
9	1.0459 1058	1.0936 8527	1.1182 9218	1.1433 8998	1.1950 9257	1.2488 6297
10	1.0511 4013	1.1046 2213	1.1322 7083	1.1605 4083	1.2189 9442	1.2800 8454
11	1.0563 9583	1.1156 6835	1.1464 2422	1.1779 4894	1.2433 7431	1.3120 8666
12	1.0616 7781	1.1268 2503	1.1607 5452	1.1956 1817	1.2682 4179	1.3448 8882
13	1.0669 8620	1.1380 9328	1.1752 6395	1.2135 5244	1.2936 0663	1.3785 1105
14	1.0723 2113	1.1494 7421	1.1899 5475	1.2317 5573	1.3194 7876	1.4120 7382
15	1.0776 8274	1.1609 6896	1.2048 2918	1.2502 3207	1.3458 6834	1.4482 9817
16	1.0830 7115	1.1725 7864	1.2198 8955	1.2689 8555	1.3727 8571	1.4845 0562
17	1.0884 8651	1.1843 0443	1.2351 3817	1.2880 2033	1.4002 4142	1.5216 1826
18	1.0939 2894	1.1961 4748	1.2505 7739	1.3073 4064	1.4282 4625	1.5596 5872
19	1.0993 9858	1.2081 0895	1.2662 0961	1.3269 5075	1.4568 1117	1.5986 5019
20	1.1048 9558	1.2201 9004	1.2820 3723	1.3468 5501	1.4859 4740	1.6386 1644
21	1.1104 2006	1.2323 9194	1.2980 6270	1.3670 5783	1.5156 6634	1.6795 8185
22	1.1159 7216	1.2447 1586	1.3142 8848	1.3875 6370	1.5459 7967	1.7215 7140
23	1.1215 5202	1.2571 6302	1.3307 1709	1.4083 7715	1.5768 9926	1.7646 1068
24	1.1271 5978	1.2697 3465	1.3473 5105	1.4295 0281	1.6084 3725	1.8087 2595
25	1.1327 9558	1.2824 3200	1.3641 9294	1.4509 4535	1.6406 0599	1.8539 4410
26	1.1384 5955	1.2952 5631	1.3812 4535	1.4727 0953	1.6734 1811	1.9002 9270
27	1.1441 5185	1.3082 0888	1.3985 1092	1.4948 0018	1.7068 8648	1.9478 0002
28	1.1498 7261	1.3212 9097	1.4159 9230	1.5172 2218	1.7410 2421	1.9964 9502
29	1.1556 2197	1.3345 0388	1.4336 9221	1.5399 8051	1.7758 4469	2.0464 0739
30	1.1614 0008	1.3478 4892	1.4516 1336	1.5630 8022	1.8113 6158	2.0975 6758
31	1.1672 0708	1.3613 2740	1.4697 5853	1.5865 2642	1.8475 8882	2.1500 0677
32	1.1730 4312	1.3749 4068	1.4881 3051	1.6103 2432	1.8845 4059	2.2037 5694
33	1.1789 0833	1.3886 9009	1.5067 3214	1.6344 7918	1.9222 3140	2.2588 5086
34	1.1848 0288	1.4025 7699	1.5255 6629	1.6589 9637	1.9606 7603	2.3153 2213
35	1.1907 2689	1.4166 0276	1.5446 3587	1.6838 8132	1.9998 8955	2.3732 0519
36	1.1966 8052	1.4307 6878	1.5639 4382	1.7091 3954	2.0398 8734	2.4325 3532
37	1.2026 6393	1.4450 7647	1.5834 9312	1.7347 7663	2.0806 8509	2.4933 4870
38	1.2086 7725	1.4595 2724	1.6032 8678	1.7607 9828	2.1222 9879	2.5556 8242
39	1.2147 2063	1.4741 2251	1.6233 2787	1.7872 1025	2.1647 4477	2.6195 7448
40	1.2207 9424	1.4888 6373	1.6436 1946	1.8140 1841	2.2080 3966	2.6850 6384
41	1.2268 9821	1.5037 5237	1.6641 6471	1.8412 2868	2.2522 0046	2.7521 9043
42	1.2330 3270	1.5187 8989	1.6849 6677	1.8688 4712	2.2972 4447	2.8209 9520
43	1.2391 9786	1.5339 7779	1.7060 2885	1.8968 7982	2.3431 8936	2.8915 2008
44	1.2453 9385	1.5493 1757	1.7273 5421	1.9253 3302	2.3900 5314	2.9638 0808
45	1.2516 2082	1.5648 1075	1.7489 4614	1.9542 1301	2.4378 5421	3.0379 0328
46	1.2578 7892	1.5804 5885	1.7708 0797	1.9835 2621	2.4866 1129	3.1138 5086
47	1.2641 6832	1.5962 6344	1.7929 4306	2.0132 7910	2.5363 4351	3.1916 9713
48	1.2704 8916	1.6122 2608	1.8153 5485	2.0434 7829	2.5870 7039	3.2714 8956
49	1.2768 4161	1.6283 4834	1.8380 4679	2.0741 3046	2.6388 1179	3.3532 7680
50	1.2832 2581	1.6446 3182	1.8610 2237	2.1052 4242	2.6915 8803	3.4371 0872

每元終值表（續）

$$(1+i)^n$$

n \ i	3%	$3\frac{1}{2}$%	4%	5%	6%	7%
1	1.0300 0000	1.0350 0000	1.0400 0000	1.0500 0000	1.0600 0000	1.0700 0000
2	1.0609 0000	1.0712 2500	1.0816 0000	1.1025 0000	1.1236 0000	1.1449 0000
3	1.0927 2700	1.1087 1788	1.1248 6400	1.1576 2500	1.1910 1600	1.2250 4300
4	1.1255 0881	1.1475 2300	1.1698 5886	1.2155 0625	1.2624 7696	1.3107 9601
5	1.1592 7407	1.1876 8631	1.2166 5290	1.2762 8156	1.3382 2558	1.4025 5173
6	1.1940 5230	1.2292 5533	1.2653 1902	1.3400 9564	1.4185 1911	1.5007 3035
7	1.2298 7387	1.2722 7926	1.3159 3178	1.4071 0042	1.5036 3026	1.6057 8148
8	1.2667 7008	1.3168 0904	1.3685 6905	1.4774 5544	1.5938 4807	1.7181 8618
9	1.3047 7318	1.3628 9735	1.4233 1181	1.5513 2822	1.6894 7896	1.8384 5921
10	1.3439 1638	1.4105 9876	1.4802 4428	1.6288 9463	1.7908 4770	1.9671 5136
11	1.3842 3387	1.4599 6972	1.5394 5406	1.7103 3936	1.8982 9856	2.1048 5195
12	1.4257 6089	1.5110 6866	1.6010 3222	1.7958 5633	2.0121 9647	2.2521 9159
13	1.4685 3371	1.5639 5606	1.6650 7351	1.8856 4914	2.1329 2826	2.4098 4500
14	1.5125 8972	1.6186 9452	1.7316 7645	1.9799 3160	2.2609 0396	2.5785 3415
15	1.5579 6742	1.6753 4883	1.8009 4351	2.0789 2818	2.3965 5819	2.7590 3154
16	1.6047 0644	1.7339 8604	1.8729 8125	2.1828 7459	2.5403 5168	2.9521 6375
17	1.6528 4763	1.7946 7555	1.9479 0050	2.2920 1832	2.6927 7279	3.1588 1521
18	1.7024 3306	1.8574 8920	2.0258 1652	2.4066 1923	2.8543 3915	3.3799 3228
19	1.7535 0605	1.9225 0132	2.1068 4918	2.5269 5020	3.0255 9950	3.6165 2754
20	1.8061 1123	1.9897 8886	2.1911 2314	2.6532 9771	3.2071 3547	3.8696 8446
21	1.8602 9457	2.0594 3147	2.2787 6807	2.7859 6259	3.3995 6360	4.1405 6237
22	1.9161 0341	2.1315 1158	2.3699 1879	2.9252 6072	3.6035 3742	4.4304 0174
23	1.9735 8651	2.2061 1448	2.4647 1554	3.0715 2376	3.8197 4966	4.7405 2986
24	2.0327 9411	2.2833 2849	2.5633 0416	3.2250 9994	4.0489 3464	5.0723 6695
25	2.0937 7793	2.3632 4498	2.6658 3633	3.3863 5494	4.2918 7072	5.4274 3264
26	2.1565 9127	2.4459 5856	2.7724 6978	3.5556 7269	4.5493 8296	5.8073 5292
27	2.2212 8901	2.5315 6711	2.8833 6858	3.7334 5632	4.8223 4594	6.2138 6763
28	2.2879 2768	2.6201 7196	2.9987 0332	3.9201 2914	5.1116 8670	6.6488 3836
29	2.3565 6551	2.7118 7798	3.1186 5145	4.1161 3560	5.4183 8790	7.1142 5705
30	2.4272 6247	2.8067 9370	3.2433 9751	4.3219 4238	5.7434 9117	7.6122 5504
31	2.5000 8035	2.9050 3148	3.3731 3341	4.5380 3949	6.0881 0064	8.1451 1290
32	2.5750 8276	3.0067 0759	3.5080 5875	4.7649 4147	6.4533 8668	8.7152 7080
33	2.6523 3524	3.1119 4235	3.6483 8110	5.0031 8854	6.8405 8988	9.3253 3975
34	2.7319 0530	3.2208 6033	3.7943 1634	5.2533 4797	7.2510 2528	9.9781 1354
35	2.8138 6245	3.3335 9045	3.9460 8899	5.5160 1537	7.6860 8679	10.6765 8148
36	2.8982 7833	3.4502 6611	4.1039 3255	5.7918 1614	8.1472 5200	11.4239 4219
37	2.9852 2668	3.5710 2543	4.2680 8986	6.0814 0694	8.6360 8712	12.2236 1814
38	3.0747 8348	3.6960 1132	4.4388 1345	6.3854 7729	9.1542 5235	13.0792 7141
39	3.1670 2698	3.8253 7171	4.6163 6599	6.7047 5115	9.7035 0749	13.9948 2041
40	3.2620 3779	3.9592 5972	4.8010 2063	7.0399 8871	10.2857 1794	14.9744 5784
41	3.3598 9893	4.0978 3381	4.9930 6145	7.3919 8815	10.9028 6101	16.0226 6989
42	3.4606 9589	4.2412 5799	5.1927 8391	7.7615 8756	11.5570 3267	17.1442 5678
43	3.5645 1677	4.3897 0202	5.4004 9527	8.1496 6693	12.2504 5463	18.3443 5475
44	3.6714 5227	4.5433 4160	5.6165 1508	8.5571 5028	12.9854 8191	19.6284 5959
45	3.7815 9584	4.7023 5855	5.8411 7568	8.9850 0779	13.7646 1083	21.0024 5176
46	3.8950 4372	4.8669 4110	6.0748 2271	9.4342 5818	14.5904 8748	22.4726 2338
47	4.0118 9503	5.0372 8404	6.3178 1562	9.9059 7109	15.4659 1673	24.0457 0702
48	4.1322 5188	5.2135 8898	6.5705 2824	10.4012 6965	16.3938 7173	25.7289 0651
49	4.2562 1944	5.3960 6459	6.8333 4937	10.9213 3313	17.3775 0403	27.5299 2997
50	4.3839 0602	5.5849 2686	7.1066 8335	11.4673 9979	18.4201 5427	29.4570 2506

每元終值表（續完）

$$(1+i)^n$$

n \ i	8%	9%	10%	11%	12%	13%	14%	15%
1	1.080000	1.090000	1.100000	1.110000	1.120000	1.130000	1.140000	1.150000
2	1.166400	1.188100	1.210000	1.232100	1.254400	1.276900	1.299600	1.322500
3	1.259712	1.295029	1.331000	1.367631	1.404928	1.442897	1.481544	1.520875
4	1.360489	1.411582	1.464100	1.518070	1.573519	1.630474	1.688960	1.749006
5	1.469328	1.538624	1.610510	1.685058	1.762342	1.842435	1.925415	2.011357
6	1.586874	1.677100	1.771561	1.870415	1.973823	2.081952	2.194973	2.313061
7	1.713824	1.828039	1.948717	2.076160	2.210681	2.352605	2.502269	2.660020
8	1.850930	1.992563	2.143589	2.304538	2.475963	2.658444	2.852586	3.059023
9	1.999005	2.171893	2.357948	2.558037	2.773079	3.004042	3.251949	3.517876
10	2.158925	2.367364	2.593742	2.839421	3.105848	3.394567	3.707221	4.045558
11	2.331639	2.580426	2.853117	3.151757	3.478550	3.835861	4.226232	4.652391
12	2.518170	2.812665	3.138428	3.498451	3.895976	4.334523	4.817905	5.350250
13	2.719624	3.065805	3.452271	3.883280	4.363493	4.898011	5.492411	6.152788
14	2.937194	3.341727	3.797498	4.310441	4.887112	5.534753	6.261349	7.075706
15	3.172169	3.642482	4.177248	4.784589	5.473566	6.254270	7.137938	8.137062
16	3.425943	3.970306	4.594973	5.310894	6.130394	7.067326	8.137249	9.357621
17	3.700018	4.327633	5.054470	5.895093	6.866041	7.986078	9.276464	10.761264
18	3.996019	4.717120	5.559917	6.543553	7.689966	9.024268	10.575169	12.375454
19	4.315701	5.141661	6.115909	7.263344	8.612762	10.197423	12.055693	14.231772
20	4.660957	5.604411	6.727500	8.062312	9.646293	11.523088	13.743490	16.366537
21	5.033834	6.108808	7.400250	8.949166	10.803848	13.021089	15.667578	18.821518
22	5.436540	6.658600	8.140275	9.933574	12.100310	14.713831	17.861039	21.644746
23	5.871464	7.257874	8.954302	11.026267	13.552347	16.626629	20.361585	24.891458
24	6.341181	7.911083	9.849733	12.239157	15.178629	18.788091	23.212207	28.625176
25	6.848475	8.623081	10.834706	13.585464	17.000064	21.230542	26.461916	32.918953
26	7.396353	9.399158	11.918177	15.079865	19.040072	23.990513	30.166584	37.856796
27	7.983061	10.245082	13.109994	16.738650	21.324881	27.109279	34.389906	43.535315
28	8.627106	11.167140	14.420994	18.579901	23.883866	30.633486	39.204493	50.065612
29	9.317275	12.172182	15.863093	20.623691	26.749930	34.615839	44.693122	57.575454
30	10.062657	13.267678	17.449402	22.892297	29.959922	39.115898	50.950159	66.211772
31	10.867669	14.461770	19.194342	25.410449	33.555113	44.200965	58.083181	76.143538
32	11.737083	15.763329	21.113777	28.205599	37.581726	49.947090	66.214826	87.565068
33	12.676050	17.182028	23.225154	31.308214	42.091533	56.440212	75.484902	100.699829
34	13.690134	18.728411	25.547760	34.752118	47.142517	63.777439	86.052788	115.804803
35	14.785344	20.413968	28.102437	38.574851	52.799620	72.068506	98.100178	133.175523
36	15.968172	22.251225	30.912681	42.818085	59.135574	81.437412	111.834203	153.151852
37	17.245626	24.253835	34.003949	47.528074	66.231843	92.024276	127.490992	176.124630
38	18.625276	26.436680	37.404343	52.756162	74.179664	103.987432	145.339731	202.543324
39	20.115298	28.815982	41.144778	58.559340	83.081224	117.505798	165.687293	232.924823
40	21.724521	31.409420	45.259256	65.000867	93.050970	132.781552	188.883514	267.863546
41	23.462483	34.236268	49.785181	72.150963	104.217087	150.043153	215.327206	308.043078
42	25.339482	37.317532	54.763699	80.087569	116.723137	169.548763	245.473015	354.249540
43	27.366640	40.676110	60.240069	88.897201	130.729914	191.590103	279.839237	407.386971
44	29.555972	44.336960	66.264076	98.675893	146.417503	216.496816	319.016730	468.495017
45	31.920449	48.327286	72.890484	109.530242	163.987604	244.641402	363.679072	538.769269
46	34.474085	52.676742	80.179532	121.578568	183.666116	276.444784	414.594142	619.584659
47	37.232012	57.417649	88.197485	134.952211	205.706050	312.382606	472.637322	712.522358
48	40.210573	62.585237	97.017234	149.796954	230.390776	352.992345	538.806547	819.400712
49	43.427419	68.217908	106.718957	166.274619	258.037669	398.881350	614.239464	942.310819
50	46.901613	74.357520	117.390853	184.564827	289.002190	450.735925	700.232988	1083.657442

表 二

每元現值表

$$(1+i)^{-n}$$

n \ i	$\frac{1}{2}\%$	1%	$1\frac{1}{4}\%$	$1\frac{1}{2}\%$	2%	$2\frac{1}{2}\%$
1	0.9950 2488	0.9900 9901	0.9876 5432	0.9852 2167	0.9803 9216	0.9756 0976
2	0.9900 7450	0.9802 9605	0.9754 6106	0.9706 6175	0.9611 6878	0.9518 1440
3	0.9851 4876	0.9705 9015	0.9634 1833	0.9563 1699	0.9423 2233	0.9285 9941
4	0.9802 4752	0.9609 8034	0.9515 2428	0.9421 8423	0.9238 4543	0.9059 5064
5	0.9753 7067	0.9514 6569	0.9397 7706	0.9282 6033	0.9057 3081	0.8838 5429
6	0.9705 1808	0.9420 4524	0.9281 7488	0.9145 4219	0.8879 7138	0.8622 9687
7	0.9656 8963	0.9327 1805	0.9167 1593	0.9010 2679	0.8705 6018	0.8412 6524
8	0.9608 8520	0.9234 8322	0.9053 9845	0.8877 1112	0.8534 9037	0.8207 4657
9	0.9561 0468	0.9143 3982	0.8942 2069	0.8745 9224	0.8367 5527	0.8007 2836
10	0.9513 4794	0.9052 8695	0.8831 8093	0.8616 6723	0.8203 4830	0.7811 9840
11	0.9466 1489	0.8963 2372	0.8722 7746	0.8489 3323	0.8042 6304	0.7621 4478
12	0.9419 0534	0.8874 4923	0.8615 0860	0.8363 8742	0.7884 9318	0.7435 5589
13	0.9372 1924	0.8786 6260	0.8508 7269	0.8240 2702	0.7730 3253	0.7254 2038
14	0.9325 5646	0.8699 6297	0.8403 6809	0.8118 4928	0.7578 7502	0.7077 2720
15	0.9279 1688	0.8613 4947	0.8299 9318	0.7998 5150	0.7430 1473	0.6904 6556
16	0.9233 0037	0.8528 2126	0.8197 4635	0.7880 3104	0.7284 4581	0.6736 2493
17	0.9187 0684	0.8443 7749	0.8096 2602	0.7763 8526	0.7141 6256	0.6571 9506
18	0.9141 3616	0.8360 1731	0.7996 3064	0.7649 1159	0.7001 5937	0.6411 6591
19	0.9095 8822	0.8277 3992	0.7897 5866	0.7536 0747	0.6864 3076	0.6255 2772
20	0.9050 6290	0.8195 4447	0.7800 0855	0.7424 7042	0.6729 7133	0.6102 7094
21	0.9005 6010	0.8114 3017	0.7703 7881	0.7314 9795	0.6597 7582	0.5953 8629
22	0.8960 7971	0.8033 9621	0.7608 6796	0.7206 8763	0.6468 3904	0.5808 6467
23	0.8916 2160	0.7954 4179	0.7514 7453	0.7100 3708	0.6341 5592	0.5666 9724
24	0.8871 8567	0.7875 6613	0.7421 9707	0.6995 4392	0.6217 2149	0.5528 7535
25	0.8827 7181	0.7797 6844	0.7330 3414	0.6892 0583	0.6095 3087	0.5393 9059
26	0.8783 7991	0.7720 4796	0.7239 8434	0.6790 2052	0.5975 7928	0.5262 3472
27	0.8740 0986	0.7644 0392	0.7150 4626	0.6689 8745	0.5858 6204	0.5133 9973
28	0.8696 6155	0.7568 3557	0.7062 1853	0.6590 9925	0.5743 7455	0.5008 7778
29	0.8653 3488	0.7493 4215	0.6974 9978	0.6493 5887	0.5631 1231	0.4886 6125
30	0.8610 2973	0.7419 2292	0.6888 8867	0.6397 6243	0.5520 7089	0.4767 4269
31	0.8567 4600	0.7345 7715	0.6803 8387	0.6303 0781	0.5412 4597	0.4651 1481
32	0.8524 8358	0.7273 0411	0.6719 8407	0.6209 9292	0.5306 3330	0.4537 7055
33	0.8482 4237	0.7201 0307	0.6636 8797	0.6118 1568	0.5202 2873	0.4427 0298
34	0.8440 2226	0.7129 7334	0.6554 9429	0.6027 7407	0.5100 2817	0.4319 0534
35	0.8398 2314	0.7059 1420	0.6474 0177	0.5938 6608	0.5000 2761	0.4213 7107
36	0.8356 4492	0.6989 2495	0.6394 0916	0.5850 8974	0.4902 2315	0.4110 9372
37	0.8314 8748	0.6920 0490	0.6315 1522	0.5764 4309	0.4806 1093	0.4010 6705
38	0.8273 5073	0.6851 5337	0.6237 1873	0.5679 2423	0.4711 8719	0.3912 8492
39	0.8232 3455	0.6783 6967	0.6160 1850	0.5595 3126	0.4619 4822	0.3817 4139
40	0.8191 3886	0.6716 5314	0.6084 1334	0.5512 6232	0.4528 9042	0.3724 3062
41	0.8150 6354	0.6650 0311	0.6009 0206	0.5431 1559	0.4440 1021	0.3633 4695
42	0.8110 0850	0.6584 1892	0.5934 8352	0.5350 8925	0.4353 0413	0.3544 8483
43	0.8069 7363	0.6518 9992	0.5861 5656	0.5271 8153	0.4267 6875	0.3458 3886
44	0.8029 5884	0.6454 4546	0.5789 2006	0.5193 9067	0.4184 0074	0.3374 0376
45	0.7989 6402	0.6390 5492	0.5717 7290	0.5117 1494	0.4101 9680	0.3291 7440
46	0.7949 8907	0.6327 2764	0.5647 1397	0.5041 5265	0.4021 5373	0.3211 4576
47	0.7910 3390	0.6264 6301	0.5577 4219	0.4967 0212	0.3942 6836	0.3133 1294
48	0.7870 9841	0.6202 6041	0.5508 5649	0.4893 6170	0.3865 3761	0.3056 7116
49	0.7831 8250	0.6141 1921	0.5440 5579	0.4821 2975	0.3789 5844	0.2982 1576
50	0.7792 8607	0.6080 3882	0.5373 3905	0.4750 0468	0.3715 2788	0.2909 4221

每元現值表（續）

$$(1+i)^{-n}$$

n \ i	3%	$3\frac{1}{2}\%$	4%	5%	6%	7%
1	0.9708 7379	0.9661 8357	0.9615 3846	0.9523 8095	0.9433 9623	0.9345 7944
2	0.9425 9591	0.9335 1070	0.9245 5621	0.9070 2948	0.8899 9644	0.8734 3873
3	0.9151 4166	0.9019 4271	0.8889 9636	0.8638 3760	0.8396 1928	0.8162 9788
4	0.8884 8705	0.8714 4223	0.8548 0419	0.8227 0247	0.7920 9366	0.7628 9521
5	0.8626 0878	0.8419 7317	0.8219 2711	0.7835 2617	0.7472 5817	0.7129 8618
6	0.8374 8426	0.8135 0064	0.7903 1453	0.7462 1540	0.7049 6054	0.6663 4222
7	0.8130 9151	0.7859 9096	0.7599 1781	0.7106 8133	0.6650 5711	0.6227 4974
8	0.7894 0923	0.7594 1156	0.7306 9021	0.6768 3936	0.6274 1237	0.5820 0910
9	0.7664 1673	0.7337 3097	0.7025 8674	0.6446 0892	0.5918 9846	0.5439 3374
10	0.7440 9391	0.7089 1881	0.6755 6417	0.6139 1325	0.5583 9478	0.5083 4929
11	0.7224 2128	0.6849 4571	0.6495 8093	0.5846 7929	0.5267 8753	0.4750 9280
12	0.7013 7988	0.6617 8330	0.6245 9705	0.5568 3742	0.4969 6936	0.4440 1196
13	0.6809 5134	0.6394 0415	0.6005 7409	0.5303 2135	0.4688 3902	0.4149 6445
14	0.6611 1781	0.6177 8179	0.5774 7508	0.5050 6795	0.4423 0096	0.3878 1724
15	0.6418 6195	0.5968 9062	0.5552 6450	0.4810 1710	0.4172 6506	0.3624 4602
16	0.6231 6694	0.5767 0591	0.5339 0818	0.4581 1152	0.3936 4628	0.3387 3460
17	0.6050 1644	0.5572 0378	0.5133 7325	0.4362 9669	0.3713 6442	0.3165 7439
18	0.5873 9461	0.5383 6114	0.4936 2812	0.4155 2065	0.3503 4379	0.2958 6392
19	0.5702 8603	0.5201 5569	0.4746 4242	0.3957 3396	0.3305 1301	0.2765 0832
20	0.5536 7575	0.5025 6588	0.4563 8695	0.3768 8948	0.3118 0473	0.2584 1900
21	0.5375 4928	0.4855 7090	0.4388 3360	0.3589 4236	0.2941 5540	0.2415 1309
22	0.5218 9250	0.4691 5063	0.4219 5539	0.3418 4987	0.2775 0510	0.2257 1317
23	0.5066 9175	0.4532 8563	0.4057 2633	0.3255 7131	0.2617 9726	0.2109 4688
24	0.4919 3374	0.4379 5713	0.3901 2147	0.3100 6791	0.2469 7855	0.1971 4662
25	0.4776 0557	0.4231 4699	0.3751 1680	0.2953 0277	0.2329 9863	0.1842 4918
26	0.4636 9473	0.4088 3767	0.3606 8923	0.2812 4073	0.2198 1003	0.1721 9549
27	0.4501 8906	0.3950 1224	0.3468 1657	0.2678 4832	0.2073 6795	0.1609 3037
28	0.4370 7675	0.3816 5434	0.3334 7747	0.2550 9364	0.1956 3014	0.1504 0221
29	0.4243 4636	0.3687 4815	0.3206 5141	0.2429 4632	0.1845 5674	0.1405 6282
30	0.4119 8676	0.3562 7841	0.3083 1867	0.2313 7745	0.1741 1013	0.1313 6712
31	0.3999 8715	0.3442 3035	0.2964 6026	0.2203 5947	0.1642 5484	0.1227 7301
32	0.3883 3703	0.3325 8971	0.2850 5794	0.2098 6617	0.1549 5740	0.1147 4113
33	0.3770 2625	0.3213 4271	0.2740 9714	0.1998 7254	0.1461 8622	0.1072 3470
34	0.3660 4490	0.3104 7605	0.2635 5209	0.1903 5480	0.1379 1153	0.1002 1934
35	0.3553 8340	0.2999 7686	0.2534 1547	0.1812 9029	0.1301 0522	0.0936 6294
36	0.3450 3243	0.2898 3272	0.2436 6872	0.1726 5741	0.1227 4077	0.0875 3546
37	0.3349 8294	0.2800 3161	0.2342 9685	0.1644 3563	0.1157 9318	0.0818 0884
38	0.3252 2615	0.2705 6194	0.2252 8543	0.1566 0536	0.1092 3885	0.0764 5686
39	0.3157 5355	0.2614 1250	0.2166 2061	0.1491 4797	0.1030 5552	0.0714 5501
40	0.3065 5684	0.2525 7247	0.2082 8904	0.1420 4568	0.0972 2219	0.0667 8038
41	0.2976 2800	0.2440 3137	0.2002 7793	0.1352 8160	0.0917 1905	0.0624 1157
42	0.2889 5922	0.2357 7910	0.1925 7493	0.1288 3962	0.0865 2740	0.0583 2857
43	0.2805 4294	0.2278 0590	0.1851 6820	0.1227 0440	0.0816 2962	0.0545 1268
44	0.2723 7178	0.2201 0231	0.1780 4635	0.1168 6133	0.0770 0908	0.0509 4643
45	0.2644 3862	0.2126 5924	0.1711 9841	0.1112 9651	0.0726 5007	0.0476 1349
46	0.2567 3653	0.2054 6787	0.1646 1386	0.1059 9668	0.0685 3781	0.0444 9859
47	0.2492 5876	0.1985 1968	0.1582 5256	0.1009 4921	0.0646 5831	0.0415 8747
48	0.2419 0880	0.1918 0645	0.1521 9476	0.0961 4211	0.0609 9840	0.0388 6679
49	0.2349 5029	0.1853 2024	0.1463 4112	0.0915 6391	0.0575 4566	0.0363 2410
50	0.2281 0708	0.1790 5337	0.1407 1262	0.0872 0373	0.0542 8836	0.0339 4776

每元現值表（續完）

$$(1 + i)^{-n}$$

i／n	8%	9%	10%	11%	12%	13%	14%	15%
1	0.925926	0.917431	0.909091	0.900901	0.892857	0.884956	0.877193	0.869565
2	0.857339	0.841680	0.826446	0.811622	0.797194	0.783147	0.769468	0.756144
3	0.793832	0.772183	0.751315	0.731191	0.711780	0.693050	0.674972	0.657516
4	0.735030	0.708425	0.683013	0.658731	0.635518	0.613319	0.592080	0.571753
5	0.680583	0.649931	0.620921	0.593451	0.567427	0.542760	0.519369	0.497177
6	0.630170	0.596267	0.564474	0.534641	0.506631	0.480319	0.455587	0.432328
7	0.583490	0.547034	0.513158	0.481658	0.452349	0.425061	0.399637	0.375937
8	0.540269	0.501866	0.466507	0.433926	0.403883	0.376160	0.350559	0.326902
9	0.500249	0.460428	0.424098	0.390925	0.360610	0.332885	0.307508	0.284262
10	0.463193	0.422411	0.385543	0.352184	0.321973	0.294588	0.269744	0.247185
11	0.428883	0.387533	0.350494	0.317283	0.287476	0.260698	0.236617	0.214943
12	0.397114	0.355535	0.318631	0.285841	0.256675	0.230706	0.207559	0.186907
13	0.367698	0.326179	0.289664	0.257514	0.229174	0.204165	0.182069	0.162528
14	0.340461	0.299246	0.263331	0.231995	0.204620	0.180677	0.159710	0.141329
15	0.315242	0.274538	0.239392	0.209004	0.182696	0.159891	0.140096	0.122894
16	0.291890	0.271870	0.217629	0.188292	0.163122	0.141496	0.122892	0.106865
17	0.270269	0.231073	0.197845	0.169633	0.145644	0.125218	0.107800	0.092926
18	0.250249	0.211994	0.178859	0.152822	0.130040	0.110812	0.094561	0.080805
19	0.231712	0.194490	0.163508	0.137678	0.116107	0.090864	0.082948	0.070265
20	0.214548	0.178431	0.148644	0.124034	0.103667	0.086782	0.072762	0.061100
21	0.198656	0.163698	0.135131	0.111742	0.092560	0.076798	0.063826	0.053131
22	0.183941	0.150182	0.122846	0.100669	0.082643	0.067963	0.055988	0.046201
23	0.170315	0.137781	0.111678	0.090693	0.073788	0.060144	0.049112	0.040174
24	0.157699	0.126405	0.101526	0.081705	0.065882	0.053225	0.043081	0.034934
25	0.146018	0.115968	0.092296	0.073608	0.058823	0.047102	0.037790	0.030378
26	0.135202	0.106393	0.083905	0.066314	0.052521	0.041683	0.033149	0.026415
27	0.125187	0.097608	0.076278	0.059742	0.046894	0.036888	0.029078	0.022970
28	0.115914	0.089548	0.069343	0.053822	0.041869	0.032644	0.025507	0.019974
29	0.107328	0.082155	0.063039	0.048488	0.037383	0.028889	0.022375	0.017369
30	0.099377	0.075371	0.057309	0.043683	0.033378	0.025565	0.019627	0.015103
31	0.092016	0.069148	0.052099	0.039354	0.029802	0.022624	0.017217	0.013133
32	0.085200	0.063438	0.047362	0.035454	0.026609	0.020021	0.015102	0.011420
33	0.078889	0.058200	0.043057	0.031940	0.023758	0.017718	0.013248	0.009931
34	0.073045	0.053395	0.039143	0.028775	0.021212	0.015680	0.011621	0.008635
35	0.067635	0.048986	0.035584	0.025924	0.018940	0.013876	0.010194	0.007509
36	0.062625	0.044941	0.032349	0.023355	0.016910	0.012279	0.008942	0.006529
37	0.057986	0.041231	0.029408	0.021040	0.015098	0.010867	0.007844	0.005678
38	0.053690	0.037826	0.026735	0.018955	0.013481	0.009617	0.006880	0.004937
39	0.049713	0.034703	0.024304	0.017077	0.012036	0.008510	0.006035	0.004293
40	0.046031	0.031838	0.022095	0.015384	0.010747	0.007531	0.005294	0.003733
41	0.042621	0.029209	0.020086	0.013860	0.009595	0.006665	0.004644	0.003246
42	0.039464	0.026797	0.018260	0.012486	0.008567	0.005898	0.004074	0.002823
43	0.036541	0.024584	0.016600	0.011249	0.007649	0.005219	0.003573	0.002455
44	0.033834	0.022555	0.015091	0.010134	0.006830	0.004619	0.003135	0.002134
45	0.031328	0.020692	0.013719	0.009130	0.006098	0.004088	0.002750	0.001856
46	0.029007	0.018984	0.012472	0.008225	0.005445	0.003617	0.002412	0.001614
47	0.026859	0.017416	0.011338	0.007410	0.004861	0.003201	0.002116	0.001403
48	0.024869	0.015978	0.010307	0.006676	0.004340	0.002833	0.001856	0.001220
49	0.023027	0.014659	0.009370	0.006014	0.003875	0.002507	0.001628	0.001061
50	0.021321	0.013449	0.008519	0.005418	0.003460	0.002219	0.001428	0.000923

表　三

每元年金終值表

$$S_{\overline{n}|}\,i = \frac{(1+i)^n - 1}{i}$$

n \ i	$\frac{1}{2}\%$	1%	$1\frac{1}{4}\%$	$1\frac{1}{2}\%$	2%	$2\frac{1}{2}\%$
1	1.0000 0000	1.0000 0000	1.0000 0000	1.0000 0000	1.0000 0000	1.0000 0000
2	2.0050 0000	2.0100 0000	2.0125 0000	2.0150 0000	2.0200 0000	2.0250 0000
3	3.0150 2500	3.0301 0000	3.0376 5625	3.0452 2500	3.0604 0000	3.0756 2500
4	4.0301 0013	4.0604 0100	4.0756 2695	4.0909 0338	4.1216 0800	4.1525 1563
5	5.0502 5063	5.1010 0501	5.1265 7229	5.1522 6693	5.2040 4016	5.2563 2852
6	6.0755 0188	6.1520 1506	6.1906 5444	6.2295 5093	6.3081 2096	6.3877 3673
7	7.1058 7939	7.2135 3521	7.2680 3762	7.3229 9419	7.4342 8338	7.5474 3015
8	8.1414 0879	8.2856 7056	8.3588 8809	8.4328 3911	8.5829 6905	8.7361 1590
9	9.1821 1583	9.3685 2727	9.4633 7420	9.5593 3169	9.7546 2343	9.9545 1880
10	10.2280 2641	10.4622 1254	10.5816 6637	10.7027 2167	10.9497 2100	11.2033 8177
11	11.2791 6654	11.5668 3467	11.7139 3720	11.8632 6249	12.1687 1542	12.4834 6631
12	12.3355 6237	12.6825 0301	12.8603 6142	13.0412 1143	13.4120 8973	13.7955 5297
13	13.3972 4018	13.8093 2804	14.0211 1594	14.2368 2960	14.6803 3152	15.1404 4179
14	14.4642 2639	14.9474 2132	15.1963 7988	15.4503 8205	15.9739 3815	16.5189 5284
15	15.5365 4752	16.0968 9554	16.3863 3463	16.6821 3778	17.2934 1692	17.9319 2666
16	16.6142 3026	17.2578 6449	17.5911 6382	17.9323 6984	18.6392 8525	19.3802 2483
17	17.6973 0141	18.4304 4314	18.8110 5336	19.2013 5539	20.0120 7096	20.8647 3045
18	18.7857 8791	19.6147 4757	20.0461 9153	20.4893 7572	21.4123 1238	22.3863 4871
19	19.8797 1685	20.8108 9504	21.2967 6893	21.7967 1636	22.8405 5863	23.9460 0743
20	20.9791 1544	22.0190 0399	22.5629 7854	23.1236 6710	24.2973 6980	25.5446 5761
21	22.0840 1100	23.2391 9403	23.8450 1577	24.4705 2211	25.7833 1719	27.1832 7405
22	23.1944 3107	24.4715 8598	25.1430 7847	25.8375 7994	27.2989 8354	28.8628 5590
23	24.3104 0322	25.7163 0183	26.4573 6695	27.2251 4364	28.8449 6321	30.5844 2730
24	25.4319 5524	26.9734 6485	27.7880 8403	28.6335 2080	30.4218 6247	32.3490 3798
25	26.5591 1502	28.2431 9950	29.1354 3508	30.0630 2361	32.0302 9972	34.1577 6393
26	27.6919 1059	29.5256 3150	30.4996 2802	31.5139 6896	33.6709 0572	36.0117 0803
27	28.8303 7015	30.8208 8781	31.8808 7337	32.9866 7850	35.3443 2383	37.9120 0073
28	29.9745 2200	32.1290 9669	33.2793 8429	34.4814 7867	37.0512 1031	39.8598 0075
29	31.1243 9461	33.4503 8766	34.6953 7659	35.9987 0085	38.7922 3451	41.8562 9577
30	32.2800 1658	34.7848 9153	36.1290 6880	37.5386 8137	40.5680 7921	43.9027 0316
31	33.4414 1666	36.1327 4045	37.5806 8216	39.1017 6159	42.3794 4079	46.0002 7074
32	34.6086 2375	37.4940 6785	39.0504 4069	40.6882 8801	44.2270 2961	48.1502 7751
33	35.7816 6686	38.8690 0853	40.5385 7120	42.2986 1233	46.1115 7020	50.3540 3445
34	36.9605 7520	40.2576 9862	42.0453 0334	43.9330 9152	48.0338 0160	52.6128 8531
35	38.1453 7807	41.6602 7560	43.5708 6963	45.5920 8789	49.9944 7763	54.9282 0744
36	39.3361 0496	43.0768 7836	45.1155 0550	47.2759 6921	51.9943 6719	57.3014 1263
37	40.5327 8549	44.5076 4714	46.6794 4932	48.9851 0874	54.0342 5453	59.7339 4794
38	41.7354 4942	45.9527 2361	48.2926 4243	50.7198 8538	56.1149 3962	62.2272 9664
39	42.9441 2666	47.4122 5085	49.8862 2921	52.4806 8366	58.2372 3841	64.7829 7906
40	44.1588 4730	48.8863 7336	51.4895 5708	54.2678 9391	60.4019 8318	67.4025 5354
41	45.3796 4153	50.3752 3709	53.1331 7654	56.0819 1232	62.6100 2284	70.0876 1737
42	46.6065 3974	51.8789 8946	54.7973 4125	57.9231 4100	64.8622 2330	72.8398 0781
43	47.8395 7244	53.3977 7936	56.4823 0801	59.7919 8812	67.1594 6777	75.6608 0300
44	49.0787 7030	54.9317 5715	58.1883 3687	61.6888 6794	69.5026 5712	78.5523 2308
45	50.3241 6415	56.4810 7472	59.9156 9108	63.6142 0096	71.8927 1027	81.5161 3116
46	51.5757 8497	58.0458 8547	61.6646 3721	65.5684 1398	74.3305 6447	84.5540 3443
47	52.8336 6390	59.6263 4432	63.4354 4518	67.5519 4018	76.8171 7576	87.6678 8530
48	54.0978 3222	61.2226 0777	65.2283 8824	69.5652 1929	79.3535 1927	90.8595 8243
49	55.3683 2138	62.8348 3385	67.0437 4310	71.6086 9758	81.9405 8966	94.1310 7199
50	56.6451 6299	64.4631 8218	68.8817 8989	73.6828 2804	84.5794 0145	97.4843 4879

每元年金終值表（續）

$$S\,\overline{n}|i = \frac{(1+i)^n - 1}{i}$$

i \ n	3%	$3\frac{1}{2}\%$	4%	5%	6%	7%
1	1.0000 0000	1.0000 0000	1.0000 0000	1.0000 0000	1.0000 0000	1.0000 0000
2	2.0300 0000	2.0350 0000	2.0400 0000	2.0500 0000	2.0600 0000	2.0700 0000
3	3.0909 0000	3.1062 2500	3.1216 0000	3.1525 0000	3.1836 0000	3.2149 0000
4	4.1836 2700	4.2149 4288	4.2464 6400	4.3101 2500	4.3746 1600	4.4399 4300
5	5.3091 3581	5.3624 6588	5.4163 2256	5.5256 3125	5.6370 9296	5.7507 3901
6	6.4684 0988	6.5501 5218	6.6329 7546	6.8019 1281	6.9753 1854	7.1532 9074
7	7.6624 6218	7.7794 0751	7.8982 9448	8.1420 0845	8.3938 3765	8.6540 2109
8	8.8923 3605	9.0516 8677	9.2142 2626	9.5491 0888	9.8974 6791	10.2598 0257
9	10.1591 0613	10.3684 9581	10.5827 9531	11.0265 6432	11.4913 1598	11.9779 8875
10	11.4638 7931	11.7313 9316	12.0061 0712	12.5778 9254	13.1807 9494	13.8164 4796
11	12.8077 9569	13.1419 9192	13.4863 5141	14.2067 8716	14.9716 4264	15.7835 9932
12	14.1920 2956	14.6019 6164	15.0258 0546	15.9171 2652	16.8699 4120	17.8884 5127
13	15.6177 9045	16.1130 3030	16.6268 3768	17.7129 8285	18.8821 3767	20.1406 4286
14	17.0863 2416	17.6769 8636	18.2919 1119	19.5986 3199	21.0150 6593	22.5504 8786
15	18.5989 1389	19.2956 8088	20.0235 8764	21.5785 6359	23.2759 6988	25.1290 2201
16	20.1568 8130	20.9710 2971	21.8245 3114	23.6574 9177	25.6725 2808	27.8880 5355
17	21.7615 8774	22.7050 1575	23.6975 1239	25.8403 6636	28.2128 7976	30.8402 1730
18	23.4144 3537	24.4996 9130	25.6454 1288	28.1323 8467	30.9056 5255	33.9990 3251
19	25.1168 6844	26.3571 8050	27.6712 2940	30.5390 0391	33.7599 9170	37.3789 6479
20	26.8703 7449	28.2796 8181	29.7780 7858	33.0659 5410	36.7855 9120	40.9954 9232
21	28.6764 8572	30.2694 7068	31.9692 0172	35.7192 5181	39.9927 2668	44.8651 7678
22	30.5367 8030	32.3289 0215	34.2479 6979	38.5052 1440	43.3922 9028	49.0057 3916
23	32.4528 8370	34.4604 1373	36.6178 8858	41.4304 7512	46.9958 2769	53.4361 4090
24	34.4264 7022	36.6665 2821	39.0826 0412	44.5019 9887	50.8155 7735	58.1766 7076
25	36.4592 6432	38.9498 5669	41.6459 0829	47.7270 9882	54.8645 1200	63.2490 3772
26	38.5530 4225	41.3131 0168	44.3117 4462	51.1134 5376	59.1563 8272	68.6764 7036
27	40.7096 3352	43.7590 6024	47.0842 1440	54.6691 2645	63.7057 6568	74.4838 2328
28	42.9309 2252	46.2906 2734	49.9675 8298	58.4025 8277	68.5281 1162	80.6976 9091
29	45.2188 5020	48.9107 9930	52.9662 8630	62.3227 1191	73.6397 9832	87.3465 2927
30	47.5754 1571	51.6226 7728	56.0849 3775	66.4388 4750	79.0581 8622	94.4607 8632
31	50.0026 7818	54.4294 7098	59.3283 3526	70.7607 8988	84.8016 7739	102.0730 4137
32	52.5027 5852	57.3345 0247	62.7014 6867	75.2988 2937	90.8897 7803	110.2181 5426
33	55.0778 4128	60.3412 1005	66.2095 2742	80.0637 7084	97.3431 6471	118.9334 2506
34	57.7301 7652	63.4531 5240	69.8579 0851	85.0669 5938	104.1837 5460	128.2587 6481
35	60.4620 8181	66.6740 1274	73.6522 2486	90.3203 0735	111.4347 7987	138.2368 7835
36	63.2759 4427	70.0076 0318	77.5983 1385	95.8363 2272	119.1208 6666	148.9134 5984
37	66.1742 2259	73.4578 6930	81.7022 4640	101.6281 3886	127.2681 1866	160.3374 0202
38	69.1594 4927	77.0288 9472	85.9703 3626	107.7095 4580	135.9042 0578	172.5610 2017
39	72.2342 3275	80.7249 0604	90.4091 4971	114.0950 2309	145.0584 5813	185.6402 9158
40	75.4012 5973	84.5502 7775	95.0255 1570	120.7997 7424	154.7619 6562	199.6351 1199
41	78.6632 9753	88.5095 3747	99.8265 3633	127.8397 6295	165.0476 8356	214.6095 6983
42	82.0231 9645	92.6073 7128	104.8195 9778	135.2317 5110	175.9505 4457	230.6322 3972
43	85.4838 9234	96.8486 2928	110.0123 8169	142.9933 3866	187.5075 7724	247.7764 9650
44	89.0484 0911	101.2383 3130	115.4128 7696	151.1430 0559	199.7580 3188	266.1208 5125
45	92.7198 6139	105.7816 7290	121.0293 9204	159.7001 5587	212.7435 1379	285.7493 1084
46	96.5014 5723	110.4840 3145	126.8705 6772	168.6851 6366	226.5081 2462	306.7517 6260
47	100.3965 0095	115.3509 7255	132.9453 9043	178.1194 2185	241.0986 1210	329.2243 8598
48	104.4083 9598	120.3882 5659	139.2632 0604	188.0253 9294	256.5645 2882	353.2700 9300
49	108.5406 4785	125.6018 4557	145.8337 3429	198.4266 6259	272.9584 0055	378.9989 9951
50	112.7968 6729	130.9979 1016	152.6670 8366	209.3479 9572	290.3359 0458	406.5289 2947

每元年金終值表（續完）

$$S\,\overline{n}|\,i = \frac{(1+i)^n - 1}{i}$$

n \ i	8%	9%	10%	11%	12%	13%	14%	15%
1	1.000000	1.000000	1.000000	1.000000	1.000000	1.000000	1.000000	1.000000
2	2.080000	2.090000	2.100000	2.110000	2.120000	2.130000	2.140000	2.150000
3	3.246400	3.278100	3.310000	3.342100	3.374400	3.406900	3.439600	3.472500
4	4.506112	4.573129	4.641000	4.709731	4.779328	4.849797	4.921144	4.993375
5	5.866601	5.984711	6.105100	6.227801	6.352847	6.480271	6.610104	6.742381
6	7.335929	7.523335	7.715610	7.912860	8.115189	8.322706	8.535519	8.753738
7	8.922803	9.200435	9.487171	9.783274	10.089012	10.404658	10.730491	11.066799
8	10.636628	11.028474	11.435888	11.859434	12.299693	12.757263	13.232760	13.726819
9	12.487558	13.021036	13.579477	14.163972	14.775656	15.415707	16.085347	16.785842
10	14.486562	15.192930	15.937425	16.722009	17.548735	18.419749	19.337295	20.303718
11	16.645487	17.560293	18.531167	19.561430	20.654583	21.814317	23.044516	24.349276
12	18.977126	20.140720	21.384284	22.713187	24.133133	25.650178	27.270749	29.001667
13	21.495297	22.953385	24.522712	26.211638	28.029109	29.984701	32.088654	34.351917
14	24.214920	26.019189	27.974983	30.094918	32.392602	34.882712	37.581065	40.504705
15	27.152114	29.360916	31.772482	34.405359	37.279715	40.417464	43.842414	47.580411
16	30.324283	33.003399	35.949730	39.189948	42.753280	46.671735	50.980352	55.717472
17	33.750226	36.973705	40.544703	44.500843	48.883674	53.739060	59.117601	65.075093
18	37.450244	41.301338	45.599173	50.395936	55.749715	61.725138	68.394066	75.836357
19	41.446263	46.018458	51.159090	56.939488	63.439681	70.749406	78.969235	88.211811
20	45.761964	51.160120	57.274999	64.202832	72.052442	80.946829	91.024928	102.443583
21	50.422921	56.764530	64.002499	72.265144	81.698736	92.469917	104.768418	118.810120
22	55.456755	62.873338	71.402749	81.214309	92.502584	105.491006	120.435996	137.631638
23	60.893296	69.531939	79.543024	91.147884	104.602894	120.204837	138.297035	159.276384
24	66.764759	76.789813	88.497327	102.174151	118.155241	136.831465	158.658620	184.167841
25	73.105940	84.700896	98.347059	114.413307	133.333870	155.619556	181.870827	212.793017
26	79.954415	93.323977	109.181765	127.998771	150.333934	176.850098	208.332743	245.711970
27	87.350768	102.723135	121.099942	143.078636	169.374007	200.840611	238.499327	283.568766
28	95.338830	112.968217	134.209936	159.817286	190.698887	227.949890	272.889233	327.104080
29	103.965936	124.135356	148.630930	178.397187	214.582754	258.583376	312.093725	377.169693
30	113.283211	136.307539	164.494023	199.020878	241.332684	293.199215	356.786847	434.745146
31	123.345868	149.575217	181.943425	221.913174	271.292606	332.315113	407.737006	500.956918
32	134.213537	164.036987	201.137767	247.323624	304.847719	376.516078	465.820186	577.100456
33	145.950620	179.800315	222.251544	275.529222	342.429446	426.463168	532.035012	664.665525
34	158.626670	196.982344	245.476699	306.837437	384.520979	482.903380	607.519914	765.365353
35	172.316804	215.710755	271.024368	341.589555	431.663496	546.680819	693.572702	881.170156
36	187.102148	236.124723	299.126805	380.164406	484.463116	618.749325	791.672881	1014.345680
37	203.070320	258.375948	330.039486	422.982490	543.598690	700.186738	903.507084	1167.497532
38	220.315945	282.629783	364.043434	470.510564	609.830533	792.211014	1030.998076	1343.622161
39	238.941221	309.066463	401.447778	523.266726	684.010197	896.198445	1176.337806	1546.165485
40	259.056519	337.882445	442.592556	581.826066	767.091420	1013.704243	1342.025099	1779.090308
41	280.781040	369.291865	487.851811	646.826934	860.142391	1146.485795	1530.908613	2046.953854
42	304.243523	403.528133	537.636992	718.977896	964.359478	1296.528948	1746.235819	2354.996933
43	329.583005	440.845665	592.400692	799.065465	1081.082615	1466.077712	1991.708833	2709.246473
44	356.949646	481.521775	652.640761	887.962666	1211.812529	1657.667814	2271.548070	3116.633443
45	386.505617	525.858734	718.904837	986.638559	1358.230032	1874.164630	2590.564800	3585.128460
46	418.426067	574.186021	791.795321	1096.168801	1522.217636	2118.806032	2954.243872	4123.897729
47	452.900152	626.862762	871.974853	1217.747369	1705.883752	2395.250816	3368.838014	4743.482388
48	490.132164	684.280411	960.172338	1352.699580	1911.589803	2707.633422	3841.475336	5466.004746
49	530.342737	746.865648	1057.189572	1502.496534	2141.980579	3060.625767	4380.281883	6275.405458
50	573.770156	815.083556	1163.908529	1668.771152	2400.018249	3459.507117	4994.521346	7217.716277

表　四
每元年金現值表

$$P\,\overline{n}|\,i = \frac{1-(1+i)^{-n}}{i}$$

n \ i	$\frac{1}{2}\%$	1%	$1\frac{1}{4}\%$	$1\frac{1}{2}\%$	2%	$2\frac{1}{2}\%$
1	0.9950 2488	0.9900 9901	0.9876 5432	0.9852 2167	0.9803 9216	0.9756 0976
2	1.9850 9938	1.9703 9506	1.9631 1538	1.9558 8342	1.9415 6094	1.9274 2415
3	2.9702 4814	2.9409 8521	2.9265 3371	2.9122 0042	2.8838 8327	2.8560 2356
4	3.9504 9566	3.9019 6555	3.8780 5798	3.8543 8465	3.8077 2870	3.7619 7421
5	4.9258 6633	4.8534 3124	4.8178 3504	4.7826 4497	4.7134 5951	4.6458 2850
6	5.8963 8441	5.7954 7647	5.7460 0992	5.6971 8717	5.6014 3089	5.5081 2536
7	6.8620 7404	6.7281 9453	6.6627 2585	6.5982 1396	6.4719 9107	6.3493 9060
8	7.8229 5924	7.6516 7775	7.5681 2429	7.4859 2508	7.3254 8144	7.1701 3717
9	8.7790 6392	8.5660 1758	8.4623 4498	8.3605 1732	8.1622 3671	7.9708 6553
10	9.7304 1186	9.4713 0453	9.3455 2591	9.2221 8455	8.9825 8501	8.7520 6393
11	10.6770 2673	10.3676 2825	10.2178 0337	10.0711 1779	9.7868 4805	9.5142 0871
12	11.6189 3207	11.2550 7747	11.0793 1197	10.9075 0521	10.5753 4122	10.2577 6460
13	12.5561 5131	12.1337 4007	11.9301 8466	11.7315 3222	11.3483 7375	10.9831 8497
14	13.4887 0777	13.0037 0304	12.7705 5275	12.5433 8150	12.1062 4877	11.6909 1217
15	14.4166 2465	13.8650 5252	13.6005 4592	13.3432 3301	12.8492 6350	12.3813 7773
16	15.3399 2502	14.7178 7378	14.4202 9227	14.1312 6405	13.5777 0931	13.0550 0266
17	16.2586 3186	15.5622 5127	15.2299 1829	14.9076 4931	14.2918 7183	13.7121 9772
18	17.1727 6802	16.3982 6858	16.0295 4893	15.6725 6089	14.9920 3125	14.3533 6363
19	18.0823 5624	17.2260 0850	16.8193 0759	16.4261 6873	15.6784 6201	14.9788 9134
20	18.9874 1915	18.0455 5297	17.5993 1613	17.1686 3879	16.3514 3334	15.5891 6229
21	19.8879 7925	18.8569 8313	18.3696 9495	17.9001 3673	17.0112 0916	16.1845 4857
22	20.7840 5896	19.6603 7934	19.1305 6291	18.6208 2437	17.6580 4820	16.7654 1324
23	21.6756 8055	20.4558 2113	19.8820 3744	19.3308 6145	18.2922 0412	17.3321 1048
24	22.5628 6622	21.2433 8726	20.6242 3451	20.0304 0537	18.9139 2560	17.8849 8583
25	23.4456 3803	22.0231 5570	21.3572 6865	20.7196 1120	19.5234 5647	18.4243 7642
26	24.3240 1794	22.7952 0366	22.0812 5299	21.3986 3172	20.1210 3576	18.9506 1114
27	25.1980 2780	23.5596 0759	22.7962 9925	22.0676 1746	20.7068 9780	19.4640 1087
28	26.0676 8936	24.3164 4316	23.5025 1778	22.7267 1671	21.2812 7236	19.9648 8866
29	26.9330 2423	25.0657 8530	24.2000 1756	23.3760 7558	21.8443 8466	20.4535 4991
30	27.7940 5397	25.8077 0822	24.8889 0623	24.0158 3801	22.3964 5555	20.9302 9259
31	28.6507 9997	26.5422 8537	25.5692 9010	24.6461 4582	22.9377 0152	21.3954 0741
32	29.5032 8355	27.2695 8947	26.2412 7418	25.2671 3874	23.4683 3482	21.8491 7796
33	30.3515 2592	27.9896 9255	26.9049 6215	25.8789 5442	23.9885 6355	22.2918 8094
34	31.1955 4818	28.7026 6589	27.5604 5644	26.4817 2849	24.4985 9172	22.7237 8628
35	32.0353 7132	29.4085 8009	28.2078 5822	27.0755 9458	24.9986 1933	23.1451 5734
36	32.8710 1624	30.1075 0504	28.8472 6737	27.6606 8341	25.4888 4248	23.5562 5107
37	33.7025 0372	30.7995 0994	29.4787 8259	28.2371 2740	25.9694 5341	23.9573 1812
38	34.5298 5445	31.4846 6330	30.1025 0133	28.8050 5163	26.4406 4060	24.3486 0304
39	35.3530 8900	32.1630 3298	30.7185 1983	29.3645 8288	26.9025 8883	24.7303 4443
40	36.1772 2786	32.8346 8611	31.3269 3316	29.9158 4520	27.3554 7924	25.1027 7505
41	36.9872 9141	33.4996 8922	31.9278 3522	30.4589 6079	27.7994 8945	25.4661 2200
42	37.7982 9991	34.1581 0814	32.5213 1874	30.9940 5004	28.2347 9358	25.8206 0683
43	38.6052 7354	34.8100 0806	33.1074 7530	31.5212 3157	28.6615 6233	26.1664 4569
44	39.4082 3238	35.4554 5352	33.6863 9536	32.0406 2223	29.0799 6307	26.5038 4945
45	40.2071 9640	36.0945 0844	34.2581 6825	32.5523 3718	29.4901 5987	26.8330 2386
46	41.0021 8547	36.7272 3608	34.8228 8222	33.0564 8983	29.8923 1360	27.1541 6962
47	41.7932 1937	37.3535 9909	35.3806 2442	33.5531 9195	30.2865 8196	27.4674 8255
48	42.5803 1778	37.9739 5949	35.9314 8091	34.0425 5365	30.6731 1957	27.7731 5371
49	43.3635 0028	38.5880 7871	36.4755 3670	34.5246 8339	31.0520 7801	28.0713 6947
50	44.1427 8635	39.1961 1753	37.0128 7574	34.9996 8807	31.4236 0589	28.3623 1168

每元年金現值表（續）

$$P_{\overline{n}|}i = \frac{1-(1+i)^{-n}}{i}$$

n \ i	3%	$3\frac{1}{2}\%$	4%	5%	6%	7%
1	0.9708 7379	0.9661 8357	0.9615 3846	0.9523 8095	0.9433 9623	0.9345 7944
2	1.9134 6970	1.8996 9428	1.8860 9467	1.8594 1043	1.8333 9267	1.8080 1817
3	2.8286 1135	2.8016 3698	2.7750 9103	2.7232 4803	2.6730 1195	2.6243 1604
4	3.7170 9840	3.6730 7921	3.6298 9522	3.5459 5050	3.4651 0561	3.3872 1126
5	4.5797 0719	4.5150 5238	4.4518 2233	4.3294 7667	4.2123 6379	4.1001 9744
6	5.4171 9144	5.3285 5302	5.2421 3686	5.0756 9206	4.9173 2433	4.7665 3966
7	6.2302 8296	6.1145 4398	6.0020 5467	5.7863 7340	5.5823 8144	5.3892 8940
8	7.0196 9219	6.8739 5554	6.7327 4487	6.4632 1276	6.2097 9381	5.9712 9851
9	7.7861 0892	7.6076 8651	7.4353 3161	7.1078 2168	6.8016 9227	6.5152 3225
10	8.5302 0284	8.3116 0532	8.1108 9578	7.7217 3493	7.3600 8705	7.0235 8154
11	9.2526 2411	9.0015 5104	8.7604 7671	8.3064 1442	7.8868 7458	7.4986 7434
12	9.9540 0399	9.6633 3433	9.3850 7376	8.8632 5164	8.3838 4394	7.9426 8630
13	10.6349 5533	10.3027 3849	9.9856 4785	9.3935 7299	8.8526 8296	8.3576 5074
14	11.2960 7314	10.9205 2028	10.5631 2293	9.8986 4094	9.2949 8393	8.7454 6799
15	11.9379 3509	11.5174 1090	11.1183 8743	10.3796 5804	9.7122 4899	9.1079 1401
16	12.5611 0203	12.0941 1681	11.6522 9561	10.8377 6956	10.1058 9527	9.4466 4860
17	13.1661 1847	12.6513 2059	12.1656 6885	11.2740 6625	10.4772 5969	9.7632 2299
18	13.7535 1308	13.1896 8173	12.6592 9697	11.6895 8690	10.8276 0348	10.0590 8691
19	14.3237 9911	13.7098 3742	13.1339 3940	12.0853 2086	11.1581 1649	10.3355 9524
20	14.8774 7486	14.2124 0330	13.5903 2634	12.4622 1034	11.4699 2122	10.5940 1425
21	15.4150 2414	14.6979 7420	14.0291 5995	12.8211 5271	11.7640 7662	10.8355 2733
22	15.9369 1664	15.1671 2484	14.4511 1533	13.1630 0258	12.0415 8172	11.0612 4050
23	16.4436 0839	15.6204 1047	14.8568 4167	13.4885 7388	12.3033 7898	11.2721 8738
24	16.9355 4212	16.0583 6760	15.2469 6314	13.7986 4179	12.5503 5753	11.4693 3400
25	17.4131 4769	16.4815 1459	15.6220 7994	14.0939 4457	12.7833 5616	11.6535 8318
26	17.8768 4242	16.8903 5226	15.9827 6918	14.3751 8530	13.0031 6619	11.8257 7867
27	18.3270 3147	17.2853 6451	16.3295 8575	14.6430 3362	13.2105 3414	11.9867 0904
28	18.7641 0823	17.6670 1885	16.6630 6322	14.8981 2726	13.4061 5428	12.1371 1115
29	19.1884 5459	18.0357 6700	16.9837 1463	15.1410 7358	13.5907 2102	12.2776 7407
30	19.6004 4135	18.3920 4541	17.2920 3330	15.3724 5103	13.7648 3115	12.4090 4118
31	20.0004 2849	18.7362 7576	17.5884 9356	15.5928 1050	13.9290 8599	12.5318 1419
32	20.3887 6553	19.0688 6547	17.8735 5150	15.8026 7667	14.0840 4339	12.6465 5532
33	20.7657 9178	19.3902 0818	18.1476 4567	16.0025 4921	14.2302 2961	12.7537 9002
34	21.1318 3668	19.7006 8423	18.4111 9776	16.1929 0401	14.3681 4114	12.8540 0936
35	21.4872 2007	20.0006 6110	18.6646 1323	16.3741 9429	14.4982 4636	12.9476 7230
36	21.8322 5250	20.2904 9381	18.9082 8195	16.5468 5171	14.6209 8713	13.0352 0776
37	22.1672 3544	20.5705 2542	19.1425 7880	16.7112 8734	14.7367 8031	13.1170 1660
38	22.4924 6159	20.8410 8736	19.3678 6423	16.8678 9271	14.8460 1916	13.1934 7345
39	22.8082 1513	21.1024 9987	19.5844 8484	17.0170 4067	14.9490 7468	13.2649 2846
40	23.1147 7197	21.3550 7234	19.7927 7388	17.1590 8635	15.0462 9687	13.3317 0884
41	23.4123 9997	21.5991 0371	19.9930 5181	17.2943 6796	15.1380 1592	13.3941 2041
42	23.7013 5920	21.8348 8281	20.1856 2674	17.4232 0758	15.2245 4332	13.4524 4898
43	23.9819 0213	22.0626 8870	20.3707 9494	17.5459 1198	15.3061 7294	13.5069 6167
44	24.2542 7392	22.2827 9102	20.5488 4129	17.6627 7331	15.3831 8202	13.5579 0810
45	24.5187 1254	22.4954 5026	20.7200 3970	17.7740 6982	15.4558 3209	13.6055 2159
46	24.7754 4907	22.7009 1813	20.8846 5356	17.8800 6650	15.5243 6990	13.6500 2018
47	25.0247 0783	22.8994 3780	21.0429 3612	17.9810 1571	15.5890 2821	13.6916 0764
48	25.2667 0664	23.0912 4425	21.1951 3088	18.0771 5782	15.6500 2661	13.7304 7443
49	25.5016 5693	23.2765 6450	21.3414 7200	18.1687 2173	15.7075 7227	13.7667 9853
50	25.7297 6401	23.4556 1787	21.4821 8462	18.2559 2546	15.7618 6064	13.8007 4629

每元年金現值表（續完）

$$P\,\overline{n}|\,i = \frac{1-(1+i)^{-n}}{i}$$

n＼i	8%	9%	10%	11%	12%	13%	14%	15%
1	0.925926	0.917431	0.909091	0.900901	0.892857	0.884956	0.877193	0.869565
2	1.783265	1.759111	1.735537	1.712523	1.690051	1.668102	1.646661	1.625709
3	2.577097	2.531295	2.486852	2.443715	2.401831	2.361153	2.321632	2.283225
4	3.312127	3.239720	3.169865	3.102446	3.037349	2.974471	2.913712	2.854978
5	3.992710	3.889651	3.790787	3.695897	3.604776	3.517231	3.433081	3.352155
6	4.622880	4.485919	4.355261	4.230538	4.111407	3.997550	3.888668	3.784483
7	5.206370	5.032953	4.868419	4.712196	4.563757	4.422610	4.288305	4.160420
8	5.746639	5.534819	5.334926	5.146123	4.967640	4.798770	4.638864	4.487322
9	6.246888	5.995247	5.759024	5.537048	5.328250	5.131655	4.946372	4.771584
10	6.710081	6.417658	6.144567	5.889232	5.650223	5.426243	5.216116	5.018769
11	7.138964	6.805191	6.495061	6.206515	5.937699	5.686941	5.452733	5.233712
12	7.536078	7.160725	6.813692	6.492356	6.194374	5.917647	5.660292	5.420619
13	7.903776	7.486904	7.103356	6.749870	6.423548	6.121812	5.842362	5.583147
14	8.244237	7.786150	7.366687	6.981865	6.628168	6.302488	6.002072	5.724476
15	8.559479	8.060688	7.606080	7.190870	6.810864	6.462379	6.142168	5.847370
16	8.851369	8.312558	7.823709	7.379162	6.973986	6.603875	6.265060	5.954235
17	9.121638	8.543631	8.021553	7.548794	7.119630	6.729093	6.372859	6.047161
18	9.371887	8.755625	8.201412	7.701617	7.249670	6.839905	6.467420	6.127966
19	9.603599	8.950115	8.364920	7.839294	7.365777	6.937969	6.550369	6.198231
20	9.818147	9.128546	8.513564	7.963328	7.469444	7.024752	6.623131	6.259331
21	10.016803	9.292244	8.648694	8.075070	7.562003	7.101550	6.686957	6.312462
22	10.200744	9.442425	8.771540	8.175739	7.644646	7.169513	6.742944	6.358663
23	10.371059	9.580207	8.883218	8.266432	7.718434	7.229658	6.792056	6.398837
24	10.528758	9.706612	8.984744	8.348137	7.784316	7.282883	6.835137	6.433771
25	10.674776	9.822580	9.077040	8.421745	7.843139	7.329985	6.872927	6.464149
26	10.809978	9.928972	9.160945	8.488058	7.895660	7.371668	6.906077	6.490564
27	10.935165	10.026580	9.237223	8.547800	7.942554	7.408556	6.935155	6.513534
28	11.051078	10.116128	9.306567	8.601622	7.984423	7.441200	6.960662	6.533508
29	11.158406	10.198283	9.369606	8.650110	8.021806	7.470088	6.983037	6.550877
30	11.257783	10.273654	9.426914	8.693793	8.055184	7.495653	7.002664	6.565980
31	11.349799	10.342802	9.479013	8.733146	8.084986	7.518277	7.019881	6.579113
32	11.434999	10.406240	9.526376	8.768600	8.111594	7.538299	7.034983	6.590533
33	11.513888	10.464441	9.569432	8.800541	8.135352	7.556016	7.048231	6.600463
34	11.586934	10.517835	9.608575	8.829316	8.156564	7.571696	7.059852	6.609099
35	11.654568	10.566821	9.644159	8.855240	8.175504	7.585572	7.070045	6.616607
36	11.717193	10.611763	9.676508	8.878594	8.192414	7.597851	7.078987	6.623137
37	11.775179	10.652993	9.705917	8.899635	8.207513	7.608718	7.086831	6.628815
38	11.828869	10.690820	9.732651	8.918590	8.220993	7.618334	7.093711	6.633752
39	11.878582	10.725523	9.756956	8.935666	8.233030	7.626844	7.099747	6.638045
40	11.924613	10.757360	9.779051	8.951051	8.243777	7.634376	7.105041	6.641778
41	11.967235	10.786569	9.799137	8.964911	8.253372	7.641040	7.109685	6.645025
42	12.006699	10.813366	9.817397	8.977397	8.261939	7.646938	7.113759	6.647848
43	12.043240	10.837950	9.833998	8.988646	8.269589	7.652158	7.117332	6.650302
44	12.077074	10.860505	9.849089	8.998780	8.276418	7.656777	7.120467	6.652437
45	12.108402	10.881197	9.862808	9.007910	8.282516	7.660864	7.123217	6.654293
46	12.137409	10.900181	9.875280	9.016135	8.287961	7.664482	7.125629	6.655907
47	12.164267	10.917597	9.886618	9.023545	8.292822	7.667683	7.127744	6.657310
48	12.189136	10.933575	9.896926	9.030221	8.297163	7.670516	7.129600	6.658531
49	12.212163	10.948234	9.906296	9.036235	8.301038	7.673023	7.131228	6.659592
50	12.233485	10.961683	9.914814	9.041653	8.304498	7.675242	7.132656	6.660515

三民大專用書書目——會計·審計·統計

書名	作者		學校
會計制度設計之方法	趙仁達	著	
銀行會計	文大熙	著	
銀行會計（上）（下）（革新版）	金桐林	著	中興銀行
銀行會計實務	趙仁達	著	
初級會計學（上）（下）	洪國賜	著	前淡水工商管理學院
中級會計學（上）（下）	洪國賜	著	前淡水工商管理學院
中級會計學題解	洪國賜	著	前淡水工商管理學院
中等會計（上）（下）	薛光圻 張鴻春	著	西東大學
會計學（上）（下）（修訂版）	幸世間	著	前臺灣大學
會計學題解	幸世間	著	前臺灣大學
會計學概要	李兆萱	著	前臺灣大學
會計學概要習題	李兆萱	著	前臺灣大學
會計學(一)	林宜勉	著	中興大學
成本會計	張昌齡	著	成功大學
成本會計（上）（下）（增訂新版）	洪國賜	著	前淡水工商管理學院
成本會計題解（上）（下）（增訂新版）	洪國賜	著	前淡水工商管理學院
成本會計	盛禮約	著	淡水工商管理學院
成本會計習題	盛禮約	著	淡水工商管理學院
成本會計概要	童綷	著	
成本會計（上）（下）	費鴻泰 王怡心	著	中興大學
成本會計習題與解答（上）（下）	費鴻泰 王怡心	著	中興大學
管理會計	王怡心	著	中興大學
管理會計習題與解答	王怡心	著	中興大學
政府會計	李增榮	著	政治大學
政府會計	張鴻春	著	臺灣大學
政府會計題解	張鴻春	著	臺灣大學
財務報表分析	洪國賜 盧聯生	著	前淡水工商管理學院 輔仁大學
財務報表分析題解	洪國賜	著	前淡水工商管理學院
財務報表分析（增訂新版）	李祖培	著	中興大學

書名	著者		學校
財務報表分析題解	李祖培	著	中興大學
稅務會計（最新版）	卓敏枝、盧聯生、莊傳成	著	臺灣大學、輔仁大學、文化大學
珠算學（上）（下）	邱英桃	著	臺北商專
珠算學（上）（下）	楊盛弘	著	淡水工商管理學院
商業簿記（上）（下）	殷文約	著	
審計學	殷文俊	著	政治大學
商用統計學	顏月珠	著	臺灣大學
商用統計學題解	顏月珠	著	臺灣大學
商用統計學	劉一忠	著	舊金山州立大學
統計學	成灝然	著	臺中商專
統計學	柴松林	著	交通大學
統計學	劉南溟	著	臺灣大學
統計學	張浩鈞	著	臺灣大學
統計學	楊維哲	著	臺灣大學
統計學	張健邦	著	政治大學
統計學（上）（下）	張素梅	著	臺灣大學
統計學題解	蔡淑女 著、張健邦	校訂	政治大學
現代統計學	顏月珠	著	臺灣大學
現代統計學題解	顏月珠	著	臺灣大學
統計學	顏月珠	著	臺灣大學
統計學題解	顏月珠	著	臺灣大學
推理統計學	張碧波	著	銘傳大學
應用數理統計學	顏月珠	著	臺灣大學
統計製圖學	宋汝濬	著	臺中商專
統計概念與方法	戴久永	著	交通大學
統計概念與方法題解	戴久永	著	交通大學
迴歸分析	吳宗正	著	成功大學
變異數分析	呂金河	著	成功大學
多變量分析	張健邦	著	政治大學
抽樣方法	儲全滋	著	成功大學
抽樣方法 ——理論與實務	鄭光甫	著	中央大學主計處
商情預測	鄭碧娥	著	成功大學

三民大專用書書目——經濟・財政

書名	作者	著/編	服務機構
經濟學新辭典	高 叔 康 編		國際票券公司
經濟學通典	林 華 德 著		
經濟思想史	史 考 特 著		
西洋經濟思想史	林 鐘 雄 著		臺 灣 大 學
歐洲經濟發展史	林 鐘 雄 著		臺 灣 大 學
近代經濟學說	安 格 爾 著		
比較經濟制度	孫 殿 柏 著		前政治大學
通俗經濟講話	邢 慕 寰 著		香 港 大 學
經濟學原理	歐 陽 勛 著		前政治大學
經濟學導論（增訂新版）	徐 育 珠 著		南康乃狄克 州立大學
經濟學概要	趙 鳳 培 著		前政治大學
經濟學	歐陽勛德 著 黃 仁		政 治 大 學
經濟學（上）、（下）	陸 民 仁 編著		前政治大學
經濟學（上）、（下）	陸 民 仁 著		前政治大學
經濟學（上）、（下）（增訂新版）	黃 柏 農 著		中 正 大 學
經濟學概論	陸 民 仁 著		前政治大學
國際經濟學	白 俊 男 著		東 吳 大 學
國際經濟學	黃 智 輝 著		東 吳 大 學
個體經濟學	劉 盛 男 著		臺 北 商 專
個體經濟分析	趙 鳳 培 著		前政治大學
總體經濟分析	趙 鳳 培 著		前政治大學
總體經濟學	鐘 甦 生 著		西雅圖銀行
總體經濟學	張 慶 輝 著		政 治 大 學
總體經濟理論	孫 震 著		工 研 院
數理經濟分析	林 大 侯 著		臺灣綜合研究院
計量經濟學導論	林 華 德 著		國際票券公司
計量經濟學	陳 正 澄 著		臺 灣 大 學
經濟政策	湯 俊 湘 著		前中興大學
平均地權	王 全 祿 著		考 試 委 員
運銷合作	湯 俊 湘 著		前中興大學
合作經濟概論	尹 樹 生 著		中 興 大 學
農業經濟學	尹 樹 生 著		中 興 大 學

書名	作者		服務機構
凱因斯經濟學	趙鳳培	譯著	前政治大學
工程經濟	陳寬仁	著	中正理工學院
銀行法	金桐林	著	中興銀行
銀行法釋義	楊承厚	編著	銘傳大學
銀行學概要	林葭蕃	著	
銀行實務	邱潤容	著	台中商專
商業銀行之經營及實務	文大熙	著	
商業銀行實務	解宏賓	編著	中興大學
貨幣銀行學	何偉成	著	中正理工學院
貨幣銀行學	白俊男	著	東吳大學
貨幣銀行學	楊樹森	著	文化大學
貨幣銀行學	李穎吾	著	前臺灣大學
貨幣銀行學	趙鳳培	著	前政治大學
貨幣銀行學	謝德宗	著	臺灣大學
貨幣銀行學	楊雅惠	編著	中華經濟研究院
貨幣銀行學 ——理論與實際	謝德宗	著	臺灣大學
現代貨幣銀行學（上）（下）（合）	柳復起	著	澳洲新南威爾斯大學
貨幣學概要	楊承厚	著	銘傳大學
貨幣銀行學概要	劉盛男	著	臺北商專
金融市場概要	何顯重	著	
金融市場	謝劍平	著	政治大學
現代國際金融	柳復起	著	
國際金融 ——匯率理論與實務	黃仁德 蔡文雄	著	政治大學
國際金融理論與實際	康信鴻	著	成功大學
國際金融理論與制度（革新版）	歐陽勛 黃仁德	編著	政治大學
金融交換實務	李麗	著	中央銀行
衍生性金融商品	李麗	著	中央銀行
財政學	徐育珠	著	南康乃狄克州立大學
財政學	李厚高	著	國策顧問
財政學	顧書桂	著	
財政學	林華德	著	國際票券公司
財政學	吳家聲	著	財政部
財政學原理	魏萼	著	中山大學
財政學概要	張則堯	著	前政治大學

書名	著者	學校
財政學表解	顧書桂 著	
財務行政（含財務會審法規）	莊義雄 著	成功大學
商用英文	張錦源 著	政治大學
商用英文	程振粵 著	前臺灣大學
商用英文	黃正興 著	實踐大學
實用商業美語Ⅰ——實況模擬	杉田敏 著 張錦源校譯	政治大學
實用商業美語Ⅰ——實況模擬（錄音帶）	杉田敏 著 張錦源校譯	政治大學
實用商業美語Ⅱ——實況模擬	杉田敏 著 張錦源校譯	政治大學
實用商業美語Ⅱ——實況模擬（錄音帶）	杉田敏 著 張錦源校譯	政治大學
實用商業美語Ⅲ——實況模擬	杉田敏 著 張錦源校譯	政治大學
實用商業美語Ⅲ——實況模擬（錄音帶）	杉田敏 著 張錦源校譯	政治大學
國際商務契約——實用中英對照範例集	陳春山 著	中興大學
貿易契約理論與實務	張錦源 著	政治大學
貿易英文實務	張錦源 著	政治大學
貿易英文實務習題	張錦源 著	政治大學
貿易英文實務題解	張錦源 著	政治大學
信用狀理論與實務	蕭啟賢 著	輔仁大學
信用狀理論與實務 ——國際商業信用證實務	張錦源 著	政治大學
國際貿易	李穎吾 著	前臺灣大學
國際貿易	陳正順 著	臺灣大學
國際貿易概要	何顯重 著	
國際貿易實務詳論（精）	張錦源 著	政治大學
國際貿易實務（增訂新版）	羅慶龍 著	逢甲大學
國際貿易實務新論	張錦源 康蕙芬 著	政治大學
國際貿易實務新論題解	張錦源 康蕙芬 著	政治大學
國際貿易理論與政策（增訂新版）	歐陽勛 黃仁德 編著	政治大學
國際貿易原理與政策	黃仁德 著	政治大學
國際貿易原理與政策	康信鴻 著	成功大學
國際貿易政策概論	余德培 著	東吳大學
國際貿易論	李厚高 著	國策顧問

國際商品買賣契約法	鄧 越 今 編著	外 貿 協 會
國際貿易法概要（修訂版）	于 政 長 編著	東 吳 大 學
國際貿易法	張 錦 源 著	政 治 大 學
現代國際政治經濟學——富強新論	戴 鴻 超 著	底 特 律 大 學
外匯、貿易辭典	于 政 長 編著	東 吳 大 學
	張 錦 源 校訂	政 治 大 學
貿易實務辭典	張 錦 源 編著	政 治 大 學
貿易貨物保險	周 詠 棠 著	前中央信託局
貿易慣例——FCA，FOB、CIF、 CIP等條件解說（修訂版）	張 錦 源 著	政 治 大 學
貿易法規	張 錦 源 編著	政 治 大 學
	白 允 宜	中 華 徵 信 所
保險學	陳 彩 稚 著	政 治 大 學
保險學	湯 俊 湘 著	前 中 興 大 學
保險學概要	袁 宗 蔚 著	前 政 治 大 學
人壽保險學	宋 明 哲 著	銘 傳 大 學
人壽保險的理論與實務（再增訂版）	陳 雲 中 編著	臺 灣 大 學
火災保險及海上保險	吳 榮 清 著	文 化 大 學
保險實務（增訂新版）	胡 宜 仁 主編	景 文 工 商
關稅實務	張 俊 雄 主編	淡 江 大 學
保險數學	許 秀 麗 著	成 功 大 學
意外保險	蘇 文 斌 著	成 功 大 學
商業心理學	陳 家 聲 著	臺 灣 大 學
商業概論	張 鴻 章 著	臺 灣 大 學
營業預算概念與實務	汪 承 運 著	會 計 師
財產保險概要	吳 榮 清 著	文 化 大 學
稅務法規概要	劉 代 洋 著	臺灣科技大學
	林 長 友	臺 北 商 專
證券交易法論	吳 光 明 著	中 興 大 學
證券投資分析 ——會計資訊之應用	張 仲 岳 著	中 興 大 學